普通高等教育"十二五"规划教材

功能复合材料

尹洪峰　贺格平　孙可为　张　强　编著

北　京
冶　金　工　业　出　版　社
2021

内 容 简 介

本书较为系统地介绍了功能复合材料的基本概念、基本原理以及不同类型的功能复合材料的材料体系、制备方法、性能和应用，是材料类专业的专业教材。全书共分7章，包括绪论、磁功能复合材料、导电复合材料、光功能复合材料、热功能复合材料、梯度功能复合材料和智能复合材料。

本书可作为高等院校材料科学与工程、高分子材料、金属材料、无机非金属材料、材料物理、材料化学以及功能材料的专业本科教材，也可作为相关专业的研究生、教师和工程技术人员的参考用书。

图书在版编目(CIP)数据

功能复合材料/尹洪峰等编著.—北京：冶金工业出版社，2013.8（2021.7重印）
普通高等教育“十二五”规划教材
ISBN 978-7-5024-6348-9

Ⅰ.①功…　Ⅱ.①尹…　Ⅲ.①功能材料—复合材料—高等学校—教材　Ⅳ.①TB3

中国版本图书馆CIP数据核字(2013)第195630号

出 版 人　苏长永
地　　址　北京市东城区嵩祝院北巷39号　邮编　100009　电话　(010)64027926
网　　址　www.cnmip.com.cn　电子信箱　yjcbs@cnmip.com.cn
责任编辑　李培禄　美术编辑　吕欣童　版式设计　孙跃红
责任校对　卿文春　责任印制　李玉山
ISBN 978-7-5024-6348-9
冶金工业出版社出版发行；各地新华书店经销；北京建宏印刷有限公司印刷
2013年8月第1版，2021年7月第5次印刷
787mm×1092mm　1/16；18.75印张；453千字；289页
36.00元
冶金工业出版社　投稿电话　(010)64027932　投稿信箱　tougao@cnmip.com.cn
冶金工业出版社营销中心　电话　(010)64044283　传真　(010)64027893
冶金工业出版社天猫旗舰店　yjgycbs.tmall.com
（本书如有印装质量问题，本社营销中心负责退换）

前　言

复合材料被认为是除金属材料、无机非金属材料和高分子材料之外的第四大类材料，它是金属材料、无机非金属材料和高分子材料等单一材料发展和应用的必然结果。复合材料是指由两种或两种以上具有不同的物理或化学性质的材料，以微观、细观或宏观等不同的结构尺度与层次，经过一定的空间组合而形成的一个材料系统。复合材料根据性能可以分为：结构复合材料和功能复合材料。结构复合材料以承载为目的，强调其力学性能；而功能复合材料是指除力学性能以外还提供其他物理性能，并包括部分化学和生物性能的复合材料，如有导电、磁性、光学、压电、阻尼、吸声、摩擦、吸波、屏蔽、阻燃、防热等功能。功能复合材料由基体、功能体以及两者之间的界面相组成。复合材料因具有可设计的特点，为人类社会的发展开辟了无限的想象和实现空间。功能复合材料的设计思路与结构复合材料基本相同：即根据使用要求选用功能体、基体等原材料，并通过一定的复合工艺制成所需的功能复合材料。对于功能复合材料，不仅要考虑基体与功能体在复合材料中的体积分数，还要考虑基体与功能体的空间排布和连接方式、周期性以及相对尺度大小等。从某种意义上说，功能复合材料的设计要比结构复合材料的设计复杂。

本书较为系统地介绍了功能复合材料的基本概念、基本原理以及不同类型的功能复合材料的材料体系、制备方法、性能和应用。第1章介绍了功能复合材料的基本概念、分类、复合效应和设计原则等。第2章介绍了磁性复合材料、电磁波屏蔽复合材料、吸波复合材料、磁致伸缩复合材料以及磁光复合材料的基本原理、制备方法、性能影响因素以及应用。第3章介绍了高分子导电复合材料、无机非金属导电复合材料、无机物－聚合物插层复合材料以及超导复合材料的材料体系、制备方法、性能影响因素等。第4章介绍了透光复合材料、光传导复合材料、发光复合材料、光致变色和电致变色复合材料的基本原理、材料体系、性能以及应用。第5章介绍了烧蚀防热复合材料、热管理复合材料以及阻燃复合材料的性能要求、材料组成、制备工艺、性能和应用。第6章简要介绍了梯度功能复合材料的产生、设计、制备技术、性能评价以及应用。第7章介绍了智能复合材料结构的基本概念、系统组成、设计、制备工艺、评价以及应用。

本书第1章、第4~6章由西安建筑科技大学尹洪峰编写，第2章由西安建筑科技大学孙可为编写，第3章由西安建筑科技大学张强编写，第7章由西安建筑科技大学贺格平编写，全书最后由尹洪峰统稿，编写过程中参考了一些他人的著作、文章，在此一并向其作者和出版者表示感谢。

由于编者水平有限，加之功能复合材料品种繁多、发展迅速，书中不妥之处恳请读者和专家批评指正。

编 者

2013年5月于西安

目　录

1 绪　论

1.1 功能复合材料及其特点

复合材料是指由两种或两种以上具有不同物理或化学性质的材料，以微观、细观或宏观等不同的结构尺度与层次，经过一定的空间组合而形成的一个材料系统。

复合材料根据性能可以分为：结构复合材料和功能复合材料。结构复合材料以承载为目的，强调其力学性能；而功能复合材料是指除力学性能以外还提供其他物理性能，并包括部分化学和生物性能的复合材料，如有导电、超导、半导、磁性、压电、阻尼、吸声、摩擦、吸波、屏蔽、阻燃、防热等功能。

功能复合材料是由基体、功能体以及两者之间的界面相组成的。基体主要起黏结作用，赋予复合材料的整体性，并保持某种形状，某些情况下也具有功能特性。复合材料的功能特性主要由功能体贡献，加入不同特性的功能体可得到性能各异的功能复合材料。如加入导电功能体，可得到导电复合材料；加入电磁波吸收剂，可得到吸波复合材料。界面相在基体和功能体之间起着信息传递作用。

功能复合材料近几年发展很快，其原因与其特点有关。功能复合材料除具有复合材料的一般特性外，还具有如下特点：

（1）应用面宽。根据需要可设计与制备出不同功能的复合材料，以满足现代科学技术发展的需求。

（2）研制周期短。一种结构材料从研究到应用，一般需要 10 ~ 15 年左右，甚至更长，而功能复合材料的研制周期要短得多。

（3）附加值高。单位质量的价格与利润远远高于结构复合材料。

（4）小批量。多品种功能复合材料很少有大批量需求，但品种需求多。

（5）适于特殊用途。在不少场合，功能复合材料有着其他材料无法比拟的使用特性。

1.2 功能复合材料分类

功能复合材料常用的分类方法有两种：一种是按基体分类，另一种是按功能特性分类。按基体可分为树脂基（或聚合物基）功能复合材料、金属基功能复合材料、陶瓷基功能复合材料与碳基功能复合材料。在实际使用中往往习惯按功能特性分类，分为磁功能复合材料、电功能复合材料、光功能复合材料、热功能复合材料、摩擦功能复合材料、阻尼功能复合材料、防弹功能复合材料、抗辐射功能复合材料等，详见表 1 - 1。

表 1-1 功能复合材料的主要类型

功能特征	主要类型	用 途
磁功能复合材料	屏蔽复合材料 吸波复合材料 透波复合材料	柔韧磁体、磁记录 隐身材料 雷达罩、天线罩
电功能复合材料	聚合物基导电复合材料 本征导电聚合物材料 压电复合材料 陶瓷基导电复合材料 水泥基导电复合材料 金属基导电复合材料 导电纳米复合材料 超导复合材料	屏蔽 防静电开关 压电传感器 高压绝缘 建筑物绝缘 高强、耐热导电材料 锂电池 医用核磁成像技术
光功能复合材料	透光复合材料 光传导复合材料 发光复合材料 光致变色复合材料 感光复合材料 光电转换复合材料 光记录复合材料	农用温室顶板 光纤传感器 荧光显示板 变色眼镜 光刻胶 光电导摄像管 光学存储器
热功能复合材料	烧蚀防热复合材料 热管理复合材料 阻燃复合材料	固体火箭发动机喷管 半导体支撑板 车、船、飞机等内装饰材料
摩擦功能复合材料	摩阻复合材料 减摩复合材料	汽车刹车片 轴承
阻尼功能复合材料	热损耗阻尼复合材料 磁损耗阻尼复合材料 电损耗阻尼复合材料	洗衣机外壳、网球拍 桥梁减震 智能声控
防弹功能复合材料	软质防弹装甲 层状复合防弹装甲	防弹衣、防弹头盔 航空复合装甲
抗辐射功能复合材料	防紫外线复合材料 防 X 射线复合材料 防 γ 射线复合材料 防中子复合材料 防核辐射复合材料	遮阳伞 X 射线摄影纱 γ 射线防护服 中子辐射防护服 核废料容器

除了根据功能复合材料的性能分为表 1-1 所列各类功能复合材料外，通常将多功能复合材料、功能梯度复合材料以及智能复合材料也包含在功能复合材料范畴内。

1.3 功能复合效应

由于复合材料是由两种或两种以上的组元材料组成的，复合材料可以借助于组元之间的协同效应呈现出原有组分所没有的优异性能。这些优异性能的出现是由于组元之间的协同效应——复合效应，复合效应是复合材料特有的效应，对于功能复合材料叫做功能复合效应，包括表1－2所示的内容。结构复合材料基本上通过其中的线性效应起作用，但功能复合材料不仅能通过线性效应起作用，更重要的是可利用非线性效应设计出许多新型的功能复合材料。

表1－2 复合材料的复合效应

线性效应	非线性效应
加和效应 平均效应 相补效应 相抵效应	乘积效应 系统效应 诱导效应 共振效应

（1）乘积效应的作用。乘积效应是在复合材料两组分之间产生可用乘积关系表达的协同作用。例如把两种性能可以互相转换的功能材料——热－形变材料（以X/Y表示）与另一种形变－电导材料（Y/Z）复合，其效果是：

$$\frac{X}{Y}\cdot\frac{Y}{Z}=\frac{X}{Z} \tag{1-1}$$

即由于两组分的协同作用得到一种新的热－电导功能复合材料。借助类似关系可以通过各种单质换能材料复合成各种各样的功能复合材料。表1－3列出了部分实例。这种耦合的协同作用之间存在一个耦合函数F，即：

$$f_A\cdot F\cdot f_B=f_C \tag{1-2}$$

式中，f_A为X/Y换能效率；f_B为Y/Z换能效率；f_C为X/Z换能效率。$F\to1$表示完全耦合，这是理想情况，实际上达不到。因为耦合还与相界面的传递效率等因素密切相关，故还需要深入研究。

表1－3 部分单质换能功能材料以乘积效应取得的结果

A相换能材料	B相换能材料	A－B功能复合材料 (X/Y)(Y/Z)=X/Z	用 途
热－形变	形变－电导	热－导电	热敏电阻，PTC
磁－形变（磁致伸缩）	压力－电流（压电）	磁力－电流	磁场测量元件
光－导电	电－形变（电致伸缩）	光－形变（光致伸缩）	光控机械运作元件
压力－电场	电场－发光（场致发光）	压力－发光	压力过载指示
压力－电场	电场－磁	压力－磁场	压磁换能器
光（短波长）－电流	电流－发光（长波长）	光（短波长）－光（长波长）	光波转变器（紫外～红外）

（2）其他非线性效应。除了乘积效应外，还有系统效应、诱导效应和共振效应等，但机理尚不很清楚。人们从实际现象中已经发现这些效应，但还未应用到功能复合材料中。例如，彩色胶片以红、蓝、黄三色感光材料膜组成一个系统，能显示出各种色彩，单独存在即无此作用，这是系统效应的例子。又如，相间可以通过诱导作用使一相的结构影响另一相。复合材料中存在结晶的无机增强体诱导部分结晶聚合物在界面附近产生横晶的现象，但人们尚未利用这种效应主动设计复合材料。共振效应是熟知的物理现象，也应该能发生作用。目前虽未对这些效应进行研究，但可以预言在不久的将来会发挥它们的作用。

1.4 功能复合材料设计

功能复合材料的设计思路与结构复合材料基本相同：即根据使用要求选用功能体、基体等原材料，并通过一定的复合工艺制成所需的功能复合材料。从某种意义上说，功能复合材料的设计要比结构复合材料的设计复杂。这是因为结构复合材料设计主要考虑的是力学性能，而力学性能的计算有相当成熟的理论与数学式；功能复合材料的设计则不同，由于功能特性广，材料的功能特性设计不如力学性质简单，没有统一的、成熟的设计理论，一般只有半经验性的计算公式，给设计带来很大难度，对设计的精度也有影响，如透波与吸波复合材料的电磁参数设计与计算、烧蚀防热材料的梯度设计等难度很大。如果说结构复合材料的设计是以宏观为主、微观为辅，那么功能复合材料的设计则是宏观与微观并举，其协调性带来的复杂性是不言而喻的。对于功能复合材料不仅要考虑基体与功能体在复合材料中的体积分数，还要考虑基体与功能体的空间排布和连接方式、周期性以及相对尺度大小等。图 1－1 给出了陶瓷/树脂压电复合材料可能的组合连接方式。

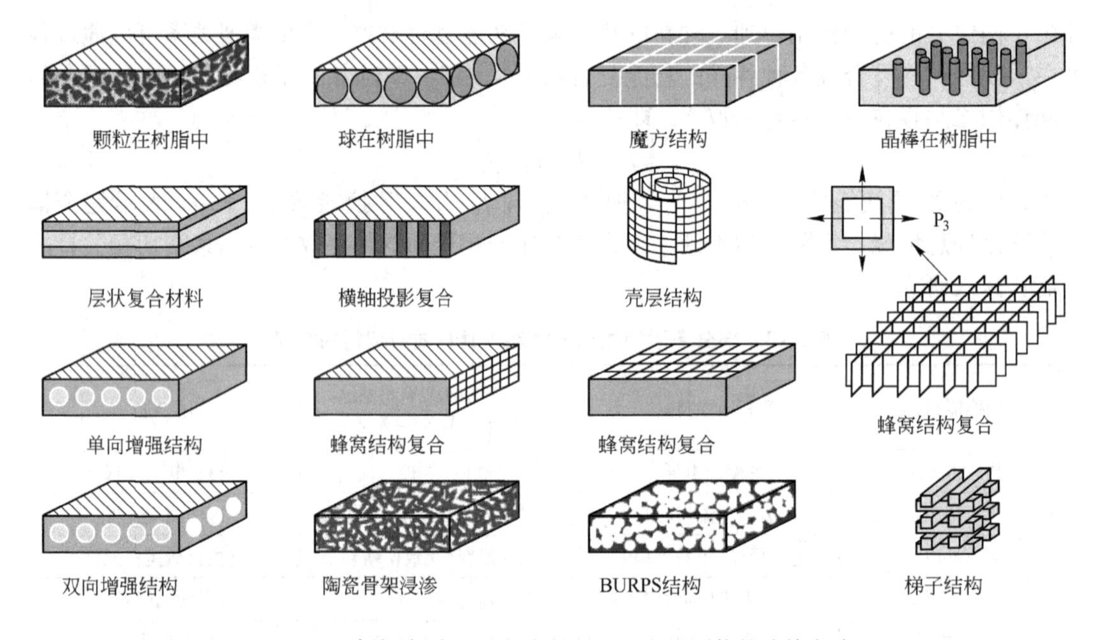

图 1－1 陶瓷/树脂压电复合材料组元之间可能的连接方式

尽管功能复合材料与结构复合材料设计的层面与难度不同，但其设计应遵循的原则还是基本相同的。主要设计原则有：（1）首先考虑关键的、主要的性能；（2）兼顾其他性能；（3）选择性能分散性小的原材料（如功能体、基体等）；（4）采取的成型工艺尽可能简单、方便；（5）经济性合理。

1.5 功能复合材料的发展趋势

如前所述，功能复合材料具有设计自由度大的优势，又有极广泛的应用领域，发展前景不可限量。另外，功能复合材料自身又从低级形式向高级形式发展，即按功能→多功能→机敏→智能的形式逐步升级。由功能发展到多功能是复合材料独有的特点，这是因为首先容易实现既是功能材料又是结构材料。例如，隐身飞机蒙皮就是集隐身和结构于一体的复合材料；又如绝热、隔音、阻燃三功能墙板，甚至可与有自控发热功能的面层复合兼有取暖功能。类似的思路非常广阔，可以自由开发。人类一直期望着材料能具有自身感知并做出反应的能力，近来已经把传感功能材料与执行功能材料通过某种基体复合在一起，并与外部信息处理系统连接，使之具有自诊断、自适应和自修复的能力，成为机敏复合材料。这种材料的研制已有实质性进展，具有实用的可能。由于机敏复合材料还达不到自决策的水平，在机敏的基础上需设法提高信息处理的水平，使之对实际情况做出最优化的决策，达到智能的水平。当然也要改善传感功能和执行功能的基础材料的灵敏度和稳定性，才有可能利用反馈作用不断调整参数使之达到优化结果。

参考文献

[1] 吴人洁. 复合材料 [M]. 天津：天津大学出版社，2000.
[2] 张佐光. 功能复合材料 [M]. 北京：化学工业出版社，2002.
[3] 益小苏，杜善义，张立同. 复合材料工程 [M]. 北京：化学工业出版社，2006.
[4] Tressler J F, Alkoy S, Dogan A, et al., Functional composites for sensors, actuators and transducers [J]. Composites: Part A, 1999, (30): 477 ~ 482.
[5] 马如璋，蒋民华，徐祖雄. 功能材料学概论 [M]. 北京：冶金工业出版社，1999.

2　磁功能复合材料

磁功能复合材料根据其应用特性的不同，通常可分为两大类：一类是以磁功能为主要应用目的的材料，通常称为磁性复合材料；另一类是兼有磁性功能与其他功能特性的复合材料，如电磁波特性复合材料、磁性分离复合材料、磁致伸缩复合材料及磁光复合材料等。

2.1　磁性复合材料

2.1.1　磁性复合材料简介

磁性复合材料是带有磁性的功能体与高分子材料基体经混合、成型、固化而得到的一类复合材料。由于其质量轻、易加工，并且可以根据应用需求自行设计等，已经越来越引起人们的关注。

磁性复合材料有几种组合：(1) 无机磁性材料（包括金属和陶瓷）与聚合物基体构成的复合材料；(2) 无机磁性材料与低熔点金属基体构成的复合材料；(3) 有机聚合物磁性材料与聚合物基体构成的复合材料；(4) 无机磁性材料与载液构成的复合材料，其中以无机磁性材料与聚合物基体构成的聚合物基磁性复合材料的应用较多。聚合物基磁性复合材料很容易加工成形状复杂的磁性器件，不仅具有韧性，甚至呈橡胶弹性状态。尽管这种复合磁性材料的磁性能低于烧结和铸造的单质磁体，但是从生产和实际应用的角度来衡量，仍具有极大的优势。

磁性复合材料按基体类型主要可分为聚合物基磁性复合材料和金属基磁性复合材料；按基体相态可分为固态磁性复合材料和液态磁性复合材料——磁流变体；按磁性功能体的粒径大小又可分为普通磁性复合材料和纳米磁性复合材料。本节将主要介绍普通聚合物基磁性复合材料、磁流变体和纳米磁性功能复合材料。

2.1.2　聚合物基磁性复合材料

20 世纪 70 年代，日本首先研制出以聚合物为基体的磁性复合材料。这种聚合物基磁性复合材料一般由磁性组分材料和聚合物基体复合而成，其主要优点有：(1) 密度小；(2) 材料力学性能优良，具有很好的冲击强度和抗拉强度；(3) 加工性能好，既可制备尺寸准确、收缩率低、壁薄的制品，也可以生产 1kg 以上的大型形状复杂的制品，并不需二次加工，但若需要也可以方便地进行二次加工。

2.1.2.1　组分材料及其作用

聚合物基磁性复合材料主要由磁粉（无机磁性功能体）、黏结剂（聚合物基体）和加工助剂三大部分组成。其中磁粉的性能对聚合物基磁性复合材料的磁性能影响最大；黏结剂性能的好坏对复合材料的磁性能、力学性能以及成型加工性能有很大影响；加工助剂主要用于改善材料的成型加工性能。

A 磁粉

磁粉性能的好坏是直接影响磁性复合材料性能的关键因素之一。磁粉性能的优劣与其组成、颗粒大小、粒度分布以及制备工艺有关。磁性复合材料中的磁粉主要包括铁氧体和稀土类两类。

铁氧体（ferrite）是含铁的磁性陶瓷（magnetic ceramics），是以氧化铁和其他铁族或稀土族氧化物为主要成分（如 $BaO \cdot 6Fe_2O_3$ 或 $SrO \cdot 6Fe_2O_3$）的复合氧化物。软磁铁氧体是一种容易磁化和退磁的铁氧体，1935 年荷兰人 Snock 首次将其研制成功，以后发展极为迅速。20 世纪 30 年代以后，高磁导率、低损耗、高稳定性、高密度、高饱和磁通密度的软磁铁氧体相继问世，使用铁氧体制作的感应器体积缩小到原来的 1/100 以下，并被广泛地应用于航天、航空、通讯等高科技领域。与稀土类磁粉相比，铁氧体磁粉本身磁性能较差，因此所得的磁性复合材料的磁性能也较差，其最大磁能积仅为 0.5 ~ 1.4MGOe，但由于价格低廉，仅为稀土类复合磁粉的 1/60 ~ 1/30，而且性能稳定、成型比较容易，所以仍占整个磁粉总量的 90% 左右。

稀土类（RE）磁粉的发展经历了以下几个阶段：

第一代为 $SmCo_5$ 类磁粉。这是 20 世纪 60 年代以 $SmCo_5$ 为代表的 1：5 型 RE－Co 永磁材料，一般由粉末冶金法制取，其复合永磁性能比铁氧体复合永磁优异得多，最大磁能积达到 8.8MGOe。其缺点是磁性的热稳定性差、成型中易氧化、使用温度低和长期使用性能不稳定。

第二代为 Sm_2Co_{17}类磁粉。20 世纪 70 年代为了改善第一代稀土复合永磁的热稳定性和提高磁性能，对 $SmCo_5$ 进行掺杂改性，发展了以 $Sm(Co、Fe、Cu、Zr)_x$（$x=7.0 \sim 8.5$）为代表的 2：17 型 RE-Co 系列。其磁性能与热稳定性比第一代优异得多，各向异性 Sm_2Co_{17} 复合永磁的最大磁能积高达 17MGOe，最高长期使用温度可达 100℃。其具有优异的耐腐蚀性能的主要原因是 Sm_2Co_{17} 磁粉晶粒内部具有畴壁钉扎结构，磁性表面受氧气和湿气侵蚀时远不如 $SmCo_5$ 敏感。但 Sm_2Co_{17} 类复合永磁仍存在着价格昂贵的问题，推广应用困难。

第三代为稀土类复合永磁。20 世纪 80 年代，以不含 Sm、Co 等昂贵稀有金属的 $Nd_2Fe_{14}B$ 为代表的 NdFeB 第三代稀土类复合永磁出现，很快以其优异的磁性能、低廉的价格备受人们青睐。烧结 NdFeB 永磁的最大磁能积已高达 50 MGOe。NdFeB 永磁的问世使稀土类复合永磁的发展速度大大加快，其价格也大幅下降，比钐钴类便宜 1/3 ~ 1/2。NdFeB 类复合永磁现已占整个稀土类复合永磁市场的 1/3 左右。由于其价格便宜，性能优异，在推广应用方面有巨大潜力。但 NdFeB 复合永磁的热稳定性差，易腐蚀生锈，在制造、贮存、使用期间常常发生磁性劣化现象。现在，人们通常采用两种方法防止 NdFeB 类复合永磁的氧化腐蚀：一是对磁体的表面进行抗氧化腐蚀涂层；二是对 NdFeB 合金体本身组成进行改性，通过加入 Co、Ni 等元素来实现。

第四代为复合磁粉。多元复合黏结磁体是指磁体中含有两种以上的不同磁粉。利用复合黏结磁体中不同磁粉的温度补偿作用和各向异性磁粉与各向同性磁粉的温度补偿作用，可以有效地降低温度系数。通过成分设计，可以制备出磁能积在 2 ~ 12MGOe 范围内连续可调的黏结磁体。

磁粉颗粒大小是影响磁性复合材料性能的重要因素。现在认为，铁氧体和 $SmCo_5$ 类磁粉的矫顽力是由磁体内部的晶粒形核机制所控制的；而 Sm_2Co_{17} 和熔融－淬火法生产的微晶 NdFeB 磁粉的矫顽力是由晶粒内部畴壁钉扎所决定的。对于矫顽力受形核机制控制的磁粉，当磁粉颗粒尺寸大小接近或等于单畴尺寸大小时，其矫顽力明显提高，抗外界磁干扰能力明显增大。Ba、Sr 类铁氧体的临界单畴尺寸为 1μm 左右，因此 Ba、Sr 类铁氧体复合永磁所用磁粉一般选用颗粒大小为 1.0～1.2μm 的磁粉。对于矫顽力受钉扎机制控制的磁粉，其矫顽力不受颗粒大小的影响，这类磁粉颗粒的大小主要由填充密度和制造工艺等因素来决定。Sm_2Co_{17} 颗粒大小一般为 4～5μm。

磁粉粒度分布对磁性复合材料的性能也有影响。当颗粒大小分布范围适宜时，将有利于提高材料的填充密度，有利于磁粉在树脂基体中的均匀分布，从而提高磁性能，而且适宜的颗粒大小分布有利于成型时混合物的流动。另外，磁粉的制备工艺对磁粉性能影响很大，确定适宜的磁粉制备工艺对复合永磁性能是极为重要的。

B　聚合物基体

磁性复合材料的聚合物基体主要起黏结作用，也称磁性材料黏结剂，可分为橡胶类、热固性树脂类和热塑性树脂类三种。橡胶类基体包括天然橡胶与合成橡胶，以后者为主。这类基体主要用于柔性的磁性复合材料，特别是在耐热、耐寒的条件下，用橡胶作基体最合适。但与树脂类基体相比，一般橡胶成型、加工困难，因此，随着磁性复合材料的发展，橡胶在基体中所占的份额有所降低。热固性基体中，环氧树脂由于具有良好的黏结性能、耐腐蚀性能、尺寸稳定性及高强度等特点，常被用作磁性复合材料的基体材料。目前，多采用添加多种硫化物的方法对环氧树脂进行改性，以提高其加工稳定性和磁性能。另外，不饱和聚酯、酚醛树脂也是常用的热固性树脂基体材料。热塑性树脂中绝大多数均可作为磁性材料基体，而且对磁性复合材料的磁性能影响不大，但对其力学性能、耐热性能、耐化学性能有影响。由于尼龙的熔体黏度低，力学性能好，故是制备磁性复合材料最常用的热塑性基体。其他高性能热塑性聚合物如 PES、PEEK、PPS 等，虽然能提高磁性复合材料的综合性能，但由于价格高、成型困难而很少使用。另外一些通用塑料和工程塑料如 PE、PVC、PMMA 等亦可使用，此类材料用作基体，价格便宜且容易加工，但耐温性较差。

由于磁粉的填充量高达90%以上，成型时混合物的熔体黏度较纯树脂大得多，流动性很差，故磁性复合材料所用的基体要求在成型时能提供较好的流动性，并要求所提供的产品有较好的强度。树脂的流动性直接影响到能否得到高功能体含量的复合体系，也影响能否很好地充满模腔，磁粉能否很好地沿外磁场方向定向等问题，这对高性能复合永磁材料的成型是至关重要的。在外磁场确定时，要提高磁功能体的定向度，只有降低磁体颗粒与树脂间的摩擦力，即降低树脂黏度，才能利用磁晶本身的各向异性，使其沿磁场方向取向。在高磁功能体含量下，如要保证复合体系的充模及磁粉定向，聚合物熔体的黏度最好降低到 10Pa·s 左右或更低，并选用熔体黏度对温度或剪切速率敏感的树脂（如 Nylon）或选用分子链柔性大的树脂（如 EVA、LDPE 等）作为基体材料。

C　加工助剂

为了改善复合体系的流动性，提高磁粉的取向度和磁粉含量，在成型时通常加入一些如润滑剂、增塑剂与偶联剂等助剂。对于钕铁硼磁性材料，加工助剂在很多情况下是不可缺少的，特别是偶联剂。NdFeB 磁粉属亲水的极性物质，而基体如环氧树脂、酚醛树脂属疏水的非极性物质，它们之间缺乏亲和性，它们直接接触后，磁粉与基体界面结合不好，力学性能差。为增强它们之间的亲和性，采用偶联剂处理 NdFeB 磁粉的表面，使它由亲水性变为疏水性，从而增强无机物 NdFeB 与有机黏结剂之间的界面结合。同时偶联剂对提高磁功能体的抗氧化能力还可起到一定的作用。

2.1.2.2 导磁性能估算

作为基体材料的聚合物一般为抗磁质，也有部分为顺磁质，其磁化率都很小，甚至可以认为其相对磁导率为 1。当基体材料 A 中混入磁性材料 B 时，在一定的浓度范围内，可以认为其复合材料的磁导率 μ 与组分材料的有关参数满足混合率关系，即：

$$\mu = \varphi_A\mu_A + \varphi_B\mu_B \tag{2-1}$$

式中，φ_A、φ_B 分别为基体材料和磁性材料的体积分数；μ_A、μ_B 分别为基体材料和磁性材料的相对磁导率。

如果仍以 μ' 和 μ'' 分别代表磁导率的实部和虚部，则根据上式，有：

$$\mu' = \varphi_A\mu'_A + \varphi_B\mu'_B \tag{2-2}$$

$$\mu'' = \varphi_A\mu''_A + \varphi_B\mu''_B \tag{2-3}$$

有关的试验表明，复合材料的磁导率与磁性材料的体积分数确实存在近似的直线关系，如图 2-1 所示。

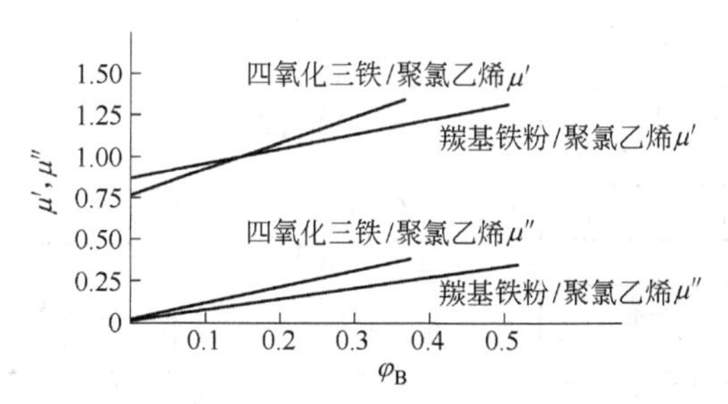

图 2-1 羰基铁粉/聚氯乙烯和四氧化三铁/聚氯乙烯的磁导率与磁性材料含量的关系

当磁性复合材料中颗粒状磁性材料的填充量低时，其相对磁导率与填充磁体的体积分数成正比，即：

$$\mu_r(\varphi) = 1 + A\varphi \tag{2-4}$$

式中，A 为依赖于磁性材料性能、形状和填充量的系数；φ 为磁性材料填充的体积分数。

对于球形粒子来说，$A=3$，即：

$$\mu_r(\varphi) = 1 + 3\varphi \tag{2-5}$$

随着填充比例的增加，磁导率明显偏离线性。相对磁导率与磁性填充物体积分数的关系可用二次方程表示：

$$\mu_r(\varphi) = 1 + B\varphi^2 \tag{2-6}$$

式中，B 为磁感应强度。

2.1.2.3 聚合物基磁性复合材料的制备工艺

A 磁粉的制备工艺

磁粉的粒径及粒度分布对磁性复合材料的性能影响很大，确定适宜的磁粉制备工艺对磁性复合材料是极为重要的。图 2－2 为各类磁粉的制备工艺流程。

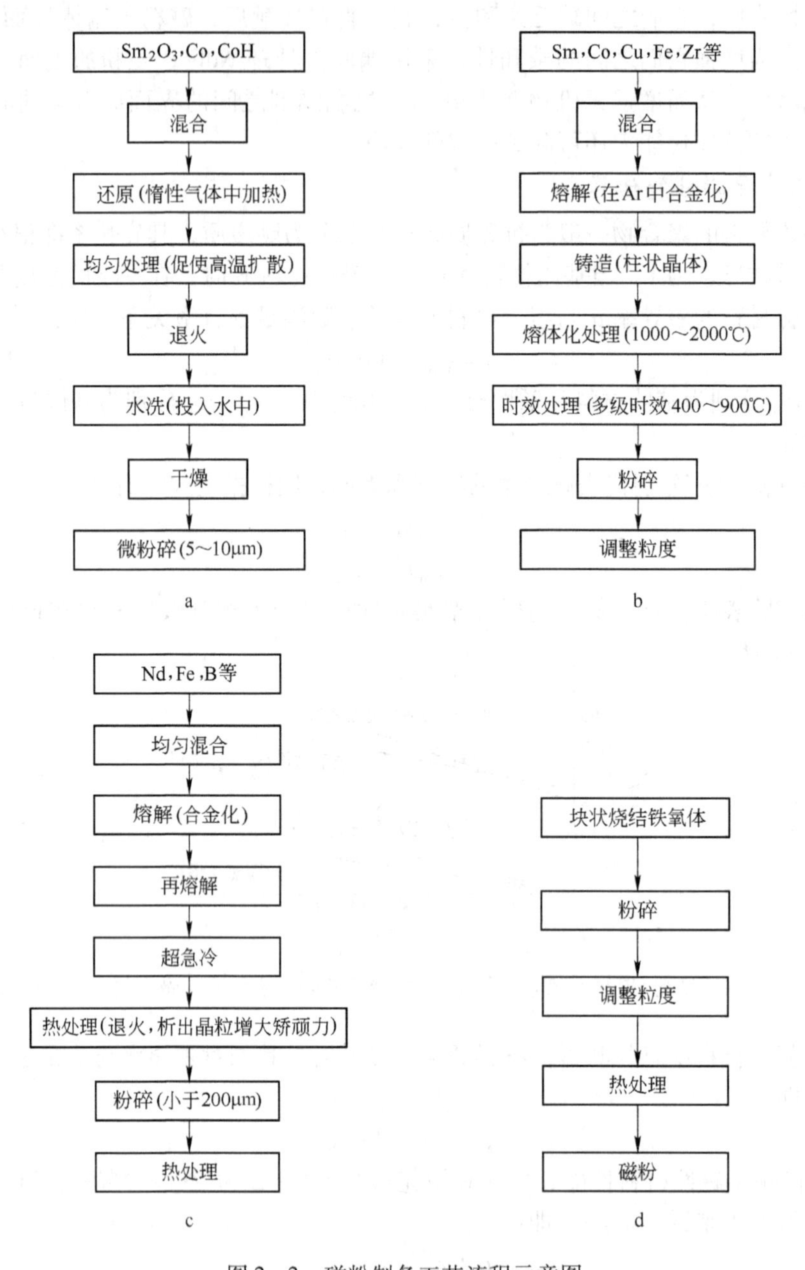

图 2－2 磁粉制备工艺流程示意图

a—$SmCo_5$ 的制备；b—Sm_2Co_{17}的制备（各向同性）；c—NdFeB 磁粉的制备；d—铁氧体磁粉的制备

B 磁粉的表面处理

经过表面处理的磁粉填充率高，分散均匀，与基体有良好的黏结性，并能在磁场中良好的取向，使磁体具有理想的性能。对于稀土磁粉而言，表面处理的重要性还在于能提高耐氧化性。最常用的处理方法是表面包覆处理。常见的包覆剂有：有机试剂，如偶联剂（包括硅烷、钛酸酯、磷酸酯、铝酸酯等）、表面活性剂等；聚合物；无机物；金属及其化合物等。偶联剂、表面活性剂的包覆主要通过溶液覆膜法实现，即在溶液中通过表面吸附或表面化学反应在磁粉表面形成偶联剂或表面活性剂分子层，通常使用高速捏合机进行加工。用聚合物包覆的方法还有等离子聚合法、熔融覆膜法和原位聚合法等。此外，将磁粉置于含氧、氮、氟的气氛中进行表面化合也是常用的方法，经过处理的磁粉表面形成氧化物、氮化物、氟化物的薄膜，起到阻隔氧气的作用。

C　成型技术

橡胶体系采用常规的混炼技术，即将磁粉作为填料加入生胶，混合并压成胶片后再模压成型。

热固性树脂基体则用常规方法在未凝胶状态下与磁粉湿混，并模压固化成型；亦可将磁性材料（包括颗粒与纤维）制成预成型体，放入模具后用树脂传递模塑法（RTM）成型。

热塑性树脂基体的成型方法较多，例如用粉状树脂与磁粉混合，再模压或压延成型；也有用双螺杆挤出机挤出并切粒后再模压或注射成型；较新的方法是原位成型，即将聚合物单体在活化处理的磁粉表面上聚合，形成聚合物包裹磁粉颗粒的微球，然后按需要热压成型，这种工艺具有磁粉在聚合物基体中分散均匀的优点。

磁性复合材料的成型工艺与塑料成型工艺相似，其工艺流程如图 2－3 所示。

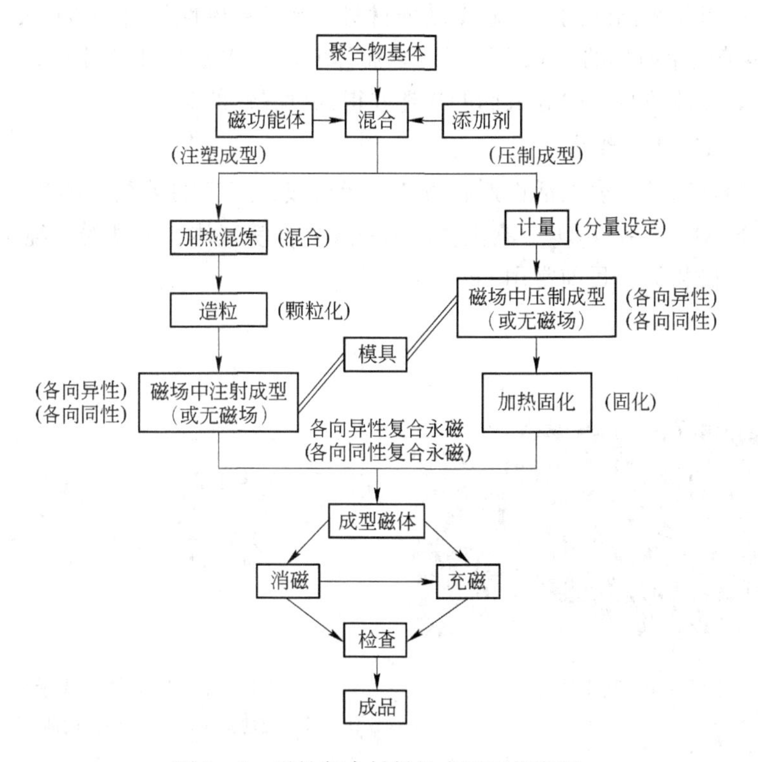

图 2－3　磁性复合材料的成型工艺流程

2.1.2.4　聚合物基复合磁性材料的应用

由于聚合物基磁性复合材料具有成型方便和可以复杂精密构型的特点，目前已大量用于各种门的密封条和搭扣磁块，如铁氧体填充橡胶磁性材料被大量用于制造冷藏车、电冰箱、电冰柜门等的垫圈。用于信息记录的磁记录材料，如磁带软盘，要求较高的剩磁和矫顽力，同时为了使材料满足记录密度高、噪声低及有高强度、柔韧性和表面光滑的要求，必须采用聚合物基永磁性复合材料，一般是用超细粉铁氧体磁粉和聚合物基体复合后再涂覆在聚酯薄膜及基片上制成。

软磁性材料要有低矫顽力和高磁导率，并尽量削弱磁导率随频率提高而迅速降低的效应，因此要求软磁性片材厚度低且电阻率高，这正是聚合物基磁性复合材料发挥特长之处。因为聚合物基复合材料容易压延成强度好的薄片；同时聚合物基体是电绝缘材料，与导电的无机磁性材料复合后能大大提高电阻率。另外由于绝缘的聚合物包裹了磁体颗粒，涡流损耗大大降低。用这种材料制造低频中小型变压器铁芯，不仅效率高，而且温升很低。

此外聚合物基磁性复合材料还用于永磁电动机、微波铁氧体器件、磁性开关、磁浮轴承和真空电子器件等高新技术领域和各种磁性玩具等。

2.1.3 磁流体

磁流体又称为磁性液体（图2-4），它是借助于表面活性剂的作用，将纳米磁性粒子高度均匀地分散在载液中形成的稳定的胶体溶液，在重力、离心力和磁场力的作用下不凝聚也不沉淀，是近年来出现的一种新型功能材料，既具有磁性材料的磁性又具有液体的流动性。1965 年美国宇航局的 Papell 发明了磁流体并将其首次应用于宇航服可动部位的真空密封，此后，磁流体日益引起人们的兴趣并得到世界性的关注。

2.1.3.1 磁流体的组成

磁流体由磁性微粒、表面活性剂和载液三者组成，三者的关系如图2-5所示。磁性微粒可以是：Fe_3O_4、$\gamma-Fe_2O_3$、氮化铁、单一或复合铁氧体、纯铁粉、纯钴粉、铁-钴合金粉、稀土永磁粉等，目前常用 Fe_3O_4 粉。

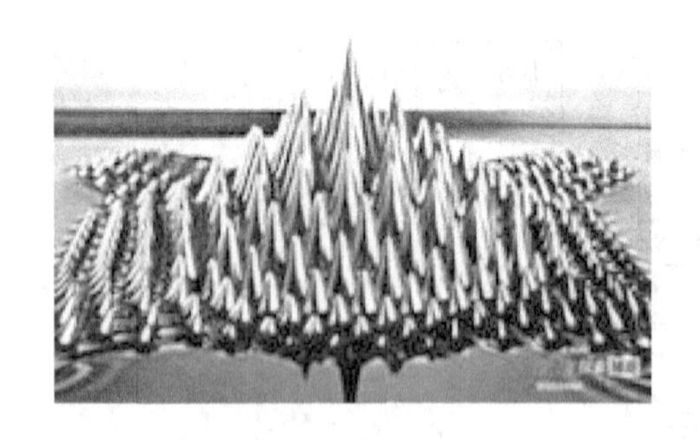

图2-4 磁流体

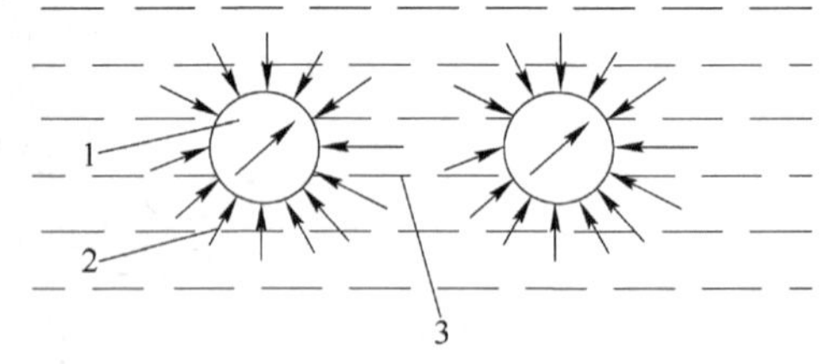

图2-5 磁流体组成示意图

1—磁性微粒；2—表面活性剂；3—载液

表面活性剂的选用主要是让相应的磁性微粒能稳定地分散在载液中，这对制备磁流体来说至关重要。典型的表面活性剂一端是极性的，另一端是非极性的，它既能适应于一定的载液性质，又能适应于一定磁性颗粒的界面要求。包覆了合适的表面活性剂的纳米磁性颗粒之间就可相互排斥、分隔并均匀地分散在载液之中，成为稳定的胶体溶液。

常用的载液有水、有机溶剂、油等。关于载液的选择，应以低蒸发速率、低黏度、高化学稳定性、耐高温和抗辐射为标准，但同时满足上述条件非常困难，因此，往往根据磁流体的用途及其工作条件来选择具有相应性能的载液。

2.1.3.2 磁流体的基本特性

磁流体具有以下基本特性：

（1）超顺磁性。磁流体最重要的性质之一就是超顺磁性，其磁化强度随磁场强度的增大而上升，甚至在高磁场情况下也很难趋于饱和，无磁滞现象，矫顽力和剩磁均为零，无论是引入磁场还是除去磁场，均导致实际互为镜像的感应效果，正是由于磁流体存在着与超顺磁性和饱和磁化强度相联系的液体行为，通过外加磁场调控磁流体的流动成为可能。

（2）磁光效应。磁流体在外加磁场作用下，呈现出类似于单轴晶体的光学各向异性，当光沿平行于磁场的方向入射时，产生法拉第效应，沿垂直于磁场方向入射时，产生磁致双折射或 Cotton - Mouton 效应，且这两种情况都伴有二向色性。磁光特性的应用表现出良好的前景，如磁场传感器、磁光调制器、光量阀等。

（3）磁热效应。当磁场强度改变时，磁流体的温度也会改变，即当磁流体进入较高的磁场强度区域时，磁流体被加热；在离开磁场区域时，磁流体被冷却。磁流体的饱和磁化强度随温度的升高而降低，至居里点时消失，利用这一作用，将磁流体置于适当的温度和梯度磁场下，磁流体就会产生压力梯度从而流动。

（4）黏磁特性。黏性是流体性质的一个重要物理量，它影响流体的流动状态。磁流体的黏性由两部分组成：一部分是普通流体力学意义下的黏性，它与流体的温度和压力有关；另一部分是与外加磁场有关的磁黏性，它是外磁场通过磁化过程以磁黏滞力和麦克斯韦应力形式对磁流体作用的结果，宏观上表现为一种附加黏性。由此可见，对磁流体流动状态的控制可通过外加磁场对其黏性的控制来实现。

（5）流变性。在磁场作用下，磁流体具有良好的流变学性能。在均匀横向磁场中磁流体的运动出现紊流结构，在旋转磁场中磁流体会出现涡流等现象。

2.1.3.3 磁流体的主要类型

磁流体的种类较多，可按超微磁性粒子的种类、载液类型等方法划分。按磁流体中超微磁性粒子的类型可将磁流体分为三类：

（1）铁氧体系。这类磁流体的超微粒子是铁氧体系列，如 Fe_3O_4、$\gamma - Fe_2O_3$、$MeFe_2O_4$（Me = Co、Ni、Mn、Zn）等。

（2）金属系。这类磁流体的超微粒子选用 Ni 、Co、Fe 等金属微粒及其合金。

（3）氮化铁系。这类磁流体的超微粒子选用氮化铁，因其磁性较强，故可获得较高的饱和磁化强度。

按载液种类不同磁流体可分为：水、有机溶剂（庚烷、二甲苯、甲苯、丁酮）、碳氢化合物（合成剂、石油）、合成酯、聚二醇、聚苯醚、氟聚醚、硅碳氢化物、卤代烃、苯乙烯等类磁流体。

2.1.3.4 磁流体的制备方法

制备磁流体的方法有很多，如机械球磨法、热分解法、共沉淀法、氧化沉淀法、蒸发冷凝法、胶溶法、水溶液吸附 - 有机相分散法、电解法、真空蒸镀法、等离子体法、气相液相反应法等，下面将具体阐述几种常用的磁流体的制备方法。

（1）机械球磨法。将粒径尺寸为微米级的磁铁矿粉末与载液和表面活性剂按一定比例混合在一起，装入球磨机进行长时间的研磨，大约需要5~20个星期，磁铁矿粒径为15~2.5nm，然后用高速离心机除去粗大粒子。该法耗时长，效率低，所得粒径分布广，但其几乎可与任何载液和表面活性剂混合制成流体，且其制备的磁性颗粒的表面氧化程度比用化学共沉淀法低。

（2）共沉淀法。该法为目前最普遍使用的方法，其反应基本原理为：

$$Fe^{2+} + 2Fe^{3+} + 8OH^- \longrightarrow Fe_3O_4 + 4H_2O$$

通常是把 Fe^{2+} 和 Fe^{3+} 的硫酸盐或氯化物溶液以1/2，更多的是以2/3的比例混合后，用过量的氨水或NaOH溶液在一定温度（55~60℃）和pH值下，高速搅拌进行沉淀反应，制得8~10nm的 Fe_3O_4 微粒，然后将 Fe_3O_4 粒子加入到含表面活性剂（如油酸）的载液中加热或煮沸，这样 Fe_3O_4 表面就会吸附油酸，从水相转入载液中，分离后即可得到磁流体，此法制得的磁流体微粒细小、均匀，饱和磁化强度高，但此法对操作条件的控制要求非常苛刻。

（3）氧化沉淀法。该法的基本原理为：

$$3FeCl_2 + H_2O_2 + 6NaOH \longrightarrow Fe_3O_4 + 6NaCl + 4H_2O$$

通常是将 $FeCl_2$ 装入四口圆底烧瓶中，加入消泡剂和分散剂，通入 N_2 保护，烧瓶置于50℃恒温水浴中，高速搅拌。待反应体系混合均匀、温度恒定后，依次缓慢滴加 H_2O_2 和NaOH溶液，反应2h，将制得的磁流体稀释1倍，用超声波处理几分钟后，移入带有搅拌器的烧瓶中，维持温度70℃，高速搅拌，在pH值为4时缓慢滴加戊二醛溶液，反应1h，再用NaOH调pH值为碱性以终止反应。此法制得的磁流体其磁性微粒的粒径大、分布范围宽、易聚结。

（4）蒸发冷凝法。该法是将含表面活性剂的低挥发性溶剂（载液）装入一个旋转的真空滚筒底部，随着滚筒的旋转，在其内表面上形成一层液体膜。加热置于滚筒中心部位的铁磁性金属，使之蒸发，表面活性剂将蒸发的铁磁性金属吸附在滚筒表面，随着滚筒的旋转进入载液内，从而生成金属磁流体。该法制得的磁流体颗粒粒径为2~10nm。

2.1.3.5 *磁流体的应用*

磁流体的独特性能使得磁流体的应用越来越广泛，涉及机械、工程、化工、医药等多个领域，特别是在高、精、尖技术上的应用。传统的磁流体产品，如密封、阻尼器和扬声器在一些国家已经有了很好的工业应用。在最近几年，又出现了大量新的应用，如磁流体传感器、热传递装置、药品输送、能量转换等。

（1）密封。磁流体密封是一种非接触式密封技术。它可以封气、封水、封油、封尘、封烟雾等，是防止污染物通过的有效屏障。如图2－6所示，磁流体密封是通过设置单个或多个永久磁铁和铁磁性极靴，绕高渗透旋转轴形成强磁场，在旋转轴和永久磁铁的夹缝中加入磁流体，由于磁场吸引力的作用，磁流体绕轴形成“O”形环，把空隙完全堵住，阻止被密封介质从空隙通过。其具有以下优点：密封性好；泄漏率低；使用寿命长；污染少；低磨损、低发热；良好的修复性；无方向性密封等。

（2）研磨。磁流体研磨是利用其流动性和磁性以及外磁场的作用来保持磨料与工件之间产生相对运动而达到研磨和光整工件表面目的的一种精加工技术。其优点是加工时间

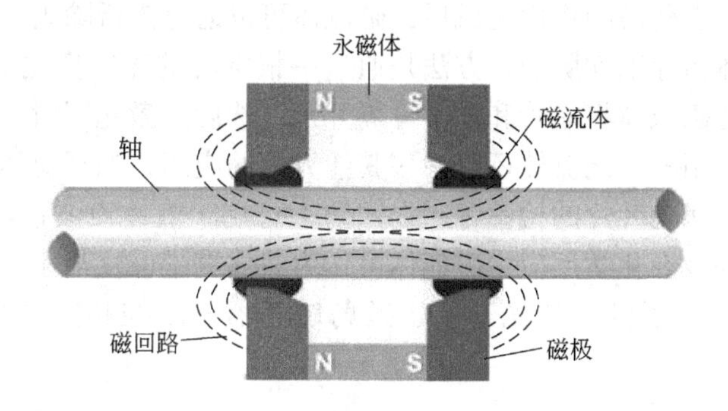

图 2-6 磁流体密封示意图

短，能自动控制，可研磨各种材料和任何形状的曲面，还可以内外两面同时研磨，在机械和电子工业中有着广泛的应用。

（3）油水分离。由于以烃类作分散剂的磁流体可与油而不与水混合，在磁流体中加入油水混合液时，其中油被磁化并吸附停留在磁场区，因此可利用磁流体进行油水分离。利用此原理可以回收泄漏在海面上的油及乳胶。

（4）矿物分离。磁流体在磁场的作用下密度会发生变化，在外加磁场的作用下使磁流体的密度为两种欲分离的物质密度的平均值时，一种物质下沉，而另一种浮起，从而达到分离回收的目的。磁流体矿物分离的成本低，方法简单可行，无噪声，无污染，不失为一种有效的分离方法。

（5）润滑。磁流体是一种新型润滑剂，利用外加磁场可将其保持在润滑部位，在润滑过程中既不泄漏，又可防止外界污染。用磁流体作润滑剂可用于动压润滑的轴颈轴承、推动力轴承、各种滑座和表面相互接触的任何复杂运动机构，在磁场作用下能准确地充满润滑表面。用量不多而且可靠，又可节省泵及其他辅助设备，实现连续润滑并避免出现润滑剂贫乏的现象。

（6）磁流体在扬声器上的应用。通常扬声器中音圈的散热是靠空气传热的，一定的音圈只能承受一定的功率，过大的功率会烧坏音圈。如在音圈与磁铁间隙处滴入磁流体，由于液体的导热系数比空气大 5~6 倍，从而在相同条件下功率可以增加 1 倍，有效地解决了音圈的散热冷却问题，降低了由热瞬态过程而引起的失灵。此外，磁流体的加入有利于音圈的中心定位，降低了由音圈摩擦而引起的扬声器衰减，提高装配成品率。

（7）阻尼器件。磁流体具有一定的黏滞性，又是强磁性介质，因此用来实现液体阻尼，阻尼掉系统中所产生的不希望的震荡模式。用磁流体阻尼之后，许多元件的加工就不用表面抛磨了，因而减少了加工量。磁流体与通常的阻尼介质相比较，其优点在于它可借助外磁场进行定位，以改善步进电机转动的精度。

（8）快速印刷。磁流体的一个特征就是它能通过磁场提供一种稳定的注墨体系，在磁场作用下，磁流体沿磁场方向移动达到电势平衡，磁流体墨水受电场库仑力的作用飞向反电极落在记录纸上，从而可实现无声快速的印刷。用磁流体制成高质量的磁性墨水，也可用于无铅字高速喷射印刷。

（9）用于药品定位及肿瘤的治疗。在医学领域，将药品吸附在裹覆粒子的表面活性剂上是可能的，用这种方法制备的药品可以注射到病人的体内并可通过磁场将药品定位在需要治疗的病灶部位上。药品的作用完成后，磁流体可以通过渗析除去，避免了药物的不良反应。也可用磁流体治疗脑动脉瘤，方法是通过一根空心的磁针把磁流体注射到动脉中，磁场加在瘤子上，使磁流体将血管和瘤子分隔开来，然后用激光照射将癌细胞杀死。

除以上列举的应用外，磁流体还有许多其他方面的应用，如磁流体在工业上可用于磁性染色、磁液陀螺、涡轮叶片的检验等。在国防上可用于液体声波接收器、水中吸音体、可变分级复联装置等，在化学反应中磁流体可作为载体携带催化剂用于反应中，利用其磁光效应可开发出许多新器件，如光开关、磁场敏感器、磁控超声波器、衰减器和起偏器等。

2.1.4　纳米磁性复合材料

纳米材料因其尺寸小而具有普通块状材料所不具有的特殊性质，如表面效应、小尺寸效应、量子效应和宏观量子隧道效应等，从而与普通块状材料相比具有较优异的物理、化学性能。磁性纳米材料由于其在高密度信息存储、分离、催化、靶向药物输送和医学检测等方面有着广泛的应用，已经受到了广泛关注。磁性复合纳米材料是以磁性纳米材料为中心核，通过键合、偶联、吸附等相互作用在其表面修饰一种或几种物质而形成的无机或有机复合材料。随着社会的发展和科学的进步，磁性纳米材料的研究和应用领域有了很大的扩展。磁性材料在信息存储、传感器和磁流体等传统学科领域有着重要的应用。随着纳米材料科学与技术的发展，纳米磁性材料的应用开发日益引起人们的关注，特别是在提高信息存储密度、微纳米器件和生物医学领域的应用潜力巨大。

2.1.4.1　磁性纳米材料的特点

纳米磁性复合材料一般由非磁性绝缘体和分散在它内部的磁性纳米颗粒组成，具有十分特别的磁学性质。纳米颗粒具有单磁畴结构和矫顽力很高的特性，其小尺寸效应和与基体的高浓度界面以及基体的绝缘性，使得纳米磁性复合材料表现出许多优异的物理和化学性能。

（1）量子尺寸效应。材料的能级间距是和原子数 N 成反比的，因此，当颗粒尺度小到一定的程度时，颗粒内含有的原子数 N 有限，纳米金属费米能级附近的电子能级由准连续变为离散，纳米半导体微粒则存在不连续的最高被占据分子轨道和最低未被占据的分子轨道，能隙变宽。当这能隙间距大于材料物性的热能、磁能、静电能、光子能等时，就导致纳米粒子特性与宏观材料物性有显著不同。例如，导电的金属在超微颗粒时可以变成绝缘体，磁矩的大小和颗粒中电子是奇数还是偶数有关，比热容亦会反常变化，光谱线会产生向短波长方向的移动，这就是量子尺寸效应的宏观表现。

（2）小尺寸效应。当粒子尺度小到可以与光波波长、磁交换长度、磁畴壁宽度、传导电子德布罗意波长和超导态相干长度等物理特征长度相当或更小时，原有晶体周期性边界条件被破坏，物性也就表现出新的效应，如从磁有序变成磁无序，磁矫顽力变化，金属熔点下降等。

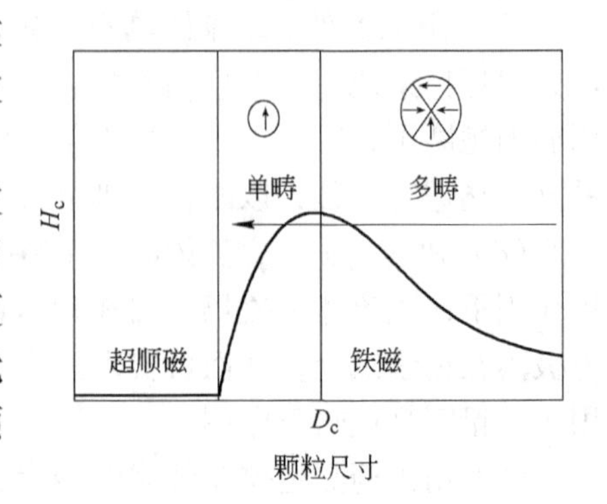

图 2－7　颗粒磁性随尺寸的变化

磁性颗粒的磁学性质随尺寸的变化如图 2－7 所

示，与块体磁性材料的多畴结构相比，纳米颗粒具有单畴结构，当颗粒尺寸大于单畴尺寸时，颗粒呈现多畴结构，只有在一个较小的反向磁场的作用下，其磁化强度才能变为0。当颗粒尺寸小于临界畴尺寸时，纳米颗粒的磁自旋将有序排列，矫顽力较高，在单畴区域，矫顽力随着颗粒尺寸的增加而增加。如果磁性颗粒的粒度进一步减小时，材料中电子的热运动将逐渐占主导作用，热运动引起的扰动能超过磁能，使得原有的磁有序发生无序化，呈现超顺磁现象。

（3）宏观量子隧道效应。微观粒子具有穿越势垒的能力，称为量子隧道效应。而在马的脾脏铁蛋白纳米颗粒研究中，发现宏观磁学量如磁化强度、磁通量等也具有隧道效应，这就是宏观量子隧道效应。它限定了磁存储信息的时间极限和微电子器件的尺寸极限。

2.1.4.2 纳米磁性复合材料的制备

目前普遍采用化学法制备铁氧体磁性纳米颗粒，具体有水热合成法、溶胶－凝胶法、化学共沉淀法等。而由生物合成的磁性纳米颗粒表现出更优良的性质。

（1）水热合成法。水热合成法是液相中制备纳米粒子的一种新方法。一般是在100～300℃和高气压环境下使无机或有机化合物与水化合，通过对加速渗透析反应和物理过程的控制，得到改进的无机物，再过滤、洗涤、干燥，从而得到高纯、超细的各类微粒子。这种方法操作简单，合成样品的结晶性较好，不需要高温退火处理，避免了粉体的团聚和结构缺陷，同时在反应体系中可生成常温常压下难以生成的物相和形貌。

（2）化学共沉淀法。化学共沉淀法是将沉淀剂在搅拌条件下直接加入到含有前驱物的盐溶液中制备纳米材料。沉淀法已经合成的物质包括磁性$CoFe_2O_4$和具有光学性的聚偏二氟乙烯（PVDF）包裹的四氧化三铁复合物等。这种方法制备的纳米材料颗粒形貌不易控制，因其受到搅拌速率、沉淀剂浓度等多种因素影响，洗涤比较复杂，产物纯度不高，但操作简单，设备要求低，故适合于工业化生产。

（3）微乳液法。微乳液是由不相混溶的油和水在表面活性剂及助表面活性剂作用下，形成的热力学稳定的均一体系。在正己烷/戊醇/CTAB微乳液体系中，将含有钴盐的微乳液和含有还原剂的微乳液混合后在反应釜中90℃反应9h后得到钴纳米棒，发现因颗粒本身的磁性及反应条件的变化可自组装成立方形。此法合成的纳米材料分散性好，形貌可控，但是产量较少，结晶性不好。

（4）热分解法。在含有表面活性剂的高沸点有机溶剂中，加热分解有机金属化合物制备纳米材料。在十八烯溶剂中，油胺存在条件下热分解五羰基铁得到单质铁。表面的铁被氧化而形成一薄层Fe_3O_4，得到粒径小于10nm的磁性核壳型Fe/Fe_3O_4。目前，用这种方法已经制备出了许多分散性好，尺寸在10nm左右的磁性颗粒。这种方法的缺点是只能合成金属单质或者金属氧化物且反应物温度高。

（5）溶胶－凝胶法。溶胶－凝胶法是利用金属醇盐的水解和聚合反应制备金属氧化物或金属氢氧化物的均匀溶胶，再浓缩成凝胶，凝胶经干燥、热处理得到氧化物超微粉。将醋酸锌和硝酸铁溶解在少量水中，再将PVA溶解在水中形成凝胶，凝胶脱水干燥后煅烧得到平均尺寸在4～20nm的$ZnFe_2O_4$纳米颗粒，其相变点温度比块状高。

综上所述，化学共沉淀法所得产物的形貌不好控制，操作简单，适于工业生产，可通过快速加入沉淀剂的方法，使制得的晶粒较细；溶胶－凝胶法操作相对较麻烦但产物纯度高，可通过控制溶剂的pH值、陈化时间、煅烧温度和保温时间等来对产物的颗粒尺寸及形貌进行控制；微乳液法可制出形貌多样的颗粒，但有机溶剂用量大，污染严重；水热合成法得到的产物结晶性好，可对产物形貌进行控制但对设备要求高。除了上面提到的几种制备方法外还有超声化学法、超临界流体乳化法和微波法等。这些方法也有各自的优点，但目前研究得较少，随着各种工艺技术的不断完善，其应用范围将会进一步扩大。

2.1.4.3 纳米磁性复合材料的应用

由于纳米磁性材料具有多种特别的纳米磁特性，可制成纳米磁膜（包括磁多层膜）、纳米磁线、纳米磁粉（包括磁粉块体和磁性液体等多种形态的磁性材料），因而已在传统技术和高新技术、工农业生产和国防科研以及社会生活中获得了多方面广泛而重要的应用。

A 在生物、医药领域的应用

纳米技术与分子生物学相结合发展出一个新的研究领域——纳米生物技术。磁性纳米颗粒是一类具有可控尺寸、能够外部操控并可用于核磁共振成像（MRI）造影的材料。这使得该类纳米颗粒能够被广泛应用于生物学和医学领域，包括蛋白质提纯、药物传输和医学影像等方面。当纳米颗粒与靶向试剂耦合时，通过特定的生物作用与生物分子反应，功能化的纳米颗粒即可与靶向生物组织耦合，实现疾病诊断或者生物分离。在核磁共振成像的正常磁场强度下（通常高于1T），这些靶向区域的超顺磁纳米颗粒可以达到磁饱和，建立有序的区域扰动偶极场，缩短MRI中质子弛豫时间，使得靶向区域相对于生物环境有更暗的对比度。此外，在可控场幅和频率的交变磁场中，链接于生物体的超顺磁纳米颗粒的磁矩可以翻转，磁矩的再取向使得纳米颗粒与其周边的生理环境之间或是磁易轴与原子内部晶格间产生了“摩擦”，这种“摩擦”的能量转化为热能，使得这些超顺磁纳米颗粒可用作热源加热靶向区域，即实现磁流体热疗，被广泛用于研究癌症的治疗。

B 在磁记录及巨磁电阻中的应用

自1898年磁记录技术发明以来，磁性墨水与磁印刷至今已有一百多年的历史。目前磁记录技术已应用到声音、图像、数据记录中。磁记录原理是利用磁性材料的磁滞性质，当磁性介质被信号磁场磁化后，将保留一定的剩磁值，其值大小与信号强弱成一定的比例关系，这就是信号的写入，用磁头读出磁迹所对应的信号就成为磁记录的再生过程。

当代计算机硬盘（图2-8）系统的磁记录密度超过1.55Gb/cm^2，在这种情况下，感应法读出磁头和普通坡莫合金磁电阻磁头的磁致电阻效应为3%，已不能满足需要，而纳米多层膜系统的巨磁电阻效应高达50%，可以用于信息存储的磁电阻读出磁头，具有相当高的灵敏度和低噪声。目前巨磁电阻效应的读出磁头可将磁盘的记录密度提高到1.71Gb/cm^2。同时纳米巨磁电阻材料的磁电阻与外磁场间存在近似线性的关系，所以也可以用作新型的磁传感材料。高分子复合纳米材料对可见光具有良好的透射率，对可见光的吸收系数比传统粗晶材料低得多，而且对红外波段的吸收系数至少比传统粗晶材料低3个数量级，磁性比$FeBO_3$和FeF_3

图2-8 计算机硬盘

透明体至少高1个数量级，从而在光磁系统、光磁材料中有着广泛的应用。

1988年法国人首先发现了巨磁电阻效应，到1997年以巨磁电阻为原理的纳米结构器件已在美国问世，在磁存储、磁记忆和计算机读写磁头将有重要的应用前景。巨磁电阻效应在高技术领域应用的另一个重要方面是微弱磁场探测器。随着纳米电子学的飞速发展，电子元件的微型化和高度集成化都要求测量系统也要微型化。

C 在分离中的应用

（1）化工分离。磁性离子交换树脂是水处理领域新开发的一种新型树脂，由于其在给水预处理中的良好效果，成为研究的热点。MIEX（R）树脂的珠粒粒径和磁性，是MIEX（R）树脂有别于传统树脂的最大特点，并且这两个特点使此种树脂在给水预处理中得以有效应用。MIEX（R）DOC工艺对相对分子质量中等和小的有机物有较高的去除率。磁性离子交换树脂能极大改善后续工艺的处理效果。如果使磁性树脂带永磁，则它会在湍流的剪切力下分散，在平流的状态下凝聚，精确设计管道的形状和尺寸，便可达到回收和循环使用磁性树脂的目的。

（2）催化剂分离。将纳米级催化剂固载于磁性微球上，可利用磁分离方便地解决纳米催化剂难以分离和回收的问题。而且如果在反应器外加旋转磁场，可以使磁性催化剂在磁场的作用下进行旋转，避免了具有高比表面能的纳米粒子间的团聚。同时，每个具有磁性的催化剂颗粒在磁场的作用下可在反应体系中进行旋转，起到搅拌作用，这样可以增大反应中催化剂间的接触面积，提高催化效率。另外，磁微球还可以作为机制与氧化锆、镁铝水滑石等进行自组装，制备如磁性固体酸等固体催化剂。

D 在隐身技术中的应用

纳米磁性粒子与高分子材料或其他材料复合具有良好的微波吸收特性和宽频带红外吸收性能，一方面是由于纳米微粒尺寸远小于红外及雷达波波长，因此纳米材料的透过率比常规材料要强得多，大大减少了波的反射率；另一方面纳米材料的比表面积比常规材料大3~4个数量级，使得对电磁波的吸收率大大优于常规材料。

纳米隐身材料大多是以磁性金属纳米材料为主体构成的纳米复合材料。纳米隐身材料具有纳米尺寸效应、界面效应、纳米非均匀性和各向异性等特点，可在微波频段实现高磁导率、高磁损耗，达到宽频带强吸收的目的。同时，在中、远红外频段具备高吸收、低发射率特性。

纳米材料具有极好的吸波特性，同时具有宽频带、兼容好、质量轻和厚度薄等特点，美国、俄罗斯、法国、德国、日本等都把纳米材料作为新一代隐身材料加以研究和探索，对磁性纳米材料的微波电磁谱理论、材料系列、制备方法、性能表征与测量方法等进行了系统研究，研制出多种不同结构的纳米隐身材料，取得了实质性进展。

2.1.4.4 磁性纳米复合材料的前景展望

磁性纳米材料的发展促进了生物工程、医学、药学的发展，其市场的潜力非常大，已成为各国学者研究的重点。目前纯聚合物纳米材料研究主要侧重于合成与表征，有机高分子/无机复合纳米材料的合成和应用正在研究中，实现工业化的并不多，应加强应用研究，尽快使其从实验室走向生产。磁性高分子微球的应用比较广泛，除了对其表征之外，今后应加强对磁性高分子微球的磁性起源、结构和性能的关系，如无机物、聚合物对磁性的贡献，无机物之间、无机物与聚合物间的磁相互作用的应用。为了满足纳米复合材料在光学器件、高密信息存储、微电子学领域的应用，对纳米微粒进行二维有序排列——分子自组装已引起了各国科学家的关注。目前来说，磁性纳米材料的应用研究还存在许多难点，要想实现磁性纳米材料的广泛应用，除了依赖化学家合成出具有不同性能、适合于不同用途的纳米材料外，还需要对包括纳米电学、纳米生物学、纳米制造技术、纳米显微学等纳米技术在内的发展进行研究。可喜的是，对纳米材料的研究和应用已引起了各国科学家的兴趣和重视，在我国“高分子磁性材料及磁性原理研究”和“有机/无机纳米复合材料的基础研究”已被列为高分子学科“九九”重点项目。今后必将有更多的科研人员从事这方面的研究，纳米材料必将为人类的发展做出更大的贡献。

2.2　电磁波功能复合材料

2.2.1　电磁波屏蔽复合材料

随着信息技术的发展，人们所使用和依赖的信息系统越来越多，而这些信息系统都是借助于数字化信号传递的，所以很容易受电磁波干扰而产生误差。特别是在现代战争中各种尖端武器、军事通讯指挥系统均使用了大量灵敏度极高的电子设备和仪器，对电磁波干扰（Electromagnetic Interference，简写 EMI）十分敏感，由电磁波干扰引起的严重事件屡有发生，同时，这些电子产品本身辐射的电磁波对人体健康造成严重的威胁。如何把电磁波干扰造成的危害降低到最低程度，无论在国防、民用乃至保护人体健康方面都具有重要的意义。另外有报道认为，一台正在运行的计算机中的信息，可被相距几千米远的情报装置窃取，因此利用电磁波屏蔽技术对于保密同样重要。

2.2.1.1　屏蔽效果的理论估算与评价

材料对电磁波（平面波）辐射的屏蔽性能可用屏蔽效果（Shielding Effect，简称 SE）来表征，SE 可描述为：没有屏蔽的情况下入射或发射的电磁功率与在同一地点经屏蔽后反射的电磁功率的比值，即

$$SE = 10\lg(P_T/P_R) \tag{2-7}$$

式中，P_T 为发射功率；P_R 为反射功率。SE 的单位为分贝（dB）。分贝值越大，表示屏蔽效果越好。

电磁波的传播形式与光类似，当其遇到屏蔽材料时就会产生反射、吸收和透射，吸收的电磁波在屏蔽材料内部的多次反射过程中被耗散。图 2-9 为屏蔽材料对电磁波的反射、吸收和透射的示意图。

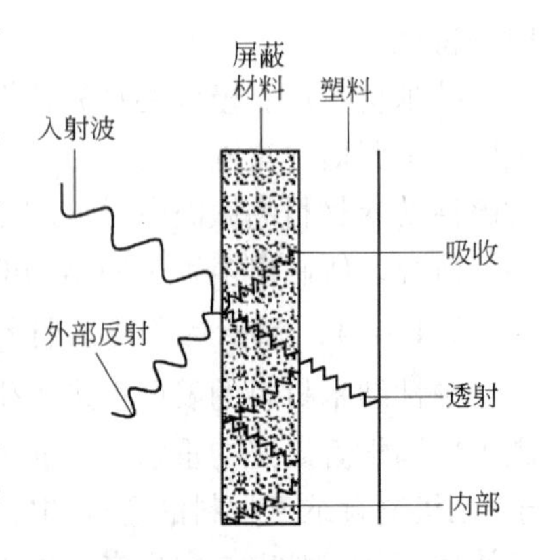

图 2-9　屏蔽材料对电磁波的反射、吸收和透过的示意图

根据前面描述的电磁波屏蔽的物理过程，电磁波的屏蔽衰减有三种途径：（1）电磁波能量的表面反射损失 R；（2）吸收损失 A；（3）内部反射损失 B。屏蔽效果 SE 可按下式计算：

$$SE = R + A + B \tag{2-8}$$

即屏蔽效果 SE 是电磁波能量的表面反射损失 R、吸收损失 A 和内部反射损失 B 的和。

在式（2－8）中，表面反射损失分以下三种情况：

（1）对于低阻抗源（磁场源），有：

$$R=20\lg\{[1.173(\mu_r/f\sigma_r)^{1/2}/D]+0.0535D(f\sigma_r/\mu_r)^{1/2}+0.354\} \tag{2-9}$$

式中，σ_r 为屏蔽材料的比电导率，单位为 S/cm，定义为屏蔽材料相对于铜的电导率；μ_r 为相对磁导率；f 为电磁波频率；辐射源为一“点源”，其与屏蔽材料的距离为 D，单位为 cm。

（2）对于高阻抗源（电场源），有：

$$R=362-20\lg[(\mu_r f^3/\sigma_r)^{1/2}D] \tag{2-10}$$

（3）对于平面波辐射源，有：

$$R=168-10\lg(\mu_r f/\sigma_r) \tag{2-11}$$

吸收损失为：

$$A=1.314t\sqrt{f\mu_r\sigma_r} \tag{2-12}$$

式中，t 为屏蔽材料厚度，单位为 cm。

内部反射损失为：

$$B=20\lg\{1-\omega^{-A/10}[\cos(0.23A)-j\sin(0.23A)]\} \tag{2-13}$$

式中

$$\omega=4\times\frac{(1-m^2)^2-2m^2-j\cdot 2^{3/2}m(1-m^2)}{[1+(1+2^{1/2}m)^2]^2}$$

$$m=0.3015D(f\sigma_r/\mu_r)^{1/2}$$

除低频、低阻抗场外，一般情况下 $\omega\approx 1$。

从实用角度讲，SE 必须超过 20dB 才能起屏蔽作用。而只有当 A 超过 10dB 时，SE 才有可能超过 20dB，此时 B 很小，可忽略不计，式（2－8）可简化为：

$$\mathrm{SE}=R+A \tag{2-14}$$

对于良导体银、铜和铝等金属材料，σ_r 大，R 值大，反射是屏蔽的主要机制。对于铁和磁钢等高导磁性材料，μ_r 大，A 大，吸收是屏蔽的主要机制。

以聚合物为基体的复合材料，取 $\mu_r=1$，并用体电阻 ρ_B 代替 σ_r，频率单位用 MHz，平面波源条件下，则有：

$$R=50+10\lg(f/\rho_B)^{-1} \tag{2-15}$$

$$A=1.7t(f\rho_B)^{1/2} \tag{2-16}$$

即屏蔽复合材料的屏蔽效果主要取决于体电阻 ρ_B：

$$\mathrm{SE}=50+10\lg(\rho_B f)+1.7t(f/\rho_B)^{1/2} \tag{2-17}$$

由上式可看出，材料厚度一定时，材料对一定频率的电磁波辐射的屏蔽效果只与材料的电阻率有关。但聚合物导电复合材料的比电导率、相对磁导率对于频率的变化是未知的，通过上式要准确地计算出 SE（dB）的值是很困难的。研究表明，简单地根据材料的电阻率，通过上式估算的导电复合材料的电磁屏蔽效果与实际测量结果相差较远，所以应尽量慎重仅仅简单地根据材料的电阻率来估算电磁屏蔽的效果。

表 2－1 列出了评价材料屏蔽效果的标准范围，具有实用价值的屏蔽材料，其 SE 一般要求为 30～40dB，要达到这一数值，屏蔽材料的 ρ_B 最低要求在 1Ω·cm 以下，表 2－2 列出了 SE 与 ρ_B 的关系。频率越高，要求屏蔽材料的电阻率越小，以获得较好的屏蔽效果。

图 2－10 是屏蔽材料的电阻率与屏蔽效果之间的关系。当电磁波频率一定时，屏蔽效果随着电阻率的降低而增加。换言之，屏蔽效果随着屏蔽材料电导率的增加而增加。

表 2－1　屏蔽效果的评价

屏蔽效果/dB	评　价	屏蔽效果/dB	评　价
0～10	几乎没有屏蔽效果	60～90	较好屏蔽效果
10～30	屏蔽效果的最低下限	90 以上	最佳屏蔽效果
30～60	中等屏蔽效果		

表 2－2　屏蔽效果与电阻率的关系

屏蔽材料的电阻率 /Ω · cm	屏蔽效果/dB			
	10MHz	100MHz	500MHz	1000MHz
1	42	35	34	36
10	31	22	17	15
100	21	10	4	2

2.2.1.2　屏蔽性能的相关性因素

电磁屏蔽复合材料通常是由导电性功能体和绝缘性良好的热塑性高分子（如 ABS、PC、PP、PE、PVC、PBT、PA 及它们的改性和共混树脂）及其他添加物复合而成的，通常用注射成型和挤出成型方法制造。从前面的分析可知，电磁波屏蔽性能主要取决于材料的导电性，导电性越高电磁波屏蔽性能越好。下面将从功能体、基体和制备工艺等几方面来分析影响体系屏蔽性能的因素。

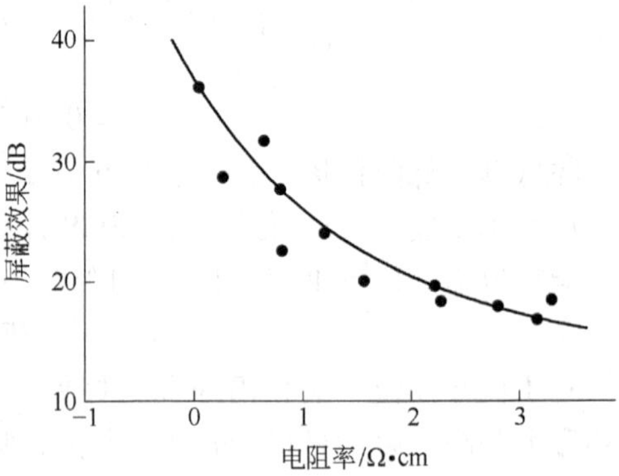

图 2－10　屏蔽效果与电阻率的关系（4GHz）

A　填料的影响

电磁屏蔽复合材料中常用的填料有炭黑、金属粉、碳纤维、金属纤维及表面金属化的有机和无机纤维。用导电炭黑填充聚合物得到的材料的脆性较大；碳纤维、金属纤维填充的复合材料有优异的屏蔽衰减性能和物理力学性能，但价格高，对模具、加工设备磨损严重，不能采用挤出、注射等成型工艺；在有机或无机纤维表面化学镀铜后，再电镀上薄层镍，既可以使纤维获得金属铜的优良导电性，又可使纤维表面有较高的化学稳定性和耐磨性，同时电镀镍层具有较好的导磁能力。然而，金属镀层与纤维表面必须有足够的结合力，才能使其在与基体树脂复合后保持完整，并发挥其应有的导电能力。

填料的粒子尺寸也会影响复合材料的导电性能：随着尺寸减小，粒子的表面积增大，粒子之间的接触机会增加，复合材料中粒子形成导电通道的机会增多，使得材料的导电性增加，并且填料的临界体积分数 φ_c 相应地减小。当填料的粒径小于 0.1μm 时，已属于纳米级分散，此时粒子之间的基体厚度 $L<0.1\mu m$。基体层的平均厚度如此之薄，使得填料

粒子的接触机会增加，形成粒子链而导电；另外，基体层厚度薄到一定程度后，电子在电场作用下比较容易跃迁形成隧道电流。

填料的填充量也会影响电磁屏蔽复合材料的屏蔽效果。复合材料由绝缘体转变为导电体的变化过程是在一个非常窄的填料加入量范围内完成的，存在一个临界填料体积填充分数 φ_c。当填料用量在临界体积分数以下时，复合材料的体积电阻率与基体的接近，没有导电性，对平面波辐射没有屏蔽作用；当填料含量达到 φ_c 时，导电网络开始形成，此时材料的体积电阻率还比较大，对电磁波的屏蔽能力很低；只有当填料用量超过 φ_c 以后，导电网络形成，复合材料的体积电阻率有时可突降10个数量级之多，此时复合材料的屏蔽效果超过20dB，对平面波辐射具有屏蔽作用，且随着填料含量的增加，屏蔽性能增强（图2-11）。图2-12表明填充料的长径比与屏蔽效果也有密切关系：填料长径比越大，导电性充填物之间形成的网络越多，屏蔽性能也越强。从另一角度看，长径比也影响着最佳体积填充量，通常长径比越大，最佳体积填充分数越低。

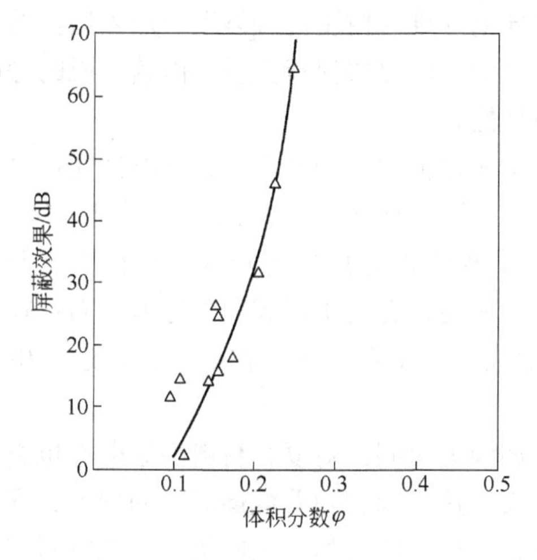

图2-11 铝片的体积分数与屏蔽效果关系

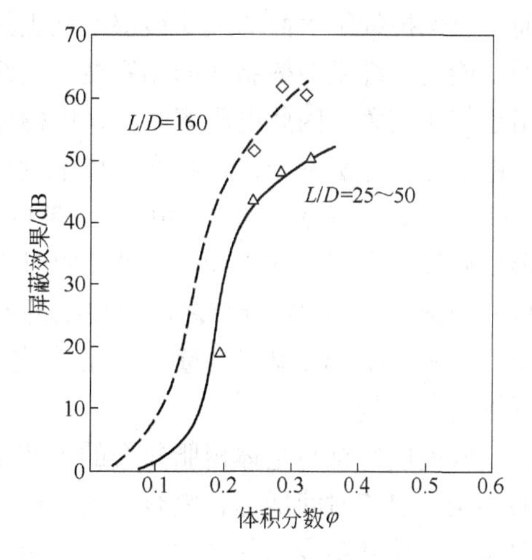

图2-12 铝纤维带的体积分数、长径比与屏蔽效果的关系

要制得屏蔽效果较好的复合材料，需要较大的填充体积，但随着填充体积的增大，材料的密度增大，复合材料将失去高分子材料特有的相对密度低的特点。此外，电磁屏蔽材料多用于电子设备的屏蔽，由于近代电子设备的数据传输多采用电视显示方式，如计算机终端显示器、监视器、仪表的图显和数显，都要求既透明又能阻隔电磁波的材料，而填充体积的增大势必将降低材料的透明性。因此要尽量降低复合材料中的临界体积填充分数 φ_c，由此达到降低复合材料密度，提高其透明性的目的。

目前，Ni因其优良的性能被广泛地应用于电磁波屏蔽领域。但对Ni系列屏蔽材料的研究多集中在导电性方面。对电磁波屏蔽材料Ni/聚乙烯复合材料在50MHz～1GHz频率范围内的电磁特性进行研究的结果表明，在交变电磁波作用下，材料的本构关系将发生变化，在静电场下的磁导率 μ 和介电常数 ε 在交变电磁场作用下都变为复数形式。

B 基体的影响

研究发现，材料的导电性能和电磁屏蔽性能与树脂基体的凝聚态结构密切相关。在相同的不锈钢纤维（SSF）含量条件下，结晶性 PP 基复合材料的电导率和屏蔽效果均优于无定形 ABS 基复合材料。比较出现电阻率突变所需的纤维临界填充量，发现用同种不锈钢纤维填充结晶性 PP 基体比无定形 ABS 基体所需的临界填充量低许多。这是因为：一方面，ABS 比 PP 的表面张力大，ABS 与金属纤维有强的相互作用，包裹纤维更紧密，纤维间接触电阻较大，造成在相同纤维含量时 SSF/ABS 复合材料比 SSF/PP 复合材料的体积电阻率大；另一方面，PP 是结晶性聚合物，受 PP 结晶的影响，金属纤维在非晶区富集较多而容易形成导电网络。所以，当不锈钢纤维填充量较低时，SSF/PP 复合材料的体积电阻率率先产生突降。当导电网络形成后，继续增加金属纤维的含量，体积电阻率的变化较为平缓，直至饱和状态。

C 制备技术的影响

由于金属与树脂间的相容性差，因此镀金属的纤维在复合体系中难以均匀分散，且纤维本身也易缠绕成团，对镀金属纤维进行表面处理可改善纤维填料与树脂间的界面状态，从而有效保护纤维表面的金属镀层不被破损。在导电纤维－树脂混合体系中加入适当的偶联剂，能改善纤维与树脂间的相容性，使纤维表面的金属镀层保持完整，由其形成的导电网络也相对完善，因此电阻率较低，电磁波屏蔽性能较好。

由于加工方法不同，填料在基体中的形态结构相差很大，表现出来的导电性能也将有很大变化。如低熔点金属（LMPM）/聚丙烯（PP）复合材料通过挤出拉伸成型，LMPM 能形成微纤，有较大的长径比，使 LMPM 最大的堆砌体积分数显著降低，有利于降低复合材料的密度；LMPM 纤维之间由更细的 LMPM 丝相连，有利于形成导电通道。而且粒子越小，φ_c 越小，这是因为 LMPM 分散得越细，形成的粒子数越多，在挤出拉伸过程中形成纤维的几率越大。

金属镀层纤维与基体树脂复合的工艺条件，如混炼时间，对复合材料的导电性也有一定的影响。混炼时间增加，复合材料的电阻率增大。这是因为随着混炼时间的增加，强大的剪切力会使纤维表面的金属层部分或全部脱落，破坏了应有的导电网络，因此电阻率上升。混炼时间越长，纤维表面镀层的破损程度越大，复合材料的导电性越差。因此，在确保纤维分散的前提下，应尽量缩短混炼时间。

2.2.1.3 电磁屏蔽复合材料的分类

填充复合型屏蔽材料是由电绝缘性较好的合成树脂和具有优良导电性能的导电填料及其他添加剂所组成的，经注射成型或挤出成型等方法加工成各种电磁屏蔽材料制品。按照屏蔽剂的形态可以分为三类：粉末填充型屏蔽材料、金属纤维填充型屏蔽材料和镀金属纤维/粉末填充型屏蔽材料。

A 粉末填充型屏蔽材料

人们最早在聚合物中掺入导电性良好的银粉、铜粉和镍粉等金属粉末作导电填料，用它们作填料与高分子基体共混。用银粉作导电填料具有突出的屏蔽效果。但银属于贵金属，仅在特殊场合下使用；铜的导电性能良好，价格适中，但铜的密度大，使用时铜粉易下沉，且铜易被氧化；镍粉不像铜粉那样容易氧化，但镍的电导率较低；如果将几种粉末混合使用则可达到理想的屏蔽效果，但高填充量的粉末导电填料会使塑料力学性能大幅度下降。

炭黑具有容易加工、控制添加量能得到任意的电导率、对塑料有补强作用等特点，因此作为导电填料在塑料中的应用较为广泛。影响炭黑导电性能的因素较多，主要有炭黑的粒径、结构、表面状态等。炭黑在导电塑料领域的应用主要集中在炭黑填料的改性和新型导电炭黑的开发两个方面。如美国 Cabot 公司的 Super Conductive 炭黑，哥伦比亚化学公司的 Conductex 40－220 等均为专用高效超细导电炭黑；日本三菱化成公司采用新型炭黑与聚丙烯配合，制备出牌号为 ECXZ－111 的 EMI 屏蔽材料，致密度仅为 $1.18g/cm^3$，被誉为世界上最轻的电磁屏蔽材料。

石墨作为导电填料在塑料中应用较早。只是由于石墨的导电性能不稳定，因而作为导电填料使用的时间很短。近年来，随着纳米技术的发展，将石墨纳米材料与基体复合制得的导电塑料正日益兴起。

B　金属纤维填充型屏蔽材料

与金属粉末相比，金属纤维有较大的长径比和接触面积，在相同填充量的情况下，金属纤维易形成导电网络。常用的纤维有碳纤维、铁纤维、不锈钢纤维、铜纤维、银纤维及镀金属玻璃纤维等。

碳纤维是一种高强度、高模量的高分子材料，不仅具有导电性，而且综合性能良好，与其他导电填料相比，具有密度小（$1.5\sim2.0g/cm^3$）、力学性能好、材料导电性能持久等优点。碳纤维的电磁屏蔽性能主要源于自身良好的导电性。碳纤维的电导率随热处理温度的升高而增大，经高温处理后，其电导率已逐步接近导体，具有较高的电磁屏蔽效果。例如，如经高温处理后的 PAN 基碳纤维与环氧复合制得的复合材料，在频率 500MHz 时其屏蔽效果可达 37dB。借助微振动切割技术制得的黄铜纤维，少量填充就可达到较佳的屏蔽效果。日本日立化成工业公司用黄铜纤维填充 AAS 树脂制成导电复合材料，在频率为 100Hz、500Hz 和 1000MHz 时，屏蔽效果分别为 67dB、48dB 和 32dB。铁纤维填充塑料是新开发出来的一个品种，其综合性能优良，成型加工性好。日本钟纺公司开发的铁纤维与 PA、PC 和 PP 等树脂复合而成的电磁屏蔽材料，其牌号分别为 FE－125MC、FE－125 和 FE－125HP。当铁纤维的填充量为 20%～27%（体积分数）时，屏蔽效果达 60～80dB。不锈钢纤维具有耐磨、耐腐蚀、抗氧化性好、导电性能高等特点，虽然价格较高，但用量少，对塑料制品和设备的影响也小。如用 6%（质量分数）直径为 7μm 的不锈钢纤维填充塑料，其 SE 值与填充 40%（质量分数）铝片的相当；填充 1%（体积分数）直径为 8μm 的不锈钢纤维于热塑性树脂中，可达到 40dB 的屏蔽效果。

C　镀金属纤维/粉末填充型屏蔽复合材料

导电纤维是利用化学镀、真空镀、聚合等方式，使金属（如镍、铜等）附着在纤维表面上形成金属化纤维，或在纤维内部掺入金属微粒物质，再经熔融抽成导电性或导磁性的纤维。日本在这方面的研究较早，现已有成熟的商业产品，如“EMITEC”纤维和“METAX”。“METAX”是在聚酯纤维表面镀铜镍的屏蔽材料，频率在 30MHz～300GHz 的范围有 40～60dB 的衰减效果。其性能通过 VCCI 规定，也通过 CISPR 标准和 FCC 规定。镀镍碳纤维和镀镍石墨纤维等也有很好的导电性能。美国氰胺公司采用直径为 7μm、镀层厚为 0.15μm 的镀镍石墨纤维作导电材料，在 ABS 树脂中的填充量为 40%（质量分数）时，所制得的导电复合材料在 1000MHz 时的屏蔽效果可达 80dB。

此外，镀镍云母片也可与 ABS、PBT、PP 等树脂复合制成屏蔽材料。例如，采用镀镍率为25%加镀铜率为25%的云母片，当其填充量为17.5%（体积分数）时，屏蔽效果可达40～60dB（0～1000MHz），即在极宽的频率范围内，尤其在高频区域具有较好的屏蔽效果。

总的说来，填充型屏蔽材料是继表层导电型屏蔽材料之后推入市场的新型材料，大有后来者居上之势。目前美国、英国和日本等国家已经开发了大量的此类屏蔽材料，如表2－3所示。

表2－3 填充复合类材料及其电磁屏蔽效果

导电填料	塑 料	填充率（体积分数）/%	屏蔽效果/dB	生产厂家
Al	聚碳酸酯	—	0.5～960MHz 45～65	美国 Mobay Chemical 公司
Fe 纤维	尼龙6/聚丙烯	20～27	0.5～960MHz 60～80	日本钟纺公司
Cu 纤维	聚苯乙烯	10	1000MHz 32	日本日立化成
镀镍石墨纤维	ABS 树脂	40	1000MHz 80	美国氰胺公司
超细炭黑	PP	—	50～1000MHz 40	三菱人造丝公司

2.2.1.4 屏蔽复合材料的发展

屏蔽材料的研究已向多层化、多功能化发展，如将LMPM原位纳米分散制备导电LMPM/PP纳米复合材料，或原位成纤制备LMPM/PP原位复合材料，可实现导电、增韧、增强和可加工性的统一。另外，屏蔽材料多层复合是一种行之有效且很实用的屏蔽手段，它易于实现导电、导磁及高损耗的多功能复合，可制成在法向和切向上具有不同导磁、导电性能的“各向异性屏蔽材料”。

传统的屏蔽材料多采用高反射的方式进行屏蔽，这样虽然完成了屏蔽任务，但反射回来的高能量电磁波，会对仪器本身造成一定的电磁干扰，这种有害的电磁能将产生电磁干扰，对电子和电气系统的正常操作造成种种不良的后果。因此，兼顾吸收效果的高性能屏蔽复合材料是屏蔽材料发展的一个趋势。

另外，用金属丝与无机或有机纤维的混纺纱制成的织物可作电磁波反射体。这种屏蔽复合材料主要用于无线通信天线的电磁波反射装置，但也可作计算机、复印机、传真机等电子设备的电磁波屏蔽板。

2.2.2 吸波复合材料

在国防领域中隐身技术一直是武器装备的重要关键技术之一。隐身技术是指在一定的遥感探测环境中降低目标的可探测性，使其在一定范围内难以被发现的技术。现代隐身技术包括的内容很多，从电磁波段来分，有雷达隐身技术、红外隐身技术、激光隐身技术、可见光隐身技术、声隐身技术以及复合隐身技术等。其中，雷达隐身是其最重要的方面，狭义的隐身技术即指雷达隐身技术。按照实现目标隐身的技术手段可分为外形隐身（结构隐身）技术和材料隐身技术。材料隐身技术中的关键是吸波材料。

第二次世界大战时，德国人曾用活性炭粉末填充天然橡胶片来包覆潜艇，以降低被对方雷达发现的可能性，这可以说是最早的雷达吸波材料（RAM）。美国早期研制了一种称为防辐射涂料（HARP）布，是在橡胶或塑料中填充导电的鳞片状铝粉、铜粉或铁磁材料制成的。这些早期的材料主要通过增加厚度来提高吸波性能，一般较重，用于舰船和陆地武装设备。从20世纪50年代起，美国等开展了较为系统的飞机隐身技术研究，经过20多年的发展，70年代开始研制隐身飞机，80年代隐身飞机装备部队并投入使用。现已装备的F-117A隐形攻击机、B-2战略轰炸机以及F-22先进战术隐身战斗机均采用了不同类型的吸波材料。其他发达国家也都投入大量人力物力和财力来研制吸波材料，已研发出不少的新型雷达吸波材料和吸波结构。

吸波复合材料一般由基体材料（或黏结剂）、增强体与损耗介质复合而成，它能够通过自身的吸收作用减少目标雷达的散射截面（RCS）。雷达散射截面是指与实际目标反射回发射/接收天线的能量相同的理想电磁波反射体的面积。简单的雷达方程可以表示为：

$$P_r = P_t \frac{G^2\lambda^2}{4\pi} \times \frac{\delta}{R^4} \qquad (2-18)$$

式中，P_r 为接收功率；δ 为雷达散射截面；P_t 为发射功率；λ 为波长；G 为天线增益；R 为距离。

从方程（2-18）可以看出，雷达接收到从目标返回的功率与雷达散射截面RCS成正比，为使目标对雷达隐身就应该尽量减少其RCS，使用吸波复合材料即可达到此目的。

2.2.2.1 吸波材料工作原理

微波与材料表面的作用有反射、透射、吸收，如图2-13所示。一般来说，电导率较高的材料对微波的反射作用较强；绝缘性能较好的材料电磁波透过性好。微波吸收是电磁波转化为热能而耗散的过程，因此要求反射与透过的电磁波尽可能的少。理想的吸波材料必须满足两个条件：(1) 自由空间与材料表面的阻抗匹配以减少电磁波的反射，要求材料复介电常数与复磁导率接近（匹配特性）。(2) 进入材料内部的电磁波能尽可能多地被损耗，要求材料有足够大的磁损耗或者电损耗。

当电磁波首先通过阻抗为 Z_0 的自由空间入射到阻抗为 Z_1 的吸波体表面上时，雷达波在材料表面的反射系数 R 可用下式表示：

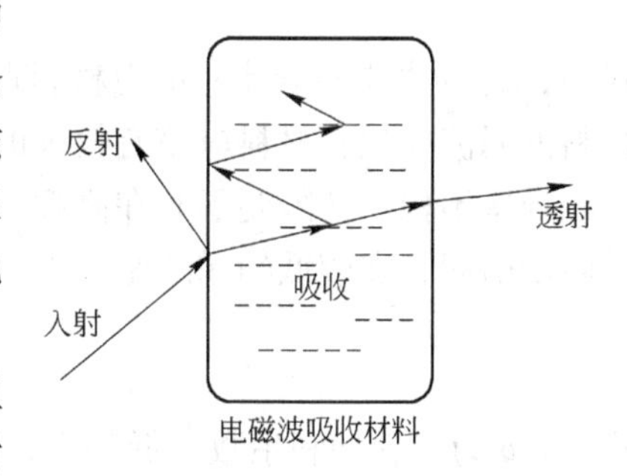

图2-13 微波与吸波材料的相互作用

$$R = \frac{1 - Z_1/Z_0}{1 + Z_1/Z_0} \qquad (2-19)$$

式中，$Z_0 = \sqrt{\frac{\mu_0}{\varepsilon_0}}$；$Z_1 = \sqrt{\frac{\mu_1}{\varepsilon_1}}$。

理想的吸波体材料要求 $R=0$，即 $\frac{\mu_0}{\varepsilon_0} = \frac{\mu_1}{\varepsilon_1}$，可推出 $\varepsilon_r = \mu_r$，ε_r 和 μ_r 分别为吸波体的相对介电常数和相对磁导率。然而，在实际使用的微波频段，ε_r 一般不接近 μ_r。因此，必须采用特殊材料和特殊设计，使 ε_r 接近 μ_r。

材料的吸波性能通常用式（2-20）与式（2-21）表示：

$$R_L = -20\lg\left|\frac{Z_{in} - Z_0}{Z_{in} + Z_0}\right| \qquad (2-20)$$

$$Z_{in}=Z_0\sqrt{\frac{\mu}{\varepsilon}}\tanh\left[j\left(\frac{2\pi ft}{c}\right)\sqrt{\mu\varepsilon}\right] \qquad (2-21)$$

式中，R_L 表示反射损耗（单位为 dB，-10dB 表示损耗电磁波能量的 90%）；Z_{in} 表示入射波在自由空间与材料界面处的阻抗；Z_0 为入射波在自由空间的阻抗；μ 与 ε 分别表示材料复磁导率与复介电常数；c 为光速；t 为材料厚度；f 为电磁波频率。复介电常数与复磁导率一般表示为：

$$\varepsilon=\varepsilon'-\varepsilon''j \qquad (2-22)$$

$$\mu=\mu'-\mu''j \qquad (2-23)$$

微波损耗机制主要包括磁损耗与介电损耗两大类。

A 磁损耗

磁性材料与电磁波相互作用时，主要产生三种能量损耗：涡流损耗、磁滞损耗和剩余损耗。当电磁波频率与磁通密度较低时，磁损耗可以由 Legg 公式表示：

$$\frac{2\pi\tan\delta_m}{\mu}=ef+aB+c \qquad (2-24)$$

式中，e、a、c、μ、$\tan\delta_m$、B 分别代表涡流损耗系数、磁滞系数、剩余损耗、磁导率、磁损耗角和磁通密度。

处于交变磁场中的导电材料内部产生的封闭诱导电流称为涡流。当电磁波频率与磁通密度较低时，涡流损耗系数用下式表示：

$$e=\frac{4\pi\mu_0 d^2\sigma}{3} \qquad (2-25)$$

式中，μ_0 为真空磁导率；d 为材料厚度；σ 为电导率。根据式（2-25），如果想要增加材料的涡流损耗，材料应该有较大的厚度及电导率。然而，较高的电导率使材料在高频下的磁导率不稳定，限制了其在高频下的应用。磁滞损耗由磁性材料不可逆的磁畴位移与磁畴转动引起，在较低的磁通密度下，磁滞系数由式（2-26）表示：

$$a=\frac{8b}{3\mu_0\mu^3} \qquad (2-26)$$

式中，b 为材料瑞利系数。低频下，剩余损耗主要由剩磁效应损耗引起，包括热起伏以及外加磁场作用下向平衡位置运动的电子与离子的滞后。剩余损耗由交变磁场的振幅与材料松弛时间决定。高频下，剩余损耗由尺寸共振、铁磁共振、固有共振及畴壁共振引起。

B 介电损耗

当电磁波作用于电介质时，电介质能够耗散电能。介电损耗包括电导损耗、介电松弛损耗及谐振损耗等。电导损耗用下式表示：

$$\tan\sigma_c=1.8\times10^{10}\frac{\sigma}{f\varepsilon_r} \qquad (2-27)$$

在电场作用下材料产生极化，如果极化的转向慢于电场方向的改变，就产生介电松弛损耗。这种极化包括热离子极化、偶极子转向极化、电子位移极化、离子极化等。电子位移与离子极化的时间很短，大约为 $10^{-15}\sim10^{-14}$s，因此这些极化自由在超高频时才能引起电磁波损耗。然而，热离子及偶极子转向极化的时间大约为 $10^{-8}\sim10^{-2}$s。因此，高频下对松弛损耗起主要作用的是热离子及偶极子转向极化。介电松弛损耗角的正切值

($\tan\delta_{rel}$) 可以通过德拜公式计算:

$$\tan\delta_{rel} = \frac{\varepsilon''_r(\omega)}{\varepsilon'_r(\omega)} = \frac{(\varepsilon_{rs} - \varepsilon_{r\infty})\omega\tau}{\varepsilon_{rs} + \varepsilon_{r\infty}\omega^2\tau^2} \qquad (2-28)$$

式中,ε_{rs}、$\varepsilon_{r\infty}$ 分别代表频率趋于极小与极大的介电常数;τ 代表松弛时间。

2.2.2.2 吸波性能的表征与影响因素

雷达散射截面 RCS 是针对具体目标而言的,材料吸波性能的表征不是 RCS,而是材料的特性参数——电磁波反射率。根据电磁场理论 Maxwell 方程,如果外界发射来的电磁波的入射率为 P_i,透射到材料上经过衰减后又反射出来的功率为 P_r,则功率反射率为 $R_p = P_r/P_i$,且 $R_p = \Gamma^2$,Γ 为电压反射率。以分贝(dB)为单位的反射率为:

$$R = 10\lg|R_p| = 20\lg|\Gamma| \qquad (2-29)$$

吸波复合材料的反射率主要受各组分材料自身的电学性质、几何形状以及结构形式的影响,另外还受入射波的频率、极化方向及入射角度等因素的影响。下面将主要介绍不同组分对吸波性能的影响。

A 损耗介质(吸收剂)对吸波性能的影响

在复合材料中加入损耗介质可大大提高体系的吸波性能。根据吸收机理的不同,吸波复合材料中采用的损耗介质可分为电损耗型和磁损耗型两大类。前者如各种导电性石墨粉、烟墨粉、碳化硅粉末、炭粒、金属短纤维、钛酸钡陶瓷体和各种导电性高聚物等,其主要特点是具有较高的电损耗正切角,依靠介质的各种极化衰减、吸收电磁波;后者包括各种铁氧体粉、羰基铁粉、超细金属粉或纳米相材料等,具有较高的磁损耗正切角,依靠磁损耗机制衰减、吸收电磁波。下面将介绍几种常用的吸收剂。

a 铁氧体吸收剂

铁氧体以其较高的μ''_r、低廉的制备成本成为最常用的微波吸收剂。它的吸波性能很好,即使在低频、厚度薄的情况下仍有很好的吸收性能。根据微观结构可分为尖晶石型和二价金属型铁氧体。

铁氧体是一种双复介质材料,其对电磁波的吸收,在介电特性方面来自极化效应;而其磁性方面,主要是自然共振。铁氧体具有较高的μ''_r值,使得自然共振成为其吸收电磁波的主要机制。可以通过掺杂适量的二价或四价金属离子来控制μ''_r的自然共振频率。

但是,铁氧体吸收剂存在着密度大、高温特性差的缺点。为了克服这些缺点,近年来,一些国家正在研制开发新组成与结构的铁氧体粉末。如把铁氧体制成超细粉末,研究新型“铁球”吸波涂层,制备锂镉铁氧体、锂锌铁氧体、镍镉铁氧体及陶瓷铁氧体等新类型的铁氧体材料。

b 金属超细粉

金属超细粉是指粒度在 10μm 甚至 1μm 以下的粉末,属于准零维或近似准零维材料。金属微粉吸波材料具有微波磁导率较高、温度稳定性好等特点,而且可以通过调节粒度来调节电磁参数,这种特点有利于达到匹配和展宽频带。主要有两类:一类是羰基金属微粉,包括羰基铁、羰基镍、羰基钴,粒度一般为 0.5 ~ 20μm;另一类是通过蒸发、还原、有机醇盐等工艺得到的磁性金属微粉,种类有 Co、Ni、CoNi、FeNi 等。这当中羰基铁微粉是最常用的一种,如美国 F/A18C/D 大黄蜂隐身飞机就使用了羰基铁微粉吸波材料。金属微粉吸波材料的缺点是抗氧化、耐酸碱能力差，介电常数较大，且频谱特性差，低频段吸收性能较差，密度大。

c 陶瓷微波吸收剂

陶瓷材料具有优良的力学性能和热物理性能，特别是耐高温、强度高、蠕变低、膨胀系数低、耐腐蚀性强和化学稳定性好，能满足隐身的要求。

陶瓷材料中应用最广的吸收剂是碳化硅。这种吸收剂的密度小，吸波性好，介电常数随烧结温度有较大的变化，使用频带从几十赫兹到十几吉赫兹，是下一代隐身航空发动机的主要原料。

钛酸钡陶瓷体在微波范围内属于强感应损耗材料，适合作窄频、超薄型吸波材料的吸收剂。其他如炭黑、黏土、煤矸石等介电损耗介质也可用作吸收剂。

d 导电高聚物吸收剂

导电高聚物，如聚乙炔、聚吡咯、聚苯胺等。具有结构多样化、密度低、物理性能和化学性能独特等特点。因具有 π 电子共轭体系，它的电导率可在绝缘体、半导体和金属范围内变化。有研究表明：当导电高聚物处于半导体状态时对微波有较好的吸收。其机理类似电损耗型，在一定电导率范围内最小反射率随电导率的增大而减小。将导电高聚物与无机磁损耗物质或超微粒子复合能够制成新的轻质、宽频吸波材料。

e 导电纤维或金属丝吸收剂

在微波吸收复合材料中，加入导电短纤维或金属丝，能引起吸波特性的变化，如果设计得当，能获得具有良好吸收性能的材料。

新型的多晶铁纤维吸收剂是一种轻质的磁性雷达波吸收剂。这种多晶铁纤维为羰基铁单丝，直径为 1 ~ 5μm，长度为 50 ~ 500μm，纤维密度低，结构为各向同性或各向异性。通过磁损耗或涡流损耗的双重作用来吸收电磁波能量。因此，这种吸收剂可在很宽的频带内实现高吸收率，质量减轻，克服了大多数磁性吸收剂存在的严重缺点。目前，GAMMA 公司用这种新型吸收剂制成的吸波涂层已应用于法国国家战略防御部队的导弹和飞行器。

在微波吸收复合材料中可供选择的还有铁、钴、铅等导电性短纤维，这些导电短纤维加入到吸波复合材料中后，均可改变材料的介电性能，增大等效介电常数的虚部，通过改变纤维的尺寸大小、含量和复合材料的厚度，可以得到各种不同性能的复合材料。

f 纳米吸收剂

金属、金属氧化物和某些非金属材料的纳米级粉末在微波场的辐射下，原子和电子运动加剧，促使磁化，使电子能转化为热能，从而增加了对电磁波的吸收。由于纳米微粒尺寸小，比表面积大，表面原子比例高，悬挂键增多，从而界面极化和多重散射成为重要的吸波机制。量子尺寸效应使纳米粒子的电子能级发生分裂，分裂的能级间隔正处于微波的能量范围内，从而导致新的吸波通道生成。

纳米材料因其具有极好的吸波特性，同时具备宽频带、兼容性好、质量小和厚度薄等特点，许多国家都把纳米材料作为新一代隐身材料加以研究。美国研制出的“超黑粉”纳米吸波材料，对雷达波的吸收率大于 99%。美国明尼苏达采矿和制造公司在中空玻璃球表面利用溅射成膜技术生成多层纳米颗粒膜吸收剂，填充有这种吸收剂的吸波材料具有密度低、吸收能力强的优点。目前世界军事发达国家正在研究覆盖厘米波、毫米波、红外、可见光等波段的纳米复合材料。法国研制出一种宽频微波吸收涂层，这种吸收涂层由黏结剂和纳米微粉填充材料组成，在50MHz～500Hz内具有良好的吸波性能。1991年，日本NEC实验室发现了一种新型的富勒烯准一维碳原子晶体结构，简称碳纳米管（CNT）。将碳纳米管作为吸收剂添加到聚酯基复合材料中制成吸波材料，研究表明添加80%（质量分数）CNTs的聚酯基复合材料通过调整厚度，在8～40GHz波段均可有良好的吸收。由于CNTs的管径尺寸为纳米量级，CNTs/聚酯基复合材料在毫米波段表现出明显的吸收。随材料厚度的增加，吸收峰向低频移动，其吸波频带扩大到厘米波范围。

g　手性媒质吸收剂

手性结构与微波相互作用始于20世纪50年代，Tinoco等人研究了埋在聚苯乙烯泡沫中的铜制螺旋线对电磁波的“旋光”特性。至20世纪80年代，手性材料对微波的吸收、反射特性的研究受到了一些研究部门的重视，有关报道逐渐增多。手性材料与普通材料的区别在于它具有手性参数x，通过调节x可使材料无反射。而调整手性参数比调节介电参数和磁导率容易，大多数材料的介电参数和磁导率很难在较宽的频带上满足反射要求；另外，手性材料的频率敏感性比介电参数和磁导率小，容易实现宽频吸波。

手性吸收剂的根本特点是电磁场的交叉极化。对于一般的各向同性介质，电场E只能引起电极化而不能引起磁极化；磁场H只能引起磁极化而不能引起电极化，即只能发生电磁场的自极化。而对手性材料来讲，电场不仅能引起材料的电极化，而且能引起材料的磁极化；磁场不仅能引起材料的磁极化，也能引起材料的电极化。因而，手性吸波材料与一般吸波材料相比具有吸波效率高和吸收频带宽的两个显著特点。同时，手性吸收剂也较易与空气和其他介质材料实现阻抗匹配。

由于手性吸收剂与普通吸收剂相比具有特殊的电磁波吸收、反射、透射性质，特别是利用这种材料可能制造出性能优良的隐身吸波材料，因而具有很诱人的潜力。

B　基体对吸波性能的影响

表2－4列出了常用复合材料基体树脂的电性能。从表中可看出，热固性树脂环氧、BMI和PI，以及热塑性树脂PEI、PEEK、PEK和PPS等都具有比较好的介电透射特性。目前，这些树脂基体已广泛用于制造吸波复合材料。DOW化学公司研制的聚异氰酸酯树脂与碳纤维混合后可制得具有优良雷达传输和介电透射特性的高度编织物预浸料，还具有优良的耐高温性，抗湿度性能比BMI高10倍。这种树脂的介电损耗随频率和温度而变化，用它制成的吸波复合材料，在很宽的频率范围内都具有优良的吸透波性能。

表2－4　常用复合材料基体树脂的电性能

基体树脂类型	介电常数（E_1/E_0）	损耗角正切值/损耗因子（$\tan\delta$）
聚酯	2.7～3.2	0.005～0.020
环氧	3.0～3.4	0.010～0.030
聚异氰酸酯	2.7～3.2	0.004～0.010
酚醛	3.1～3.5	0.030～0.037
聚酰亚胺（PD）	2.7～3.2	0.005～0.008
双马来酰亚胺（BMI）	2.8～3.2	0.005～0.007

续表 2-4

基体树脂类型	介电常数（E_1/E_0）	损耗角正切值/损耗因子（$\tan\delta$）
硅树脂	2.8～2.9	0.002～0.006
聚醚酰亚胺（PEI）	3.1	0.004
聚碳酸酯（PC）	2.5	0.006
聚苯醚（PPO）	2.6	0.0009
聚砜	3.1	0.003
聚醚砜（PES）	3.5	0.003
聚苯硫醚（PPS）	3.0	0.002
聚醚醚酮（PEEK）	3.2	0.003
聚四氟乙烯（PTFE）	2.1	0.0004

注：在20℃、10GHz频率下测定的数据。

2.2.2.3 吸波复合材料的分类

目前吸波复合材料的分类有多种方法，主要有以下三种：

（1）从材料损耗机理可分为电介质型、电阻型和磁介质型三种，电介质型：钛酸钡等；电阻型：碳纤维、碳化硅纤维、炭黑、石墨等；磁介质型：超金属微粉、铁氧体、羰基铁等。

（2）从材料成型工艺和承载能力可分为涂敷型吸波复合材料和结构型吸波复合材料。涂敷型是指在结构表面涂敷具有吸波功能的涂料，结构型是指赋予材料吸波和承载双重功能。

（3）从吸波方式又可分为吸收型和干涉型。所谓吸收型就是材料本身吸收电磁波，干涉就是材料利用前后两列反射波相互干涉相消，同样削弱电磁波。

下面分别介绍常见的涂敷型吸波复合材料和结构型吸波复合材料以及一些新型的吸波复合材料。

A 涂层吸波材料

（1）铁氧体吸波材料。铁氧体吸波材料的研究历史较长，研究较多，因而技术较成熟。由于其阻率比较大，高频时有较高的磁导率，一般同时具有电损耗、磁损耗，双重作用更易吸收衰减电磁波，在吸波材料领域中被广泛应用。就国内研究铁氧体吸波材料的水平来看，最好的可吸收频率8～18GHz内的电磁波，其反射率均达到-10dB，材料厚度为2mm，面密度约5kg/m^2。日本在铁氧体吸波材料研制方面技术先进，力量雄厚。其中研制的一种由谐振层、阻抗可变层组成的双层涂层结构，在频率1～2GHz内，其反射率均达到-20dB。隐身技术中已广泛使用铁氧体吸波材料，如镍钴铁氧体吸波材料就涂敷在B-2隐身轰炸机的机翼蒙皮、机身外层上。

（2）金属微粉吸波材料。金属微粉吸波材料具有吸波磁导率高、温度稳定性好等优点。它主要包括羰基铁粉、羰基镍粉和钴镍合金等。主要吸收机理是磁滞损耗、涡流损耗等。目前，金属微粉吸波材料已广泛应用于隐身技术。

（3）纳米吸波材料。纳米材料独特的结构使其自身具有量子尺寸效应、宏观量子隧道效应、小尺寸和界面效应等许多独特的性能，因而纳米材料具有良好的吸波特性，具有宽吸收、厚度薄、质量轻和性能稳定等特点，是一种新兴的雷达吸波材料。研究纳米吸波剂是研究纳米吸波材料的基础，国内外研究的纳米吸波剂主要有纳米氧化物吸波剂、纳米金属与合金吸波剂、纳米陶瓷吸波剂、纳米金属与绝缘介质、纳米导电聚合物复合吸波剂等几种类型，其主要靠电子散射与界面极化吸收损耗电磁波。

（4）导电高聚物吸波材料。这类吸波材料的吸波机理是利用某些具有共轭 π 电子的高分子聚合物的线性或平面结构与高分子电荷转移配合物的作用来设计其导电结构，从而实现阻抗匹配和电磁损耗来吸收电磁波。美国宾夕法尼亚大学 Marcdiarmid 用聚乙炔作吸波材料，用该材料制成 2mm 的薄膜，发现在频率为 35GHz 时，对电磁波的吸收可达 90%。

（5）吸波纤维材料。研究吸波纤维材料的历史追溯到 20 世纪 80 年代中期，它包括碳纤维、多晶铁纤维、碳化硅纤维等。此类纤维长度一般为 50 ~ 500μm，直径大约为 1 ~ 5μm，结构上可呈同性或异性，密度较低。其吸波机理主要是磁滞、涡流损耗，此外，它的导电性很强，介电损耗较大，当处于交变电场的作用下时，纤维内的自由电子会来回运动，震荡、碰撞加剧，将电磁能转化成热能的形式损耗掉，因而既有磁损耗，又有电损耗，其吸收效果良好。美国 3M 公司于 1992 年研制的亚微米级多晶铁纤维的平均直径为 0. 26μm，长度约为 6. 5μm。以该种铁纤维为主要组成成分的吸波材料具有吸收“宽”、“轻”、“强”，吸收与入射角度无关等特点。

（6）手性吸波材料。手性是指物像与镜像不存在任何几何对称性，且不能通过任何操作使物像与镜像重叠。手性材料与普通材料的区别在于它具有手性参数，通过调整手性参数可使材料无反射。由于手性参数的调整相对容易，不像调介电常数和磁导率那么复杂，另外手性参数对频率的敏感性小，在较宽的频段内没什么变化，能够很好地实现宽吸收，致使手性吸波材料受到研究者的青睐。自 1987 年美国宾州大学研究人员首次提出“手征性具有用于宽频带吸波材料的可能性”以来，手征吸波材料在国外受到高度关注。20 世纪 80 年代国外广泛研究手性材料对微波的吸收和反射特性，90 年代初，国内也开始这方面的研究。

B 结构型吸波材料

由于传统的涂覆型吸波材料存在吸收频带窄、涂层厚、密度大、热稳定性差、易脱落等缺点，限制了其应用和发展水平，研究开发结构吸波材料就成为历史发展的必需。结构型吸波材料的研究是以先进复合材料的研究为基础，并在其上发展起来的多功能复合材料，它在吸波的同时还兼有防腐、耐湿、耐高温、承载的功能，此外还具有拓宽频带、效率高、不增加消极质量、可成型各种形状复杂的部件等优点，是当代吸波材料的主要发展方向。

国外对结构型吸波材料的研究较早，掌握了大量设计、制造、性能检测等方面的技术，技能、技术成熟，实力雄厚，因而应用方面也取得了较大发展。美、俄、法等国的飞机、坦克、舰艇、导弹上都在使用结构吸波材料。该种材料主要是用有吸波性能的基体材料、增强材料、蜂窝芯材等复合而成。该结构的表层具有良好的透波性能，中间层为衰减设计的大损耗吸收层，底层为全反射层，整体结构遵行“透”、“吸”、“反”的设计理念。

目前设计出的吸波复合材料的主要形式有混杂纤维增强复合材料、多层吸波复合材料和夹芯结构复合材料三种。

（1）混杂纤维增强复合材料。通过不同纤维最有效吸收频段的相互匹配，得到具有较强吸收能力的宽频段吸波复合材料。如将碳纤维和碳化硅纤维以不同比例，通过人工设计的方法，控制其电阻率，便可制成耐高温、抗氧化、具有优异力学性能和良好吸波性能的碳化硅－碳纤维复合纤维。碳化硅－碳纤维复合纤维和接枝酰亚胺基团与环氧树脂共聚改性为基体组成的结构材料，具有优异的吸波性能。

（2）多层吸波复合材料。为扩展材料的吸波频带，提高吸波性能，通常采用多层复合吸波材料。多层复合吸波材料的电磁波吸收率取决于各层材料的磁导率μ、介电常数ε、电导率σ、厚度以及复合层的组合结构。多层复合的组合结构或各层的排列次序对吸收率大小与吸收峰位置均有影响。复合层的表面层尤为重要，应采用μ、ε值高且$\mu\approx\varepsilon$的材料，使之尽可能地对电磁波进行衰减；否则，若第一层反射很大，后面几层即使衰减能力很强也不可能降低总的反射率。另外，各层的磁导率与介电常数应当尽量接近，否则将增大各交界面上的反射率而使吸收率减小。一般最外层为透波材料；中间层为电磁损耗层，可设计成各种几何形状并可填充吸收剂等；而最内层则由具有反射电磁波性能的材料构成。根据所使用的频段及现有的材料合理选取电磁常数和厚度，并采用多层的最佳组合结构，就可最大限度地降低微波反射率，提高吸波性能。

（3）夹芯结构复合材料。夹芯结构吸波复合材料是用透波性好、强度高的复合材料作面板和底板，而夹芯结构可以是蜂窝结构、波纹结构或角锥结构，如图2－14所示。

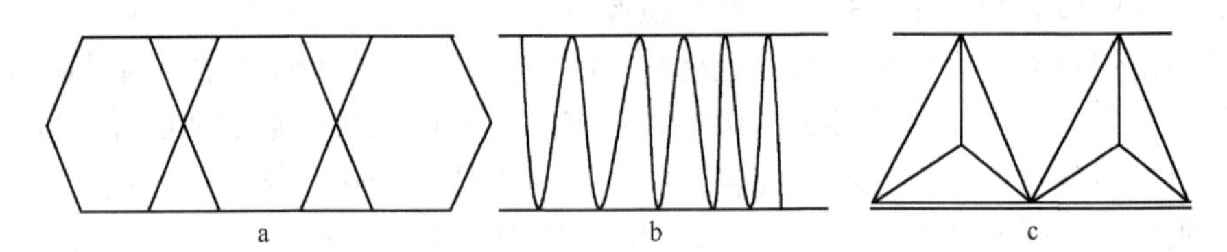

图2－14　夹芯结构示意图
a—六角蜂窝孔；b—波纹板夹芯；c—角锥夹芯

人们常在这些夹芯结构上浸透或涂敷吸收剂或在夹芯结构中填充带有吸收剂的泡沫塑料。一方面蜂窝夹芯结构可以获得最低的介电常数，另一方面可在蜂窝芯材内壁涂抹沉积剂，以增强其吸波能力，亦可填充带有吸波剂的泡沫。隐身飞机的机身和机翼蒙皮通常由碳纤维、玻璃纤维、芳酰胺纤维增强聚合物制成。吸波结构通常使用非金属蜂窝芯。根据需要，在蜂窝网格内充填吸波物质，如磁性微球、空心球、短切纤维等。这样，电磁波首先被具有损耗性能的芯格薄壁部分吸收，剩余的电磁能量经芯格薄壁多次反射吸收，展宽了吸收频率。

为进一步提高材料的吸波性能，可将上述三种形式结合使用，如混杂纤维增强多层复合材料，混杂纤维增强夹芯结构复合材料或多层夹芯结构复合材料。

C　新型吸波复合材料

理想的吸波复合材料应当具有吸收频带宽、吸收能力强、密度低、物理力学性能好、易于成型和不会由于电磁波的入射而影响其化学稳定性等特点，但目前尚未做到这一点。为了获得性能优异的吸波复合材料，世界各国都在致力于开发新型吸波机制、高性能吸收剂、高性能吸波树脂和纤维以及发展多功能吸波复合材料等。新型吸波机制主要包括电路模拟吸收机制、等离子体吸收机制、智能材料吸收机制等。吸波复合材料的多功能化主要表现在耐高温、抗烧蚀、智能化和多频谱兼容等。

（1）电路模拟吸波结构复合材料。含电路屏的电阻渐变结构复合材料，即电路模拟吸波结构复合材料是一种新型而有效的吸波复合材料结构形式。电路模拟吸波结构由栅格单元与间隔层构成，其作用与频率选择表面相似，能反射一个或多个频率，而对其他频率是透明的。栅格单元的有效电阻由材料类型、栅格尺寸、间距、几何形状等决定。电路屏在吸波复合材料中能引起入射电磁波与反射电磁波的干涉，起到又一反射屏的作用；而且由于电路屏是由导电金属箔或导电纤维制成的周期结构，无论入射的电磁波呈现什么样的极化方式，其对电路屏的作用都相当于施加电压激励，因此能在电路屏上引起谐振电流，当形成自适应极化条件时，在损耗介质中会产生耗散电流，耗散电流在复合材料中逐渐衰减从而产生电磁能的损耗，因而电路屏能使外场的电磁波能量感应成耗散电流能量，而吸波复合材料中的损耗介质则使电流能量转化为热能，从而增加吸波复合材料的吸波性能；同时电路屏的加入能够增大吸波复合材料的表面输入阻抗，从而提高吸波复合材料的吸波性能。

（2）多频谱吸波复合材料。现代军事侦察技术除应用传统的光学和雷达技术外，已迅速发展了红外、厘米波、毫米波等多种先进探测手段。因此，对隐身技术的要求也越来越高，单一频段的隐身技术已远不能满足现代战争的需要，未来隐身材料必须具有宽频带特性。我国研究者从各功能层多层复合结构出发，研究了可见近红外层、红外低辐射层和雷达波吸收层之间的相互影响规律、电磁参数的匹配特性及其各材料层的工艺参数控制，从而解决了可见光、近红外、中远红外隐身材料与雷达波吸收材料相互兼容的难题，实现了材料的多频谱综合隐身。

（3）超宽频透明吸波复合材料。美国信号产品公司（Signature Products Company）开发了一种新型的雷达吸波材料，用来对付工作在 5 ~ 200GHz 的雷达。这种吸波材料以高分子聚合物为基体，用氰酸酯晶须和导电高聚物聚苯胺的复合物作吸波体，氰酸酯晶须具有极好的吸收雷达波特性，并极易悬浮于聚合物基体中。这种吸波材料具有光学透明特性，可以喷涂在飞机座舱盖、精确制导武器和巡航导弹的光学透明窗口上，以减小目标雷达的散射截面。

（4）电磁双损耗吸波复合材料。电损耗型吸波复合材料对高频电磁波具有较好的吸收能力，磁损耗型吸波复合材料对低频电磁波具有较好的吸收能力，因此，开发兼具电、磁损耗的吸波复合材料是吸波复合材料的重要研究方向。

利用铁电材料具有较大电滞损耗的特点，将其与具有较大磁滞损耗的铁磁材料复合，可以使该复合材料兼具两种材料的损耗特点，提高吸波复合材料在一定频段内对电磁波的衰减能力。这类复合材料除了具有单一材料的各种性能外，由于电极化和磁化之间的耦合作用，还会出现许多新的性能如磁电效应，具有许多潜在的应用前景，因而受到了广泛关注。如在铁磁材料 Ni-Zn 铁氧体中添加铁电材料 PZT 制成复合材料，中低频范围内可提高 Ni-Zn 铁氧体对电磁波的衰减能力，且随 PZT 添加量的增加，衰减率增大。高频范围内，添加 PZT 却使 Ni-Zn 铁氧体对电磁波的衰减能力下降，PZT 添加量越多，其衰减能力越下降。这是因为 PZT 兼有铁电损耗和铁磁损耗，它的微观结构既有铁电畴又有铁磁畴，其铁电晶格（铁电畴）在磁化时能在局部形成排列整齐的电畴，因而除在交变电场作用下可引起较大的电滞损耗外，在交变磁场作用下还能产生磁滞损耗。在中低频段，当 PZT

与铁磁材料 Ni-Zn 铁氧体复合后，复合体兼具有两种损耗的特点，从而提高了 Ni-Zn 铁氧体对电磁波的衰减能力，弥补了单一 Ni-Zn 铁氧体在此频段吸波能力较差的弱点。PZT 添加量越多，其衰减能力越强，但始终介于两单体材料之间。高频范围内，随着频率的增加，Ni-Zn 铁氧体除磁滞损耗外，其他损耗方式（涡流损耗、共振损耗等）显著增大，成为衰减电磁波的主要矛盾方面，使其本身对电磁波的衰减能力大大增强；而 PZT 的损耗能力对频率的响应相对缓慢，不及 Ni-Zn 铁氧体强，添加 PZT 反而使得 Ni-Zn 铁氧体对电磁波的衰减能力下降，PZT 添加量越多，其衰减能力下降越多，并始终介于两单体之间。

2.2.2.4　吸波材料的应用

目前，吸波复合材料主要应用于军事装备领域。除前面提到的现已装备的 F-117A 隐形攻击机（图 2－15）、B－2 战略轰炸机以及新问世的 F－22 先进战术隐身战斗机（图 2－16）均采用了不同类型的吸波材料外，美国纯属隐形的 21 世纪新型战舰 BFC，也广泛使用吸波复合材料结构件修饰上层建筑的突起部分，从而达到可见光隐形和雷达隐形的目的。

图 2－15　F－117A 隐形攻击机

图 2－16　F－22 隐身战斗机

F－117S 型战机进气管内壁涂有吸波涂层。进气口外有护栅，护栅涂有吸波涂层。座舱盖为五层复合风挡玻璃，座舱盖和所有透明窗口的玻璃均涂有金黄色金属吸波涂层。机身、机翼和 V 形双垂尾的主结构都是铝合金。铝合金外表大面积部位敷贴的吸波薄板由铁氧体和环氧树脂制成，小面积部位喷涂铁氧体吸波涂层。同时美国空军准备采用 CF/PEEK 吸波复合材料改进 F－117 的 V 形双垂尾和起落架舱门。

美国空军服役的 F－16C/D 和荷兰的 F－16A/B 都作了隐身改进。改进项目有：座舱盖内侧壁溅射或蒸镀金黄色吸波涂层，这种金膜兼具隐身和抗电磁干扰性能；进气道周围涂敷吸波涂层；垂尾改用双马来酰亚胺吸波复合材料制造。

B－2 轰炸机（图 2－17）的进气道采用能吸波的碳/碳材料制造，机身和机翼蒙皮采用特殊碳纤维和玻璃纤维增强的多层蜂窝夹芯结构吸波复合材料制备。此种特殊碳纤维是方形横截面，表面还沉积有一层微小孔穴的炭粒，能有效地提高吸波性能。

图 2－17　B－2 轰炸机

我国成功研制了 XFT－2 型雷达吸波材料，

能够满足潜艇雷达隐身的要求。XFT－2型雷达吸波材料采用双层结构，根据潜艇应用条件对材料附着力、耐水性、耐水压等物理力学性能的要求，选用耐气候性、耐水性好的氯磺化聚乙烯橡胶作基体。靠近金属的一层选用大磁滞损耗的羰基铁粉作吸收剂；为达到与空气较好匹配，第二层采用了复合吸收剂。

随着探测技术及通讯技术的发展，吸波复合材料的应用范围将越来越广。

2.3 其他磁功能复合材料

2.3.1 聚合物基磁致伸缩复合材料

磁致伸缩复合材料是通过将粉末状、颗粒状的磁致伸缩复合材料以不同的体积分数加入到金属、玻璃和聚合物基体中复合加工而成的一种功能复合材料。

常见的铁磁材料都有磁致伸缩现象，而许多材料的形变太小而无法应用。表2－5列出了常见的磁致伸缩材料在室温下纵向的饱和磁致伸缩应变。

表2－5 常见的磁致伸缩材料在室温下的磁致伸缩应变

材　料	磁致伸缩应变/$\mu L \cdot L^{-1}$	材　料	磁致伸缩应变/$\mu L \cdot L^{-1}$
Fe	-9×10^{-6}	60% Ni-40% Fe	25×10^{-6}
Ni	-35×10^{-6}	$TbFe_2$	1753×10^{-6}
Co	-60×10^{-6}	Terfenol-D	1600×10^{-6}
60% Co-40% Fe	68×10^{-6}	$SmFe_2$	-1560×10^{-6}

传统意义上的磁致伸缩材料绝大部分都是由过渡金属元素、稀土元素等无机元素构成的无机物，在外加高频交变磁场条件下，这种磁致伸缩材料内部将产生巨大的涡流效应，严重扼杀了这种功能材料的应用前景。同时，无机材料密度大，不易加工成型，这都限制了其广泛应用。人们对磁致伸缩复合材料不断研究，发现聚合物基磁致伸缩复合材料不仅在这些方面具备优势，还能解决无机磁致伸缩材料的高频下的涡流效应问题。目前基体大多数为环氧树脂，磁致伸缩填料主要是Tb－Dy－Fe系的超磁致伸缩材料（GMM）的颗粒或粉末。

2.3.1.1 磁致伸缩机理

磁致伸缩是所有磁性材料都具有的基本现象，通常是指铁磁性材料或者亚铁磁性材料由于磁化状态的改变，其尺寸发生微小变化的现象。磁致伸缩主要来源于原子或离子的自旋与轨道耦合。图2－18描述了磁致伸缩产生的机理。

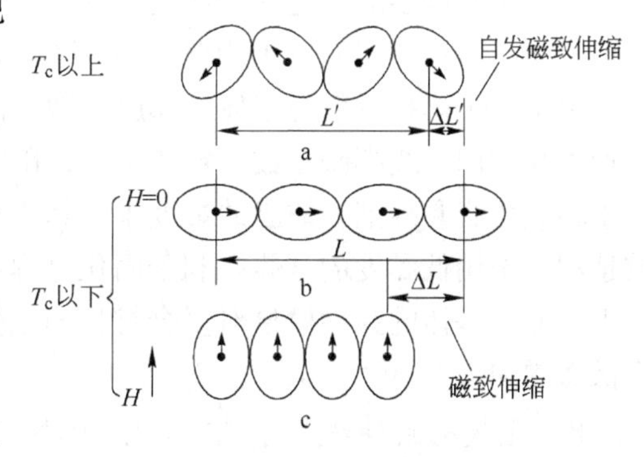

图2－18 磁致伸缩机理

图中黑点代表原子核，箭头代表原子磁矩，椭圆代表原子核外电子云。图2－18a中描述了T_c温度以上顺磁状态下的原子排列状况；图2－18b中，T_c温度以下出现自发磁化，原子磁矩定向排列，出现自发磁致伸缩 $\Delta L'/L'$；图2-18c 中，施加垂直方向的磁场，原子磁矩和电子云旋转 90°取向排列，磁致伸缩量为 $\Delta L/L$。如果在施加磁场之前，在磁性材料上预先施加一定的载荷，这个形变量将会增大，从而提高磁致伸缩应变。

2.3.1.2 聚合物基磁致伸缩复合材料的加工工艺

聚合物基磁致伸缩复合材料的加工工艺包括：

（1）压制成型。目前对于磁致伸缩复合材料的制备还没有统一的工艺流程。压制成型是目前最主要的成型方法。成型中先将大小为 10～150μm 的磁致伸缩粒子经偶联处理，在溶剂中与树脂基体充分搅拌混合，再将混合物倒入模具中，然后在超过 150MPa 的压力下将混合物加热到 300～600℃。如果材料要求各向异性，可以将模具置于磁场中固化。如果加工时采用尺寸较小的稀土粒子，一般在惰性氮气或者氩气的保护下进行研磨。压制成型中基体的气泡不易排出，所得到的复合材料中往往会产生缺陷，会影响复合材料的性能。

（2）注射取向成型。热塑性树脂在加工过程中，一般只发生物理变化，受热变为塑性体，成型后冷却又变硬定型，若再受热还可改变形状重新成型。虽然常用的热塑性树脂的性能较环氧树脂差，但某些高性能的热塑性树脂具有比环氧树脂更优异的性能，而且具有更好的加工性能，适合于注塑型。具体做法是：首先将模具置于磁场中，磁致伸缩粒子通过与模具相连的滑道进入模具，在磁场作用下发生取向。然后将模具密封，仅留一个注射口和抽气口，抽气口与真空泵相连，树脂通过注射口在真空泵的作用下进入模具，经后处理过程后制备成复合材料。为了获得低孔隙率的磁致伸缩复合材料，注射工艺中必须保证模具在抽气时处于密封状态，同时必须控制树脂的流动速度，使磁致伸缩粒子在树脂流动过程中不至于脱离在磁场取向后的位置。与压制工艺不同的是，在取向注射工艺中，磁致伸缩粒子可以在干燥的状态下进行取向。

2.3.1.3 磁致伸缩复合材料性能的影响因素

对于磁致伸缩复合材料，研究者们主要关心的性能参数包括以下几个方面：磁致伸缩系数、抗压强度、弹性模量、动态磁致伸缩系数、磁机械耦合系数、极限频率和增量磁导率等。影响这些性能的因素包括以下几个方面：基体，颗粒的体积分数、尺寸、形状，颗粒的取向，预压应力，偏磁场和温度等。

A 树脂基体的含量、黏度系数及模量

目前研究最多的就是聚合物基 Terfenol-D 磁致伸缩复合材料，而采用的基体基本上都是环氧树脂。在一定的范围内随着树脂含量的增加，复合材料的极限频率和抗拉强度提高。由于粒子体积分数与基体线膨胀系数之间的相互关系，产生了形变-磁场-载荷间的各种相互作用。线膨胀系数一定的基体，随着体积分数的降低，固化过程中预应力增加。对于环氧树脂黏结剂，树脂的黏度系数越小，复合材料的磁致伸缩性就越好，机电耦合系数越小。采用低黏度的基体有利于固化过程中形成可靠的磁性粒子链，但也易于在基体内产生气泡。基体的弹性模量对复合材料的磁弹性有很重要的影响，饱和磁弹量随着模量的降低而增加。

B 无极磁致伸缩粒子的形状、大小和分布

无极磁致伸缩粒子的形状不外乎圆球形、薄片状和不规则状，研究表明，在一定的预

加应力作用下，薄片状粉末磁致伸缩材料与聚合物基体形成的复合材料能取得较好的饱和磁致伸缩应变。随着粉末粒度的增加，其密度和磁致伸缩应变均增加。随着颗粒尺寸的增加，其抗压强度降低，且下降趋势较快。平均颗粒尺寸越小，在相同的质量或体积下，颗粒数目越多，颗粒的总表面积越大，被黏结剂所包围的颗粒的表面积越多，在压制成型时黏结剂分布均匀，有利于提高抗压强度。同时颗粒数目越多，颗粒之间的空隙越小，也有利于提高抗压强度。

另外，用偶联剂对粒子的表面进行处理，通过偶联剂能使两种不同性质的材料很好地偶联起来，及形成无机相－硅烷偶联剂－有机相的结合，使颗粒的黏结程度提高，从而复合材料获得很好的磁致伸缩性能。

C 成型工艺中的压力和粒子的取向程度

聚合物基磁致伸缩复合材料的抗压强度随着成型压力的增大而增大，饱和磁致伸缩应变则减小。当成型压力较小时，样品中的空隙较多，样品密度较小，样品的抗压强度较低，弹性应变能力较大。随着成型压力的增加，聚合物及颗粒之间的空隙减小，黏结剂在较高的成型压力作用下能均匀地分布在颗粒与颗粒之间的空隙中，同时样品的致密度也增加，因此抗压强度增加，但微小弹性应变受到限制。

在磁场中成型的聚合物级磁致伸缩复合材料，无机磁性伸缩粒子能够形成磁性链，经磁场取向后的样品其磁滞伸缩量明显提高。由于成型过程中施加磁场，使合金颗粒朝着与磁场一致的方向上转动，相邻颗粒由于磁力作用而首尾相对接形成磁性链条，样品固化后，仍保持这个状态，每一个颗粒产生的伸缩便能直接传递给相连接的颗粒，从而提高了磁致伸缩效应；磁性颗粒链条之间彼此被黏结剂阻隔从而限制了涡流。研究表明，固化过程中施加压力前先进行磁场取向，磁场强度越大，材料的性能提高越大。

除以上因素外，偏置磁场及预应力等许多因素都对聚合物基磁致伸缩复合材料的磁致伸缩效应有明显的影响，所以，在进行材料的制备和产品开发时，应全面考虑，从主要的影响因素入手提高产品的性能。

2.3.1.4 聚合物基磁致伸缩复合材料的应用

以 Terfenol-D 为功能相的磁致伸缩复合材料在电磁场的作用下可以产生微变形或声能，也可以将微变形或声能转化为电磁能，可以实现无接触激励，具有驱动电压低，机械响应速度快和功率密度高等特点，同时克服了 Terfenol－D 材料的脆性，产生应变需较大的磁场及在高频使用范围中产生涡流等缺点，因而在国防、航空航天和高技术领域，噪声与振动控制系统，海洋勘探与水下通讯，超声技术，燃油喷射系统等领域均具有广泛的应用前景。其主要应用原理和器件的设计与 Terfenol－D 材料几乎完全相同。在多数情况下，磁致伸缩复合材料可以替代 Terfenol－D 材料，且其应用频率范围要大得多。不过对于磁致伸缩复合材料的研究刚刚兴起，其应用研究还很少。

2.3.2 磁光复合材料

1845 年，英国物理学家 Faraday 首次发现了磁致旋光效应。其后一百多年，人们又不断发现了新的磁光效应和建立了磁光理论，但磁光效应并未获得广泛应用。直到 20 世纪 50 年代，磁光效应才被广泛应用于磁性材料磁畴结构的观察和研究。近年来，随着激光、计算机、信息和光纤通信等新技术的发展，人们对磁光效应的研究和应用不断向深度和广度发展，从而涌现出许多崭新的磁光材料和磁光器件。磁光材料及器件的研究从此进入空前发展时期，并在许多高新技术领域获得了广泛的应用。

2.3.2.1　*磁光效应基本理论*

在磁场的作用下，物质的电磁特性（如磁导率、磁化强度、磁畴结构等）会发生变化，使光波在其内部的传输特性（如偏振状态、光强、相位、传输方向等）也随之发生变化的现象称为磁光效应。磁光效应包括法拉第效应、克尔效应、塞曼效应、磁致线双折射效应以及后来发现的磁圆振二向色性、磁线振二向色性、磁激发光散射、磁场光吸收、磁离子体效应和光磁效应等，其中人们所熟悉的磁光效应是前四种。

（1）法拉第效应。法拉第效应是指一束线偏振光沿外加磁场方向通过置于磁场中的介质时，透射光的偏振化方向相对于入射光的偏振化方向转过一定角度 θ_F 的现象，如图2－19所示。通常，材料中的法拉第转角 θ_F 与样品长度 L 和磁场强度 H 有以下关系：

$$\theta_F = HLV \qquad (2-30)$$

式中，V 为费尔德（Verdet）常数，单位是（°）/（Oe·cm）。Verdet常数是物质固有的比例系数，相当于单位长度试样在单位磁场强度作用下光偏振面被旋转的角度，是磁光玻璃的一项重要参数。

（2）克尔效应。线偏振光入射到磁光介质表面反射出去时，反射光偏振面相对于入射光偏振面转过一定角度 θ_k，此现象称之为克尔效应，如图2－20所示。克尔效应分极向、纵向和横向三种，分别对应物质的磁化强度与反射面垂直、与反射面和入射面平行、与反射面平行而与入射面垂直三种情形。极向和纵向克尔效应的磁致旋光都正比于磁化强度，一般极向的效应最强，纵向次之，横向则无明显的磁致旋光。克尔效应最重要的应用是观察铁磁体的磁畴。

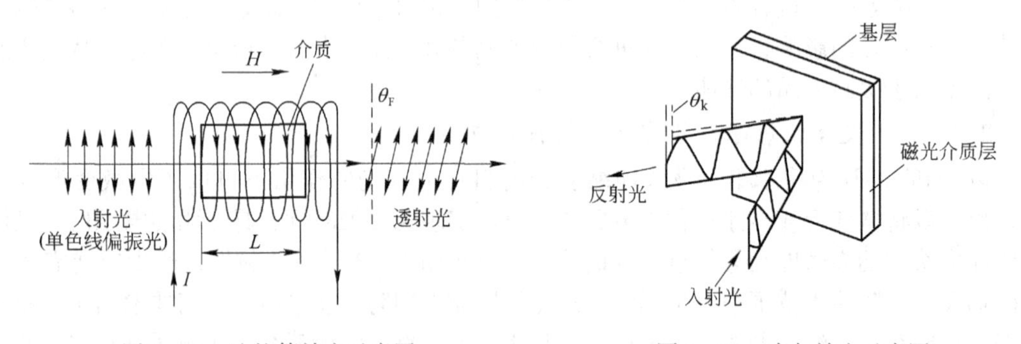

图2－19　法拉第效应示意图　　图2－20　克尔效应示意图

（3）塞曼效应。磁场作用下，发光体的光谱线发生分裂的现象称之为塞曼效应。其中谱线分裂为2条（顺磁场方向观察）或3条（垂直于磁场方向观察）的为正常塞曼效应；3条以上的为反常塞曼效应。塞曼效应是由于外磁场对电子的轨道磁矩和自旋磁矩的作用使能级分裂而产生的，分裂的条数随能级的类别而不同。

（4）磁致线双折射效应。当光以不同于磁场方向通过置于磁场中的介质时，会出现像单轴晶体那样的双折射现象，称为磁致线双折射效应。磁致线双折射效应包括科顿－穆顿效应和瓦格特效应。通常把铁磁和亚铁磁介质中的磁致线双折射称为科顿－穆顿效应，反铁磁介质中的磁致线双折射称为瓦格特效应。

2.3.2.2 磁光复合材料

自法拉第发现磁光效应以来，人们在许多固体、液体、气体中观察到磁致旋光现象。到目前为止，应用最广泛的磁光复合材料有磁光玻璃、磁性液体。下面主要介绍磁光玻璃。

磁光玻璃因其在可见光和红外区具有很好的透光性，且能够形成各种复杂的形状，能拉制成光纤，因而在磁光隔离器、磁光调制器和光纤电流传感器等磁光器件中有广泛的应用前景，并随着光纤通信和光纤传感的迅速发展越来越受人们重视。按其转角偏转方向的不同，磁光玻璃分两类：顺磁性玻璃和逆磁性玻璃。

A 顺磁性玻璃

顺磁性玻璃中掺有 Ce^{3+}、Pr^{3+}、Nd^{3+}、Tb^{3+}、Dy^{3+}、Ho^{3+} 和 Er^{3+} 等稀土离子。顺磁性玻璃的 Verdet 常数可表示为：

$$V_{dp} = (A/T)(N'n_{eff}^2/g)\sum_n [C_n/(v_2 - v_n^2)] \tag{2-31}$$

顺磁 Verdet 常数与单位体积内的磁性离子数以及有效玻尔磁子 n_{eff} 的平方成正比。前者取决于玻璃中稀土离子的含量，而后者则与稀土离子的特性有关。图 2-21 是 4f 稀土离子的有效磁矩，从图可知，Tb^{3+}、Dy^{3+}、Ho^{3+} 和 Er^{3+} 的 n_{eff} 值均较大，Verdet 常数高，是制备顺磁性磁光玻璃常引入的离子。然而，作为磁光玻璃，除要有高 Verdet 常数外，还要有良好的光谱特性，即好的光透过性，表 2-6 列出了不同稀土离子的吸收峰波长的位置。

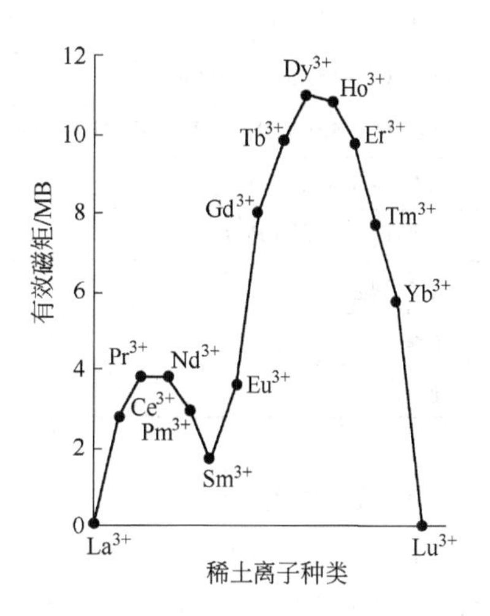

图 2-21 稀土离子的有效磁矩

表 2-6 Tb^{3+}、Dy^{3+}、Ho^{3+} 和 Er^{3+} 在玻璃中吸收峰波长的位置

稀土离子	吸收峰波长位置/nm
$Tb^{3+}(f^8)_{7/6}$	1775 390 310
$Dy^{3+}(f^9)H_{11/2}$	1270 890 800
$Ho^{3+}(f^{10})^3I_{10}$	2000 642 540 491 477 461 457 447 421 361
$Er^{3+}(f^{11})^4I_{15/2}$	1550 657 524 492 448 375

从表 2-6 可知，Dy^{3+}、Ho^{3+}、Er^{3+} 在可见光波段和近红外光波段的吸收峰较多，这对透明顺磁性旋光玻璃的实际应用是不利的。因此，引入 Tb^{3+} 是制备高 Verdet 常数顺磁性玻璃的较优选择。另外，尽管 Ce^{3+} 和 Pr^{3+} 有较低的有效磁矩，但其电子具有较大的有效迁移波长而使含有这两种离子的玻璃具有较大的 Verdet 常数。

含 Eu^{3+} 的玻璃可以得到较大的 Verdet 值，但由于必须在特殊熔炼条件下制造，实际应用较为困难。较实用的磁光玻璃集中于含 Pr^{3+}、Ce^{3+}、Tb^{3+} 的玻璃。其中掺 Tb^{3+} 的玻璃因具有很高的 Verdet 常数而成为顺磁性玻璃中研究较深入和较全面的玻璃系统。目前，已获得一系列高 Verdet 常数的掺 Tb^{3+} 玻璃（表 2-7）。

表 2-7 Tb^{3+}掺杂顺磁性玻璃的 Verdet 常数

玻璃组成(摩尔分数)/%	Verdet 常数/(°)·(Oe·cm)$^{-1}$			
	450nm	500nm	633nm	700nm
$40Tb_2O_3 \cdot 25B_2O_3 \cdot 15Ga_2O_3 \cdot 15SiO_2Dy5P_2O_5$			-0.503	
Tb40Dy10BGSP			-0.637	
TG28			-0.335	
$30Tb_2O_3 \cdot 70B_2O_3$	-0.838	-0.632	-0.353	
$25Tb_2O_3 \cdot 15Al_2O_3 \cdot 60SiO_2$			-0.351	
$25Tb_2O_3 \cdot 45(B_2O_3+SiO_2) \cdot 15Al_2O_3 \cdot 4.5ZnO \cdot 3.5TiO_2 \cdot ZrO_2$			-0.390	
EY1(Terbium silicate)			-0.144	
$25.4Tb_2O_3 \cdot 74.6P_2O_5$	-0.419	-0.323	-0.190	-0.150
氟锆酸盐			-0.028	
氟磷酸盐			-0.213	
硼酸镧		-0.288	-0.167	

B 逆磁性玻璃

在外加磁场中，具有惰性气体电子层结构的离子显示出逆磁性，构成玻璃网络形成体和网络外体的离子，如Si^{4+}、Na^{+}、Ca^{2+}、Ba^{2+}和Pb^{2+}等都具有填满的电子层结构，因此在磁场中显示出逆磁性。如果玻璃中的离子具有大的离子半径和易极化的外层电子结构，玻璃就有大的 Verdet 常数。

根据经典的电磁理论，逆磁性 Verdet 常数V_{dd}可用式（2-32）表示：

$$V_{dd} = \left(\frac{e\mu}{2mc}\right)\lambda \frac{dn}{d\lambda} \tag{2-32}$$

式中，e、m 分别为电子的电荷与质量；μ 为介质的磁导率；c 为光在真空中的速度；n 为介质的折射率；λ 为入射光波长，$dn/d\lambda$ 表示介质的色散。从式（2-32）可以看出，随着介质色散的增大，其逆磁性 Verdet 常数也增大，而色散又与玻璃组成直接相关。

重火石系列玻璃含有Pb^{2+}离子，具有很高的色散，因而就有高的 Verdet 常数。对于含铅的硅酸盐、硼酸盐、磷酸盐及锗酸盐玻璃，V_{dd}值随 PbO 浓度的增大而增加。表 2-8 列出了一些逆磁性玻璃的 Verdet 常数，其中 $25PbO \cdot 30Bi_2O_3 \cdot 45GeO_2$ 系统有最大的 Verdet 常数；$730Bi_2O_3 \cdot 20ZnO \cdot 10Li_2O \cdot 8.29BaO$ 玻璃的 Verdet 常数为 0.23(°)/(Oe·cm)，且在 600nm～2.5μm 波长范围内都是透明的。另外几种都是硫化物玻璃。

表 2-8 逆磁性玻璃的 Verdet 常数

玻璃组成（摩尔分数）/%	Verdet 常数/(°)·(Oe·cm)$^{-1}$			
	490nm	594nm	633nm	700nm
$70Bi_2O_3 \cdot 20ZnO \cdot 10Li_2O \cdot 8.29BaO$			0.23	0.18
$60Bi_2O_3 \cdot 10PbO \cdot 22GeO_2 \cdot 8B_2O_3$			0.162	
$60Bi_2O_3 \cdot 25CdO \cdot 15GeO_2$		0.174	0.151	
$25PbO \cdot 30Bi_2O_3 \cdot 45GeO_2$	0.46			

续表 2-8

玻璃组成(摩尔分数)/%	Verdet 常数/(°)·(Oe·cm)$^{-1}$			
	490nm	594nm	633nm	700nm
As_2S_3				0.211
SF_6			0.093	
SiO_2			0.013	
$20TeO_2\cdot 80PbO$				0.128
$82Tl_2O\cdot 18SiO_2$				0.1
$TeO_2\cdot WO_3\cdot PbO$ 和 $TeO_2\cdot WO_3\cdot Bi_2O_3$			0.08~0.11	

2.3.2.3 磁光复合材料的应用

以磁光材料为研究背景的磁光器件是一种非互易性旋光器件，在光信息处理、光纤通信、共用天线光缆电视系统和计算机技术，以及工业、国防宇航和医学等领域有广泛的应用。下面以磁光调制器和光纤电流传感器为例，介绍磁光器件的应用及发展。

（1）磁光调制器。磁光调制器是利用偏振光通过磁光介质发生偏振面旋转来调制光束的。磁光调制器可用作红外检测器的斩波器、红外辐射高温计、高灵敏度偏振计，还可用于显示电视信号的传输、测距装置以及各种光学检测和传输系统。早先用来做磁光调制器的是磁光玻璃，后来出现了钇铁石榴石（YIG），在 1.1~5.5μm 波长区有高的透明度和比法拉第角。掺 Ga 的 YIG 单晶外延薄膜式磁光材料的比法拉第角高达 $10^3\sim10^4$rad/cm，且对可见光也有一定透明度，更适宜制作磁光调制器。

（2）光纤电流传感器。利用 Faraday 效应可以制成光纤电流传感器，与传统的电磁式电流传感器相比，具有绝缘性能优良、动态范围大、频率响应宽、抗电磁干扰能力强、体积小、质量轻和易与数字设备接口等优点。但由于传感光纤绕成环形会引起线性双折射，降低传感器的精度，同时使信号输出随温度的变化而失真，因此克服光纤内的线性双折射问题是十分关键的技术。目前，国外在这方面的研究已取得很大进展，如日本东芝公司和电力公司最近研制出的扭转型光纤对消除线性双折射效果显著。为了提高磁光效应的灵敏度，开始考虑采用顺磁性玻璃，尤其是 Tb^{3+} 掺杂法拉第磁光玻璃，因其 Verdet 常数大，光透过率高，具有广阔的应用前景。

磁光材料和磁光器件大多涉及高技术领域，是技术密集、知识密集型的尖端项目，又是具有显著经济和社会效益的项目，有着诱人的发展前景。因此，对磁光材料和磁光器件的深入研究显得尤为重要和迫切。近年来，对磁光特性的研究也日益深入，新的磁光材料不断发现。目前，相对于材料实验研究的进展，理论研究方面还有待加强，如进一步研究磁光效应产生的物理机制和磁光材料光吸收的本质，以便更好地运用理论来指导和解决生产和实践中遇到的问题，以制备出适合于器件要求的高性能磁光材料和磁光器件。

参考文献

[1] 周志刚．铁氧体磁性材料［M］．北京：科学出版社，1981.
[2] 大森豊明．磁性材料手册［M］．北京：机械工业出版社，1987.
[3] 吴人洁．复合材料［M］．天津：天津大学出版社，2000.

[4] 张佐光. 功能复合材料 [M]. 北京: 化学工业出版社, 2004.
[5] 王毛兰, 胡春华, 罗新. 磁流体的制备、性质及其应用 [J]. 化学通报, 2004, 67: 1~7.
[6] Morais P C, Garg V K, Oliveria A C, et al. Synthesis and characterization of size-controlled cobalt-ferrite-based ionic ferrofluids [J]. J. Magn. Magn. Mater., 2001, 225: 37~40.
[7] Patrick I, Martin K, Siegfried H. Magnetoviscosity and orientational order parameters of dilute ferrofluids [J]. J. Chem. Phys., 2002, 116: 9078.
[8] 侯仰龙. 磁性纳米材料的化学合成、功能化及其生物医学应用 [J]. 大学化学, 2010, 25 (2): 1~11.
[9] 杨幼坤, 徐军, 梁义田, 等. 纳米材料的进步及应用 [J]. 铸造技术, 2002, 23 (6): 397.
[10] 李凤生, 杨毅. 纳米功能复合材料及应用 [M]. 北京: 国防工业出版社, 2003.
[11] 刘雄亚, 曾黎明. 功能复合材料及其应用 [M]. 北京: 化学工业出版社, 2007.
[12] Sun S, Zeng H, Robinson D B, et al. Monodisperse MFe_2O_4 (M = Fe, Co, Mn) nanoparticles [J]. J Am Chem Soc, 2004, 126: 273.
[13] 杨士元. 电磁屏蔽理论与实践 [M]. 北京: 国防工业出版社, 2006.
[14] 张克俊. 电磁兼容原理与设计技术 [M]. 北京: 人民出版社, 2004.
[15] Duan Yuping, Liu Shunhua, Guan Hongtao. Investigation of electrical conductivity and electromagnetic shielding effectiveness of polyaniline composite [J]. Science and Technology of Advanced Materials, 2005 (6): 513~518.
[16] Paligova M, Vilcakova J, Sáha P, et al. Electromagnetic shielding of epoxy resin composites containing carbon fibers coated with polyaniline base [J]. Physica, 2004, 335 (3): 421~429.
[17] 冯猛, 张羊换, 王鑫, 等. 非晶态合金在电磁屏蔽领域中的应用现状 [J]. 金属功能材料, 2005 (12): 26~30.
[18] 施冬梅, 杜仕国. 电磁屏蔽铜系复合导电涂料试验研究 [J]. 军械工程学院学报. 2001, 13 (4): 71~73.
[19] 张嘉, 闫康平, 王伟, 等. 金属包覆型复合微球的电磁应用进展 [J]. 金属功能材料, 2006, 13 (5): 36~40.
[20] 刘顺华, 刘军民, 董新龙, 等. 电磁波屏蔽及吸波材料 [M]. 北京: 化学工业出版社, 2007.
[21] 沈腊珍, 胡明. 导电聚合物电磁屏蔽材料研究现状 [J]. 兵器材料科学与工程, 2006, 29 (2): 78~81.
[22] Huang C Y, Mo W W. The effect of attached fragments on dense layer of electroless of carbon fibre/acrylonitrile butadiene-styrene composites [J]. Surface and Coatings Technology, 2002, 154 (1): 55~62.
[23] 袁雪平, 潘加明, 颉晨, 等. 电磁屏蔽中的难题——磁场屏蔽 [J]. 电子质量, 2006 (10): 70~73.
[24] 朱正吼. 碳纤维复合材料电磁特性研究 [J]. 机械工程材料. 2001, 25 (11): 14~16.
[25] 朱正吼, 王开坤. 纳米填料对碳纤维复合材料电磁特性的影响 [J]. 兵器材料科学与工程, 2002, 25 (2): 11~14.
[26] Zhang Jiu-Xing, Zhou Mei-ling. Thermionic properties of Mo-La_2O_3 cathode wires [J]. Trans. Nonferrous Met. Soc. China. 2002, 12 (1): 43~45.
[27] 王晓丽, 杜仕国. 铜粉处理对涂料导电性能的影响 [J]. 表面技术, 2003, 32 (1): 49~54.
[28] 薛如君. 电磁屏蔽材料及导电填料的研究进展 [J]. 涂料技术与文摘, 2004, 25 (3): 3~6.
[29] 陈立军, 方宏锋, 张欣宇, 等. 碳系填充型导电塑料的研究进展 [J]. 合成树脂及塑料, 2007, 24 (2): 78~81.
[30] 贺福. 碳纤维及其复合材料 [M]. 北京: 科学出版社, 1995.

[31] 王锦成. 电磁屏蔽材料的屏蔽原理及研究现状 [J]. 化工新型材料, 2002, 30: 16~19.

[32] 邓毅. 导电炭黑在塑料中的应用 [J]. 中国塑料, 2001, 15 (4): 6~9.

[33] 毛健, 黄婉霞, 陈家钊. 多层复合材料屏蔽电磁波的理论模型 [J]. 四川联合大学学报 (工程科学版), 1998, 2 (6): 114.

[34] 毛键, 涂铭旌. Ni/聚乙烯复合材料复磁导率研究 [J]. 功能材料与器件学报, 1999, (1): 53.

[35] 刘金玲, 张丽芳, 刘适, 等. 镀铜/镍聚丙烯腈纤维填充复合材料电磁波屏蔽性能的研究 [J]. 包装工程, 1996, 17 (1): 19.

[36] 谭松庭, 章明秋. 金属纤维填充聚合物复合材料的导电性能和电磁屏蔽性能 [J], 材料工程, 1999, (12): 19.

[37] 熊传溪, 闻荻江. LMPM/PP 复合材料的导电性能 [J]. 功能高分子学报, 1998, 11 (4): 467.

[38] 张卫东, 冯小云, 孟秀兰. 国外隐身材料研究进展 [J]. 宇航材料工艺, 2000, (3): 1.

[39] Kima S S, Kima S T, Ahnbl J M. Magnetic and microwave absorbing properties of Co-Fe thin films plated on hollow ceramic microspheres of low density [J]. Journal of Magnetism and Magnetic Materials, 2004, 271 (1): 39~45.

[40] Duesberg G S, Graham A P, Kreupl F. Ways towards the scaleable integration of carbon nanotubes into silicon based technology [J]. Diamond and Related Materials, 2004, 13 (20): 354~361.

[41] 宋焕成, 仲伟虹. 飞机隐身技术与复合材料 [J], 航空制造工程, 1994, (12): 11.

[42] 肇研, 史卫华, 张佐光. SiCF-CF、BF-CF 混杂复合材料的弯曲、压缩性能探索研究 [J]. 复合材料学报, 1998, 15 (1): 14.

[43] 谢国华. 红外、雷达复合多频谱隐身涂层技术研究 [D]. 北京: 北京航空航天大学, 2004.

[44] 曾祥云, 马铁军, 李国俊. 吸波材料 (RAM) 用损耗介质及 RAM 技术发展趋势 [J]. 目标特征信号控制技术, 1996, 1: 53.

[45] 张卫东, 李明雪. 雷达吸波涂层研究的进展 [J]. 隐身技术, 1999, 1: 6.

[46] 元家种, 陈利民. 超细金属粉末多层复合材料的微波吸收率 [J]. 粉末冶金技术, 1994, (4): 243.

[47] 王宁, 朱俊. 隐身材料研究开发现状与矿物材料在其中的应用 [J]. 矿物学报, 2001, 21 (3): 345.

[48] 赵东林, 周万城. 纳米雷达波吸收剂的研究和发展 [J]. 材料工程, 1998, 5: 3.

[49] 葛副鼎, 朱静, 陈利民. 手性吸波材料——理论及设计 [J]. 目标特征信号控制技术, 1995, 1: 24.

[50] 李艳, 邹黎明, 王依民. 隐身材料的研究现状与发展趋势 [J]. 合成纤维, 2002, 31 (5): 16.

[51] 王国强, 邹勇. 国外新型隐身材料的研究现状和发展方向 [J]. 荆州师范学院学报 (自然科学版), 2000, 23 (2): 51.

[52] 莫美芳. 关于国外军机改进型的发展和我国军机隐身改进的建议 [J]. 隐身技术, 1994, 3: 57.

[53] 邢丽英, 张佐光. 结构隐身复合材料的发展与展望 [J]. 材料工程, 2002, (4): 48.

[54] Nesterov S M et al. Method of defending the complex permittivity and permeability of a RAM [J]. J. Communications Tech. and Electr: 1993, 38 (2): 41.

[55] 曾祥云, 等. 吸波材料用损耗介质及 RAM 技术发展趋势 [J]. 材料导报, 1997, N3: 57.

[56] 陈家钊, 黄婉霞, 涂铭旌, 等. PZT 对 Ni-Zn 铁氧体衰减电磁波能力的影响 [J]. 复合材料学报, 1997, (3): 41.

[57] 邢丽英. 含电路模拟结构吸波复合材料研究 [D]. 北京: 北京航空航天大学, 2003.

[58] 谢国华, 张佐光, 吴瑞彬. 红外低辐射层与吸波层参数匹配性研究 [J]. 航空材料学报, 2003, 23 (3): 46.

[59] 王劲，齐暑华，邱华，等．聚合物基磁致伸缩复合材料的研究进展［J］．材料导报，2008，22(6)：37～40.

[60] 董旭峰，关新春，欧进萍．树脂基磁致伸缩复合材料性能及应用研究进展［J］．功能材料，2007，增刊，38：1127～1131.

[61] Lionel Duvillaret, Frederric Garet, Jean - Louis Coutaz. Highly precise determination of optical constants and sample thickness in terahertz Time - Domain spectroscopy［J］. Appl Opt, 2007, 38: 409～415.

[62] 张怀武，薛刚．新一代磁光材料及器件研究进展［J］．中国材料进展，2009，28 (5)：45～51.

[63] 周静，王选章，谢文广．磁光效应及其应用［J］．现代物理知识，2005，17 (5)：47～49.

3　导电复合材料

3.1　前　　言

导电材料是电子元器件和集成电路中应用最广泛的一种材料，随着科技的发展及应用范围的拓展，对导电材料提出了更高的要求，例如高强度、低密度、耐高温、抗干扰等，这些新的技术要求促使人们对导电复合材料的研究越来越重视。

导电复合材料的研究起始于20世纪30年代，其中以聚合物为基体的导电复合材料得到的应用最为广泛。广义来说，导电复合材料是指复合材料中至少有一种组分具有导电功能的材料，可分为两大类（图3-1）：一类是将导电体加入到基体中构成的添加型复合材料。按基体的不同可分为聚合物基、金属基、陶瓷基、水泥基等导电复合材料，按其导电体的不同又分为炭素系导电复合材料、金属系导电复合材料、金属氧化物系导电复合材料等。另一类是基体本身具有导电功能的结构型复合材料，常见的一些导电高分子材料属于此范畴。从目前研究来看，与金属导体相比，导电复合材料的优势表现在：

（1）密度低，采用复合手段可以引入一些低密度高导电或高强度等特性的组分，从而使复合材料密度降低，比强度等性能提高；

（2）产品可供选择的导电性范围大，根据需要体积电阻率可以在$10^{-3}\sim10^{10}\Omega\cdot cm$的范围内变化；

（3）优良的加工性能，比较容易加工成各种结构形状复杂的零件，可实现大批量生产；

（4）耐腐蚀性强，可以采用一些耐腐蚀性组分来实现；

（5）成本相对较低。

本章结合导电复合材料研究热点，将对高分子导电复合材料的种类、性质等进行重点介绍，并对无机非金属导电复合材料和金属导电复合材料的相关内容做简要介绍。

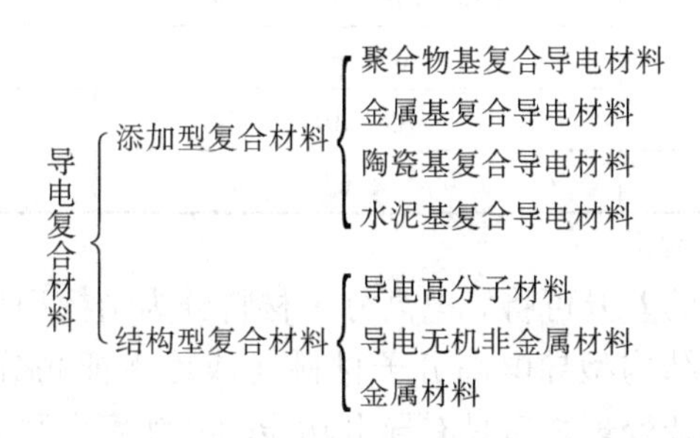

图3-1　导电复合材料的种类

3.2 高分子导电复合材料

高分子导电复合材料是指在高分子（或聚合物）基体中加入另外一种导电填料或导电聚合物，采用物理或化学合成方法复合得到的一种多相复合材料。相对于传统导电材料，高分子导电复合材料具有质轻、柔韧、耐腐蚀等特点，电导率可调范围广，成本低，同时容易加工成各种形状复杂的制品，为此高分子导电复合材料的研究逐渐成为国内外研究的热点。早在20世纪60年代，工业发达国家就已经开始对高分子导电复合材料进行大量研究，并于70年代中期开始工业化生产，其发展速度很快。据统计，从事相关领域的研发机构已有上百家，包括美国、日本、英国、德国、法国、意大利等国家的许多大型研发机构。在美国，高分子导电复合材料的需求量每年以20%~30%的速度增长。在国内，高分子导电复合材料的基础研究和应用研究已开展了近20年，国内诸多高校和科研机构先后投入力量从事该领域的基础研究和产品开发。目前，国外发达国家已研制出了适合于工业上应用的高分子导电复合材料作发热体的自控温加热带和加热电缆，此加热带和加热电缆除具有电热、自调功率、自动限温等功能外，还具有加热速度快、控温保温效果好、节省能源等优点，被广泛应用于气液输送管道、仪表管线、罐体等的防冻装置及各类融雪装置。已形成工业化生产的国家主要有美国的 Raychem 公司的 Chenelex Auto-trace 系列，德国的 BASF 公司的 Lupolen5261Z 系列，日本的藤仓电线公司、松下电器公司、旭化成公司等也有此类产品。在电子领域，高分子导电复合材料主要用于温度补偿和测量、过热以及过流保护元件等。在民用方面，也可用作电热地毯、电热坐垫、电热治疗仪等家电产品的发热材料等。此外，高分子导电复合材料还可用作压敏材料，用压敏导电胶可制成各种传感器，用来辨别车辆的轴信息、溶剂浓度、电子琴键的打击力、变形大小等，也可制成各种触摸控制开关。可以看出，高分子导电复合材料的应用现已拓展到工业与民用的多个领域。

对于高分子导电标准的定义，目前国际上还没有统一的标准，一般是将体积电阻率 $\rho_V<10^{10}\Omega\cdot cm$ 的高分子材料统称为高分子导电材料。如表3-1所示，其中 ρ_V 在 $10^6\sim10^{10}\Omega\cdot cm$ 之间的复合材料称为高分子抗静电材料；ρ_V 在 $10^0\sim10^6\Omega\cdot cm$ 之间时称为高分子半导电材料；$\rho_V<10^0\Omega\cdot cm$ 时为高分子导电材料。

表3-1　导电高分子材料性能及功能

材　料	体积电阻率 $\rho_V/\Omega\cdot cm$	功　能
高分子抗静电材料	$10^6\sim10^{10}$	防止静电、消除静电
高分子半导体材料	$10^0\sim10^6$	发热、电极、电阻
高分子导电材料	$<10^0$	导电、电磁波屏蔽

根据结构和制备方法的差异可将导电高分子材料分为结构型导电高分子材料和复合型导电高分子材料两大类。结构型导电高分子材料（或称本征高分子导电材料）是指分子结构本身能导电或经过掺杂处理之后具有导电功能的共轭聚合物。复合型导电高分子材料是指以聚合物为基体，通过加入各种导电性填料（如炭黑、金属粉末、金属片、碳纤维

等)，并采用物理化学方法复合制得的既具有一定导电功能又具有良好力学性能的多相复合材料。其中，结构型导电高分子材料由于结构的特殊性与制备及提纯的困难，大多还处于实验室研究阶段，实际应用较少，而且多数为半导体材料。复合型导电高分子材料因加工成型与一般高分子材料基本相同，制备方便，有较强的实用性，故已得到较为广泛的应用。

3.2.1　结构型高分子导电复合材料

结构型导电高分子材料是指本身具有导电性或经掺杂后具有导电性的高分子复合材料，也称作本征型导电高分子材料。1977 年，白川英树和 Macdiarm 等首先使用碘掺杂聚乙炔制备出了具有金属导体电导率的高分子材料，并因其在导电高分子领域的开创性工作获得了 2000 年的诺贝尔化学奖。结构型导电复合材料的研究工作主要集中在导电聚乙炔（PA)、聚亚苯基（PPP）及其衍生物，以及聚杂环化合物，如聚吡咯（PPY）和聚噻吩（PTH）等。

结构型导电高分子材料如果按其结构特征和导电机理还可以进一步分成以下三类：载流子为自由电子的电子导电聚合物；载流子为能在聚合物分子间迁移的正负离子的离子导电聚合物；以氧化还原反应为电子转移机理的氧化还原型导电聚合物。后者的导电能力是由于在可逆氧化还原反应中电子在分子间的转移产生的。由于不同导电聚合物的导电机理不同，因此各自的结构也有较大差别。电子导电型聚合物的共同特征是分子内有大的线性共轭 π 电子体系，给载流子即自由电子提供离域迁移的条件。离子导电型聚合物的分子有亲水性，柔性好，在一定温度条件下有类似液体的性质，允许相对体积较大的正负离子在电场作用下在聚合物中迁移。而氧化还原型导电聚合物必须在聚合物骨架上带有可进行可逆氧化还原反应的活性中心。

近年来虽然这类材料在分子设计、掺杂和导电机理的研究、电导率的提高，以及新品种开发和应用等方面已取得了一些令人鼓舞的重大进展，但是由于这类材料分子本身刚性大，绝大多数难于溶解和熔融，成型困难，所用的掺杂剂大多数是毒性大、氧化性和腐蚀性极强的物质，电导率稳定性、重复性差，并且分布范围较窄，成本较高，其实用价值和应用目前还很有限。

3.2.1.1　典型结构型导电高分子材料

A　聚乙炔（AP)

聚乙炔是研究得最早、最系统，也是迄今为止实测电导率最高的导电聚合物。其聚合方法比较有影响的有白川英树法、Naarman 法、Durham 法和稀土催化法。白川英树法采用高浓度的 Ziegler-Natta 催化剂，即 $Ti(OBu)_4$-$AlEt_3$，由气相乙炔出发，直接制备出支撑的具有金属光泽的聚乙炔膜；在取向了的液晶基质上成膜，AP 膜也高度取向。Naarman 方法的特点是对聚合催化进行“高温陈化”，因而聚合物的力学性质和稳定性质有明显改善，高倍拉伸后具有很高的电导率。Durham 用可溶性前体法合成 PA，典型的反应过程如图 3－2 所示。

聚合物（I）经溶解和溶液成膜后再拉伸，可获得高取向和高电导的 PA 膜。稀土催化剂是我国学者对 PA 合成的重大贡献，所获得的 PA 分子链和晶体结构更规整，甚至可以观察到微区的单晶，因而稳定性较好。稀土催化剂采用“高温陈化、低温聚合”的方

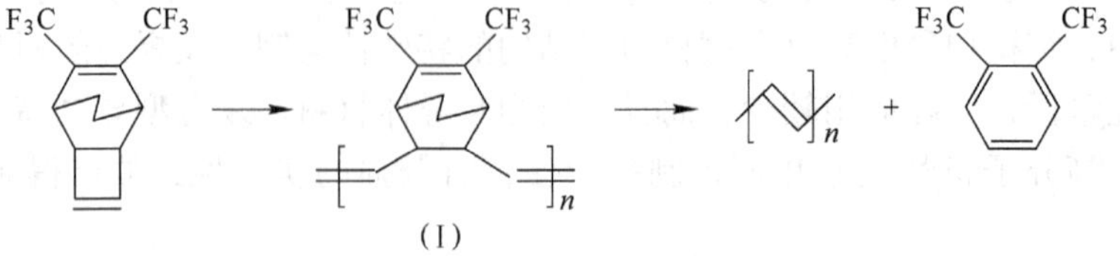

图 3－2　Durham 法合成 PA 的反应式

法也获得了高性能的 PA 薄膜。

聚乙炔可以进行氧化掺杂、还原掺杂、电化学掺杂和质子酸掺杂。它们的掺杂态结构用孤子、极化子和双极化子来描述。理论预测 PA 的电导率可能达到 $10^6 \sim 10^7$S/cm 数量级，鼓舞人们进行提高 PA 电导率的各种努力。分子链上非 sp^2 杂化原子的消除和分子链间的规则排列和取向，是获得高电导率的关键，迄今为止报道的 PA 的最高电导率为 2×10^5S/cm，接近于金属铜。当然，它的力学性能远不能跟铜相比。

在 20 世纪 80 年代，人们对 PA 作了各种应用探索研究，特别是用 PA 作电极材料制成“塑料电池”。当时预计，在 5～10 年内可能实现 PA 全塑料电池的工业化。事实证明，PA 的不稳定性，使它很难成为任何实用的材料。但它作为导电高分子的模型，具有重大的理论价值，在导电聚合物发展史上，作出了不可磨灭的贡献。由 PA 研究得出的许多结论和规律，对其他导电聚合物具有普遍意义。

B　聚苯胺（PAn）

MacDiamid 在 1983 年发现了聚苯胺与酸碱的反应，实际上就是制备高分子导电复合材料的掺杂、反掺杂反应。加上它的原料价廉、合成容易、稳定性很好，很快成为导电高分子研究的热点之一。

聚苯胺的合成方法有化学法和电化学法两大类。苯胺单体在酸性溶液中同氧化剂反应，或者在电极上发生氧化缩合反应即可获得聚苯胺，如图 3－3 所示。

图 3－3　合成聚苯胺的反应式

其中，酸可以是无机酸（如 HCl、H_2SO_4、$HClO_4$ 等）或有机酸（如羧酸、磺酸等），在 pH＝1～2 的酸浓度范围内，所获得的 PAn 导电性较好。可用的氧化剂的种类也很多，常用和研究最多的是过硫酸铵。氧化剂的摩尔用量在单体的一倍左右较好。电化学氧化聚合的电极可以是 Pt 电极、C 电极等。可作为电解质的种类很多，其中阴离子作为掺杂 PAn 的对离子进入 PAn，因而其荷电状况和离子大小对聚合产物的结构和性质有重要影响。

人们对 PAn 的聚合机理和产物结构有过许多研究和争论，现在被多数人接受的 PAn 分子链的结构如图 3－4 所示。图中，y 代表 PAn 的氧化程度，当 $y=0.5$ 时，PAn 是典型的苯二胺和醌二亚胺的交替结构，掺杂后导电性最好。y 值的大小受聚合时氧化剂的种类、浓度等条件影响，用过硫酸铵作氧化剂的聚合产物中，y 接近于 0.5。这种结构的形

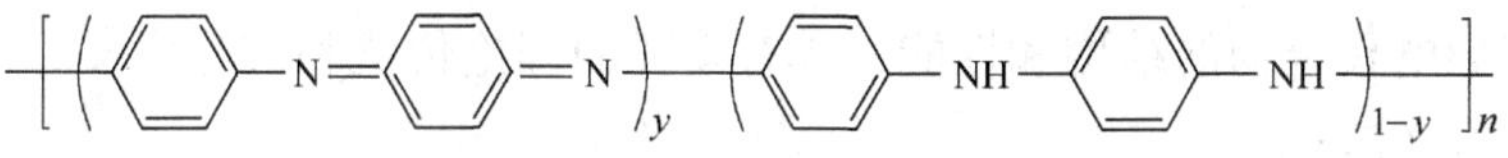

图 3-4 PAn 的分子结构

成一般认为可分成两步：第一步，单体铵阳离子自由基聚合成全醌二亚胺结构；第二步，该结构被苯胺单体还原为苯二胺—醌二亚胺的交替结构（图 3-5）。

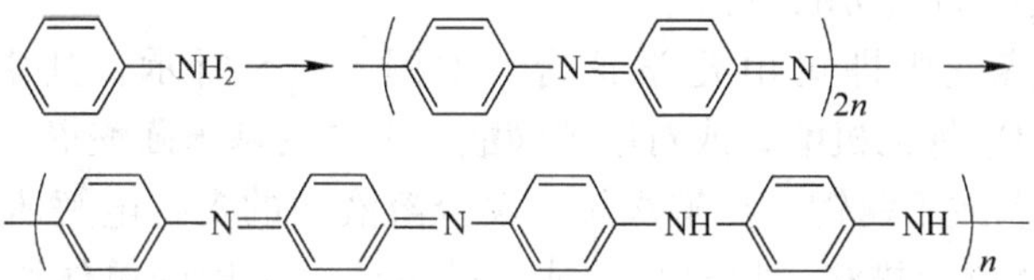

图 3-5 PAn 的分子链结构形成过程

PAn 最重要的特点是它的质子酸掺杂。PAn 与质子酸反应后获得导电性，电导率可达 $10^0 \sim 10^2$S/cm 数量级。再与碱反应，又变成绝缘体。这种掺杂、反掺杂反应，在水相、有机相或气相都可以进行，而且是可逆的。

PAn 的多种氧化状态和多种掺杂途径预示着其巨大的应用潜力，但是它难熔难溶，不易加工，许多设想中的应用很难实现。所以，长期以来人们对 PAn 的研究都围绕着一个中心——解决 PAn 的溶解性和加工性问题，实现其潜在应用。

1987 年，美国 MacDiarmid 小组和中国科学院长春应用化学研究所王佛松小组先后独立报道可溶解性 PAn 和 PAn 自支撑膜，其中利用了 PAn 在 N-甲基吡咯烷酮（NMP）中的溶解性和在聚合后处理过程中对 PAn 的相对分子质量和交联程度的控制。由于聚甲基苯胺和聚甲氧基苯胺差不多 100% 溶解于 NMP 中，用苯胺与取代苯胺共聚合，也可改善 PAn 的溶解性。以上溶解性都只对非掺杂 PAn 而言，掺杂以后，仍然不溶不熔。对这一难题的突破，归功于曹镛等人的有机酸掺杂：用樟脑磺酸（CSA）掺杂 PAn，掺杂态 PAn 很容易地溶解于一般有机溶剂中。这种溶解性来源于掺杂剂本身的溶解性——掺杂剂中的 SO_3H 基团与 PAn 结合，可溶解基团分布在 PAn/掺杂剂复合物的外围，带来了掺杂态 PAn 的溶解性，所以这叫做“掺杂剂诱导的溶解性”。

有机酸掺杂的 PAn 在间甲酚等有机溶剂中表现出聚电解质行为，在 NMP 中既有聚电解质行为，又有反掺杂行为。多种行为的竞争，决定了 PAn 在溶液中和溶液成膜后的分子链伸展程度与膜的导电性。PAn 在 NMP 溶液中有黏胶化现象，黏胶化的临界浓度和黏胶化速度随溶液浓度、温度和剪切速率而变化。黏胶化的本质是溶剂分子参与的物理交联，形成氢键网络。

中国科学院化学研究所万梅香研究员采用无模板化学方法，从单体苯胺出发，经过一步聚合，制备出管状的导电 PAn，管径尺寸可在微米和亚微米数量级范围内调节。这种微管制备方法，不用模板，简单易行。它运用于聚吡咯的聚合，也获得微管。这种 PAn 微管不但具有通常 PAn 的导电性能，而且在微波波段表现出独特的磁损耗，有可能发展为电、磁双损型电磁屏蔽和隐身材料。这种磁损耗的来源和本质至今尚不太清楚。搞清这个问题，对认识导电聚合物的结构和性能，具有重要的理论价值和实际意义。

C 聚吡咯（PPy）

聚吡咯是发现较早并经过系列研究的导电聚合物之一。这一方面是由于吡咯很容易电化学聚合，形成致密薄膜，其电导率高达10^2S/cm数量级，仅次于聚乙炔和聚苯，稳定性却比聚乙炔好得多。另一方面，PPy表现出丰富多变的电化学性能，吸引了众多电化学家。围绕PPy聚合、性能和应用的电化学研究，是电化学和高分子科学交叉渗透，推动“聚合物电化学”发展的成功范例。

吡咯在酸性水溶液中即可电化学聚合，如图3-6所示。其中，酸可以是HCl、HNO_3、H_2SO_4、$HClO_4$等无机酸，或对甲苯磺酸、十二烷基苯磺酸等有机酸。聚合电极可以是Pt、Pd等贵金属或不锈钢、热解炭等。聚合溶液中的支持电解质可以是KCl等。聚合方式可以是循环电位扫描法、恒电位法或恒电流法。常用的单体浓度在1mol/L左右，水溶液pH值在1~3范围。

在酸性水溶液中，吡咯也可以化学氧化聚合，如图3-7所示。一个典型的氧化剂是$FeCl_3$，许多其他氧化剂也都可以采用。

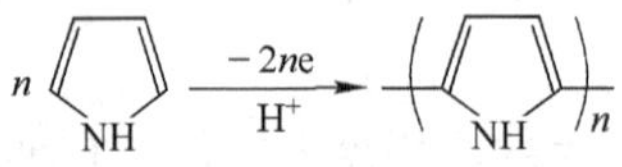

n (NH) —(−2ne, H^+)→ ⁅(NH)⁆$_n$

图3-6 吡咯在酸性水溶液中的电化学聚合反应式

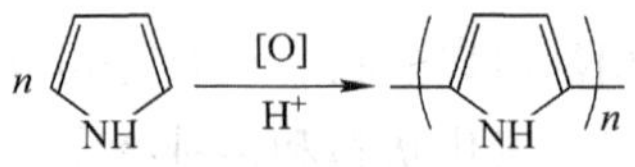

n (NH) —([O], H^+)→ ⁅(NH)⁆$_n$

图3-7 吡咯在酸性水溶液中的化学氧化聚合反应式

研究证明，导电PPy的化学结构是吡咯环2，5偶联。PPy是一种半结晶的聚合物，在晶体中相邻吡咯环的排列方向不同，因而两个吡咯环构成一个重复单元（图3-8）。

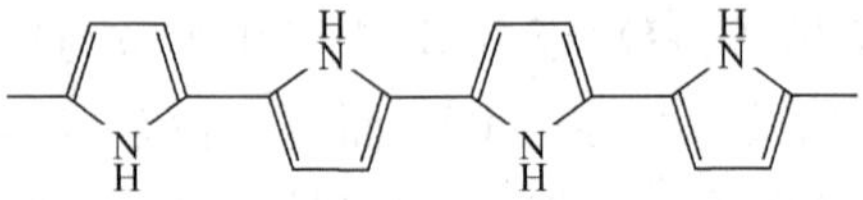

图3-8 导电PPy的化学结构

PPy的结构和性能受电极电位和介质pH值的影响极大。通过考察PPy在各种pH值条件下的电化学氧化还原行为，考察掺杂PPy经碱处理和水处理后的质量、尺寸和电导率变化，提出PPy具有两种掺杂机理——氧化还原掺杂和质子酸掺杂，分别形成掺杂态结构（Ⅰ）和结构（Ⅱ），如图3-9所示。显然这里的正电荷（+）只画在单个吡咯环上，应当理解为有一定范围的离域性。

正是上述电化学氧化还原性质和质子酸掺杂行为，为PPy提供了各种实际应用的可能。只要改变PPy膜周围环境的pH值或化学气氛，它的电阻将发生变化，因而PPy可以制成传感器，灵敏地检测空气中的挥发性有机气体；制成PPy酶电极还可以检测尿糖和血糖的含量，用于相关疾病的诊断。PPy的两种掺杂态结构如图3-9所示。

PPy难溶难熔，很难与其他聚合物共混，但是用吸附聚合的方法可以制成聚吡咯与其他高分子的复合物。例如在绝缘薄膜或纤维表面渗透吡咯单体后进行化学聚合，则形成与

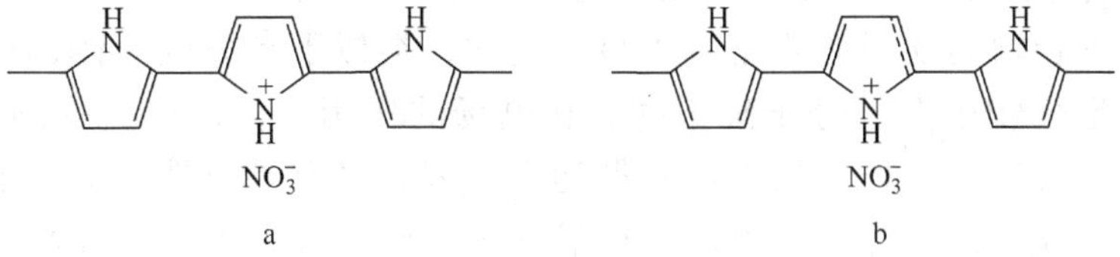

图3-9 PPy的两种掺杂态结构
a—氧化还原掺杂结构；b—质子酸掺杂结构

薄膜和纤维结合十分牢固的PPy表层，导电性几乎赶上纯的PPy膜，却具有母体薄膜和纤维的力学性能。基于这种原理制成的复合PPy织物具有抗静电和隐身功能。基于与PAn相同的“掺杂剂诱导的溶解性”原则，用十二烷基磺酸铁作氧化剂化学聚合PPy可溶解在普通有机溶剂中，用溶液浇注或旋涂法成膜，或者与其他高分子材料溶液共混制成复合膜，进而制成PPy器件。

3.2.1.2 结构型导电机制

结构型导电复合材料的导电是通过基体本身的电荷转移来实现的，其导电机理目前认为主要有以下几种。

A 电子导电机制

在电子导电复合材料的导电过程中，载流子是聚合物中的自由电子或空穴，导电过程中载流子在电场的作用下能够在聚合物内定向移动形成电流。电子导电聚合物的共同结构特征是分子内有大的线性共轭π电子体系，给自由电子提供了离域迁移条件。作为有机材料，聚合物是以分子形态存在的，其电子多为定域电子或具有有限离域能力的电子。π电子虽然具有离域能力，但它并不是自由电子。当有机化合物具有共轭结构时，π电子体系增大，电子的离域性增强，可移动范围增大。当共轭结构达到足够大时，化合物即可提供自由电子，具有了导电功能。

纯净或未“掺杂”的聚合物分子中各π键分子轨道之间还存在着一定的能级差。而在电场作用下，电子在聚合物内部迁移必须跨越这一能级，这一能级差的存在造成π电子不能在共轭聚合中完全自由跨越移动。掺杂的目的是在聚合物的空轨道中加入电子，或从占有的轨道中拉出电子，进而改变现有π电子能带的能级，出现能量居中的半充满能带，减小能带间的能量差，使得自由电子或空穴迁移时的阻碍力减小，从而大大提高导电能力。掺杂的方法目前有化学掺杂和物理掺杂，电子导电聚合物的导电性能受掺杂剂、掺杂量、温度、聚合物分子中共轭链长度等条件的影响。

B 离子导电机制

以正负离子为载流子的导电复合材料被称为离子型导电复合材料。解释其导电机理的理论中被普遍认同的有非晶区扩散传导离子导电理论、离子导电聚合物自由体积理论和无需亚晶格离子的传输机理等理论。

固体离子导电的两个前提条件是具有能定向移动的离子和对离子具有溶和能力。研究导电高分子材料也必须满足以上两个条件，即含有并允许体积相对较大的离子在其中“扩散运动”，聚合物对离子具有一定的“溶解作用”。

非晶区扩散传导离子导电理论认为，如同玻璃等无机非晶态物质一样，非晶态的聚合物也有一个玻璃化转变温度。在玻璃化温度以下时，聚合物主要呈固体晶体性质，但在此温度以上，聚合物的物理性质发生了显著变化，类似于高黏度液体，有一定的流动性。因此，当聚合物中有小分子离子时，在电场的作用下，该离子受到一个定向力，可以在聚合物内发生一定程度的定向扩散运动，因此具有导电性，呈现出电解质的性质。随着温度的提高，聚合物的流动性愈显突出，导电能力也得到提高，但机械强度有所下降。

离子导电聚合物自由体积理论认为，虽然在玻璃化转变温度以上时聚合物呈现某种程度的“液体”性质，但是聚合物分子的巨大体积和分子间作用力使聚合物中的离子仍不能像在液体中那样自由扩散运动，聚合物本身呈现的仅仅是某种黏弹性，而不是液体的流动性。在一定温度下聚合物分子要发生一定振幅的振动，其振动能量足以抗衡来自周围的静压力，在分子周围建立起一个小的空间来满足分子振动的需要。当振动能量足够大时，自由体积可能会超过离子本身体积。在这种情况下，聚合物中的离子可能发生位置互换而发生移动。如果施加电场力，离子的运动将是定向的。离子导电聚合物的导电能力与玻璃化转变温度及溶解能力等有着一定的关系。

C 氧化还原型导电机制

这类聚合物的侧链上常带有可以进行可逆氧化还原反应的活性基团，有时聚合物骨架本身也具有可逆氧化还原反应能力。导电机理为：当电极电位达到聚合物中活性基团的还原电位或氧化电位时，靠近电极的活性基团首先被还原或氧化，从电极得到或失去一个电子，生成的还原态或氧化态基团可以通过同样的还原、氧化反应将得到的电子再传给相邻的基团，自己则等待下一次反应。如此重复，直到将电子传送到另一侧电极，完成电子的定向移动。

3.2.1.3 结构型导电高分子材料的制备

结构型导电高分子复合材料的制备方法根据化学键种类的不同，内容包括电子导电聚合物的制备和离子导电聚合物的制备。

A 电子导电聚合物的制备

电子导电聚合物是由大共轭结构组成的，因此这类导电聚合物的制备研究就是围绕着如何形成这种共轭结构进行的。从制备方法上来划分，又可以将制备方法分成化学聚合和电化学聚合两大类，化学聚合法还可以进一步分成直接法和间接法。直接法是直接以单体为原料，一步合成大共轭结构；而间接法在得到聚合物后需要一个或多个转化步骤，在聚合物链上生成共轭结构。图 3－10 给出了电子导电聚合物共轭结构的几种可能的合成路线。双键的制备在化学上有多种方法可供利用，如通过炔烃的加氢反应、卤代烃和醇类的消除反应以及其他一些非常见反应都可以用于双键的形成。

采用无氧催化聚合，以乙炔为原料进行气相聚合制备聚乙炔的方法属于直接法。反应由 Ziegler-Natta 催化剂催化。反应产物的收率和结构与催化剂组成和反应温度等因素有关，反应温度在 150℃ 以上时，主要得到反式结构产物。在低温时主要得到顺式产物。以带有取代基的乙炔衍生物为单体，可以得到炔代型聚乙炔，但是其电导率大大下降。

利用共轭环状化合物的开环聚合是另一种制备聚乙炔型聚合物的直接法，但是由于苯等芳香性化合物的稳定性较好，不易发生开环反应，在实际生产上没有意义。四元双烯和

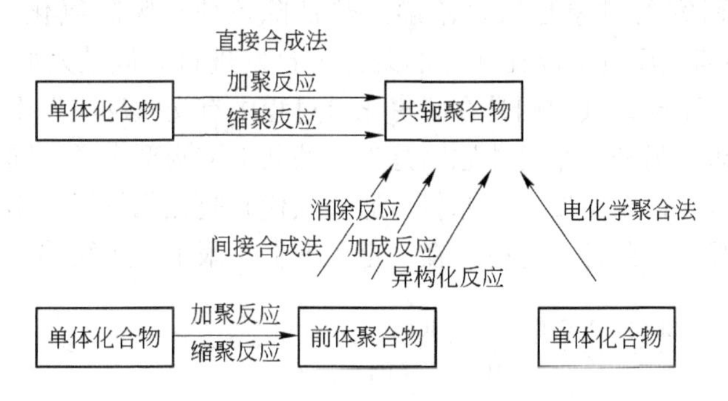

图 3 - 10　共轭聚合物的几种合成路线

八元四烯是比较有前途的候选单体，已经有文献报道以芳香杂环1,3,5-三嗪为单体进行开环聚合，得到含有氮原子的聚乙炔型共轭聚合物。反应方程式如图 3 - 11 所示。

$$\text{1,3,5-三嗪} \xrightarrow{ZnCl_2\text{或}SnCl_4\text{或}TiCl_4} -\!\!\left(C{=}N\right)\!\!-_n$$

图 3 - 11　芳香杂环物的开环聚合反应方程式

对于目前研究最广泛的聚芳香族和杂环导电聚合物，早期多采用氧化偶联聚合法制备。一般来讲，所有的 Friedel-Crafts 催化剂和常见的脱氢反应试剂都能用于此反应，如 $AlCl_3$ 等。从原理上分析这类聚合反应属于缩聚，在聚合中脱去小分子。比如，在强碱作用下，通过 Ullman 偶联反应得到同样产物（图 3 - 12），可利用的其他反应还有格氏和重氮化偶联反应。

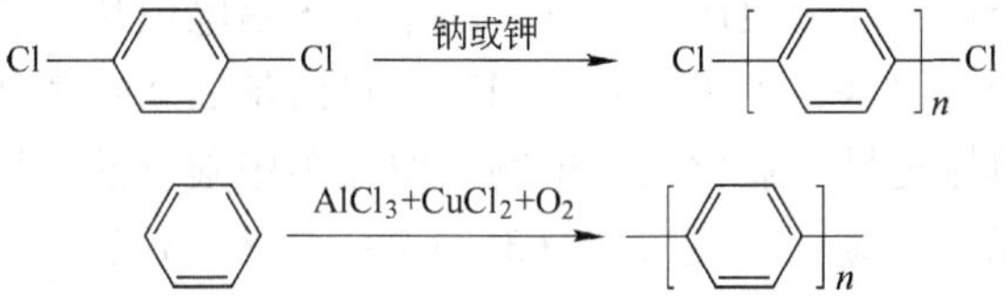

$$Cl-C_6H_4-Cl \xrightarrow{\text{钠或钾}} Cl-\left[C_6H_4\right]_n-Cl$$

$$C_6H_6 \xrightarrow{AlCl_3+CuCl_2+O_2} \left[C_6H_4\right]_n$$

图 3 - 12　采用缩聚反应制备聚苯导电聚合物

其他类型的聚芳香烃和聚苯胺类导电聚合物原则上均可以采用这种方法制备。缩聚法同样可以应用到杂芳香环的聚合上，最常见的是吡咯和噻吩的氧化聚合，生成的聚合物导电性能好，稳定性高，比聚乙炔更有应用前景。

采用直接聚合法虽然比较简单，但是由于生成的聚合物溶解性差，在反应过程中多以沉淀的方式退出聚合反应，因此难以得到高相对分子质量的聚合物。另外，产物难以加工也是难题。间接合成法是首先合成溶解性能和加工性能较好的共轭聚合物前体，然后利用消除反应等生成共轭结构。在工业上最具重要意义的这种导电聚合物以聚丙烯腈为原料，通过控制裂解制备导电碳纤维。生成的裂解产物不仅导电性能好，而且强度高，在工业上获得广泛应用。

利用间接法制备聚乙炔型导电聚合物还可以采用饱和聚合物的消除反应生成共轭结构

的方法。最早人们研究的对象是聚氯乙烯的热消除反应，脱除氯化氢生成共轭聚合物（图 3－13a），这种消除反应可以在加热的条件下自发进行。但是人们发现采用这种方法制成的聚合物电导率不高，其原因是在脱氯化氢过程中有交联反应发生，导致共轭链中出现缺陷，共轭链缩短。另外一个可能原因是生成的共轭链构型多样，同样影响导电能力的提高。采用类似的方法以聚丁二烯为原料，通过氯代和脱氯化氢反应制备聚乙炔型导电聚合物，消除反应在强碱性条件下进行，在一定程度上克服了上述缺陷（图 3－13b）。

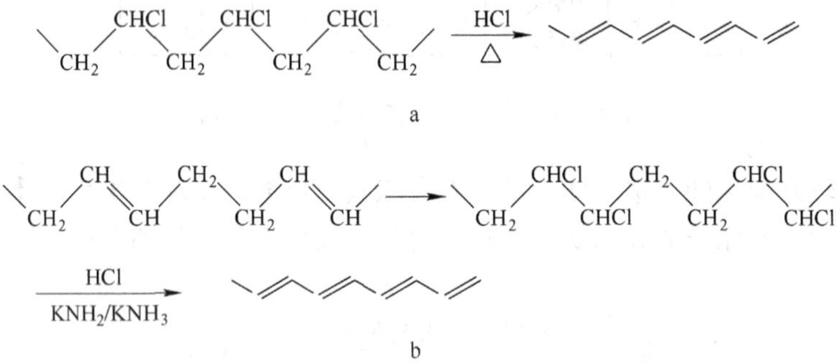

CHCl　CHCl　CHCl
CH_2　CH_2　CH_2　CH_2　$\xrightarrow[\triangle]{HCl}$

a

CH　CH_2　CH　　　CHCl　CH_2　CHCl
CH_2　CH　CH_2　CH　$\longrightarrow$　CH_2　CHCl　CH_2　CHCl

$\xrightarrow[KNH_2/KNH_3]{HCl}$

b

图 3－13　间接法制备聚乙炔型导电聚合物
a—饱和聚合物消除反应；b—聚丁二烯消除反应

电化学聚合法是近年来发展起来的电子导电聚合物的另一类制备方法。这一方法以电极电位作为聚合反应的引发和反应驱动力，在电极表面进行聚合反应并直接生成导电聚合物膜。反应完成后，生成的导电聚合物膜已经被反应时采用的电极电位所氧化（或还原），即同时完成了所谓的“掺杂”过程。

电化学法制备导电聚合物的化学反应机理并不是很复杂，从反应机理上来讲，电化学聚合反应属于氧化偶合反应。一般认为，反应的第一步是电极从芳香族单体上夺取一个电子，使其氧化成阳离子自由基；生成的两个阳离子自由基之间发生加成性偶合反应，再脱去两个质子，成为比单体更易于氧化的二聚物。留在阳极附近的二聚物继续被电极氧化成阳离子，继续其链式偶合反应（见反应式（3－1）~式(3－3)）。以上反应过程可以归纳写成一个总的反应式（3－4）。

$$RH_2 \xrightarrow[Epa]{-e} RH_2^{+} \tag{3-1}$$

$$2RH_2^{+} \longrightarrow [H_2R—RH_2]^{2+} \xrightarrow{-2H^{+}} RH—RH \tag{3-2}$$

$$HR—RH \xrightarrow[Epa]{-e} [HR—RH]^{+} \xrightarrow{+RH_2^{+}} [HR—RH—RH_2]^{2+} \xrightarrow{-2H^{+}} [HR—R—RH] \tag{3-3}$$

$$(x+2)RH_2 \xrightarrow{Epa} HR—(R)_x—RH + (2x+2)H^{+} + (2x+2)(-e) \tag{3-4}$$

以聚吡咯的电化学聚合过程为例，吡咯的氧化电位相对于饱和甘汞电极（SCE）是 1.2V，而它的二聚物只有 0.6V，其反应历程如图 3－14 所示。

在聚吡咯的制备过程中，当电极电位保持在 1.2V 以上时（相对于 SCE 参考电极），电极附近溶液中的吡咯分子在 α 位失去一个电子，成为阳离子自由基。自由基之间发生

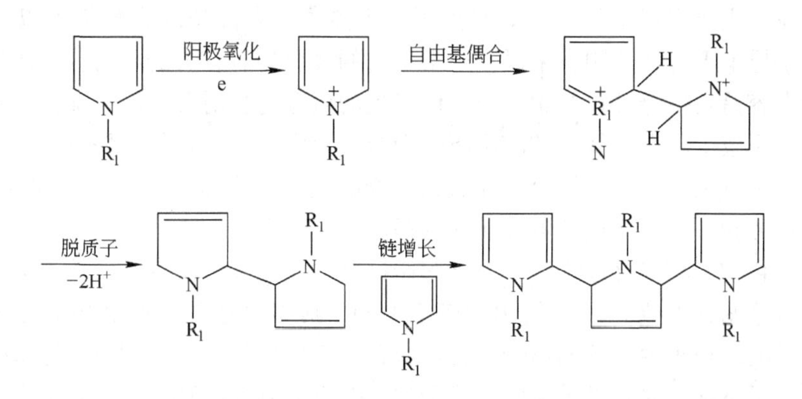

图 3-14　聚吡咯电化学反应历程

偶合反应，再脱去两个质子形成吡咯的二聚体，生成的二聚体继续以上过程，形成三聚体。随着聚合反应的进行，聚合物分子链逐步延长，相对分子质量不断增加，生成的聚合物在溶液中的溶解度不断降低，最终沉淀在电极表面形成非晶态的膜状导电聚合物。生成的导电聚合物膜的厚度可以借助于电极中流过的电流和电解时间加以控制。

如同其他合成反应一样，反应条件的选择对电化学聚合反应的成功非常重要。比较重要的反应条件包括溶剂、电解质、反应温度和压力、电极材料等。一般认为在聚合反应中受电极激发产生的阳离子自由基有三条反应渠道；其一是通过以上介绍的偶合反应生成导电聚合物；其二，生成的阳离子自由通过扩散过程离开电极进入溶液；其三，阳离子自由基与溶液或电解质发生反应生成副产物。显然，只有第一种情况是希望的。在电化学聚合反应中，水、已腈和二甲基甲酰胺常被选作理想溶剂，一些季胺的高氯酸、六氟化磷和四氟化硼盐为常用电解质。工作电极的电压应稍高于单体的氧化电位。目前用电化学法生产导电聚合物的工艺已有多种，采用的电解系统有单池三电极系统或者两电极系统，生成的产物多为膜状。

B　离子导电聚合物的制备

离子导电聚合物主要有以下几类：聚醚、聚酯和聚亚胺。它们的结构、名称、作用基团以及可溶解的盐类列于表 3-2 中。

表 3-2　离子型导电聚合物基的使用范围

名　称	缩写符号	作用基团	可溶解盐
聚环氧乙烷	PEO	醚基	大部分阳离子和一价阴离子
聚环氧丙烷	PPO	醚基	大部分阳离子和一价阴离子
聚丁二酸乙二醇酯	PE succinate	酯基	$LiBF_4$
聚癸二酸乙二醇	PE adipate	酯基	$LiCF_3SO_3$
聚乙二醇亚胺	PE imine	胺基	NaI

聚环氧类聚合物是最常用的聚醚型离子导电聚合物，主要以环氧乙烷和环氧丙烷为原料制得。它们均是三元环醚，键角偏离正常值较大，在分子内有很大的张力存在，很容易

发生开环发应，生成聚醚类聚合物。阳离子、阴离子或者配位配合物都可以引发此类反应。对于离子导电聚合物的制备来说，要求生成的聚合物有较大的相对分子质量，而阳离子聚合反应中容易发生链转移等副反应，使得到的聚合物相对分子质量降低，在导电聚合物的制备中使用较少。在环氧乙烷的阴离子聚合反应中，氢氧化物、烷氧基化合物等均可以作为引发剂进行阴离子开环聚合。环氧化合物的阴离子聚合反应带有逐步聚合的性质，生成的聚合物的相对分子质量随着转化率的提高而逐步提高。

在环氧化合物开环聚合过程中，由于起始试剂的酸性和引发剂的活性不同，引发、增长、交换（导致短链产物）反应的相对速率不同，对聚合速率、产品相对分子质量的分布造成复杂影响。环氧丙烷的阴离子聚合反应存在着向单体转移的现象，导致生成的聚合物相对分子质量下降，对此常采用阴离子配位聚合反应制备聚环氧丙烷。引发剂可以使用 $ZnEt_2$ 与甲醇体系。此类聚合反应的机理比较复杂，在图 3－15 中给出了两种主要环氧聚合物的反应和生成的产物结构。

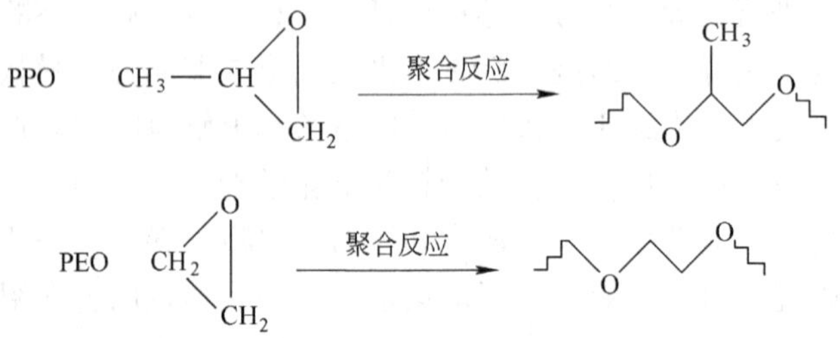

PPO CH_3—CH(O)CH_2 —聚合反应→ CH_3 O O

PEO CH_2(O)CH_2 —聚合反应→ O O

图 3－15 聚醚型离子导电聚合物的合成

聚酯和聚酰胺是另一类常见的离子导电聚合物，其中乙二醇的聚酯一般由缩聚反应制备。采用二元酸和二元醇进行聚合得到的是线性聚合物，生成的聚合物柔性较大，玻璃化温度较低，适合作为聚合电解质使用。二元酸衍生物与二元胺反应得到的聚酰胺也有类似的性质。这两类聚合物的聚合反应式如图 3－16 所示。

$$HO—CH_2CH_2—OH + R'OOCR''COOR' \longrightarrow HO\ (CH_2CH_2OOCR''CO)_nOR'—H_2NRNH_2 +$$
$$ClOCR'COCl \longrightarrow H\ (NHRNHOCR'CO)_n—Cl—$$

图 3－16 聚酯和聚酰胺的反应式

对于有实际应用意义的聚合电解质，除要求有良好的离子导电性能之外，还要满足下列要求：

（1）在使用温度下应有良好的机械强度，聚合物的机械强度一般与聚合物的相对分子质量成正比；

（2）应有良好的化学稳定性；

（3）有良好的可加工性，特别是容易加工成薄膜使用。

但是，增加聚合物的离子导电性能需要聚合物有较低的玻璃化温度，而聚合物的玻璃化温度低又不利于保证聚合物有足够的机械强度，因而这是一对应平衡考虑的矛盾。提高机械强度的办法包括在聚合物中添加填充物，或者加入适量的交联剂。经这样处理后，虽然机械强度明显提高，但是玻璃化温度也会相应提高，影响到使用温度和电导率。对于玻璃化温度很低，但是对离子的溶解化能力也低，因而导电性能不高的离子导电聚合物，用接枝反应在聚合物骨架上引入有较强溶剂化能力的基团，有助于离子导电能力的提高。采用共混的方法将溶剂化能力强的离子型聚合物与其他聚合物混合成型是又一个提高固体电解质性能的方法。最近的研究表明，采用在聚合物中溶解度较高的有机离子，或者采用复合离子盐，对提高聚合物的离子电导率有促进作用。

3.2.2 复合型高分子导电复合材料

复合型高分子导电复合材料也称复合型聚合物基导电复合材料，它是指把导电体，如各种金属纤维、石墨、碳纤维、炭黑添加到绝缘的有机高分子（如树脂、塑料或橡胶）基体中，采用物理（机械共混等）或化学方法复合制得的既具有一定导电功能又具有良好力学性能的多功能复合材料。它具有质轻、耐用、易成型、成本低等特点，根据使用需要，可在大范围内通过添加导电物质的量来调节电学和力学性能，宜于大规模生产，已广泛应用于抗静电、电磁屏蔽等许多领域，是导电复合材料的研究重点。

复合型导电高分子材料的分类方法有多种。按照复合技术分类有：导电表面膜形成法、导电填料分散复合法、导电填料层压复合法三种。根据电阻值的不同，可划分为半导电体、除静电体、导电体、高导电体。根据导电填料的不同，可划分为碳系（炭黑、石墨等）、金属系（各种金属粉末、纤维、片等）。根据树脂的形态不同，可划分为导电橡胶、导电塑料、导电薄膜、导电黏合剂等。还可根据其功能不同划分为防静电材料、除静电材料、电极材料、发热体材料、电磁波屏蔽材料。

复合型高分子导电复合材料常用的聚合物基体有合成橡胶、环氧树脂、酚醛树脂、不饱和聚酯、聚苯乙烯、ABS 类、尼龙类等，为了提高聚合物基导电复合材料的耐温性，还可选用一些耐高温的树脂基体，如聚酰亚胺、聚苯硫醚、聚醚砜、聚醚酮类等。聚烯烃类作为基体，由于具有性能好、价格低廉、加工成型容易等优点，成为目前聚合物基导电复合材料发展方向之一。

3.2.2.1 典型复合型导电体与特点

A 碳系导电体

a 炭黑

炭黑是一种天然的半导体材料，其体积电阻率约为 $0.1 \sim 10^8\Omega \cdot cm$。它不仅原料丰富，导电性能持久稳定，而且可以大幅度调整复合材料的电阻率（$1 \sim 10^8\Omega \cdot cm$）。因此，由炭黑填充制成的复合型高分子导电复合材料是目前用途最广、用量最大的一种导电材料。炭黑填充高分子导电复合材料的最大优点是在室温下导电性能不会随时间和环境条件的改变而发生变化。

炭黑的导电性能与其比表面积、结构性、表面化学性质密切相关。通常以一定量炭黑所吸收邻苯二甲酸二丁酯（DBP）的体积（$cm^3/100g$）来表征炭黑聚集体的支化程度，即结构性。吸收值越高，炭黑的结构性越好。表面化学性质可通过吸附在炭黑表面的活性官能团的数量来表征，在炭黑的生产过程中，炭黑表面常形成一些活性含氧官能团，这些官能团影响电子的迁移，使炭黑的导电性下降。表面官能团少的炭黑通常呈弱碱性或中性，具有较好的导电性。此外，炭黑粒子尺寸越小，比表面积越大，结构性越高；表面活性基团越少，极性越强，单位体积内的颗粒数越多，越容易彼此接触形成网状导电通路，所制备的导电复合材料的导电性越好。粒度为30μm的乙炔炭黑填充玻璃纤维增强191树脂时，仅需0.4%的体积分数，导电复合材料的体积电阻率就能下降到$10^3 \sim 10^4 \Omega \cdot cm$。而导电炭黑较乙炔炭黑粒径更小，比表面积更大，结构性更高，表面化学性质更稳定，将其填充到聚合物基体时，炭黑粒子相互接触的几率大，分散性好，从而在添加量较少时就可形成导电通路，渗滤阈值较低，复合材料的电阻率较小。导电炭黑的种类及其性能见表3-3。

表3-3 导电炭黑的种类及其性能

种 类	平均粒径/μm	比表面积/$m^2 \cdot g^{-1}$	吸油值/$mg \cdot g^{-1}$	特 性
导电槽黑	17.5~27.5	175~420	1.15~1.65	粒径细、分散困难
导电炉黑	21~29	125~250	1.3	粒径细、表面孔度高、结构高
超导炉黑	16~25	175~225	1.3~1.6	防静电、导电效果好
特导炉黑	<16	225~285	2.6	表面孔度高、结构高、导电性好
乙炔炭黑	35~45	55~70	2.5~3.5	粒径中等、结构高、导电性持久

近年来，提高炭黑填充型导电复合材料的导电性能的研究主要集中在炭黑材料的改性以及新型导电炭黑的研制两方面。对炭黑进行处理可达到改善复合材料的导电性、降低炭黑含量、改善两相的相容性、增强两相间相互作用的目的。对前者，就是提高炭黑的比表面积和DBP值，降低表面基团，尤其是含氧基团的含量，通常采用高温气相氧化和石墨化来实现；对后者，则需要增加表面基团的含量，一般采用液相氧化、表面接枝和添加表面改性剂的方法。此外，美国研制的"Super Conductive"炭黑和哥伦比亚的"Conductex40-220"等均为专用的高效超细导电炭黑。日本三菱人造丝公司采用超细炭黑填充PP制成的导电复合材料密度仅为$1.18g/cm^3$，作为电磁屏蔽材料使用，其屏蔽效果可达40dB。

b 石墨

除炭黑之外，石墨也是常用的导电体之一。石墨是自然界发现的最硬的材料，它不但具有高的强度和模量，还具有很好的导电和导热性能。石墨具有片层结构，与聚合物可实现片层复合，能降低导电渗滤阈值，同时还可以提高材料的耐腐蚀能力。石墨主要有石墨粉和片状石墨两种。石墨粉的分散性较好，易形成导电通道；而片状石墨体积较大，虽会对树脂起增强作用，但不易形成均匀体系，材料的稳定性不易控制，某些性能重现性差，而且加入量过大时，片状石墨与树脂形成的界面处容易产生应力集中而使材料强度下降。

通过高温快速加热天然鳞片石墨制备出的高纯度蠕虫状多孔性膨胀石墨，基本保持了天然鳞片石墨的层状结构，类似于塌陷变形的平行板。膨胀石墨具有丰富的大小各异的孔洞，孔洞直径一般在10nm~10μm之间。由于在高温下天然鳞片石墨C轴方向的膨胀倍数可以达到几百倍，因此与鳞片石墨相比，膨胀石墨层间距变得十分巨大。膨胀石墨的微孔吸附效应使适当的单体和引发剂能够进入到石墨层间。另外，在鳞片石墨的酸化和氧化过程中，部分石墨C原子被氧化成—COOH基团，改善了高分子单体同石墨之间的相容性，从而使进入石墨层间的单体和引发剂数量进一步增大。

另外，石墨片材的类型对复合材料的导电性也有一定的影响，对于相同含量的天然石墨、热剥离石墨和有机硅黏合石墨片材，它们所表现出的导电性能存在着很大的差异。

研究人员通过原位插层聚合方法制备了尼龙-6/石墨导电复合材料，结果表明膨胀石墨是聚合物基复合材料的优良导电体，当石墨体积分数为20%时，复合材料的室温电导率可以达到10^{-4}S/cm。该导电复合材料同时也具有很低的导电渗滤阈值（0.75%（体积分数）），石墨粒子的完全剥离、巨大的径厚比以及在基体中的均匀分散是该导电复合材料具有低渗滤阀值和高导电性能的主要原因。

聚苯胺/石墨复合材料可兼具聚苯胺和石墨的优点，是制备导电、导热或电磁屏蔽高分子复合材料的理想材料之一。李侃社等人采用膨胀石墨（EP）与苯胺原位聚合，由于膨胀石墨片层结构的表面诱导作用大大提高了聚苯胺的结晶度，改善了聚苯胺的结构缺陷，聚苯胺与石墨片层发生协同作用，使得到的PANI/EP复合材料的电导率与单一组分相比有大幅度提高。

T. Lawrence等人也通过复合方法制得了石墨剥离纳米导电复合材料，结果表明该材料在抗拉强度、剪切强度等力学性能提高的同时，还表现出了良好的导电性能，如图3-17所示。此外，国内也利用新方法合成了石墨片层剥离分散于聚合物基体中的聚芳双硫醚/石墨纳米复合材料。测试结果证明该材料的电导率较氧化石墨提高了近5个数量级。

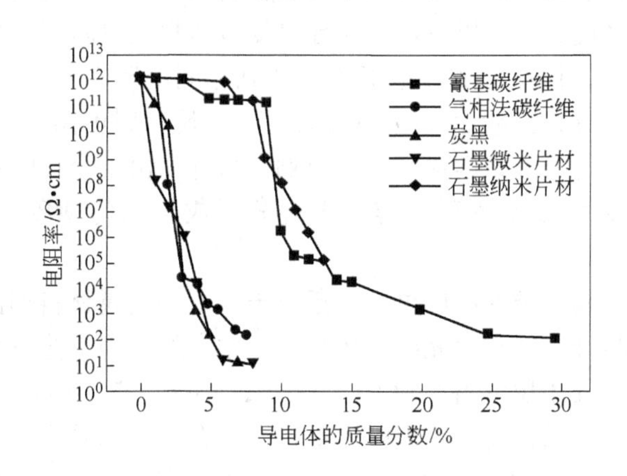

图3-17　导电体的质量分数与电阻率关系

c　碳纤维

碳纤维也是一种较好的导电体，其导电性介于炭黑和石墨之间，而且它具有高强度、高模量、耐腐蚀、耐辐射、高温、耐疲劳、抗蠕变等多种优良性能。纤维特殊的几何形状使其形成导电逾渗通道的临界体积分数很低，在很小的填充量下可达到很高的导电性能，纤维的长径比越大，临界体积分数越小。另外，碳纤维导电具有方向性，因而碳纤维在复合材料中的形态结构、分布状况决定了材料的性能，使得碳纤维复合材料的电阻率可在较大范围内调节。碳纤维的体积电阻率约为$1200\times10^{-6}\sim300\times10^{-6}\Omega\cdot cm$。此外，聚合物基体的可加工性很强，决定了碳纤维导电复合材料具有许多特别的优异性能。

但是碳纤维作为一种脆断材料，在进行复合型导电高分子材料的传统加工方法，如共混、挤出、开炼及密炼等的过程中，其长径比损伤大、长度分布不均，从而影响其电性能的稳定性。

用碳纤维增强的不饱和聚酯、环氧、酚醛树脂等复合材料已广泛应用于航空航天、军用器材及化工防腐领域。但碳纤维加工困难、成本高，在一定程度上限制了它的发展。近年来由于碳纤维成本下降及复合材料制造技术的提高，碳纤维导电复合材料的研究开发成为新的动向。可以预见，这种复合材料将具有更大的研究、开发和应用前景。

d 纳米碳管

纳米碳管是一类新型的导电体，在聚合物基体中加入适量纳米碳管，可使其复合材料具有优异的导电性能。

Guha Abhishek 等研究了含碳纳米纤维和碳纳米管的聚合物复合材料的导电性，结果表明：在纳米纤维的质量分数为 0.5% ~10%、碳纳米管的质量分数为 0.1% ~0.5% 时，复合材料有很高的导电性能。

B 金属系导电体

a 金属导电体的研究与改性

金属导电体包括纯（单一）金属粉末、金属纤维和金属合金等。常用的金属粉末有铝粉、铁粉、铜粉、银粉、金粉等。铝粉价格低，但铝的活性太大，其粉末在空气中极易被氧化，形成导电性极差的 Al_2O_3 氧化膜。银粉、金粉虽然导电性优良，但价格昂贵，由此限制了其广泛使用，故现阶段应用最广的为铁粉、铜粉。

金属粉末粒径的密度、大小以及形状对导电复合材料的电阻率影响较大。在相同条件下，金属粉末粒径越小，越易形成导电通道，达到相同电阻率所需金属粉的体积分数越小。但金属粉末的体积分数一般在 50% 左右时，才会使材料电阻率达到导电复合材料的要求，这必然会对复合材料的力学强度产生影响。另外，由于金属的密度远大于非金属的密度，因此在复合材料的成型过程中容易出现分层或不均匀现象，影响材料质量的稳定性。

与金属粉相比，金属纤维的应用更为广泛。与传统的金属材料相比，该材料具有质量轻、易加工等特点。将金属纤维填充到基体高分子中，经适当工艺成型后，可以制成导电性能优异的复合材料，其体积电阻率为 $10^{-3} \sim 10^{0} \Omega \cdot cm$。它们不仅可以在加入量较少的条件下达到理想的导电效果，还能较大幅度地提高复合材料的强度，因此被认为是最有发展前途的新型导电材料和电磁屏蔽材料，金属纤维填充高分子导电复合材料也将是以后研究的重点之一。

目前，国外应用较多的金属纤维是黄铜纤维、不锈钢纤维和铁纤维等。黄铜纤维的导电性能优良，仅需 10% 的体积分数就能使体积电阻率小于 $10^{-2} \Omega \cdot cm$。不锈钢纤维作为填料不仅强度高，成型时不易折断，能保持较大的长径比，而且抗氧化性好，能使导电性能持久稳定。

另外，复合纤维填充高分子复合材料也在不断研究和应用之中，如钢 - 铝复合纤维，就是挤压成型过程中将钢丝周围包覆不同厚度的铝，这样既保持了铝的导电性，又提高了复合材料的强度。还有镀镍石墨纤维，不仅使制备的复合材料有 $10^{-1} \sim 10^{1} \Omega \cdot cm$ 的电阻率，而且也具有较好的增强效果及电磁屏蔽效果，在航空领域已被广泛应用。

为了增强树脂与导电体的相容性，提高导电性，金属合金做导电体的开发、应用和研究工作也有许多。尤其是一些可以与树脂熔融共混的低熔点合金得到了迅速发展，如锌 - 锡合金，可填充 PC、PBT、ABS 和 PP，而锌 - 铝合金更适用于 PEEK。此外，铅 - 锡合金可以与塑料热压混合，制备性能较好的热塑性复合材料；铋 - 铅 - 锑 - 锡合金与聚合物一起注射模塑，可制备隔离电磁波外罩。有资料报道，锌－锡合金的性能优于不锈钢，它与树脂填充所制的复合材料比片状填料，如铝片填充的复合材料的各种性能都好，甚至比不锈钢纤维填充的复合材料优越。

金属作为导电复合材料的导电体也存在一些问题，金属填料的密度较高，按球形粒子考虑，理论上的渗滤阀值为 $\varphi_c=0.38\%$，加入如此多的量，复合材料的密度将显著提高。有些问题是高分子及填充剂本身带来的，例如铜会催化一些高分子降解，铁、铜、铝的颗粒表面容易迅速氧化，所形成的氧化层是非导电体，因而在很大程度上破坏了复合材料的导电性能，而且颗粒越小，这种影响就越严重，因为细小颗粒的氧化层远大于大尺寸的颗粒。据 Prosvirin 和 Savitskii 报道，氧化铝的电阻率高达 $10^5\Omega\cdot cm$。Scheer 也报道过铝颗粒表面的氧化层会使金属颗粒的芯部绝缘，一旦颗粒表面被氧化，即使加入大量的金属填料，复合材料仍然是不导电的。为减少填充金属的量并增加导电复合体系的强度，常使用金属纤维、镀金属纤维、薄片状金属和带状金属作填料；为增强填料与基体的相容性，常将纤维状金属与粉末状金属并用。金属镍的电阻率为 $6.84\times10^{-6}\Omega\cdot cm$，比铁略低，比铜略高，更重要的是镍的氧化速率慢，通常将镀镍粒子和镀镍纤维作为导电体使用。

此外，金属表面形成金属卤化物可防止金属氧化而使导电性增加。在填充 Cu 粉的导电胶中加入 PVA 也能提高填料 Cu 的抗氧化能力。用钛酸酯或硅烷偶联剂处理铝片、铝粉以及纤维，在提高树脂与金属相容性的同时也提高了填料的抗氧化能力。将 $SbCl_3$、$SbCl_4$、SbO－Sb 微粉与丙烯酸树脂配制成的导电涂覆剂涂到金属表面，可显著降低金属粒子的表面氧化能力，同时也能降低材料的表面电阻率。

b 金属氧化物导电体

最近十多年间，在聚合物中添加金属氧化物制备导电复合材料的研究大幅度增加，其导电体一般采用 V_2O_3、VO_2、TiO_2 等粉状物质，但目前研究和使用最广泛的是氧化锌晶须（简写为 ZnO_W）。

氧化锌晶须是一种 n 型半导体的微晶体，具有三维空间立体结构，由 4 根长 10～100μm、直径 0.1～3μm 的针状单晶体构成，四根针向空间三维发射，如图 3－18 所示。这类填料在高分子基体中更易形成三维导电网络结构，所需的填充量很少，对高分子有很强的增强能力，是导电体重点发展方向之一。与传统的导电体相比 ZnO_W 有许多优点，如可以使复合材料具有稳定的导电性能、颜色可调性好以及环境适应性好等。

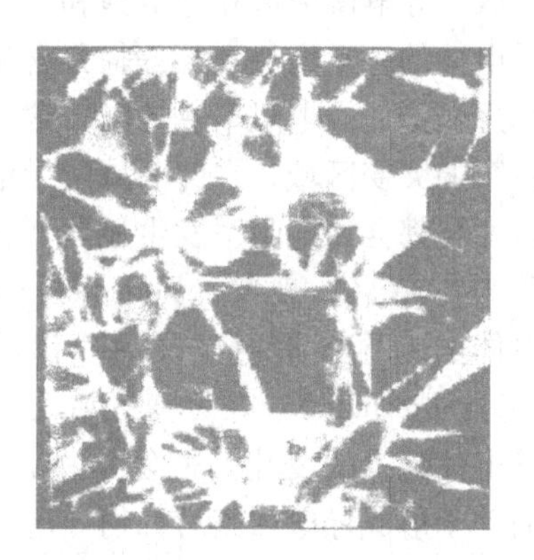

图 3－18 ZnO_W 晶须的 SEM 照片

（1）赋予复合材料稳定的导电性。当三维结构的 ZnO_W 分散到基材中时，能形成非常有效的导电通道（三维网状结构），与过去的粒状材料相比，赋予导电性所需的 ZnO_W 用量极少，因此，可在不失去基材原有性能的基础上获得导电性，并且获得导电功能的总成本较低。实验表明，10%～30%体积分数的 ZnO_W 与 PP 树脂复合后，其体积电阻率为 $7.1\times10\Omega\cdot cm$，比金属粉（如铝粉作填料为 $2.1\times10^2\Omega\cdot cm$）低 1 个数量级，而且该数值在潮湿环境下也不发生明显变化。若在 ZnO_W 表面作镀银处理后制成 ABS/ZnO_W 复合材料，其体积电阻率为 $3.6\times10^{-2}\Omega\cdot cm$。

（2）复合材料颜色可调性好。ZnO_W 的导电性是利用单晶体本身的导电能力，而非借助表面涂层或电镀等方式的二次导电。该晶须是无色透明的单晶，本身无发色性，它可与颜料等复合而形成各种颜色的材料。

（3）环境适应性好。以单晶形式存在的 ZnO_W，其升华点在 1700℃以上，线膨胀系数为 $4\times10^{-6}℃^{-1}$。所以，ZnO_W 复合材料可在较苛刻的环境条件下使用。

c　其他导电体

煤炭是以稠环芳香烃为核心的大分子交联聚合物和无机矿物质组成的天然杂化材料，是人们难以用合成方法制得的有机高分子烃源，其超细粉体是性能良好的有机刚性粒子，具有低密度（$1.5g/cm^3$ 左右）、高含碳量、可燃等特点，作为聚烯烃、橡胶的导电体具有独特优势。李侃社等人以高密度聚乙烯为基体，氯化铜熔盐掺杂无烟煤粉为导电体，通过熔融共混的方法，制备了高密度聚乙烯/无烟煤导电复合材料，电阻率为 $2.24\times10^7\Omega\cdot cm$，达到了抗静电材料的要求。

3.2.2.2　复合型导电复合材料导电机制

复合型导电复合材料的导电机理比较复杂，主要认为包括两个方面：导电通路的形成和通路形成后的室温导电机理。前者研究的是导电体如何达到电接触而在整体上自发形成导电通路这一宏观自组织过程；后者主要研究的是导电通路形成后，载流子迁移的微观过程。

A　导电通路形成理论

导电通路形成理论主要研究导电体含量与复合型导电复合材料导电性能的关系。大量研究表明，由不同制备方法、不同聚合物基体及导电体组成的复合材料，随着导电体用量的增加，依次经历非导电区、导电渗流区和导电饱和区，即当复合体系中导电体的含量增加到某一临界含量时，体系的电阻率急剧降低。电阻率－导电体含量曲线上出现一个狭窄的突变区域，在此区域内导电体含量的任何细微变化都会使电阻率发生显著变化，这种现象通常称为“渗滤”现象（percolation phenomenon），导电体的临界含量通常称为“渗滤阈值”（percolation threshold），在突变区域之后，体系电阻率随导电体含量的变化又回复平缓，如图 3－19 所示。而关于形成导电回路后如何导电，主要涉及导电填充物之间的界面问题。

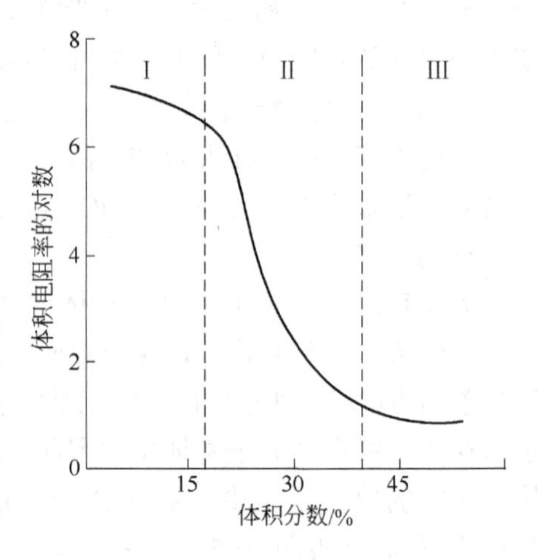

图 3－19　导电复合材料的电阻率与导电体体积分数的关系图

导电复合材料中形成无穷大贯穿导电链的临界条件是：

$$\alpha=\alpha_c=\frac{1}{f-1} \quad (3-5)$$

式中，α 为导电体在复合材料中的实际占位几率，α 的计算公式如下：

$$\alpha=\frac{\text{导电体实际占据空格的体积分数}(\varphi_p)}{\text{导电体可能占据空格的体积分数}(\varphi_0)}$$

式中，α_c 为导电体的临界占位几率；f 为复合材料中导电体的配位数。

对于面心立方，$\varphi_0=0.74$；对于体心立方，$\varphi_0=0.68$；对于六面体密堆积，$\varphi_0=0.74$；当导电微粒与基体微粒的粒径相等时，f 在 6～7 之间，如果 f 取 6，φ_0 取 0.7，可得：

$$\varphi_p=\alpha_c\times\varphi_0=0.7/(6-1)\times100\%=14\%$$

复合材料的导电渗滤阈值不仅与导电组分和基体本身的性质有关，还与导电组分的形状及在基体中的分散程度密切相关，在导电体体积分数不变的情况下，与球状填料粒子相比，片状填料粒子具有较低的导电渗滤阈值。这是因为片状填料粒子在基体中形成导电网络时比球状通路粒子所需的填充分数小。片状粒子的径厚比越大，就越容易在基体中形成导电网络。对于石墨填充的复合材料，石墨的剥离程度对复合材料的导电渗滤阈值的影响也很重要。在较低的填充分数下，未完全剥离的石墨粒子间相互接触的几率比较小，而当石墨完全剥离成纳米厚度后，在不变的填充分数下，石墨粒子的数量和径厚比均明显增大，从而使得各粒子之间相互接触的几率大大增加，更容易形成导电网络。

此外，学术界针对导电复合材料的渗滤现象提出了许多理论模型。这些模型大致可以分为如下四种。

a　统计渗滤模型

将基体视为二维和三维点或键的有限规则阵列，导电体视为点或键在阵列上的随机分布，当点或键的占有概率达到某值时，相邻点或键簇将扩散至整个阵列，出现长程相关性。

Gurland 以银粉填充酚醛树脂基复合材料为研究对象，发现电阻率突变点与导电粒子的平均接触点$\overline{m}$有关，当$\overline{m}$在 1.35～1.50 之间时，电阻率发生跳跃，$\overline{m}$在 2 以上，则电阻率基本不变。这种现象可以用渗滤几率描述，当渗滤几率超过阈值后，复合材料中银粒子开始形成网络。一些学者分别从球状导电体的体积分数和电导率、单个导电粒子与同相其他粒子的接触数、等效电路模型等角度进行了探讨研究，提出了一些理论。他们大多是从填料的几何特征出发，没有从分子热力学的角度去考虑，忽略了高分子基体和导电填料的差异以及彼此之间的界面效应对复合体系导电通路形成的影响。因此，该理论难以解释导电性能突变点与所用的高分子材料及导电物质的种类有关这一基本实验事实。

b　热力学模型

Miyasaka 等提出了聚合物基导电复合材料的热力学理论，克服了前述理论的一些缺陷。热力学模型是基于平衡热力学原理，强调了导电体和高分子基体界面效应对导电通路形成的重要性，并且认为“渗滤”现象实际上是一种相变过程。以高分子－炭黑复合体系为例，在其制备过程中炭黑粒子的自由表面变成湿润的界面，形成高分子－炭黑界面层，体系产生了界面能过剩。随着炭黑含量的增加，高分子－炭黑界面能过剩不断增大。因此，使复合材料电阻率突然下降的炭黑临界含量 φ_I 是与体系界面能过剩有关的一个参数。Miyasaka 等认为，界面能过剩达到一个与高分子种类无关的普适常数 Δg 之后，炭黑粒子即开始形成导电网络，据此可导出炭黑临界体积分数 φ_f 为：

$$\varphi_f=[1+(\gamma c^{0.5}-\gamma p^{0.5})^2(S_0/\varphi_0)(1/\Delta g)]^{-1} \tag{3-6}$$

由于实际加工成型过程中各种因素对复合材料的导电性能影响很大，其实质是两相界面状况在加工时是不断变化的，并且直接影响炭黑在基体中的分散状态，因此上式可修正为：

$$\varphi_f^{-1} = 1 + \{(\gamma c^{0.5} - \gamma p^{0.5})^2 - [(\gamma c^{0.5} - \gamma p^{0.5})^2 - K_0]e^{-ct/\eta}\}(S_0/\varphi_0) \quad (3-7)$$

式中 t——混炼时间与成型时间之和；

c——时间常数；

η——基体的熔体黏度；

K_0——$t=0$ 时体系的界面能。

当 $t \to \infty$ 或 $\eta \to 0$ 时，式（3-7）即回复到式（3-6）。

c 有效介质理论

有效介质理论是由 Bruggeman 提出的，是应用自给条件处理球形颗粒组成的多相复合体系中各组元的平均场理论。根据有效介质理论，Bruggeman 提出了下列关系式：

$$\varphi_1\left(\frac{\sigma_1 - \sigma_m}{\sigma_1 + 2\sigma_m}\right) + \varphi_2\left(\frac{\sigma_2 - \sigma_m}{\sigma_1 + 2\sigma_m}\right) = 0 \quad (3-8)$$

式中 σ_m——有效电导率；

σ_1——导电体电导率；

σ_2——高分子基体电导率；

φ_1——导电体的体积分数；

φ_2——基体的体积分数。

根据该理论，当导电体体积分数为 1/3 时，σ_m 突升，但其不能解释渗滤阈值低于 1/3 的情况。

d 微结构模型

微结构模型的建立试图达到两个目的：一是描述各种不同结构复合材料的导电性；二是通过对材料结构的研究手段设计聚合物基导电复合材料。目前尽管已经有一些简单的微结构模型，但一般并不具备普遍性。

以上四种模型虽然从不同角度描述了导电复合材料导电通道的形成理论，但均有一定的局限性，且未有一种理论能够很好地解释复合型导电复合材料的导电性能。

B 室温导电机理

室温导电机理主要涉及导电体之间的界面问题，有关这方面的理论很多，且众说纷纭，概括起来主要有以下三种。

a 通道导电理论

该理论是将导电体看做彼此独立的颗粒，而且规则、均匀地分布于聚合物基体中。当导电体直接接触或间隙很小时，导电粒子相互连接成链，在外电场作用下即可形成通道电流，电子通过链移动产生导电现象。该理论可以解释导电体在临界填充率时的“渗滤现象”，但导电微粒在复合材料中的分布与该理论的假设条件并不相符，所以该理论不能独立地解释聚合物基导电复合材料的导电现象。

这是一种比较直观的理论，最早由 Kemp 提出，其后 Parkins、Bulgin 等人做了一些修正，这方面的理论有许多实验事实予以支持，只要导电粒子能相互接触或粒子间隙在 1nm 以内形成键链，就可以形成导电通道，因此导电粒子的接触电阻和粒子接触数目是影响导电率的重要因素。Rajagcpal 等人的处理方法很有代表性，他们假定高分子为立方体粒子，且被足够多的填料覆盖，形成一个棱长为 L 的立方体层积模型，又假定复合材料的电阻是沿电流方向的接触数与接触电阻 R_0 的乘积，同时与电流方向垂直的同一网络成反比，则复合材料的电导率为：

$$\sigma = (3/R_0L)(3L/D-2)(\varphi_f - 4D/3L) \tag{3-9}$$

式中 D——导电体的直径；

φ_f——导电体的体积分数；

L——立方体的棱长；

R_0——接触电阻。

这一理论的推算值与炭黑填充复合材料的实验结果比较吻合。

b 隧道效应理论

复合型高分子复合材料中一部分导电微粒相互接触而形成链状导电网络，另一部分则以孤立粒子或小聚集体形式分布于绝缘的高分子基体中。由于导电粒子之间存在内部电场，当孤立粒子或小聚集体之间相距很近时，只被很薄的高分子薄层（10nm 左右）隔开，由热振动激活的电子就能越过高分子薄层界面所形成的势垒跃迁到邻近导电微粒上形成较大的隧道电流，此即为量子力学中的隧道效应。

复合型高分子导电复合材料的一些区域，导电体并未形成完整的网络却仍能导电。Polley 和 Boonstra 利用电子显微镜观察炭黑填充橡胶的复合体系，发现粒子未能紧密连接成链时导电橡胶在延伸状态下能够导电，在这种情况下粒子间隙明显较大，不存在相互接触的导电通道，因此设想导电现象是由炭黑粒子间隙决定的，并且导出：

$$L = -\frac{\frac{1}{6}\pi d^3\rho_c \cdot 100}{\left[(d+S)^3 - \frac{1}{6}\pi d^3\right]\rho_r} \tag{3-10}$$

式中 L——炭黑含量；

S——炭黑粒子间隙；

d——炭黑粒子直径；

ρ_c——炭黑密度；

ρ_r——基体树脂密度。

将 $\rho_c=2$，$\rho_r=1$ 代入式（3-10），可得：

$$S = d\left[\left(\frac{200+L}{1.91L}\right)^{1/3} - 1\right] \tag{3-11}$$

这个式子得出的粒子间隙及实验结果均表明，粒子间隙远大于 1nm 时，仍能导电。

Voet 进一步研究了压缩后的炭黑比容积与电阻率的关系，确定了导电现象不是由炭黑粒子链长度决定的，而是取决于链之间的间隔幅度，从而明确了隧道效应导电的结论。隧道电流密度 $j(\varepsilon)$ 为：

$$j(\varepsilon) = j\exp[(-\pi\chi\overline{\omega}/2)(|\varepsilon|/\varepsilon_0 - 1)^2] \tag{3-12}$$

$$\varepsilon_0 = 4V_0/e^{\overline{\omega}}$$

$$\chi = (2mV_0/h^2)^{1/2}$$

式中 ε——间隙电场，$|\varepsilon| < \varepsilon_0$；

$\overline{\omega}$——间隙宽度；

V_0——势垒高度；

m——电子质量；

e——电子电荷；

h——普朗克常数。

由此方程可见，隧道电流是间隙宽度的指数函数，因而推断，隧道效应几乎仅发生在很接近的填料聚集体之间。

c　电场发射理论

电场发射理论认为高分子导电复合材料的导电机理除通道导电外，另一部分电流来自内部电场对隧道作用的结果。实际上电场发射理论也是一种隧道效应，激发源为电场。

Beek 等以天然橡胶中填充碳和硫化物所得的复合材料为对象研究了界面电压 - 电流的非欧姆特性问题。他们认为由于界面效应的存在，当电压增加到一定值后，导电粒子间产生的强电场引起了发射电场，电子将有很大的几率飞跃聚合物界面层势垒而跃迁到相邻导电粒子上，产生场致发射电流，导致电流增加，偏离线性关系。由此而提出“电场发射理论”，可用下式表示：

$$I = AE^n \exp(-B/E) \tag{3-13}$$

式中　I——电流密度；

E——电场强度；

A,B,n——复合材料特性常数。

随着导电体在基体中分散度的增加，n 由 2 降至 1.25，B 从 50V/cm 降至 0.35V/cm，同时 A 值也增大。

对于导电粒子之间不发生相互接触的导电复合材料来说，基体界面层起着相当于内部分布电容的作用，其导电机理模型如图 3 - 20 所示。

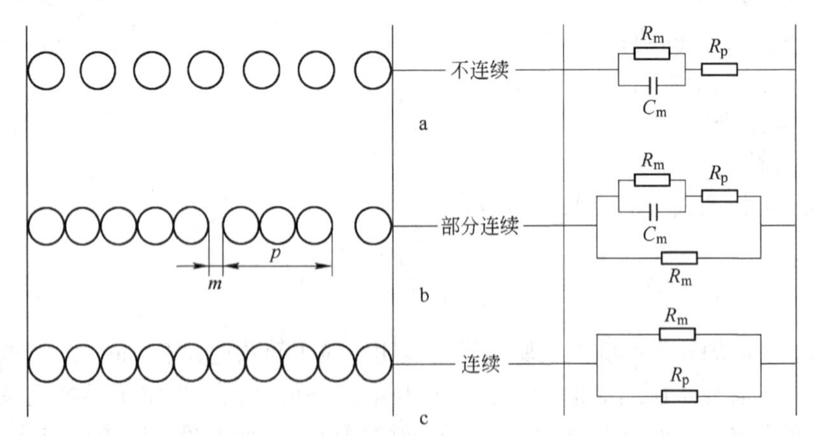

图 3 - 20　导电复合材料导电机理模型

从无限网链理论来看，导电体在渗滤阈值处由孤立分散状态变为连续网状结构，是一个突变的过程，在此前后导电体在复合材料的分布分别对应于图 3 - 20a 和图 3 - 20c 两种状态，同时在阈值处复合材料的导电性能也会出现突变。但实际上导电通路是逐步形成的，是一个导电通路从无到有、从短到长、从量变到质变的过程，因此导电体还有一个中间的过渡状态，即图3-20b对应的状态。所以，在导电复合材料中，导电体由少到多、由孤立分布到连续的过程中，导电体在复合材料中的分布有三种状态：

（1）完全孤立分散，彼此不接触，其等效电路如图3-20a所示。此时导电复合材料的电阻率取决于基体，导电体的掺量对复合材料的电阻率影响很小。

（2）导电体部分连续，形成短链，链与链之间有基体填充，如图3-21b所示。此时链的长度随导电体掺量的增加而迅速增大，导电复合材料的电阻率也急剧减小。

（3）导电体形成贯穿的连续链，如图3-20c所示。此时导电复合材料的电阻率取决于导电材料本身的电阻率、导电材料界面之间的电阻率和导电链的掺量，基体的作用很小。贯穿的长链形成后，导电复合材料的电阻等随导电体掺量的增加而缓慢减小。实际上因为中间状态的存在，导电复合材料在渗滤过程中会存在一个上阈值和一个下阈值，分别对应于图3-20a和图3-20b的转折点及图3-20b和图3-20c的转折点。

图3-20a中材料的电阻率由基体控制，而基体的导电能力较小，电阻率很大，导电链的形成使复合材料的电阻率迅速减小，因此在上阈值点复合材料的电阻率下降很多；在图3-20c中，复合材料的电阻率主要由导电体控制，而导电材料的电阻率相对基体而言要小得多，所以在下阈值点处复合材料的电阻率随导电材料掺量增加而减小的速度比上阈值点要小得多。因而，上阈值可以直接从复合材料的电阻率与导电材料掺量的关系图上得到，而下阈值却不能。

总的来讲，复合型高分子导电复合材料的导电现象是由导电体的直接接触和导电体间隙之间的隧道效应综合作用而产生的，或者说是通道导电、隧道效应和场致发射三种导电机理竞相作用的结果。对于具体材料，何种效应为主仍需具体研究。

此外，复合型高分子导电复合材料还表现出许多特殊的物理现象，主要有：

（1）电流-电压的非线性行为。在低电压下，复合材料的电流-电压为线性欧姆关系，当电压高于某一值时，电流-电压偏离线性。出现这一现象的原因是体系内部出现了新的额外导电通道。从物理学上讲，这些额外导电通道是由体系内部特殊的无序结构发生不同的物理机制所引起的，例如在体系内部通常含有许多被很薄的聚合物绝缘层隔离的导电粒子或聚集体，因此可以发生量子隧穿或电子跃迁而产生新的导电通道，使电流明显增大。

（2）电导率对频率的依赖性。复合材料的交流电导率在低频下不随频率变化，在某一频率以上时随频率升高而增大，目前认为主要是由于体系内部导电基团间的电容极化。

（3）电阻的正温度系数（PTC）与负温度系数效应（NTC）。在低温下复合材料的电阻率随温度升高略有上升，当温度升高到基体的熔化温区内时，电阻急剧跃增，升高幅度可达几个数量级，呈现PTC效应；电阻达到最大值后随温度升高又急剧地降低，出现NTC效应。目前认为PTC效应主要是由于基体的热膨胀和晶相熔化对导电网络结构的破坏，NTC效应是由导电粒子在熔融的基体中发生附聚效应所引起的。

（4）电阻的负压力系数（NPC）和正压力系数效应（PPC）。复合材料的电阻在低压力下随压力增加而降低，呈现NPC效应，在高压力下随压力增大而升高，呈现PPC效应，在恒压力下表现出电阻蠕变行为。电阻对压力的依赖性被认为与导电网络在应力作用下的破坏、重组有关。

（5）电阻随气体浓度变化。复合材料的电阻对各种化学气体的性质和浓度很敏感，材料吸收气体后发生溶胀，电阻增大。

3.2.2.3　复合型导电高分子材料的制备方法

导电高分子复合材料的成型方法很多，根据导电体和基体高分子材料的种类不同以及不同的使用需要，必须采用不同的制备工艺。

A　导电填料分散复合法

导电填料分散复合法，主要用来制造导电橡胶、导电塑料、导电涂料、导电胶黏剂等。可用于此方法的导电填料有炭黑、碳纤维、金属纤维、金属化玻璃纤维、金属化碳纤维、金属箔片、带条、镀银玻璃球及其他各种新型导电填料。

导电填料分散复合法是制备导电复合材料最常用的方法。用导电填料分散复合法制备导电复合材料的步骤为：

选择导电填料和基体树脂→配料→共混→成型（挤出、注射、模压等）→电性能检测。

导电填料分散复合法存在的问题主要有：（1）导电填料在制品中的分布往往不均匀，从而使制成品各处的电导率不一致；（2）导电填料与基体树脂之间的黏结性一般较差，尤其当导电填料含量较高时这一情况尤为明显。而导电填料与基体树脂之间黏结得不好，则会使成型后的导电复合材料制件的力学性能大大下降。解决导电填料分布不均匀问题的方法一般是在共混时尽量使导电填料在基体树脂中分布均匀，而解决导电填料与基体树脂之间的黏结问题则要在配方中加入偶联剂及其他加工助剂，同时在制品电学和力学性能不下降的情况下，尽量减少导电填料的用量。所以，确定合适的配方，开发性能优良的偶联剂及其他加工助剂，研制新型导电填料是解决这一问题的出路。

B　导电填料层积复合法

导电填料的层积复合法是将碳纤维毡、金属丝网等导电层与塑料基体层叠合层压在一起，从而得到导电塑料的方法。

除了碳纤维毡、金属丝网外，镀金属的织物、金属化的塑料薄膜等也可以作为中间层从而与塑料基材形成夹芯结构。Aron Kasei 公司制造了底层是添加铝箔片的塑料层、上层是不加铝箔片的塑料层的导电塑料制品。美国道化学公司研制了金属化的 PC 薄膜与 ABS 薄膜树脂形成的层积复合塑料，其电磁屏蔽效果为 35 ~ 40dB。Cabot Belgimu 公司研制了由低成本导电聚苯乙烯芯层和未填充导电填料的 PPO 面层制造的层积复合导电塑料，用于一种计算机的罩壳。

导电填料层积复合法可以克服导电填料分散复合法所产生的一些问题，如导电填料分布不均匀，随填料量增加制品的机械强度下降，以及导电填料露出制品表面等，因此颇受不少导电高分子材料制造商的青睐。

C　表面导电膜形成法

表面导电膜形成法是采用电镀、真空蒸镀、离子电镀、溅射、喷涂或表面涂覆等方法使高聚物表面形成一层金属膜或其他的导电膜，使之具有导电、电磁波屏蔽、抗静电等功能。

表面导电膜形成法的主要种类如下：

（1）金属热喷涂法。金属热喷涂法是将金属粉末加热到其熔点以上，从而产生金属蒸气，然后将其喷涂于塑料表面。为了提高金属与塑料的黏附性，必须对塑料进行表面处理。为避免产生气孔，一般涂层厚度为 100 ~ 150μm。所形成的膜有纯金属（如 Fe、Cr、Ni、Cu 等）、合金、金属氧化物（如 SnO_2、In_2O_3 等）、金属氧化物与金属多层结构体（如 $TiO_2/Ag/TiO_2$、$Bi_2O_3/Au/Bi_2O_3$ 等）。该方法的主要缺点是喷涂装置价格高。

（2）干法镀层法。干法镀层法主要有真空蒸镀、溅射、离子镀等方法。真空蒸镀是在 10^{-8} ~ 10^{-9}MPa 的真空中，加热金属到其熔点以上，从而产生金属蒸气，使金属蒸气向冷的塑料表面扩散、凝聚，形成一层均匀的金属膜。溅射法是在真空状态辉光放电时，不活泼气体产生的离子加速冲击金属表面而使金属的原子或微粒溅射到塑料表面上。离子镀是在 10^{-6} ~ 10^{-8}MPa 的真空辉光放电雾气中，使金属原子离子化，基板带负电，使离子加速沉积于塑料表面形成金属膜。

（3）湿法镀层法。湿法镀层法主要有化学镀和电解电镀两种。化学镀的涂层厚度一般为几微米至几十微米，与电解电镀法相比，设备投资少，可节约镀槽空间。对塑料电镀之前一般需要经过去油、粗化、活化等处理，许多塑料可以电镀，如 ABS、PP、PC、POM、PS、PET、尼龙、聚砜等。

（4）导电涂料法。导电涂料法是将导电性物质配成溶液或导电涂覆剂，涂覆到塑料表面，然后加热使溶剂挥发，即可得到一层导电层。

导电涂料法所采用的导电物质以镍粉为主，涂料中的树脂常用丙烯酸酯和聚氨酯。一般涂层厚度为 50 ~ 60μm。

与其他几种方法相比，导电涂料法的主要优点是价格较低。但缩短导电涂料干燥时间，提高耐久性方面仍是今后技术开发的难点。

表面导电膜形成法的最大缺点是只能在高聚物表面形成一层导电膜，一旦该膜磨损、划破、脱落就会影响制品的导电性能。因此制品的导电效果一般不长久。

D 其他制备方法

其他制备方法还有：

（1）注射或挤出成型。这种方法多用于热塑性树脂。把各种炭黑、金属粉末或金属粒子、金属丝或箔片、碳纤维与热塑性树脂粒料混合，经螺杆注塑机直接注入模具成型。

（2）片状模制复合成型。将导电体与树脂混炼，经过多道滚压或流延，使其成为薄片状的复合材料。

（3）纸状复合材料制备方法。将导电体与天然纸浆或合成纸浆混合、造纸，利用它进一步与热塑性树脂复合、造型。

（4）层叠模压法。将导电薄膜用黏结剂同高分子薄膜黏合起来，进行层叠模压，这种方法也适用于热固性树脂。最近提出在导电填充层两侧模压上高分子，形成夹芯结构，作为导电填充层材料的金属网和打孔金属板。

（5）过程成型方法。导电体在高分子溶液中充分混合后除去溶剂成膜，高分子单体与导电体混合后在聚合过程中成型。

3.2.3 高分子导电复合材料的应用

3.2.3.1 结构型导电高分子材料的应用

结构型导电高分子材料有着优异的物理化学性能，使得它们在能源（二次电池、太阳能电池)、光电子器件、电磁屏蔽、隐身技术、传感器、金属防腐、分子器件和生命科学等技术领域都有广泛的应用前景，有些正向实用化的方向发展。

A 二次电池

由于导电高聚物具有高电导率、可逆的氧化/还原特性、较大的比表面积（微纤维结构）和密度小等特点，故成为二次电池的理想材料。1979 年 Nigrey 首次制成聚乙炔的模型二次电池。20 世纪 80 年代末期日本的精工电子公司和桥石公司联合研制 3V 纽扣式聚苯胺电池。与此同时，德国的 BASF 公司研究出聚吡咯二次电池。90 年代初日本关西电子和住友电气工业合作试制聚苯胺为正极，负极为 Li - Cl 合金，电解液为 $LiBF_4$ 硫酸丙烯酸酯的锂 - 聚合物二次电池，该电池的输出可达 106. 9W，电容量为 855. 2W · h。90 年代导电高聚物二次电池的研制和开发仍然是导电高聚物的活跃研究课题，尤其日本每年申请大量的有关二次电池的专利。但是，至目前为止，导电高聚物的二次电池还没有市场化，其主要原因是自放电导致电池不稳定以及电池性能的市场竞争力不强。因此，改善电池性能和改进电池的加工工艺仍需要做大量的研究和开发工作。

B 光电子器件

导电高聚物具有半导体特性并可 n - 型和 p - 型掺杂。原理上，它像无机半导体一样是制备整流器、晶体管、电容器和发光二极管的理想材料，尤其是聚合物发光二极管（LED）的研究成果突出。自 1990 年英国剑桥大学的 Burroughes 教授首次报道聚合物发光二极管（Al/PPy/SnO_2）可以发黄绿光以来，聚合物发光二极管的研究已成为 20 世纪 90 年代导电高聚物的研究热点。与无机发光二极管相比，聚合物发光二极管具有颜色可调、可弯曲、大面积及成本低等优点。当前的研究主要集中在解决器件的发光效率和稳定性等关键技术问题，预计在 21 世纪初期将可能实用化。我国科学家在导电高聚物与多孔硅构成的异质结整流器上做了大量的研究，并进行了以这种异质结整流器作为发光器件的有益探索。

C 传感器

实践证明气体（N_2，O_2，Cl_2…）和环境介质（H_2O，HCl…）都可以看成导电高聚物的掺杂剂。同时，可逆的掺杂/脱掺杂是导电高聚物的特性之一。因此，原则上利用环境介质（气体）对导电高聚物电导率的影响和可逆的掺杂/脱掺杂性能可以开发导电高聚物传感器，也称之为“电子鼻”（electronic nose）。通常，灵敏度、响应速度、选择性和可逆性是评价传感器的基本参量。对导电高聚物传感器而言，通常以 $\Delta R/R_0 \times 100\%$ 来描述器件的灵敏度，其中 $\Delta R = R - R_0$，R_0 和 R 分别为导电高聚物接触气体或介质前后的电阻。从表达式可以看出：R_0 越小和 ΔR 越大则器件的灵敏度越高。事实上，R_0 不仅依赖于导电高聚物的主链结构、掺杂度和薄膜的厚度等因素，而且还依赖于器件在待测气体或介质环境中的预处理方法和时间。从器件制备的角度而言，采用梳状电极和减少两电极间距离（0. 1 ~ 1. 0μm），有利于提高器件的灵敏度。导电高聚物传感器的原理是以气体或介质作为掺杂剂使导电高聚物的电导率提高（掺杂）或降低（脱掺杂）。实验已证明导电高聚物的掺杂经历掺杂剂的扩散和电荷转移两个过程，其后者的速度大大超过前者。从这种意义上讲，导电高聚物传感器的响应速度是有局限性的。这也就是说，器件达到稳定态所需的时间较长。显然，改善气体或介质在导电高聚物薄膜内的扩散或传导是提高导电高聚物传感器响应速度的关键。从器件角度出发，制备无针孔的导电高聚物的薄膜或超薄薄膜是改善器件响应速度的技术关键。

D 电磁屏蔽

电磁屏蔽是防止军事秘密和电讯号泄漏的有效手段，它是21世纪“信息战争”的重要组成部分。通常所谓电磁屏蔽材料是由碳粉或金属颗粒/纤维与高聚物共混构成的。虽然金属或碳粉具有高的电导率而屏蔽效果好，但是兼顾电学和力学性能却有局限性。这是因为提高碳粉或金属的含量有利于提高屏蔽效果，但与此同时却降低了材料的力学性能。另外，金属属于自然资源，它在地球上的贮存量是有限的，而且密度大。为此，研制轻型、高屏蔽效果和力学性能好的电磁屏蔽材料是必需的。由于高掺杂度的导电高聚物的电导率在金属范围（100~105S/cm），对电磁波具有全反射的特性，即电磁屏蔽效应。尤其是可溶性导电高聚物的出现，使导电高聚物与高力学性能的高聚物复合或在绝缘的高聚物表面上涂敷导电高聚物涂层已成为可能。因此，导电高聚物在电磁屏蔽技术上的应用已引起广泛重视。例如德国 Drmecon 公司研制的聚苯胺与聚乙烯或聚甲基丙烯酸甲酯（PMMA）的复合物在1GHz 频率处的屏蔽效果超过25dB，其性能优于传统的含碳粉高聚物复合物的屏蔽效果。这表明导电高聚物在电磁屏蔽技术上有实用价值。但是，目前的研究水平与实际的应用要求，特别是军事上应用要求还有相当的距离。例如，对于一般的民用在1GHz 的屏蔽效果应要求达到40dB，而对军事应用则要求达80~100dB。另外，实验发现导电高聚物的屏蔽效果依赖于导电高聚物的室温电导率和涂层厚度。若导电高聚物的电导率在10~100S/cm 时要达到屏蔽效果则要求屏蔽室的墙壁厚度为2.0~3.0mm。实际上，屏蔽室的墙壁厚度只在0.5~0.8mm。显然，必须提高导电高聚物的电导率以满足实际技术上的需要，这对导电高聚物材料本身也是严峻的挑战。

E 隐身技术及其材料

隐身技术是当今军事科学的重要技术之一，它是一个国家军事实力的重要标志。随着信息公路的发展，人们越来越认识到信息技术对作战能力的巨大潜力并提出“信息战争”的概念。所谓“信息战争”包括三部分：利用高功率电磁脉冲设计和制造病毒软件；电子干扰技术（电磁屏蔽和隐身技术）；破坏敌方通讯和武器发射系统。事实上隐身材料是实现军事目标隐身技术的关键。所谓隐身材料是指能够减少军事目标的雷达特征、红外特征、光电特征及目视特征的材料的统称。根据“隐身”的波谱范围，隐身材料可分为雷达、红外和激光隐身材料。由于雷达技术是军事目标侦破的主要手段，因而雷达波吸收材料是当前核心的隐身材料。所谓雷达波吸收材料是指能够减少雷达波散射有效面积的吸收材料。

按材料的使用方法可分涂料型和结构型雷达波吸收材料两大类。涂料型的雷达波吸收材料是由吸收剂和黏合剂两部分构成的，前者是涂料型吸收材料的核心，而后者是吸波材料的基体。涂料型雷达波吸收材料将吸收剂充分均匀地分散在黏合剂基体中，使其成为具有可黏结性的涂料。然后涂敷在军事目标的表面以降低雷达波有效散射截面积，达到隐身的目的。所谓结构型雷达波吸收材料兼具吸收和承载双功能，是当前隐身材料的发展方向。按材料分类，雷达波吸收材料可分为无机和有机两大类。铁氧体、多晶铁纤维、金属纳米材料是典型的无机雷达波材料。由于无机吸波材料研究较早，技术工艺成熟，吸收性能好，它们已广泛应用。但是，由于它们密度大，难于实现飞行器的隐身。

自从导电高聚物一出现，导电高聚物作为新型的有机聚合物雷达波吸收材料就成为导电高聚物领域的研究热点和导电高聚物实用化的突破点。自20世纪90年代以来，美国、法国、日本、中国和印度等国相继开展了导电高聚物雷达波吸收材料的研究。尤其美国空军投资开发导电高聚物雷达波吸收材料为未来的隐身战斗机和侦察机制造“灵巧蒙皮”的设想和计划刺激了导电高聚物雷达波吸收材料的研制与开发。与无机雷达波吸收材料相比，导电高聚物雷达波吸收材料具有可分子设计、结构多样化、电磁参量可调、易复合加工和密度小等特点，是一种新型的、轻质的聚合物雷达波吸收材料。但是实验发现导电高聚物属电损耗型的雷达波吸收材料。根据电磁波吸收原理，吸波材料具有磁损耗是展宽频带和提高吸收率的关键。因此，改善导电高聚物的磁损耗是解决导电高聚物雷达波吸收材料实用化的关键。我国科学家在导电聚苯胺的电磁功能化方面作了有效的探索。

巡航导弹是重要的军事武器之一，而对巡航导弹的隐身技术及其材料的要求却更高。对雷达波而言，巡航导弹的隐身材料首先必须兼具屏蔽（金属性）和透波性（电绝缘性）。其次，绝缘/导体或导体/绝缘的转变是完全可逆的。这就是所谓的快速切换或智能的隐身技术。显然，绝缘/导体二相共存和绝缘/导体转换可控是对隐身材料的极大挑战。导电高聚物基本上满足上述要求，因此，它已成为巡航导弹可控头罩的首选材料。

F 新型金属防腐材料

金属材料表面由于受到周围介质（大气、高温、熔盐、非水或含水介质）的化学或电化学作用而发生状态的变化并转化为新相，从而使金属材料遭受到破坏，这一现象称之为金属腐蚀。金属腐蚀是一个自发过程，十分严重。据报道仅大气腐蚀的金属就占总腐蚀量的50%。因此，防止金属锈蚀的方法及防腐材料的研究不仅是一个重大的科学问题，而且它在国民经济中有重要的作用和地位。通常，富锌和金属铬、铜的涂料是传统的金属防腐材料，但这些金属防腐材料在环境保护、资源及成本等方面都有一定的局限性。因此，探索绿色、成本低的新型防腐材料具有可观的经济和社会效益。导电高聚物作为新型的金属防腐材料，自20世纪90年代中期以来，已成为它在技术上应用的新方向，尤其美国洛斯阿拉莫斯国家实验室和德国一家化学制品公司将导电高聚物成功地应用到火箭发射架上，更刺激了导电高聚物作为新型金属防腐材料的研制与开发。

3.2.3.2 复合型导电复合材料的应用

由于复合型导电复合材料具有质轻、不锈、耐用、导电性能稳定、易于加工成型为多种结构的产品、可以在大范围内根据需要调节材料的电学和力学性能、成本低、适合于大规模大批量生产等特点，所以其应用普遍，受到越来越多用户的欢迎，而且大多数复合型导电高分子复合材料已经通过实验室研究阶段而进入了工业化生产阶段。

A 防静电材料

这是炭黑填充复合材料应用最多和最广泛的领域。由于高分子材料的电气绝缘性能优良，在成型、运输和使用过程中，一旦受到摩擦和挤压作用等就容易产生和积累静电。人们从20世纪60年代起就已开始对高分子材料的抗静电问题进行研究，各种性能良好的抗静电材料相继投入到工业应用中，广泛用作矿山、油气田、化工等部门的干粉及易燃、易爆液体的输送管材、矿用输送皮带；集成电路、印刷电路板及电子元件的包装材料；通讯设备、仪器仪表及计算机的外壳；工厂、计算机室、医院手术室以及其他净化室的地板、操作台垫板及壁材等。此外，高分子复合导电材料还广泛应用于高压电缆的半导电屏蔽层、结构泡沫材料、化工容器等。美国的 Roemml 等人把多空的、易变形的石墨掺入到聚合物中，模压成型制备了导电复合材料，用作防静电材料。还可以把导电复合材料做成导电胶或导电涂层，用在电子设备等绝缘材料上以消除静电。

防静电用的导电高分子复合材料可选用热塑性工程塑料（如 PC、PEEK、PPS 等）、聚烯烃（HDPE、LDPE 等）、橡胶等作为树脂。要达到应用要求，防静电复合材料的体积电阻率应在 $10^4 \sim 10^8 \Omega \cdot m$ 之间。

B 发热体材料

用作发热体材料是导电复合材料的一项重要用途。可用于发热体复合材料的导电填料主要有炭黑和碳纤维，复合材料的基体树脂主要有聚烯烃、热固性塑料（酚醛树脂、环氧树脂等）以及部分热塑性工程塑料。若复合材料的表面温度要求不高，可用聚烯烃；若其表面温度要求较高，则选择热变形温度高的热塑性或热固性塑料为宜。与金属导体、陶瓷半导体加热材料相比，用作发热体的复合型导电高分子材料具有质量轻、无锈蚀、易加工成型为多种多样结构外形的产品，可以在大范围内根据使用需要调节材料的电学与力学性能，电热转换效率较高，宜于大批量工业化生产等优点，所以，导电复合材料用作发热体具有较好的市场前景。

美国航天部门发明了以石墨纤维 - 环氧树脂复合材料为发热体的表面加热器。这种加热器很薄，高导电导热，可以覆在不规则表面进行灵巧蒙皮，它可用在飞行器防冰系统，智能迅速地加热飞行器表面。西北工业大学的李郁忠等研制了一种综合性能较好的导电复合材料，作为发热体用在飞机防冰前沿，这种导电复合材料的承载电压为安全电压，发热温度达到 80℃，易加工，价格低廉，长期使用能保持性能稳定。

导电复合材料还可用作自控温发热材料，这种材料自控温发热的基本原理利用了结晶聚合物复合材料的电阻正温度系数（PTC）效应，即电阻不仅随温度升高而增大，而且还在高分子树脂基体的熔化区内急剧跃增，从而能自动调节输出功率，实现温度自控。目前国外已研制出适合于工业用的以高分子复合导电 PTC 材料作为发热体的自控温加热带和加热电缆，与传统的金属导线或蒸汽加热相比，这种加热带和加热电缆除兼有电热、自调功率及自动限温三项功能外，还具有加热速度快、节省能源、使用方便（可根据现场使用条件任意截断）、控温保温效果好（不必担心过热、燃烧等危险）、性能稳定且使用寿命长等优点，可广泛用于气液输送管道、仪表管线、罐体等防冻保温以及各类融雪装置。在电子领域，高分子复合导电 PTC 材料主要用于温度补偿和测量、过热以及过电流保护元件等。在民用方面，可广泛用于婴儿食品保暖器、电视机屏幕消磁系统、电热地毯、电热坐垫、电热护肩等保健产品以及各种日常生活用品、多种家电产品的发热材料等。

C 电磁波屏蔽材料

随着各种家用和商用电子产品数量的迅速增加，电磁波干扰（EMD）已成为一种新的社会公害。特别是随着电子元件的小型化、集成化、轻量化和数字化发展，计算机、电视机、录像机、音像机、音响产品、家用电器、文字处理机等电子产品的工作电流往往很低，极易受到外界电磁波干扰而出现误动作、图像障碍等，因而世界各国都先后颁布了限制电子产品电磁波外溢量的法规。另一方面，由于高分子材料对电磁波几乎不能吸收和反射，毫无防护能力，因此采用高分子材料作壳体和元件的电子产品必须进行电磁波的屏蔽处理。采用各种高导电性填料制备的高分子复合材料可以达到电磁波屏蔽的要求。一般来说体积电阻率在 $10^8\Omega \cdot m$ 以下的导电材料才能显示良好的电磁屏蔽效果。用于电磁波屏蔽复合材料的导电填料主要为金属粉末（包括银、铝等）、金属纤维、碳纤维、镀金属碳纤维等。使用的树脂主要为各种塑料（PPS、PP、PEEK 等）以及橡胶。

3.3 无机非金属导电复合材料

3.3.1 陶瓷基导电复合材料

陶瓷基导电复合材料是近年来迅速发展的一种新型功能材料。由纤维、晶须或颗粒增强的陶瓷基复合材料，由于比传统陶瓷更有韧性、更坚固，因此受到广泛重视。该类导电复合材料除了本身具有耐磨、耐腐蚀及陶瓷的难熔性特点外，还具有导电性，在高技术领域的应用（如作为电极）潜力很大。

研究人员最近开发出一种新型陶瓷基导电复合材料，是由氧化物和非氧化物构成的复合系统，该材料集韧性、耐磨性和导电性于一体，其组成为 Al_2O_3-ZrO_2-AlN-SiC_W-X，X 表示添加 TiB_2、TiC、BN 等。这些组分按一定组成混合后进行热压，可作为阳极材料、发热元件、传感器和断路器，以及用于要求在强电流或高温条件下有好的力学性能的领域；此外，还可作阳极的基材，用于如氟硼酸电镀中氧的放出和氟化物的去除。

Mo_2Si 是一种高温发热体，但极易脆断，可以与 SiC 颗粒或晶须以及 AlN 复合制备 AlN-SiC-$MoSi_2$ 复合材料，以便获得良好的导电及力学性能。此外利用液相烧结法制备的 B_4C-CrB_2 陶瓷也具有良好的导电性能。

此外，$BaPbO_3$ 和 $BaPbO_3$-Y_2O_3 系导电复合材料不但具有金属导电特性，而且还具有高温 PTC 效应，是一种新型的导电材料，其应用领域不断扩大，现在已涉及电子、机械、化工、航天、通讯和家用电器等诸多领域，是一种有开发前途的功能材料。

3.3.2 水泥基导电复合材料

传统的水泥基复合材料主要是用作建筑承载材料，被用到的性能基本上是力学性能。随着现代社会向智能化发展，社会的各个组成部分，如交通系统、办公场所、居住社区等也向智能化发展。作为各项建筑的基础，亦要求混凝土材料也向智能化方向发展。在混凝土中掺入不同品质的碳纤维，不仅可以改善混凝土的力学性能，增加其延展性，而且还可以制备出具有导电、屏蔽磁场、屏蔽电磁辐射和应力、应变自检测及温度自测等多功能的水泥基复合材料。

水泥材料是绝缘体，它的体积电阻率在 $10^9\Omega \cdot cm$ 左右。一般来说，水泥基导电复合材料是将导电物质（如导电聚合物、炭黑、石墨、金属粉末、金属丝和碳纤维等）掺混并均匀分散在水泥中而制成的。目前常用于水泥基导电复合材料的导电组分可分为三类：聚合物类、碳类和金属类。其中最常用的是碳类和金属类，碳类中最常用的是石墨和碳纤维。

研究表明，水泥基导电复合材料同样存在渗滤现象。碳纤维导电水泥浆体的上阈值为0.2%，下阈值为6%；石墨导电水泥的上阈值为5%，下阈值为16%。而且当碳纤维或石墨粉大量加入后水泥基导电复合材料的成型性能大大下降，成型时产生了较多的孔隙，使水泥基导电复合材料中碳纤维或石墨粉的实际体积分数减小，因此若考虑10%~20%的孔隙率，则水泥基导电复合材料中石墨粉的下阈值为12%~14%，碳纤维的下阈值是4.8%~5.4%。

导电体掺量为零时，水泥基复合材料的交流电阻与直流电阻、干燥状态与饱水状态下的电阻相差很大，其中，干燥状态下试样的直流电阻最大，饱水状态下的交流电阻最小。随着导电材料掺量的增加，干、湿状态之间电阻和交、直流之间电阻的差别减小。其原因就在于水膜增大了导电材料之间的界面电阻。导电材料的电阻率远小于水的电阻率，因此导电材料之间的水膜会减弱它的导电能力，增大它的电阻率。

自20世纪90年代以来，水泥基导电复合材料得到了很快的发展，现在已在工程中得到了相当广泛的应用。水泥基导电复合材料按其体积电阻率可分为半导体材料、防静电材料、导电材料和高导电材料等，其分类、组成和应用见表3-4。根据制备手段和用途，可做成精致制品、涂料、砂浆和混凝土等，广泛地应用于工业防静电、非金属电热元件和建筑物屏蔽电磁波等工程。

表3-4 水泥基导电复合材料的分类、组成与应用

材料分类	掺杂物	应用实例
绝缘材料（$>10^{10}\Omega\cdot cm$）	—	常用于建筑物绝缘
半导体材料（$10^{7}\sim10^{10}\Omega\cdot cm$）	石墨、炭黑	特殊建筑物的光电转换
防静电材料（$10^{0}\sim10^{4}\Omega\cdot cm$）	石墨、炭黑、金属粉末	工业防静电，如地面等
导电材料（$10^{-3}\sim10^{8}\Omega\cdot cm$）	炭黑、金属粉末、碳纤维	动物养殖场的发热体，路面自动除雪
高导电材料（$10^{-3}\sim10^{0}\Omega\cdot cm$）	炭黑、金属粉末、金属纤维	传导材料及电磁隐身材料

3.4 金属基导电复合材料

制备金属基导电复合材料的目的是在不降低金属材料导电性的同时提高其强度和耐热性能。铜是导电性较好的材料。为了提高铜的耐热性能，经过各种尝试和努力之后发现，在铜中加入Al_2O_3粒子经弥散强化方法制造的新型复合材料，其耐热性能及强度均较高（使用温度可达600℃），而且导电性几乎没有降低，于是很快得到了应用。此外在Cu中加入SiC粒子，导电材料的耐磨性和强度都有很大程度的提高。

另一类导电金属材料铝，虽然电导率较高，但强度较低。若采用合金法提高强度，会使导电性下降。日本研究开发了挤压成型的方法，在挤压成型过程中将钢丝周围包覆不同厚度的铝，这样既保持了铝的导电性，又提高了材料的强度。同时也有学者对氧化锆-铝复合材料的导电性进行研究和报道。

此外，还有通过在金属中加入碳纤维、硼纤维来制备导电复合材料的，目的也是为了提高其耐热性能及强度。

3.5 其他类型导电复合材料

3.5.1 无机物－聚合物插层导电纳米复合材料

近年来随着纳米材料的兴起，聚合物－无机物纳米复合材料的制造和应用取得了极大进展。同样，利用纳米插层聚合制备具有低渗滤阈值并含有层状结构导电体的聚合物基复合材料成为人们关注的热点。

层状无机物（滑石、V_2O_5、MnO_3）在一定驱动力作用下能碎裂成纳米尺寸的结构微区，其片层间距一般在几埃到十几埃，可容纳单体和聚合物，不仅可以让聚合物嵌入夹层空间，形成“嵌入纳米复合材料”，而且还可以使片层均匀分散于聚合物中形成“层离纳米复合材料”。

按照复合的过程，插层复合法分为两大类：一类是插层聚合，即将聚合物单体分散、插层进入层状无机物片层中，然后原位聚合，利用聚合时放出的大量热量克服无机物片层间的库仑力，使其剥离，从而使无机物片层与聚合物基体以纳米尺度相复合；另一类是聚合物插层，即将聚合物熔体或溶液与层状无机物混合，利用力化学或热力学作用使层状无机物剥离成纳米尺度的片层并均匀分散在聚合物基体中。按照聚合反应类型的不同，插层聚合又可以分为插层缩聚和插层加聚两种。聚合物插层又可分为聚合物溶液插层和聚合物熔融插层两种。

将接枝马来酸酐的聚乙烯引入膨化石墨，利用溶液插层聚合，可制得渗滤阈值较低的导电复合材料。采用溶液插层法，马来酸酐的活性基团与膨化石墨层片的羟基、羰基、羧基等，利用它们之间的极性相互作用及膨化石墨空隙的物理吸附作用，使分子插入膨化石墨片层之间和网孔之中，并在冷却后支撑和固定起膨化石墨网络，促进膨化石墨在基体树脂中的分散，使形成导电网络的几率增加，因此导电性很好。

下面以金属氧化物锂电池为例，简单介绍插层复合的作用。过渡金属氧化物通常作为锂二次电池的电极材料。但是单纯氧化物因氧原子的电负性较大，使锂离子的运动受到一定的限制。研究发现，层状过渡金属氧化物的层间如果插入聚合物分子，由于分子水平的相互反应，一方面提高了锂离子的扩散能力，另一方面保留了其用于电池电极的其他性能。插入的聚合物可以是导电聚合物（如聚苯胺、聚吡啶等），也可以是非导电聚合物（常用的有聚环氧乙烷等）。它们均能提高锂离子的扩散系数，这是因为聚合物分子插到氧化物层间，扩大了层间距；另外像聚苯胺一类的聚合物，C—N 骨架的极性相对较小，从而在锂离子和氧化物间起到了静电屏蔽作用；同时，导电聚合物也可能参加电化学氧化还原反应，增加电极的容量。

目前，国外对无机物－聚合物插层导电纳米复合材料的研究还处于初级阶段，国内也已开始研究。尽管现在还达不到人们预期的效果，但该方法为研究导电性复合材料，特别是制备锂二次电池电极提供了新的研究思路，具有明显的研究价值与研究前景。

3.5.2 超导复合材料

超导技术的主体是超导材料。简而言之，超导材料就是没有电阻或电阻极小的导电材料。超导材料最独特的性质是电能在输送过程中几乎不会损失。近年来，随着材料科学的发展，超导材料的性能不断优化，实现超导的临界温度越来越高。超导体已经成为现代高科技的重要内容之一，它在弱电及强电方面均有广阔的应用前景。强电用途所用的超导线材与带材基本是复合材料，而现有的 Nb-Ti 和 Nb_3Sn 等低 T_c（居里温度）超导体和正在研制中的氧化物高 T_c 超导体都是脆性材料，不能直接制成线材。因此一般都把 Cu 或 Ag 作为基体与制成细丝的超导体复合，以增强超导体线材和片材的力学性能与稳定性。超导体制成细线（直径小于 100μm）是为了使材料的热容足以限制其温度升高，而且超导线材埋在热导率高的纯铜或银基体中，热沉作用使超导复合材料具有很好的稳定性。由于超导线材很细，载流能力有限，所以需要大量细线与导电性好的铜基体复合，成为实用的超导线或片材。目前这种线材已大量使用，如医用核磁成像技术中就采用 Nb-Ti/Cu 复合材料浸在液氮中，又如正在设计的磁悬浮高速列车采用 Nb_3Sn/Cu 超导复合线材，其最大磁极化强度可达 12T。高 T_c 氧化物超导体在强电方面的应用尚有较大差距，$YBa_2Cu_3O_7$/Ag 复合材料的研究已经在进行中。研究发现 Ag 的含量能影响铜－氧－钇－钡晶粒的尺寸，同时 Ag 将减少超导材料的孔洞而增加密度。

日本最新发现的钴氧化物是一种新型超导材料，在 －268℃时，向钴氧化物层间注入水分子，磁化率和电阻便会急剧下降，使之成为超导物质，这一发现对超导材料领域是一项重要贡献。一般高温超导材料，如铜氧化物的原子排列呈正方形，而钴氧化物的原子排列则为三角形，因此研究钴氧化物的原子排列方式可进一步丰富超导理论。同时，只要“沾水”就可轻易成为超导材料这一特性也很有研究价值。美国研究人员通过液态金属渗透方法制备出了由镁基体与二硼化镁粒子组成的可延展超导复合材料。当所有复合物均为无孔结构而且没有附加相时，超导临界温度接近 －234℃。

用塑料制成的超导物体所面临的课题是如何克服阻碍电子移动的聚合物的复杂结构，贝尔实验室的科学家设法用氧化铝合金制成一种金属薄片，并在其上涂一层聚噻吩薄膜。结果发现，在电场中电子可以无损耗地通过聚噻吩薄膜。但这一特性的出现，需要非常低的温度——绝对温度 4K。虽然人们认为超导塑料具有广阔的应用前景，但研究人员认为，超导塑料要进入实际应用，还有很多工作要做。

导电复合材料最重要的特点是它的电导率覆盖范围广，约为 10^{-9} ~ 10S/cm，这跨越了绝缘体、半导体和金属态。如此宽的范围是目前任何种类的材料都无法媲美的，也使它在技术应用上具有很大的潜力。其发展趋势主要有如下几点：(1) 从单一的导电复合材料向多功能复合材料发展，如阻燃抗静电复合材料、吸声导电复合材料等；(2) 超导体的研究已成为当今最热门的课题之一，因此超导聚合物基复合材料也是今后研究的重点之一；(3) 性能更好的导电体的研究与开发仍然是研究热点；(4) 应用范围将逐渐从以航空、军用为主转向以民用为主，因此降低导电复合材料的成本也成为重要的研究内容之一。

3.6 导电复合材料性能的影响因素

3.6.1 组分材料的影响

组分材料的影响包括：

(1) 化学结构的影响。对于有机高分子复合材料来说，聚合物作为复合材料的连续相和黏结体，其结构对性能的影响是显而易见的。从结构上讲，侧基的性质、体积和数量，主链的规整度、柔顺性，聚合度，结晶性等都会对体系导电性有不同程度的影响。链的柔顺性决定了分子运动能力，链的运动又直接影响导电体分子的表面迁移。因为大多数两极导电体是在聚合物的非晶部分依靠布朗运动向表面迁移的，这一运动在聚合物 T_g 以上，是活跃的，在 T_g 以下由于聚合物分子链段的运动被冻结而难以进行。这对那些通过向表面迁移而导电的抗静电材料（如以表面活性剂为抗静电剂的复合体系）是十分重要的。

一般而言，聚合物结晶度越大，电导率越高。这可以理解为，在结晶性聚合物复合体系中，导电体优先分散在无定形相中。所以，当结晶相比例增大时，在相同分量填料的情况下，无定形相中的填料含量增大，从而体系电导率增大。这已在 PS/石墨、LDPE/石墨、HDPE/石墨、PP/石墨等体系中得到证实。此外，聚合度也显著影响复合材料的电导率，聚合度越高，价带和导带间的能隙越小，导电性越高。但聚合度太高，又影响体系的相容性。据报道，五元杂环聚合物的聚合度为 5 或 6 时，复合掺杂后即可产生稳定的双极子，电导率可达 0.1S/cm。因此，选材时不宜一味追求高聚合度，而应根据各组分性能及其他条件综合考虑，对复合型导电高分子体系亦有此结果。交联使体系导电性下降，部分原因是交联使聚合物结晶性降低，非晶部分增大。当然，交联影响并阻碍导电粒子的迁移和运动亦是重要原因。

总体而言，无论何种导电方式，基体材料的性质严重地影响着复合材料的电导率。一般地说，化学结构中具有极性组分时，电导率较大。

（2）聚合物种类的影响。聚合物导电复合材料的导电性能随聚合物表面张力的减小而升高。对于同一聚合物基体的导电复合材料，其导电性随聚合物黏度的降低而升高，这主要是因为聚合物的黏度低，填料在基体中的分散性较好。以 LDPE 为基体的复合材料，其电阻率与渗滤阈值均高于以 HDPE 为基体的复合材料。这一结果即是因为两种树脂的结晶度不同。由于 LDPE 的结晶度比 HDPE 低，在相同炭黑含量的情况下，处于聚合物非晶相中的炭黑粒子，其在 LDPE 中的浓度相对于在 HDPE 中的浓度要低，因而形成的导电通路就少，电阻率偏高。正因为如此，以 LDPE 为基体树脂时，需要更多的炭黑才能形成导电通路，表现为渗滤阈值较大。

通过在热固性聚合物基体中添加导电聚合物，如聚苯胺配合物、聚吡咯等，可以改善复合材料的导电性能。这种组合状态下复合材料的导电性能主要受以下因素的影响：导电聚合物的种类及表面活性、温度、聚合物剪应力及黏度等。另外，在聚合物种类、复合工艺条件等确定的情况下，导电聚集相及所形成的新的网络结构也对导电性能有一定影响。

（3）导电体种类、性质及作用的影响。不同的导电体对材料导电性能的影响也是不同的。例如由结构均匀、比表面积大、表面活性基团含量少的炭黑制得的复合材料导电性能较好。粒子形状对导电性能也有较大的影响，一般情况絮团状分子优于球状分子和片状粒子，而当球状填料与片状填料并用时的材料导电性能优于单独使用任意一种填料时的导电性能，这主要是由粒子间接触面积增大所致。

导电体的化学结构不同，复合材料导电性能也不同。比较玻璃纤维和碳纤维增强树脂基复合材料，前者一般属绝缘体，而后者几乎是导体。对于玻璃纤维增强树脂基复合材料而言，有碱玻璃纤维因结构中碱金属离子较多，它们在电场作用下有一定的迁移率，相对于无碱玻璃纤维，其增强的复合材料绝缘性要差一些，因而在玻璃纤维增强树脂作绝缘电工材料时，一般使用无碱玻璃纤维作增强材料。

一般情况下，基体材料与导电体的电导率不同，改变其相对含量，会在一定程度上影响复合材料电导率。此外，导电体用量与复合材料的导电性有密切的关系。对于绝缘基体复合材料，填料的增多使复合材料中的界面增多，其受潮和积存杂质的可能性也随之增大，因此，填料增加可能导致复合材料电导率的增大。对于导电复合材料而言，导电填料的增多，无论对隧道导电还是粒子导电，都会起到提高电导率的作用。特别是当其含量超过临界浓度时，复合材料的电导率将大幅度提高。

（4）杂质含量的影响。对于绝缘复合材料，其电导率主要是杂质迁移产生的漏导而带来的，因而复合材料中杂质含量增加时，一般情况下会使其电导率增加。

3.6.2 复合状态的影响

复合状态的影响包括：

（1）导电体在基体中的分散状态。电导率与导电粒子在基体中的分散状态有关，因而复合材料的电导率要受到填料的分散方式和分散状况的影响。对于 FRP 绝缘材料，因其纤维在复合材料中的排列方式影响着电场的分布形态，进而决定了其绝缘性能的方向性。如层压 GFRP，在布层平行方向和布层垂直方向测得的电阻率是不一样的。为了区别这两个方向上的电阻率，通常把电场平行于布层方向测得的电阻率称为内电阻率，而把垂直于布层方向测得的电阻率称为体积电阻率。表 3－5 是部分 GFRP 的电阻率，可以看出体积电阻率一般要大于内电阻率。

表 3－5　部分 GFRP 的体积电阻率和内电阻率　（Ω·cm）

GFRP 名称	体积电阻率	内电阻率
324 环氧酚醛玻璃布层压板	$>10^{12}$	$>10^{10}$
3230 酚醛玻璃布层压板	$>10^{10}$	$>10^{9}$
三聚氰胺玻璃布层压板	$>10^{10}$	$>10^{8}$

（2）界面状况。界面状况前面已经提及，基体与导电体间的黏结状况将直接影响到复合材料中漏电杂质量的多少，从而影响其绝缘性能。另外，对于导电复合材料，界面的间隙也将使隧道导电受到影响。温度变化使基体热胀冷缩时，复合材料电导率的变化情况趋向于不稳定。

（3）基体固化程度。对于某些聚合物基复合材料而言，基体在固化过程中释放出小分子并吸藏于复合材料中，而这些小分子（如水）的电导率往往比基体材料的相应数值大，且释放出小分子的量随固化程度的不同而不同，因此基体的固化程度将影响此类复合材料的电导率。一般而言，固化程度越高，其电导率越高。此特性还可以用来间接测定基体的固化程度。

3.6.3 使用环境条件的影响

使用环境条件的影响包括：

（1）温度的影响。温度对复合材料电导率的影响视导电体的种类和含量不同而有不同的趋势。当填料属于绝缘体材料时，温度升高将使极性基团或杂质的迁移能力增加，因而使电导率增加，即使电阻率下降，图3－21中体现了这种情况。而对于隧道导电的复合材料，随着温度的升高，电子越过基体层势垒的能力增强，因此复合材料的电导率也随之增大，但对于粒子导电复合材料，其温度的升高会使基体膨胀，减少导电粒子间的接触机会，而使其电导率下降。图3－22所示的三种复合材料正是由于这种双重影响因素的作用，电阻率随温度的变化曲线在100～200K间出现了极小值。

（2）湿度的影响。对于导电复合材料，湿度对电导率的影响不太明显，而对于绝缘复合材料，湿度从两个方面对其电导率产生影响：其一是水分能增加漏导；其二是水分能与复合材料中的部分分子或基体产生作用。

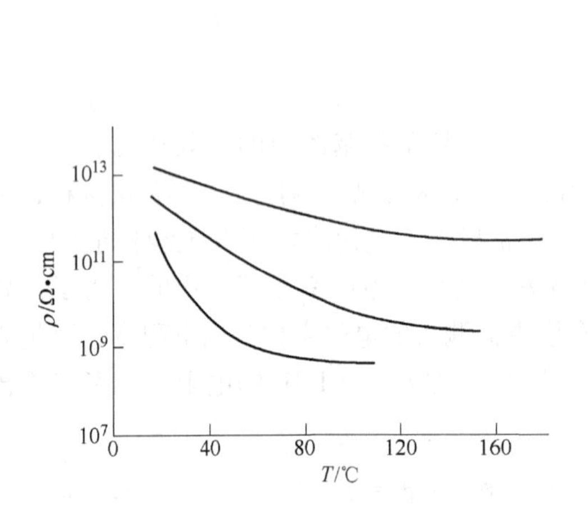

图3－21 几种炭黑/聚氯乙烯复合材料的电阻率与温度的关系

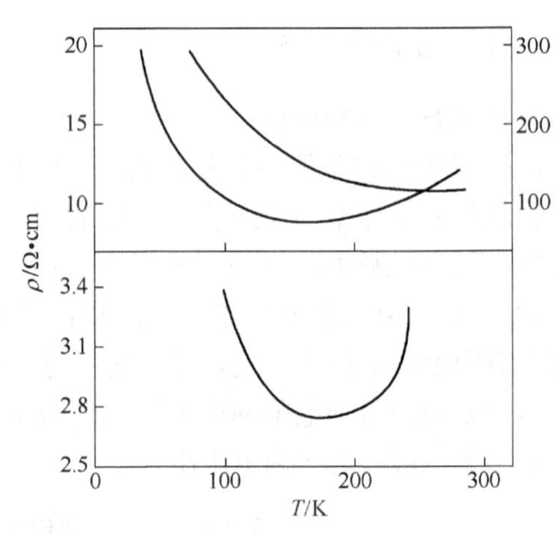

图3－22 几种炭黑/聚氯乙烯复合材料的电阻率与温度的关系

3.6.4 加工条件的影响

导电高分子复合材料的电性能受加工方法的影响很大。采用不同的成型方法，导电体所受的剪切作用和流动情况不同，导致导电体在制品中的分散状态和取向程度不同。通常共混法制备的复合材料的导电性优于熔体共混法。这是因为采用粉末共混法时，炭黑在聚合物基体中分布不均匀，相对来说形成空间导电网格的几率增加，因而导电性提高，但同时也造成复合材料的缺陷及薄弱点增加，从而使力学性能大为下降。

有些研究表明，气相反应合成的PPY其导电稳定性优于化学合成的PPY，但较电化学合成的PPY差。化学合成的PPY是直径约0.5μm的颗粒，电化学合成的PPY是比较致密的薄膜，而气相反应合成的PPY是附在纤维表面的薄层。由于气相反应合成的PPY薄层的比表面积比化学合成的颗粒状PPY小得多，因此其导电稳定性明显优于化学合成的PPY。

此外，由于无机非金属类导电复合材料的基体几乎属于绝缘体，故导电组分的种类、性质、形状、尺寸、掺量与水泥或陶瓷基体的相容性及材料的复合方法等因素，都会影响其导电复合材料的导电性能。纤维状的导电组分，如碳纤维或金属纤维不仅可以使水泥基复合材料具有良好的导电性，还能够改善水泥基材料的力学性能，增加其延展性。而金属基导电复合材料，因其基体本身是优良的导电体，故基体的选择是决定材料导电性能的主要因素。

参 考 文 献

[1] 张佐光．功能复合材料［M］．北京：化学工业出版社，2004.

[2] 王勇，黄锐．炭黑预处理对炭黑/HDPE导电复合材料性能的影响［J］．中国塑料，2002，16（10）：41.

[3] 熊佳．导电复合材料的制备及其性能的研究［D］．西安：西北工业大学，2005.

[4] 陈茹．超高分子量聚乙烯基导电复合材料的电/热性能研究［D］．大连：大连理工大学，2011.

[5] Vovchenko L, Matzui L, Tzaregradska T, et al. Influence of graphite type on electrical and thermal properties of composite materials graphite-organic compound. Composites Science and Technology, 2003, 63 (6): 807.

[6] 曾竞成，等．复合材料理化性能［M］．北京：国防科技大学出版社，1998.

[7] 杨永芳，刘敏江．聚乙烯/膨化石墨导电复合材料的研究［J］．中国塑料，2002，16（10）：46.

[8] 潘玉，于中振，欧玉春，等．尼龙6/石墨纳米导电复合材料的制备与性能［J］．高分子学报，2001（1）：42.

[9] 李侃社，邵水源，闫兰英，等．聚苯胺/石墨导电复合材料的制备与表征［J］．高分子材料科学与工程，2001，18（5）：93.

[10] Xiao P, Xiao M, Gong K. Preparation of exfoliated graphite/polystyrene composite by polymerization-filling technique [J]. Polymer, 2001, 42: 4813.

[11] 刘东，王钧．碳纤维导电复合材料的研究与应用［J］．玻璃钢/复合材料，2001（6）：91.

[12] Omastova M, Chodkal, Pionteek J. Electrical and mechanical properties of conducting polymer composites [J]. Synthetic Metals, 1999, 102 (1): 1251.

[13] 杨小平，荣浩鸣，戴小军．橡胶/碳纤维层压复合导电发热板的电学性能研究［J］．橡胶工业，2000，47（1）：9.

[14] Guha Abhishek. Annual technical conference-ANTEC [J]. Conference Proceedings, 2003, (2): 1284.

[15] Xue Qingzhong. The influence of particle shape and size on electric conductivity of metal-polymer composites [J]. European Polymer Journal, 2004, 40 (2): 323.

[16] 熊传溪，闻获江．低熔点金属与聚合物原位复合的构思［J］．材料科学与工艺，1999，7（2）：56.

[17] 李侃社，张晓娜，周安宁．HDPE/无烟煤导电复合材料的制备与性能研究［J］．中国燃料，2002，16（120）：51.

[18] 彭勃，王立华，陈志源．水泥基导电复合材料渗滤阈值的判定方法［J］．湖南大学学报（自然科学版），2000，27（1）：97.

[19] Wessling B. Electrical conductivity in heterogeneous polymer systems [J]. Polymer of England Science, 1991, 31 (9): 1200.

[20] 童忠良．新型功能复合材料制备新技术［M］．北京：化学工业出版社．2010.

[21] 吴人洁．复合材料［M］．天津：天津大学出版社，2000.

[22] 严冰，邓剑如，吴叔青．炭黑/聚氨酯泡沫导电复合材料的开发［J］．化工新型材料，2003，30（9）：26.

[23] 陈祥宝，等．织物增强聚吡咯导电复合材料的制备及特性［J］．材料工程，1998，6：14.

[24] 闾兴圣，王庚超．聚苯胺/聚合物导电材料研究进展［J］．功能高分子学报，2003，16（1）：107.

[25] Maria Omastova, Stanislav Kosina. Electrical properties and stability of polypyrrole containing conducting polymer composites [J] . Synthetic Metal, 1996, (81): 49.
[26] Kumar D, Shnma R C. Advances in conductive polymers [J] . Eue. Polym. J, 1998, 34 (8): 1053.
[27] 曾黎明. 功能复合材料及其应用 [M] . 北京: 化学工业出版社, 2007.
[28] Myers R E. Chemical oxidative polymerization as a synthetic route to electrically conducting polypyrroles [J] . J. Electron. Mater. , 1986, (15): 61.
[29] Stanke D, Hallensleben M L, Toppare L. Graft copolymers and composites of poly (methyl methacrylate) and polypyrrole Part I [J] . Synth. Met. , 1995, (72): 89.
[30] 高继和. 导电复合材料及其在鱼雷上的应用 [J] . 玻璃钢/复合材料, 2000, (6): 25.
[31] 曾汉民, 等. 高技术新材料要览 [M] . 北京: 中国科学技术出版社, 1993.
[32] Jahazi M, Jalilian F. The influence of thermochemical treatments on interface quality and properties of copper/carbon-fibrecomposites [J] . Composites Science and Technology, 1999, (59): 1969.
[33] 夏英. 炭黑填充聚乙烯导电复合材料的性能研究 [J] . 塑料, 2002, 31 (3): 48.
[34] Ikkala O, Laakso J, et al. Counter-ion induced processibility of polyaniline: Conducting melt processible polymer blends [J] . Synth. Met. , 1995, (69): 97.
[35] Wan M X, Fan J H. Synthesis and ferromagnetic properties of composites of a water-soluble polyaniline copolymer containing iron oxide [J] . J. Polym. Sci. , 1998, (36): 2749.
[36] Wohrle D. A novel electrically conductive and biodegradable composite made of polypyrrole nanoparticles and polylactide [J] . Macroml. Chem. , 1974, 175 (6): 1751.
[37] Taipalus R, Harmia T, et al. Influence of PANI-complex on the mechanical and electrical properties of carbon fiber reinforced polypropylene composites [J] . Polymer Composites, 2000, 21 (3): 396.
[38] 陈兵, 姚武, 吴科如. 用交流阻抗法研究碳纤维混凝土导电性 [J] . 材料科学与工程, 2001, 19 (1): 76.
[39] 高南, 华家栋. 特种涂料 [M] . 上海: 上海科学技术出版社, 1983.
[40] [日] 雀部博之. 导电高分子材料 [M] . 曹镛, 叶成, 朱道本, 译. 北京: 科学出版社, 1989, 205.

4 光功能复合材料

4.1 概　　述

光功能复合材料是指具有光学或光电功能特性的复合材料，它可以由具有光功能特性的功能体与普通基体复合而成，也可以由具有光功能特性的功能体与具有光功能特性的基体复合而成。这里所指的复合包括宏观和微观形式的复合。

光功能复合材料的种类很多，应用范围很广。表 4－1 列出了常用光功能复合材料的种类、作用机理及应用情况。

表 4－1　光功能复合材料的种类、作用机理及应用

种　类	作用效应、机理	应用实例	组成结构实例
透光功能复合材料	反射、散射、折射	农用温室顶板	玻璃纤维/聚酯
光传导复合材料	光传递	光导纤维传感复合材料	光导纤维/树脂基体
发光复合材料	能量转换	荧光显示板	荧光粉/透明塑料
光致变色复合材料	光化学	变色眼镜	氧化锰/玻璃
感光复合材料	光化学	光刻胶	芳族重氮化物/聚合物基体
选择滤光复合材料	光吸收	滤色片	补色粉/透明塑料
光电转换复合材料	能量转换	光电导摄像管	有机染料/聚乙烯咔唑
光记录复合材料	光化学、能量转换	光学存储器	痕量铁/铌酸锂晶体
非线性光学复合材料	非线性光学效应	磁光存储器	钆钕铁/玻璃薄膜

本章主要介绍透光、光传导、发光、光致变色、电致变色等光功能复合材料。

4.2 透光功能复合材料

4.2.1 透光材料概述

透光材料包括透可见光（波长 0.39～0.76μm）、红外光（波长 1～1000μm）和紫外光（波长 0.01～0.4μm）的材料。透光材料包括无机透光材料、高分子透光材料和透光复合材料。

透光率是透光材料的主要性能指标，定义为透射光强 I_T 与入射光强 I_0 之比：

$$T=\frac{I_T}{I_0} \tag{4-1}$$

透可见光的材料包括无机玻璃和有机高聚物，以及纤维与纳米复合材料。当前光学玻璃有240余种，折射率（1.437～1.935）和色散系数（90.70～20.36）范围大，光学稳定性好，耐磨损。玻璃材料透光率高，可达98%以上。玻璃材料的缺点是密度大(2.27～6.26g/cm³)，耐冲击强度低，加工困难，制造周期长。

透紫外玻璃仍是应用最普遍的透紫外光学材料，包括光学石英玻璃、透紫外黑色玻璃、钠钙硅透短波紫外玻璃以及钠钙紫外玻璃等。光学石英玻璃是透紫外线最好的材料，它在紫外波段有很好的透光性能。透紫外黑色玻璃对400～700nm的可见光不透明，对300～400nm的紫外线有很高的透过率，国外称这种玻璃为伍德玻璃。钠钙硅透短波紫外玻璃能透过254nm的短波紫外线，是制作热阴极低压汞灯的理想管壁材料。钠钙透紫外玻璃允许透过280～350nm以上的中波紫外线，不透过280nm以下的对人体有害的短波紫外线。此外，许多碱卤化合物晶体和碱土卤化物晶体在紫外区域也有较好的透过性能，但这些晶体的物理化学性能远不如石英玻璃稳定，制备工艺也比较复杂，真正能够用在紫外光谱分析仪上代替光学石英玻璃作为分光棱镜的基体材料为数不多。

至今为止，聚甲基丙烯酸甲酯（PMMA）、聚苯乙烯（PS）、聚碳酸酯（PC）和聚双烯丙基二甘醇碳酸酯（CR－39）作为传统光学塑料占据有机高分子透光材料主导地位。传统聚合物透光材料还包括苯乙烯丙烯腈共聚物（SAN）、聚4－甲基戊烯－1（TPX）和透明聚酰胺等。这些材料的透光率已达90%左右。高聚物透光材料的优点是质量轻（密度为0.83～1.46g/cm³）、成本低、制造工艺简单、不易破碎，可用来制作各种透镜、棱镜、非球面镜、反射镜等光学元件。不仅用于眼镜和低档照相机上，而且已逐步应用于显微镜、天文望远镜、夜视仪、制导系统、测距仪等各种中高档光学仪器上。透光聚合物也有很多缺点，如折射率范围窄，线膨胀系数、双折射和色散大，耐热、耐磨、耐湿和抗化学侵蚀性能差，硬度低。

聚甲基丙烯酸甲酯（PMMA），俗称有机玻璃，是高度透明、无毒无味的热塑性材料。其可见光透过率达92%，紫外线透过率达73.5%，且具有很好的耐候和抗老化性能。它的缺点是表面硬度低、耐热性和加工性较差，为此开发了许多共聚改性品种。聚苯乙烯（PS）质地坚硬，化学性能和电绝缘性能优良，易于成型出色彩鲜艳、表面光洁的制品，广泛用于电气、仪器仪表、包装装潢和日常生活等。PS的主要缺点是质脆和耐热性差。聚碳酸酯（PC）是综合性能优良的热塑性工程塑料。其透光率为87%～91%，具有十分突出的抗冲击性能和耐热性能，因此综合性能优于PS和PMMA。PC广泛用于室外照明、安全眼镜、安全帽、微波炉容器和透明医疗器械等。其缺点是熔体黏性大、流动性差，导致器件的残余应力增大，易产生应力双折射与应力开裂。

除了上述传统透光高分子聚合物材料外，又开发出OZ－1000树脂、KT－153螺烷树脂、TS系列光学材料、MH树脂、APO树脂和TS26树脂等具有新型高分子结构的聚合物透光材料。

透明玻璃纤维增强塑料，俗称透明玻璃钢，是目前最常用的聚合物基透光复合材料，它是以玻璃纤维与不饱和聚酯或丙烯酸酯复合而成的一种新型的采光材料。透明玻璃钢是20世纪40年代美国维斯特·考阿斯特公司首先研究成功的，60年代开始在工程中应用。此后，英、法、日、意、德等国竞相发展，产量日益增加。到了20世纪60年代中期，透明玻璃钢及波形板的产量曾达到10000t/a，占其玻璃钢总产量的1/7。日本起步较晚，但发展较快，80年代初的产量约为20000t/a，占日本玻璃钢总产量的1/9。随着玻璃钢工业的迅速发展，透明玻璃钢的质量（耐老化性能等）、生产方式和透光性不断提高。如美国和日本生产的耐候性透明玻璃钢的使用寿命由7～10年提高到20年；法国Delta Chimie公司的玻璃钢波形板生产线的生产率每分钟可达8～12m；日本研究的丙烯酸酯类透明玻璃钢，其透紫外光能力不仅优于聚酯透明玻璃钢，而且还优于玻璃，最适用于农业蔬菜、花卉栽培的温室和矿工的日光浴室。

4.2.2 透光原理

以玻璃钢为例对聚合物基复合材料的透光性原理作简要分析。

玻璃钢属于光学上的非均一物体，当可见光通过玻璃钢时便产生散射现象。由于玻璃纤维的直径（6～10μm）要比可见光的波长（0.4～0.76μm）大好几倍，且相邻两根纤维之间的距离一般都不超过纤维直径的两倍，因此，需要用多次散射理论来描述光通过玻璃钢介质时的现象。

根据多次散射理论，一束平行光经过厚度为 h 的散射层后，其透过部分 T（透光率）可用下式表示：

$$T=\frac{(1-R^2)e^{-Lh}}{1-R^2e^{-2Lh}}$$

$$L=\sqrt{P^2+2PS} \tag{4-2}$$

$$R=\frac{P+S-L}{S}$$

式中 P——吸收系数；

S——折射率。

对于玻璃钢，P、S 可由下式计算：

$$P=K_f\varphi_f+K_m(1-\varphi_f)$$

$$S=\frac{4\varphi_f(n_m-n_f)}{d} \tag{4-3}$$

式中 n_f——玻璃纤维的折射率；

n_m——黏结剂的折射率；

K_f——玻璃纤维的吸收系数；

K_m——黏结剂的吸收系数；

φ_f——玻璃纤维的体积分数；

d——玻璃纤维的直径。

除此以外，对于玻璃钢还需考虑表面层的反射损失。平面试样两抛光面的总反射系数 γ 可按下式计算：

$$\gamma=1-\frac{1-\rho}{1+\rho} \tag{4-4}$$

式中，ρ 为试样一个面的反射系数。

玻璃钢试样一个面的反射系数 ρ 与黏结剂的折射率 n_m 有关，且与光的入射角也有关。对于垂直于玻璃钢表面的光束，ρ 可以用下式表示：

$$\rho=\left(\frac{1-n_m}{1+n_m}\right)^2 \tag{4-5}$$

可见，n_m 值越接近于1，ρ 值越小，即反射损失越少。这样，玻璃钢的透光率 τ 可以用下式表示：

$$\tau = \tau_0 T = \frac{1-\rho}{1+\rho} \times \frac{(1-R^2)e^{-Lh}}{1-R^2 e^{-2Lh}} \tag{4-6}$$

式中，$\tau_0 = \frac{1-\rho}{1+\rho}$，称为玻璃钢最大透光率。

必须指出，采用式（4-6）作为玻璃钢透光率的计算式时应满足以下的假定：玻璃钢沿厚度方向的不均一性可忽略不计；光散射程度随光进入玻璃钢深度的不同可不予考虑；光入射面的反射系数等于光透过面的反射系数。事实上，要满足上述三个假定，必须使用较薄的玻璃钢试样，并且散射程度也较弱。

有实验表明，当玻璃钢片的厚度在 $h(n_m - n_f) \leqslant 0.01$mm 范围时，可以采用式（4-6）来计算其透光率。即当 $n_m - n_f = 0.01$ 时，使用式（4-6）计算玻璃钢透光率的最大允许厚度为10mm。

由上可见，影响玻璃钢透光率的因素主要有：玻璃纤维和黏结剂的折射率；玻璃纤维和黏结剂的光吸收系数；玻璃纤维的直径及其在玻璃钢中的体积分数。

玻璃纤维的直径对玻璃钢透光系数的影响表现为直径越细，透光系数越小。这是由于在相同纤维含量下，纤维的直径越细，表面积越大。从公式（4-3）也可以看出，纤维的直径 d 越小，则玻璃钢的反射系数 S 值越大，因而相应地降低了玻璃钢的透光系数。

玻璃纤维的体积分数 φ_f 对玻璃钢透光系数的影响则比较复杂，一般情况下，玻璃钢的透光系数随玻璃纤维体积分数的增加而减小。但如果玻璃纤维的折射率与黏结剂的折射率相差甚微，且玻璃纤维的吸收系数小得多，则可能发生玻璃钢的透光率随玻璃纤维体积分数的增加而增大的情况。

对玻璃钢透光率起决定作用的是玻璃纤维与黏结剂两者折射率的差值 $n_m - n_f$。两者差值越小，则玻璃钢的透光率越大。当两者差值非常小（$n_m - n_f \leqslant 0.005$）或在极端情况下两者数值相等时，则式（4-6）可以简化为：

$$\tau = \tau_0 e^{-Lh} \tag{4-7}$$

在此条件下，影响玻璃钢透光率的因素只是玻璃纤维与黏结剂的吸收系数，而玻璃纤维的直径将不起作用。

既然 $n_m - n_f$ 的差值是影响玻璃钢透光率的决定因素，那么，在实践中，对透明玻璃钢必须十分重视玻璃纤维与黏结剂之间的界面状况，因为任何一点界面黏结的破坏，将导致界面反射系数的急剧增大，从而导致玻璃钢透光率的严重下降。

4.2.3　复合材料透光性设计分析

复合材料作为透明光学材料，散射是关键的控制因素之一。散射是发生在材料内部折射率改变的界面上的光反射。这些界面包括材料内部的相界面、表面、裂纹等。材料中的杂质和组分波动亦是产生散射的重要原因之一。散射除会导致光损耗外，还对复合材料的透明性产生重要影响。因此控制散射强度是设计透光功能复合材料的关键之一。最早用于玻璃钢基体材料的是聚甲基丙烯酸甲酯和聚苯乙烯，为了达到低散射，在乳液聚合时应尽量避免催化剂残余物和表面活性剂。在粒子体积分数不变时，散射随粒子尺寸成三次幂增加。因此，对于透光功能复合材料，在满足其他使用要求的前提下应尽量减小粒子尺寸，使粒子细化。对于聚合物，若能将粒子尺寸减少至100nm，其散射强度将非常小，接近于完全透明。

对于透光复合材料的设计，一般应注意以下几点：（1）对于聚合物基光学复合材料，通过各个组分的折射率相匹配可以获得透明性，组分折射率越接近，透明性越好；（2）减少复合材料中各相的粒子尺寸至100nm以下能使复合材料接近透明；（3）聚合物成型加工过程中产生的取向及各向异性，将会明显改变折射率，从而对复合材料的光学透明性或其他光学性能产生不利影响；（4）光学复合材料应尽量避免杂质掺入。

4.2.4 透明玻璃钢的制备

透明玻璃钢主要由玻璃纤维和树脂组成，为了获得良好的界面结合，通常引入偶联剂，以促进玻璃纤维与树脂的界面结合。传统的树脂基复合材料制备方法均适用于玻璃纤维增强透光复合材料的制备，其制备方法主要包括手糊成型法、模压成型法、拉挤成型法、缠绕成型法、注射成型法等。成型方法的选择必须同时满足材料性能、产品质量和经济效益等基本要求。下面对几种成型方法进行简单介绍。

4.2.4.1 手糊成型

手糊成型（Hand Lay-up）是用于制造热固性树脂复合材料的一种最原始、最简单的成型工艺。用手将增强材料的纱或毡铺放在模具中或模具上，然后通过浇、刷或喷的方法加上树脂，纱或毡也可以在铺放前在树脂中浸渍；用橡皮辊或涂刷的方法赶出包埋的空气；如此反复添加增强剂和树脂，直到所需厚度。固化通常在常压和常温下进行，也可适当加热，或者常温时加入催化剂或促进剂以加快固化。手糊成型的工艺示意图和工艺流程图分别见图4－1和图4－2。

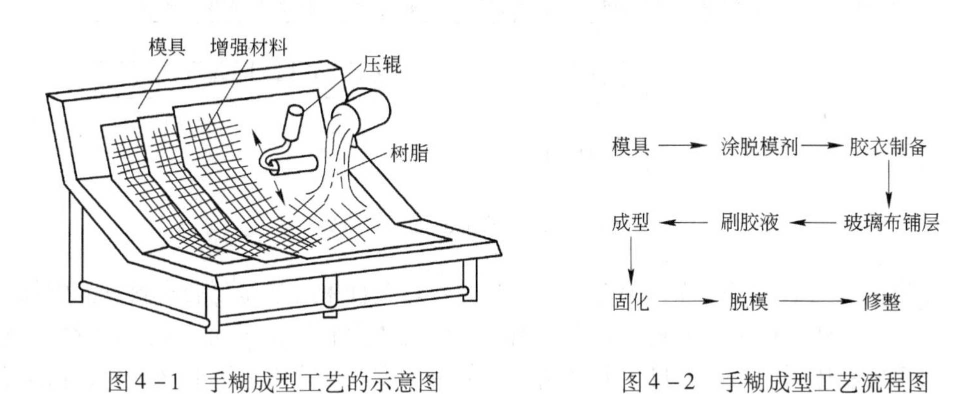

图4－1 手糊成型工艺的示意图

图4－2 手糊成型工艺流程图

手糊成型是一种劳动密集型工艺，通常用于性能和质量要求一般的玻璃钢制品。具有操作简便、设备投资少、能生产大型及复杂形状制品、制品可设计性好等优点；同时也存在生产效率低、制品质量难以控制、生产周期长、制品性能较低等缺点。

手糊成型一般使用无碱玻璃纤维，包括无捻粗纱布、短切毡、布带及短纤维等形式。纤维含量一般较低，对短切毡为25%～35%，粗纱布为45%～55%，混合为35%～45%。树脂主要为不饱和聚酯树脂，少量用环氧树脂。一般树脂黏度控制在0.2～0.8Pa·s之间。黏度过高会造成涂胶困难，不利于增强剂的浸渍；黏度过小会产生流胶现象，导致制品缺胶，降低制品质量。

4.2.4.2 模压成型

模压成型（Matched-die Molding）又称压制成型，它是将模塑料（粉料、粒料或纤维预浸料等）置于阴模型腔内，合上阳模，借助压力和热量的作用，使物料融化充满型腔，形成与型腔形状相同的制品，加热使其固化，冷却后脱模，便制得模压制品（图4－3）。模压成型的主要设备是压机和模具，其中模具分为溢料式模具（开口式）、半溢料式模具（半密封式）和不溢料式模具（密封式）。工艺过程包括：放置嵌件（对制品起增强作用）、加料、闭合模具、排气、保压固化、脱模、清理模具等步骤（图4－4），其中预压、预热和模压是三个关键工艺过程。预压是将模塑料、纤维预浸料或其他织物结构等预先压制成一定形状的过程，其目的是改善制品质量，提高模具效率；预热是把模塑料在成型前先行加热的操作，目的是改进模塑料的加工性能，缩短成型周期；模压是将计量的物料加入模具型腔内，闭合模具，排放气体，在规定的模塑温度和压力下保持一段时间，然后脱模的过程。

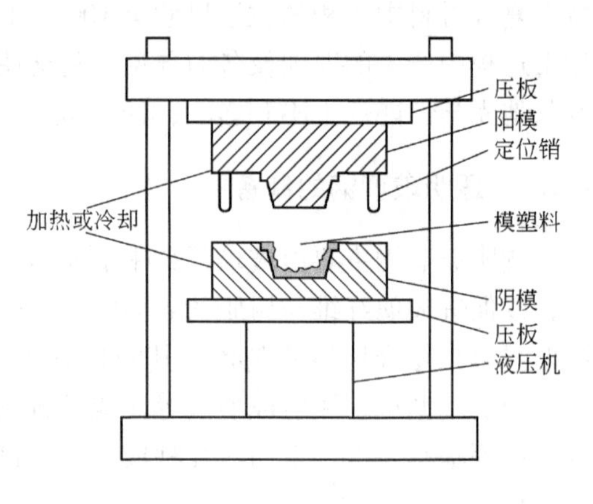

图4－3 模压成型示意图

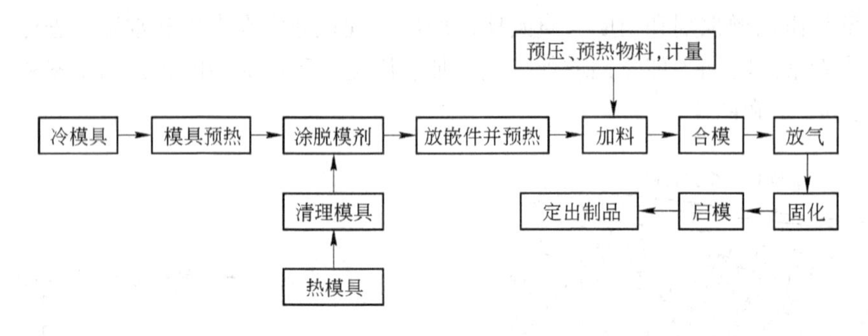

图4－4 模压成型工艺过程示意图

模压成型工艺适合于热固性聚合物基体和某些热塑性聚合物基复合材料制品的加工生产。关键步骤是热压成型，要控制好模压温度、模压压力和模压时间三个工艺参数。模压温度取决于树脂体系、制品厚度、制品结构的复杂程度及生产效率，其必须保证树脂有足够的固化速度并在一定时间内完全固化。

模压成型与其他聚合物基复合材料加工技术相比，具有成型设备和模具简单、投资较低、工艺成熟的特点，其制品致密、质量高、收缩率低、精度高、几何性能均匀、尺寸稳定较好。但另一方面，模压成型工艺生产周期长、效率低、劳动强度大、不易实现自动化生产、难于成型厚壁制品和结构复杂的制品。

4.2.4.3 拉挤成型

拉挤成型（Pultrusion）是将浸渍了树脂胶液的连续纤维，通过成型模具，在模腔内加热固化成型，在牵引机拉力的作用下，连续拉拔出型材制品的一种高效自动化工艺技术，其工艺原理如图4-5所示，主要步骤包括：纤维输送、纤维浸渍、成型与固化、夹持、拉拔和切割。该工艺适用于制造各种不同截面形状的管、棒、角形、工字形、槽形、板材等型材制品，具有设备造价低、生产效率高、可连续生产任意长度的各种异型制品、原材料利用率高的优点，但是制品方向性强，剪切强度较低。

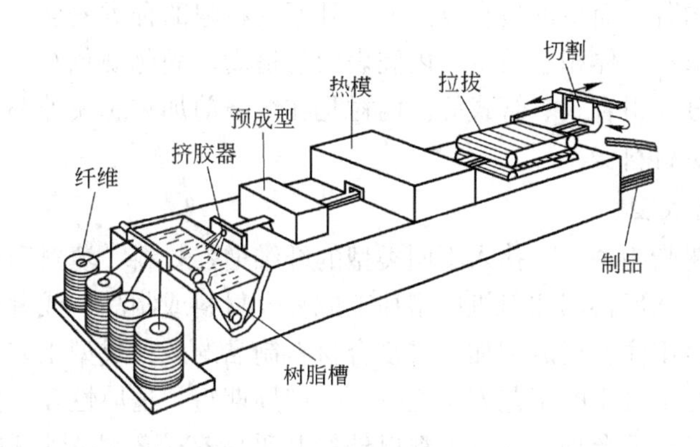

图4-5　拉挤成型工艺原理

拉挤成型用量最多的增强材料为玻璃纤维无捻粗纱，树脂主要为不饱和聚酯树脂，90%以上的拉挤成型制品为玻璃纤维增强不饱和聚酯。少量用环氧树脂、丙烯酸酯树脂、乙烯基酯树脂等。20世纪80年代后，热塑性树脂也被采用，辅助材料包括碳酸钙等各种填料、颜料及各种助剂。

4.2.4.4　缠绕成型

缠绕成型（Filament Winding）是把连续的纤维浸渍树脂后，在一定的张力作用下，按照一定的规律缠绕到芯模上，然后通过加热或常温固化成型，可制备一定尺寸的（直径为6mm~6m）复合材料回转体制品的工艺技术。根据缠绕时树脂所具备的物理化学状态不同，在生产上将缠绕成型分为干法、湿法和半干法三种缠绕形式。湿法缠绕是最普通的缠绕方法，湿法缠绕要求树脂系统挥发分含量要低，以防止构件内产生气泡，室温下的黏度要在一定的范围内，适用期足够长（至少几个小时）及凝胶时间要适当，其工艺原理如图4-6所示。

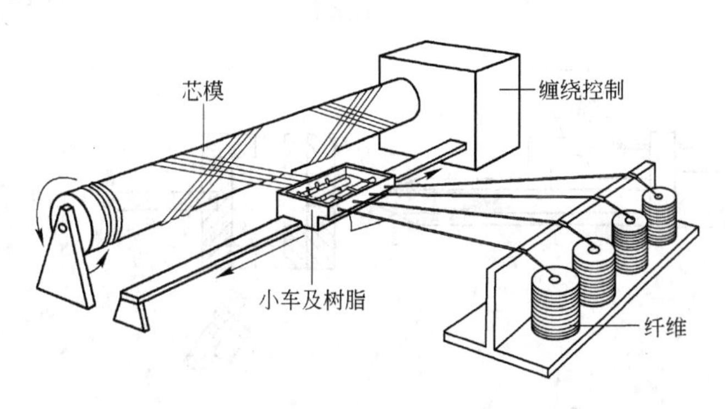

图4-6　湿法缠绕的工艺原理

缠绕成型的基本材料是纤维、树脂、芯模和内衬。纱线从纱架上引出后，经集束后进入胶槽浸渍树脂后，经刮胶器挤出多余的树脂，再由小车上的绕丝头铺放在旋转的芯模上。在缠绕成型过程中，纱线必须遵循一定的路径，满足一定的缠绕线型。基本缠绕线型包括环向缠绕、纵向缠绕和螺旋缠绕三种。纱片与芯模线的交角称缠绕角，通过调整芯模的旋转和小车移动的速度，可使缠绕角在接近0°（纵向缠绕）至接近90°（环向缠绕）之间变化。芯模结构既有简单的也有复杂的，其所用材料的种类繁多。采用何种材料及结构，取决于制品的形状、体积、质量、内腔表面粗糙度、固化规范及生产制品数量。常见种类有隔离板式、分片组合式、管式等。内衬是在缠绕前加在芯模外部，缠绕固化后黏附于制品内表面的一层材料。

4.2.4.5 注射成型

注射成型是以树脂为基体，掺入不同类型的纤维增强材料、填料和各种助剂，预先制成预浸粒料或粉料，然后再用注射机成型加工成复合材料或制品；或者不用预先加工成预浸粒料或粉料，直接用注射机成型加工成复合材料制品的一种成型工艺。注射成型是聚合物基复合材料成型加工常用的工艺方法之一，生产周期短、适应性强、生产效率高，并且易于实现自动化生产，适合加工除氟塑料以外的几乎所有热塑性树脂和部分热固性树脂。注射成型工艺过程如图4－7所示，其工艺过程包括加料、塑化、注射、冷却、脱模和制件后处理五个步骤。塑化是物料在料筒内经加热和螺杆推挤达到熔融状态而具有良好可塑性的过程。一定的温度是物料变形、熔融和塑化的必要条件，而剪切作用则以机械力的方式强化了混合和塑化过程，使混合和塑化深入到聚合物分子水平，并使物料熔体的温度分

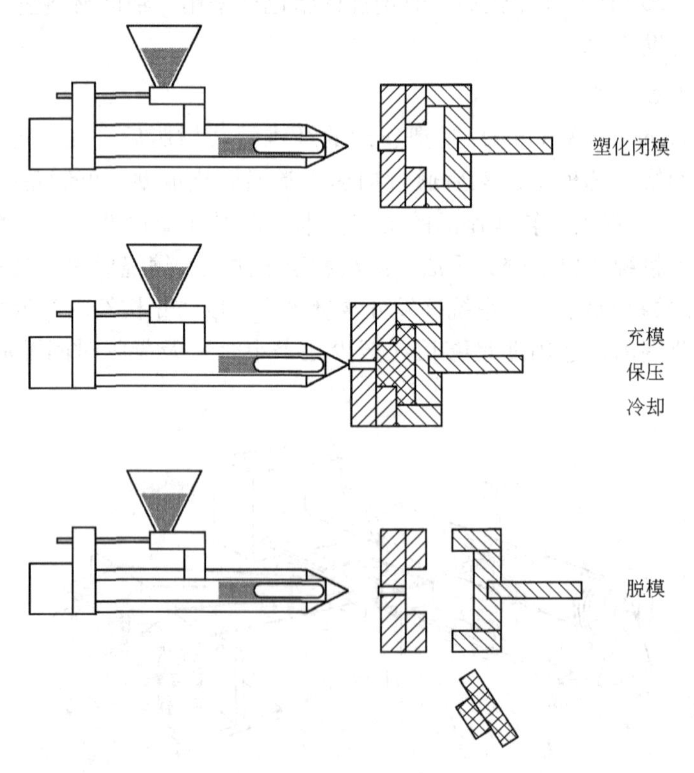

图4－7 注射成型工艺过程示意图

布、物料组成和分子形态都趋于均匀化。

反应注射成型（RIM，也称液体注射成型 LIM），是以热固性或弹性体的液态树脂为原料，在一定的工艺条件下注入模具内，使其迅速固化，再进行后处理而制得产品的一种成型工艺。它将聚合反应和成型加工一步化，可直接由液态原料得到固态产品。增强型反应注射成型（RRIM，Reinforced Reaction Injection Molding）是把增强材料作为原料的一部分加入到多元醇组分或异氰酸酯组分中，通过高压计量装置进入成型机的混合头，经混合均匀后注入模具内成型，脱模后即可得到 RRIM 制品，其成型设备与 RIM 成型机基本相同。

4.2.4.6 板材连续成型工艺

连续制板工艺主要是用玻璃纤维毡、布为增强材料，连续不断地生产出各种规格的平板、波纹板和夹层结构等。

热固性聚酯玻璃钢横向波纹板成型工艺流程见图 4－8。玻璃纤维毡 1 经过浸胶槽 2 浸渗树脂，进入成型机 5 之前，在浸胶毡的上下两面铺放聚酯薄膜 3，并由对辊 4 排除气泡，形成“夹芯带”后进入固化室 6 内，由加热器 8 使之凝胶固化，在成型机 5 的连续运转过程中，固化定型成波纹板。当波纹板移出固化室时，由收卷装置 7 将上下聚酯薄膜收卷再用。最后经过纵横向切割切边和定长切断。成品可以是卷状，也可以切成 6m 长的板材。

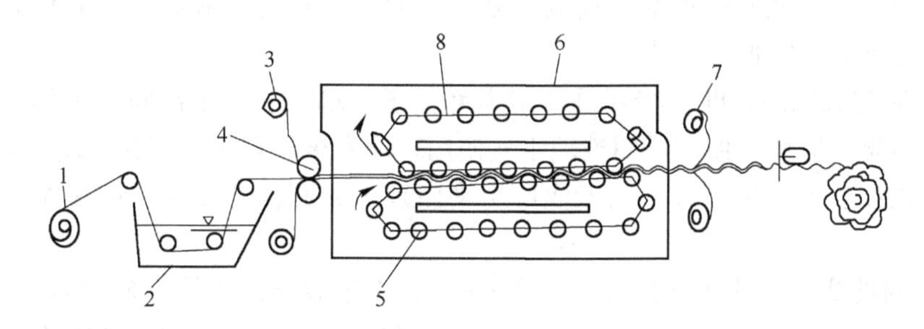

图 4－8 横向波纹板成型工艺流程

1—玻璃纤维毡；2—浸胶槽；3—聚酯薄膜；4—对辊；5—成型机；6—固化室；7—收卷装置；8—加热器

图 4－9 给出以玻璃纤维无捻粗纱为增强材料的纵向波纹板成型机组与工艺。以无捻粗纱为增强材料的连续制板工艺可以分为制毡、浸胶、成型固化、切割四个部分。首先是无捻粗纱 1 经切断装置 2、松散装置 3 和沉降室 4 制成毡片 5，依靠传送带 8，经过加热器 6 烘干，送入浸胶工段。毡片 5 的浸胶过程分两部分：一是在成型薄膜 12 上涂固化剂和耐候性树脂 10、11；二是毡片在弧面辊台 13 和纵向纱 7 的作用下，被铺在下薄膜 12 上的浸胶树脂 9 浸透。应特别注意，上下薄膜上的耐候性树脂层，在与浸胶毡接触时，一定要达到凝胶初固化阶段，否则表面会起皱。由薄膜和浸胶毡组成的“夹带层”，通过成型装置 14，预制成波纹状，进入固化室 15 后固化定型，再经过水或风冷却，聚酯薄膜从波纹板上剥离收卷，以备再用。制成的波纹板材，在牵引机的推动下，经过纵向和横向切割器 19 和 20 定长切断，最后经过质检、包装入库。

4.2.5 透明玻璃钢的性能特点

透明玻璃钢有很多优于玻璃的特点，因而引起了工程界的极大重视，并得到了推广应

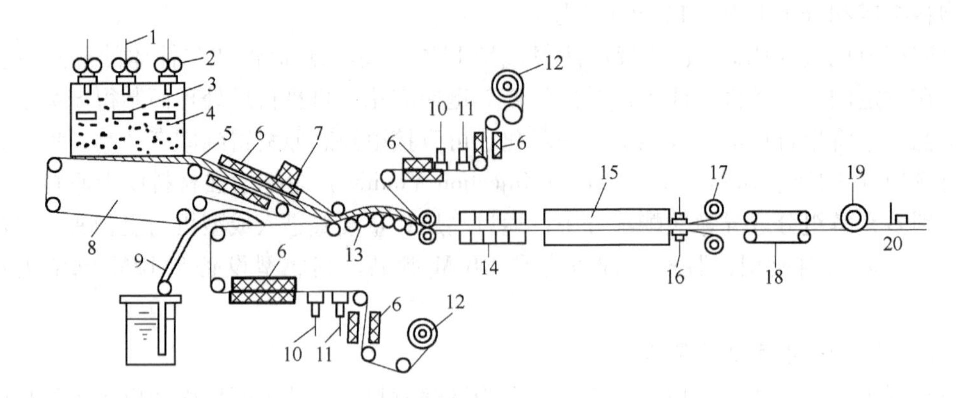

图4-9 纵向波纹板成型工艺流程

1—粗纱；2—切断装置；3—松散装置；4—沉降室；5—毡片；6—加热器；7—纵向纱；8—传送带；9—浸胶树脂；10—固化剂；11—耐候性树脂；12—薄膜；13—弧面辊台；14—成型和校准装置；15—固化室；16—冷却水；17—薄膜；18—牵引机；19—纵向切割器；20—横向切割器

用。它的优越性能主要表现在：

（1）透明玻璃钢的透光率高达85%～90%，与普通玻璃相似，但它具有足够的强度和刚度，是一种能采光又能承受载荷的多功能材料，用它代替玻璃可以简化采光工程设计，提高采光效果，降低工程造价。

（2）透明玻璃钢的强度，特别是冲击强度优于玻璃，它不怕冰雹和碰撞，更不像玻璃那样容易自爆，因此，使用透明玻璃钢比使用玻璃安全，它可以用在玻璃不能胜任的地方，而且不需要任何防护设施，如工业厂房平屋顶采光和农业温室及防爆车间的采光结构等。

（3）透明玻璃钢的密度只有1.5～1.8g/cm^3，小于玻璃，约等于玻璃的60%～80%。由于玻璃的最小厚度一般为3mm，温室用玻璃一般为5mm，而透明玻璃钢厚度为0.8～1.5mm，如果按采光面积算，使用透明玻璃钢能大大降低采光制品的自重，增大采光制品尺寸和提高采光工程的安装效率等。

（4）透明玻璃钢属非均质透光材料，光线透过时能产生散射作用，因此，用透明玻璃钢采光的建筑工程，室内光线均匀，无光斑，不炫目。

（5）透明玻璃钢可按设计要求任意配色，使制品色泽鲜艳、美观，适用于装饰工程。

（6）透明玻璃钢的成型工艺简便，一般材料和制品同时制成，能够一次制造出形状复杂的大尺寸采光制品。施工运输方便，运输过程不易损坏，故能减少损耗，降低工程造价。

（7）热导率低，玻璃的热导率为1.392W/(m^2·K)，而透光复合材料的热导率只有0.23W/(m^2·K)，比玻璃小80%。因此，用透光复合材料设计居住建筑采光，不论是在北方寒冷地区冬季采暖，还是南方夏季降温，都能有效地节约能源。

透明玻璃钢的缺点为：

（1）耐久性差。透明玻璃钢的使用寿命为7～10年，若常被大雨冲刷，则寿命更短。

（2）透明度差。玻璃的透明度为98%，而玻璃钢的透明度最高只达到90%，因此在建筑物向外视野部分，需用均质材料。

各种透光材料的比较见表4-2，透光复合材料的综合性能见表4-3。玻璃钢聚酯波纹板透光率与厚度的关系见表4-4。

表4-2 透光复合材料比较

透光材料种类	透光率/%	使用年限/a	透光材料种类	透光率/%	使用年限/a
耐久性透光复合材料	86	20	有机玻璃	92	5
高性能透光复合材料	88~90	7~10	玻璃	85~90	5~10
阻燃型透光复合材料	88	6	聚氯乙烯	90	3
丙烯酸类透光复合材料	90	7~10			

表4-3 透光复合材料的综合性能

性能指标	数 值	性能指标	数 值
透光率/%	88~90	压缩强度/MPa	130~180
密度/$g \cdot cm^{-3}$	1.40~1.80	简支梁冲击强度/$J \cdot cm^{-2}$	12~15
抗拉强度/MPa	70~100	热导率/$W \cdot (m^2 \cdot K)^{-1}$	0.20~0.30
拉伸模量/GPa	5000~7000	耐热温度/℃	120
弯曲强度/MPa	200~250	吸水率（24h）/%	0.1~0.2
弯曲模量/GPa	5000~7000		

表4-4 透光波纹板的透光率与厚度的关系

厚度/mm	0.5	0.7	0.8	0.9	1.0	1.2	1.5	1.6	2.0	2.5
透光率/%	82	82	80	80	80	77	75	75	64	60

4.2.6 纳米复合透光复合材料

纳米材料是指颗粒尺寸在1~100nm量级的超细材料，其尺寸大于原子簇而小于通常的微粉，处在原子簇和宏观物体交界的过渡区域。纳米复合透光复合材料不同于通常的聚合物/填料复合体系，因为此时的粒子（一般为无机粒子）尺寸远小于可见光的波长，因此聚合物原有的透光性能得到较好的保留。常用的透明聚合物材料有聚苯乙烯、聚甲基丙烯酸甲酯和聚对苯二甲酸乙二醇酯等。作为纳米粒子引入的有纳米SiO_2、层状硅酸盐材料（如蒙脱石）、纳米TiO_2、ZnO和碳纳米管等。纳米粒子的引入对透明树脂性能的影响见表4-5。

表4-5 纳米相的引入对透明树脂性能的影响

纳米相	制备方法	透光性能	力学性能	其他性能
蒙脱石	熔融共挤出聚合	透明	弹性模量提高	玻璃转化温度和热分解温度提高
SiO_2	溶胶-凝胶法	透明	断裂韧性提高	热分解温度、表面硬度、耐磨性能和抗腐蚀性能提高

续表 4-5

纳米相	制备方法	透光性能	力学性能	其他性能
TiO_2	机械共混、复合浇注	透明，可吸收紫外线	拉伸模量和强度提高	—
ZnO	机械共混、复合浇注	透明	拉伸模量和强度提高、断裂伸长率降低	阻燃性和热稳定性提高
碳纳米管	熔融挤出旋涂技术	半透明	复合材料抗冲击性能和弹性模量提高	磁致伸缩性能和导电性能

4.2.7 透光复合材料的应用与发展

早期研制的无碱玻璃纤维增强不饱和聚酯型透光复合材料，根据温室、建筑采光、化工防腐等各种应用的需要，可制成特性不同的透光复合材料。可分为耐化学腐蚀、自熄、耐热（120℃）、透紫外光、透红橙光以及特别耐老化等透光复合材料。但总的来说，不饱和聚酯型透光复合材料透紫外光能力差（例如用该材料制作的农用温室，某些蔬菜不易着色，如茄子不易变紫，西红柿不易变红），耐老化性不好。为了克服这一不足，后来又研制出有碱玻璃纤维增强丙烯酸型透光复合材料，其光学特性、力学性能都比不饱和聚酯型有明显改进。

透光复合材料的性能取决于树脂基体、玻璃纤维以及填料、纤维与树脂间界面的黏结性能以及光学参数的匹配。一般来说，强度和刚度等力学性能主要由纤维承担，纤维的光学性能一般较固定，而树脂在相当程度上与其化学、物理性能有关。目前研究工作的重点之一是如何使树脂的光学性能与玻璃纤维相匹配，同时兼顾如力学性能、阻燃性、耐老化性、色泽等其他性能，这方面的工作已取得较大进展。

透光复合材料根据使用条件和构造形式分为：波形板、拱形板和夹层结构板。

透光复合材料波形板以玻璃纤维和耐老化聚酯为主要原料，经机械化连续成型获得。其外观光洁，断面尺寸准确，可随意切割，板表面覆盖特种薄膜，耐老化，使用寿命可达20年以上。透光率较高，未着色采光板可达85%以上；强度高，可承受冰雹冲击而不影响正常使用。

透光复合材料拱形板是既能透光又能承载的结构形式。用这种结构与波形板相比可节省支撑结构材料。一般拱板的跨度为3~9m，厚度1~2mm。

透光复合材料夹层结构是为了满足寒冷地区的采光要求而设计的，它用透光复合材料平板作面板和透光复合材料夹芯层制成。玻璃钢夹层结构是指外皮玻璃钢、芯材玻璃布蜂窝或泡沫塑料所组成的结构材料。

透光复合材料的应用十分广泛，新的应用领域在不断扩展。目前其用途可分为如下几个方面：

（1）工业建筑物顶和墙面采光；

（2）大型民用公共建筑如商场、车站、体育馆、游泳池等屋顶采光工程；

（3）农业、畜牧业及水产养殖业的温室采光材料；

（4）透明化工设备：管、罐材料；

（5）太阳能利用工程的透光材料，减轻设备质量，提高热能利用率和降低工程造价；

(6) 装饰、广告工程中用透光彩色材料。

透光复合材料用于农业或水产养殖业的温室，效果尤为显著，温室栽培葡萄可以一年三熟；温室内种植黄瓜或西红柿，其产量比玻璃温室高 50% 左右；利用透明玻璃钢温室繁殖虾或鱼类，不仅能提高产量，还利于冬季生产。

透光复合材料的研究发展方向是：

(1) 提高机械化、自动化生产水平；

(2) 提高透光复合材料的耐老化性能，延长使用寿命；

(3) 通过改性，赋予透光复合材料其他功能特性，以提高其综合性能；

(4) 开发新产品，扩大使用范围。

4.3 光传导复合材料

光传导复合材料是指含有光传导组分或具有光传导作用的复合材料，广泛用于电子、信息、医疗、建筑、国防等各种领域。其中，光导纤维是该类复合材料中的重要功能体，也可被视为一种独立的光传导材料。

4.3.1 光导纤维

光导纤维是一种能够传导光波和各种光信号的纤维。利用光纤构成的光缆通信可以大幅度提高信息传输容量，且保密性好、体积小、质量轻、节省大量有色金属和能源，目前发展得非常快。

4.3.1.1 光纤的结构与原理

光导纤维由纤芯和包层两部分组成。纤芯一般由高折射率的石英玻璃或多组分光学玻璃制成，包层则由低折射率的玻璃或塑料制成，其结构如图 4-10所示。

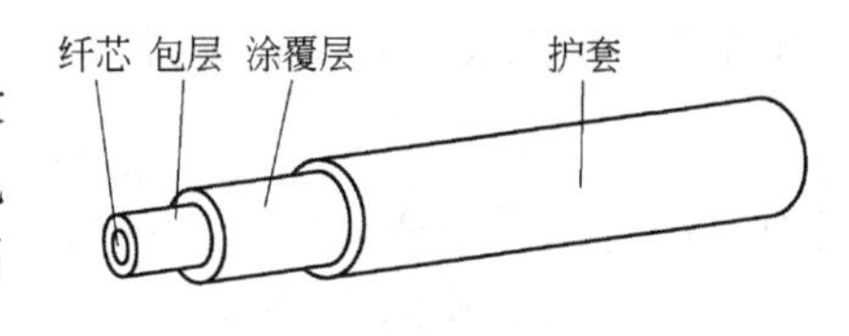

图 4-10 光纤的显微结构

当光通过两种不同媒质界面时将发生折射，且有下式的关系：

$$n_0 \sin\phi_0 = n_1 \sin\phi_1 \tag{4-8}$$

式中 n_0，n_1——两种媒质的折射率，在此 $n_0 > n_1$；

ϕ_0，ϕ_1——入射角和折射角。

光线的折射情况如图 4-11 所示。当入射角 ϕ_0 较小时，ϕ_1 即由上式确定；若加大 ϕ_0，ϕ_1 亦随之增大，当 ϕ_0 达到 ϕ_c 时，$\phi_1 = \frac{\pi}{2}$，折射线将沿着界面传播；当 $\phi_0 > \phi_c$ 时，则没有折射，只有反射，即全反射。光在光导纤维中传播依据的基本原理便是全反射。

光导纤维大多呈圆柱状。如图 4-12 所示，当光线以与纤维轴线呈 θ 角入射纤维的一端时，将在纤维内折射成 θ_0，继以 $\phi_0 = \frac{\pi}{2} - \theta_0$ 射至侧壁，即纤芯与包层的界面上。若此时 ϕ_0 大于临界角 ϕ_c，即：

$$\phi_0 > \phi_c = \sin^{-1}\frac{n_1}{n_0} \tag{4-9}$$

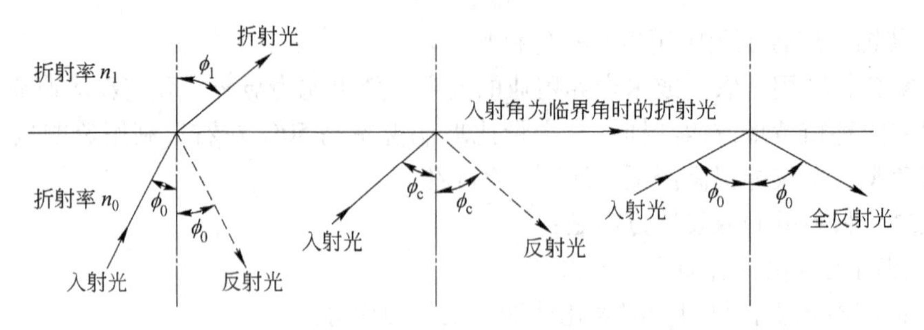

图 4－11 光线的折射

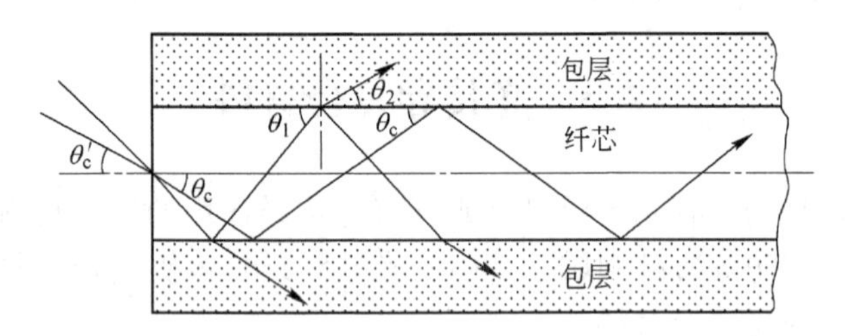

图 4－12 光线在光纤中的传播

则在界面上产生全反射。对于一根笔直的纤维来说，射入纤维的光线将以同样角度在其内部连续反射，传输至另一端，最终仍以与入射角相同的角度射出。若入射角过大，致使射至界面的角度 $\phi_0 < \phi_c$，则光线会从侧壁透射出去，即不会通过光导纤维传播至另一端。因此，入射光线只能在一定角度范围内才可实现光的传输，所允许的最大入射角称为纤维的受光角，根据式（4－8）和式（4－9）可得：

$$n\sin\theta = \sqrt{n_0^2 - n_1^2} = \mathrm{NA} \qquad (4-10)$$

式中 θ——纤维的受光角，一般光导纤维的受光角大都在 50°～70°之间；

n——原介质的折射率；

$n\sin\theta$——纤维的数值孔径，写作 NA，表示光纤的集光能力，当 NA≥1 时，则可实现光纤传输。

光导纤维的最大优点是能弯曲地传输光线。尽管纤维弯曲后其 NA 值、全反射次数、光路长度均受影响，但由于实际纤维直径很小（5～500μm），局部光路仍可近似地看做直线纤维，受弯曲的影响不大。

4.3.1.2 光纤的种类

光纤按传输模式可分为单模光纤和多模光纤。单模光纤没有模式色散，其频带很宽，适用于长距离、大容量通信。多模光纤按形成波导传输的纤维结构分为阶跃型和梯度型两类。阶跃型光导纤维的纤芯与包层间折射率是阶梯状的改变，入射光线在纤芯和包层的界面产生全反射，呈锯齿状曲折前进。梯度型光导纤维的纤芯折射率从中心轴线开始向径向逐渐减小（约以半径的二次方的反比例递减），因此入射光线进入光纤后，偏离中心轴线的光将呈曲线路径向中心集束传输。由于光束在梯度型光纤中传播时，形成周期性的会聚和发散，呈波浪式曲线前进，故梯度型光纤又称聚焦型光纤。图 4－13 为阶跃型和梯度型光纤中光线传输方式示意。

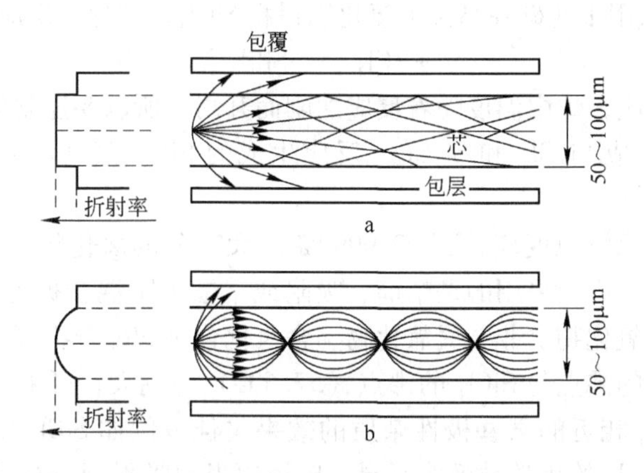

图 4－13 阶跃型和梯度型光纤中光线传输方式示意图

a—阶跃型（多模）；b—梯度型（多模）

另外，光导纤维按化学组成主要分为：石英（玻璃）光纤和聚合物光纤。按应用则可分为通信光纤和功能光纤。通信光纤是光导纤维最主要的应用领域，而功能光纤则是有开发前途的领域。功能光纤又可分为传能光纤、传像光纤和传感光纤等。

近年来，随着高功率激光器的出现，需要与之相配的红外光纤。目前正在研究的有重金属氧化物玻璃、卤化物玻璃、硫系玻璃和卤化物晶体光纤等。

4.3.2 石英光纤

4.3.2.1 石英光纤制造技术

光纤生产工艺主要包括生产光纤预制棒和拉丝两个过程，其中预制棒的制作是光纤生产工艺主要和关键的过程。光纤预制棒是与所要获得的光纤具有相同的物理和材料结构，折射率的分布也完全一致，但在尺寸上要大得多的实心棒。目前用于实际生产的预制棒制作方法主要有美国康宁公司发明的 OVD 法，日本 NTT 公司研究出的 AVD 法，美国前 AT&T 公司开发的 MCVD 法及荷兰 Philips 公司发明的 PCVD 法。将所制成的光纤预制棒用精确的送棒机构以适当的速度送入高温拉丝炉中加温软化即可将其拉制成所需尺寸的光导纤维。为了使拉制成的光纤具有足够的机械强度和抗老化性能，在拉丝过程中必须同时对所拉出的光纤进行适宜的涂覆保护。

为了提高生产效率和降低成本，预制棒向大棒的方向发展，目前一根预制棒可以拉制出 200km 光纤。特别是采用了高纯度的合成管技术后，缩短了制棒时间，稀释了杂质，降低了光纤的光损耗，提高了光纤的力学性能，改善了光纤质量。当今加工技术的发展和计算机控制技术的应用，几乎可以使人们得到任意形状和折射率分布的预制棒。

A 原材料制备及提纯

气相技术制造石英光纤的原料为液态卤化物，即 $SiCl_4$、$GeCl_4$、SiF_4、$POCl_3$、BBr_3、$AlCl_3$ 和 BCl_3 等。因 $SiCl_4$ 是制作光纤的主要原料（约占光纤总质量的 85%～95%），所以这里仅以 $SiCl_4$ 为例介绍。

$SiCl_4$ 的制备可采用工业硅在高温下氯化制得粗 $SiCl_4$，其化学反应式为：

$$Si + 2Cl_2 \longrightarrow SiCl_4 \uparrow$$

该反应为放热反应，炉内温度随着反应加剧而升高，所以要控制氯气的流量，防止反应温度过高，从而生成 Si_2Cl_6 和 Si_3Cl_8。反应生成的 $SiCl_4$ 蒸气流入冷凝器，即可得到 $SiCl_4$ 液体原料。

用来制造光纤的原料纯度应达到99.9999%。大部分的卤化物材料都达不到此要求，故需进一步提纯。目前广泛采用的是精馏、吸附或精馏吸附混合提纯。例如 $SiCl_4$ 中含有四类主要杂质：金属氧化物、非金属氧化物、含氢化合物和配合物等。其中，金属氧化物和一些非金属氧化物的沸点与 $SiCl_4$ 的沸点（57.6℃）差别大，可采用精馏法去除。然而精馏法对沸点与 $SiCl_4$ 相近的某些极性杂质的效果欠佳。例如 $SiCl_4$ 中的 OH 和其他氢化物，则可利用其与 $SiCl_4$ 的化学键极性不同，选择适当的吸附剂进行提纯。利用精馏-吸附-精馏混合提纯法可使 $SiCl_4$ 纯度很高，其中金属杂质总含量为 5×10^{-9}左右，氢化物 $SiHCl_3$ 的含量小于 0.2×10^{-6}。

B　预制棒的制备

将提纯后的卤化物、掺杂剂和氧气的气体混合物在气相氧化反应中实现化合，以产生氧化物的沉积。其中气相掺杂剂的作用是引入控制石英玻璃折射率的组成相，主要包括 $GeCl_4$、$POCl_3$、BBr_3、$AlCl_3$ 和 BCl_3 等。生成的氧化物包括 GeO_2、B_2O_3、P_2O_5、TiO_2、Al_2O_3 等。图4-14示出了主要掺杂剂对石英玻璃折射率的影响。

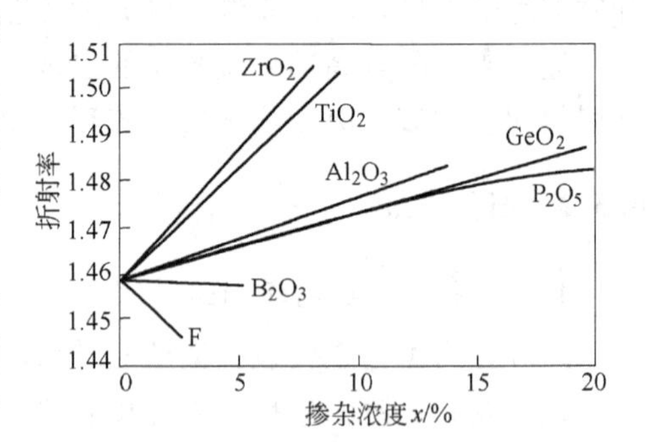

图4-14　掺杂剂及浓度对石英玻璃折射率的影响

沉积一般是在一个基靶表面上或在一根空心石英玻璃管内，以一层一层堆积方式而叠高。因此，掺杂剂浓度可以逐渐地变化以得到梯度折射率分布或维持不变得到阶跃式折射率分布。当选用基靶沉积时直接得到一根固体棒或预制棒，而选用空心管沉积时则必须将该管熔缩成一根供拉丝用的实心预制棒。

当今有许多不同的气相沉积法被成功地用来生产低损耗光纤，图4-15直观地示出了四种气相沉积法，即外部气相沉积法（OVD）、轴向化学气相沉积法（VAD）、改进的化学气相沉积法（MCVD）、等离子化学气相沉积法（PCVD）制造预制棒的装置示意图。实际中，希望沉积速度要快；另外，需设法增大预制棒的尺寸，以求一根棒拉出数百至上千公里以上的光纤。下面就对这四种方法予以介绍。

a　外部气相沉积法（OVD，Outside Vapour Deposition）

OVD法是1970年由美国康宁公司的Kapron等人发明的。该法的反应机理为火焰水解，即所需的玻璃组成是通过氢氧焰或甲烷焰水解卤化物气体产生“粉尘”逐渐地沉积而获得的，其反应式为：

$$SiCl_4(g) + 2H_2O \longrightarrow SiO_2(s) + 4HCl(g)$$

OVD预制棒制备通过沉积和烧结两个工艺步骤进行（如图4-15a所示）。沉积过程是先将一根靶棒沿其纵轴水平置于玻璃车床上旋转，用氢氧焰或甲烷焰喷灯局部加热靶棒

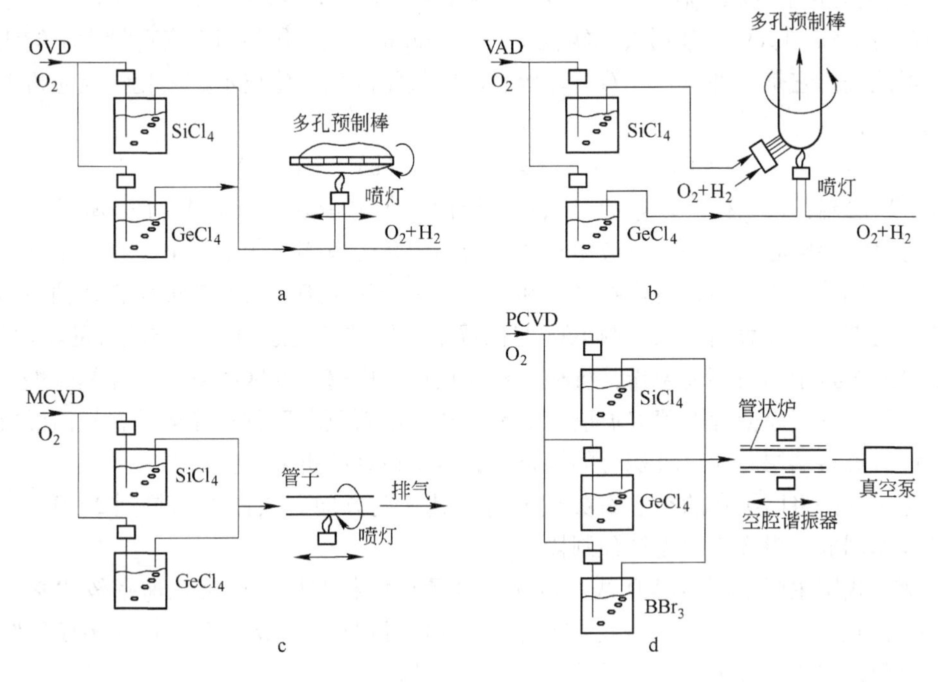

图 4－15 预制棒气相沉积工艺

外表面。再用高纯氧作载气将形成玻璃的卤化物气体送进火焰喷嘴，在高温水解反应下生成玻璃氧化物粉尘，沉积在水平放置旋转的靶棒的外表面上。靶棒沿纵向来回运动，一层一层地生成多孔的玻璃。通过改变每层的掺杂种类和掺杂量可以制成不同折射率分布的光纤预制棒。例如 GeO_2 掺杂量由第一层开始逐渐减少以形成折射率梯度分布的芯子，最外层沉积 SiO_2 作为包层。

烧结过程是将沉积好的具有一定强度和多气孔的圆柱状预制棒送入烧结炉内，在 1400～1600℃的高温下烧缩成透明的无气泡的固体玻璃预制棒。在烧结期间，要不断地用氯气作为干燥剂喷吹多孔预制棒，除去其中全部残留水分，从而保证光纤衰减小。

b 轴向气相沉积法（VAD，Vapour Axial Deposition）

该法于 1977 年由日本的电报电话公司茨城电气通讯研究所的伊泽立等人发明。其化学反应机理与 OVD 法相同，不同的是沉积方向是垂直的，如图 4－15b 所示。

VAD 法预制棒制备过程中的沉积和烧结是在同一设备中不同空间同时完成的。在 VAD 法中先将一根靶棒垂直安放在反应炉上方夹具上，并旋转靶棒底端面为接受沉积部位，用高纯氧载气将卤化物气体带至氢氧焰喷嘴，在高温水解反应下生成玻璃氧化物粉尘，沉积在一边旋转一边提升的靶棒外表面上，并最终形成圆柱状多孔预制棒。通过调整喷灯的结构、喷灯与靶棒的距离、沉积温度和喷灯个数等措施来控制不同纤芯和包层的折射率分布。随着沉积结束，预制棒沿垂直方向提升至反应炉中的上部石墨环形加热室中，以氯气喷吹多孔预制棒周围，使其干燥制成透明的玻璃预制棒。

该法除回收率高外，还可制成大型的预制件，如质量可达 2500g，可拉制 50μm 芯径的光纤 580km，同时可采用低纯原料。

c　改进的化学气相沉积法（MCVD，Modified Chemical Vapor Deposition）

1974 年，美国 AT&T 公司贝尔实验室的 Machesney 等人和英国南安普顿大学的研究人员发明了此法。它是一种发生在石英玻璃管内的气相沉积氧化技术。其化学反应机理为高温氧化，即：

$$SiCl_4(g)+2O_2(g)\longrightarrow SiO_2(s)+2Cl_2(g)$$

MCVD 法制备预制棒工艺包括沉积和成棒两个工艺步骤，如图 4－15c 所示。沉积工艺首先是将一根空心的熔融石英玻璃管装在同心旋转的玻璃车床卡盘上，在车床上旋转的空心石英玻璃管进气端通入卤化物气体和氧气，一个氢氧焰灯沿石英玻璃管外轴向匀速移动加热石英玻璃的外表面。在大约 1600℃ 高温下，促进了气态卤化物与氧气的高温反应，生成亚微米级掺杂的石英玻璃粉，沉积在石英玻璃管内壁高温区的下方，经氢氧焰喷灯的高温熔融形成一层超薄纯石英玻璃层。氢氧焰热区沿石英玻璃管外径运动，从而形成一层接一层的石英玻璃层。通过沉积时的掺杂可获得所设计的折射率分布。

成棒过程是将已沉积的空心石英玻璃管沿其长度方向一段段地加热到 2000℃，将空心石英玻璃制成一根实心的光纤预制棒。

欧美及我国主要采用 MCVD 法。该法提高了反应物浓度，使沉积速率较化学气相沉积（CVD）快 100 倍以上，并且可在数小时内将预制件拉制成几千米长的多模纤维。由于简单实用，该法已成为常规光纤的主要生产方法。

d　等离子体激活化学气相沉积法（PCVD，Plasma Chemical Vapour Deposition）

PCVD 法是荷兰飞利浦公司的 Koenings 于 1975 年发明的。它与 MCVD 法工艺相似的是都采用管内气相沉积工艺和氧化反应，但反应机理不同。PCVD 的反应机理是微波激活气体产生等离子致使气体电离。气体分离成带电离子，带电离子重新结合时，就释放出可用来熔化高熔点材料的热能。

PCVD 法制备预制棒过程亦分为两步，沉积和成棒，如图 4－15d 所示。沉积是借助 1kPa 的低压等离子致使流进石英玻璃沉积管内的气态卤化物和氧气，在大约 1000℃ 下直接沉积成一层组成满足设计要求的玻璃。

PCVD 法沉积的玻璃厚度约为 1μm，沉积层次高达上千层，因此它更适合用于制造精密和复杂波导的光纤，如高带宽多模光纤等。

成棒是将沉积好的石英玻璃管移至成棒车床上，利用氢氧焰的高温作用将该管熔缩成实心光纤预制棒。

将上述四种沉积方法归纳总结于表 4－6 中，以便于比较。1984 年又出现了一种叫做轴向测向等离子体沉积（ALPD）的工艺，它采用等离子喷焰直接熔融，沉积速率远超过其他方法，是一种能进行大规模工业生产的方法。

表 4－6　四种气相沉积技术对比

方　法	OVD	VAD	MCVD	PCVD
反应机理	火焰水解	火焰水解	高温氧化	低温氧化
热源	甲烷焰或氢氧焰	氢氧焰	氢氧焰	等离子体
沉积方向	靶棒外径向	靶棒轴向	管内表面	管内表面
沉积速率	大	大	中	小

续表 4-6

方　法	OVD	VAD	MCVD	PCVD
沉积工艺	间歇	连续	间歇	间歇
预制棒尺寸	大	大	小	小
折射率分布控制	容易	单模容易，多模稍难	容易	极易
对原料纯度要求	不严格	不严格	严格	严格

C　拉丝

拉丝即是从制得的预制棒拉出一定直径细丝的过程，其中关键是要保持芯包比和折射率分布不变。

拉丝的装置示意图如图 4-16 所示。将预制棒安放在拉丝塔上端的预制棒送棒机构的卡盘上。送棒机构缓慢地将其送入气氛保护的石墨电阻炉或氧化锆感应加热高温炉内。高温炉将棒的一端加热至 2000℃，足以使玻璃预制棒软化。软化的玻璃形成一带丝小球从高温炉内滴落下来，操作者及时将小球去掉，再将其通过拉丝塔各装置粘至收丝筒上。

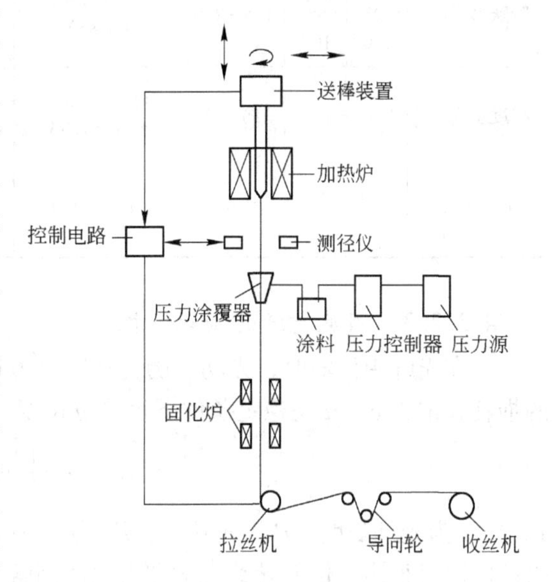

图 4-16　拉丝装置示意图

预制棒送入高温炉内的速度取决于高温炉的结构、预制棒的直径和拉丝速度，一般为 0.002~0.03cm/s。拉丝过程中与金属拉丝不同的是无需用模具控制光纤的外径。因为模具会在光纤表面引入降低光纤强度的痕迹。绝大多数光纤的制造者是将高温炉温度和送棒速度保持不变，通过改变光纤拉丝速度的方法来达到控制光纤外径的目的。通常，选用非接触法之一的激光散射法来对刚出高温炉的光纤即刻予以光纤外径遥控。根据测径仪的信号自动调整拉丝速度，以获得光纤设计要求的 125μm 或 140μm 外径。

离开测径仪后的光纤在进行保护塑料涂覆前，应有足够的冷却时间。涂覆可以保护光纤的机械强度并隔绝能够引起微变损耗的外应力。事实上，涂覆主要是对新拉制出的光纤进行完善的机械保护，涂覆后方可允许与其他表面接触。

至于是选用单层还是双层保护涂层，要由制造者和光纤结构来决定。如选用双涂层，要采用两个分立的涂覆器，且固化阶段可分成两步先后进行涂覆和固化或者双涂层一次性同时涂覆固化。涂覆应保证涂层和光纤的同心度。

涂层是以液体形式涂覆的，涂层的固化方式可用热固化或用紫外灯固化，具体根据涂料的种类而定。涂覆后的直径采用非接触式测径仪测定。绝大多数光纤的涂层控制在 250μm，但也有一些光纤涂层直径高达 1000μm。

经过涂覆、固化后的光纤可接触机械表面，且可通过提供牵引光纤动力和速度为 10

~20m/s 的拉丝轮。为确保光纤的机械强度，光纤在线筛选后缠绕至泡沫塑料收丝筒上。有时，筛选是在非在线的独立设备上完成的。

4.3.2.2　石英光纤的特性参数

石英玻璃光纤是最早应用于光通讯的商品化光纤，石英玻璃光纤的各种特性参数见表4-7。多模石英光纤用于短距离通讯，为了提高与光源的耦合效率，正向大纤维直径和高数值孔径方向发展。但远距离通讯以使用单模石英光纤为宜。

表4-7　石英玻璃光纤的特性参数

光　纤	结构参数			传输特性		连接耦合特性		适用领域
	包层/μm	芯径/μm	相对折射率差/%	损耗/dB·km^{-1}（使用波长/μm）	带宽/MHz·km	连接	与光源耦合效率	
阶跃型光纤	125 125 140	50 85 100	1.5~2.0	3.6 （0.85）	<100	易	大	小容量光纤通讯 非功能型光纤传感器
梯度型光纤	—		约1.0	约3（0.85） 约1（1.3）	100~1000	较易	中	中容量光纤通讯 非功能型光纤传感器
单模光纤	—		约0.3	约0.5（1.3）	大于几千	较难	小	大容量光纤通讯 非功能型光纤传感器

4.3.2.3　石英光纤的损耗特性

光在光纤中传输时，光功率随传输距离做指数衰减。一般用“分贝（dB）”表示光纤的损耗，记为 α。α 是稳定条件下每单位长度上的功率衰减分贝数，即：

$$\alpha = \frac{10}{z}\lg\frac{P_0}{P_z} \tag{4-11}$$

式中，z 为光纤长度；P 为光功率，P_0 为 $z=0$ 时的 P 值，P_z 为 $z=z$ 时的 P 值。产生光纤损耗的因素很多。任何导致辐射和吸收的因素都可能产生损耗。归纳起来光纤损耗有三大类：即吸收损耗、散射损耗和弯曲损耗等。

A　石英光纤的吸收损耗

石英光纤产生吸收损耗的原因有三个方面：材料本征吸收损耗、杂质吸收损耗和原子缺陷损耗。而本征吸收损耗和瑞利散射损耗组成了石英光纤的本征损耗。

（1）本征吸收损耗。本征吸收损耗包括以下三个因素：

1）Si—O 键的红外吸收损耗。Si—O 键在波长为 9μm、12.5μm 和 21μm 处有分子振动吸收现象。它的吸收带的尾端延伸到 1.2μm 波长。对通讯波长造成的损耗值远小于 0.1dB/km，这称为红外吸收损耗。

2）石英材料电子转移的紫外吸收损耗。石英光纤材料中低能态的电子吸收电磁能量而跃迁到高能状态。这个吸收的中心波长在 0.16μm 处，吸收谱延伸至 1μm 附近，对 0.85μm 处的短波通讯有一定影响。

3）其他损耗。在制造石英光纤中用来形成折射率变化所需的 GeO_2、P_2O_5、B_2O_3 等掺杂剂也会形成附加的吸收损耗。锗浓度过大也会带来较大的损耗，因此光纤应避免较高的折射率。

（2）杂质吸收损耗。它主要包括金属离子和 OH^- 离子的吸收损耗。

1）金属离子的吸收损耗。光纤材料中的金属杂质主要是 Fe、Cu、V、Cr、Mn、Ni 和 Co 等。这些金属离子的电子跃迁要吸收能量造成损耗。当它们的含量降到 10^{-9} 以下时，可以基本消除金属离子在通信波段的吸收损耗。

2）OH^- 离子的吸收损耗。OH^- 离子是光纤损耗增大的重要来源。OH^- 离子振动的基波波长位于 2.73μm 处，它的高次谐波波长 1.39μm 正好处于通信窗口内。现代工艺可以使该损耗降至 0.5dB 以下。

（3）原子缺陷吸收损耗。主要指石英光纤材料受到热辐射或光辐射激励时引起的吸收损耗，这个损耗可以忽略不计。

B 光纤的散射损耗

光纤中的散射损耗主要包括瑞利散射、波导结构散射和非线性效应散射损耗。

（1）瑞利散射损耗。瑞利散射损耗是本征散射损耗，是由光纤材料的密度不均匀和折射率不均匀引起的对光的散射造成的光功率损失。瑞利散射损耗与光波波长的四次方成反比，即波长越长，散射损耗越小。这是目前光通信波长向长波方向发展的原因。

（2）波导结构散射损耗。波导结构散射损耗是波导结构不规则导致模式间相互耦合，或耦合成高阶模进入包层或耦合成辐射模辐射出光纤，从而形成损耗。

（3）非线性效应损耗。当光纤中功率较大时，还会诱发受激拉曼散射和受激布里渊散射引起非线性损耗。

C 弯曲损耗和涂层造成的损耗

弯曲损耗包括宏弯损耗和微弯损耗。宏弯损耗是指由于光纤放置时弯曲，在满足全反射条件时，使一部分能量变成高阶模或从光纤纤芯中辐射出来，引起损耗。当弯曲半径过小时，这种损耗不能忽略。微弯损耗指由于光纤材料与涂塑层温度系数不一致，形变有差异，从而造成高阶模和辐射模损耗。另外由于光纤中导模（尤其是高阶模）的功率有相当一部分是在涂层传播的，而涂层的损耗是很高的，这就带来导模的功率损失。

4.3.3 聚合物光纤

自 1964 年美国 Dupont 公司首先研制出聚合物光纤（POF）以来，聚合物光纤的发展已经走过了近 50 年的历程。聚合物光纤有着石英光纤无可比拟的优点，如直径大，折射率范围宽，弹塑性好，质量轻，易于加工和使用，以及成本和加工费用低等，因而是短距离分布型网络中最合适的传输介质，在光纤通信的局域网络及入户工程中起到了举足轻重的作用。

4.3.3.1 聚合物光纤材料

聚合物光纤和石英光纤一样，也是由纤芯和包层组成的。作为聚合物光纤的纤芯和包层的材料是一些高纯、超净、传光损耗低的无色透明的高分子材料。其中用于制作纤芯的高分子材料主要有聚甲基丙烯酸甲酯（有机玻璃）及其氘代、氟代产物，聚苯乙烯及其氘代、氟代产物，聚碳酸酯等。其中氘代有机玻璃的传光损耗最低，是最佳的聚合物光纤芯材。但是由于氘代塑料光纤的成本十分昂贵，并且没有解决好工作波长与石英光纤相匹配的问题，因此氘代有机玻璃逐渐被人们放弃。而氟代聚合物在改善塑料光纤的性能方面取得了重要进展。另外，由于稀土元素和有机染料具有优良的光学性能，故常以各种形式掺杂于聚合物基体中用作纤芯材料。

制作聚合物光纤的包层高分子材料主要有聚甲基丙烯酸酯、聚四氟乙烯、含氟丙烯酸酯、EVA（乙烯与醋酸乙烯的共聚物）等。折射率较低的含氟乙烯酸酯类具有憎水、憎油的优点，特别适合制作聚合物光纤的包层材料。光纤的直径通常为几十微米到1mm。为防止光纤在施工或使用时损伤，在皮层外面还要包覆一层保护层。

4.3.3.2　聚合物光纤的制备

不同构造类型的聚合物光纤的制备方法亦有所不同。阶跃型光纤的皮/芯之间有明显界面，折射率沿径向分布成阶跃型，光线在光纤中按“之”形折线传输。折射率分布呈梯度指数型，光线在光纤中曲线传播。

其制备方法通常有管棒法、共挤法、涂覆法和复合拉丝法四种。

A　管棒法

管棒法是将芯材聚合物制成棒状，外面套上包层材料管，在加热和抽真空情况下将两者紧紧复合在一起拉制成丝使之形成纤维。一般用于制造GI型POF，包括两步共聚合法、光控制引发共聚合反应法、界面凝胶法、引发剂扩散控制法等。

现简单介绍其中最常用的界面凝胶共聚合法。其基本原理是：首先，将聚合引发剂和链转移剂以及M1单体（如MMA，但其溶度参数要和均聚物的溶度参数相近）放入一个玻璃管中，以3000r/min的速度在大约70℃下绕着轴旋转。由于离心力的作用，在玻璃管中的MMA单体附着在管的内壁上，并且保持这个形状进行聚合反应成为管状物，而这个预先聚合的管状物将成为芯层材料聚合的反应器。接下来，在PMMA管中充满MMA单体以及聚合引发剂、链转移剂以及另外一种比PMMA的折射率更高的有机成分M2（如氟树脂材料）。再将充满单体混合物的PMMA管水平放置在恒定高温下，并且以50r/min的速度旋转，时间为24h。此时，聚合物管的内壁单体对聚合物表面的溶胀作用使试管内表面形成一个薄的凝胶层。由于凝胶效应，在凝胶层内单体的共聚合反应速率比凝胶层外液态单体的共聚合速率快得多，共聚物相从“试管”内壁的凝胶层向轴心逐渐形成。早期形成的共聚物中，单体M1的含量高，因此形成共聚物的折光率较小。随着共聚反应的逐渐进行，共聚物中M1单体的浓度越来越小而M2单体的浓度则越来越大，因此生成共聚物的折光率逐渐增大形成梯度型分布。

在界面凝胶共聚合制备GI型POF方法中，引发剂的浓度、链转移剂、反应温度是影响预制棒光学特性的主要因素。引发剂浓度较大（1.0%，质量分数）、链转移剂量较多（0.05%～0.1%）、反应温度控制在70℃以下时，制备的GI型预制棒具有较好的折光率分布和较少的物理缺陷。

B　共挤法

所谓共挤法工艺是在拉制POF过程中使用两台挤出机：一台挤出芯材，另一台挤出鞘材，两台挤出机通过同一模头熔融挤出成型，再经牵引收卷即拉制成POF。采用共挤法拉制POF，在设计中要考虑如下几点：

（1）因是两台挤出机共挤出，故其模头设计相对涂覆法模头复杂得多，因此必须保证芯皮料在共挤模头中能均匀合理分配，其设计同时要考虑到易于安装拆卸，且易于安装加热圈和热电偶。

（2）物料流过的共挤模头面流速过慢或停滞不前，即消除物料长时间受热降解以及从模头流出时极不稳定的特性。

（3）口模决定 POF 的外形和结构。一般口模的形状如图 4－17 所示。共挤复合最关键的是复合机头的设计。PMMA 由芯材挤出机挤入芯材流道 1，含氟树脂由鞘材挤出机挤入鞘材流道 2，两者在复合腔 4 内复合共挤出，成为光纤。在无牵引的情况下，光纤的直径会膨胀，约为复合腔直径 D_0 的十多倍。为改善光纤的力学性能，需要 15～25 倍的牵引力。

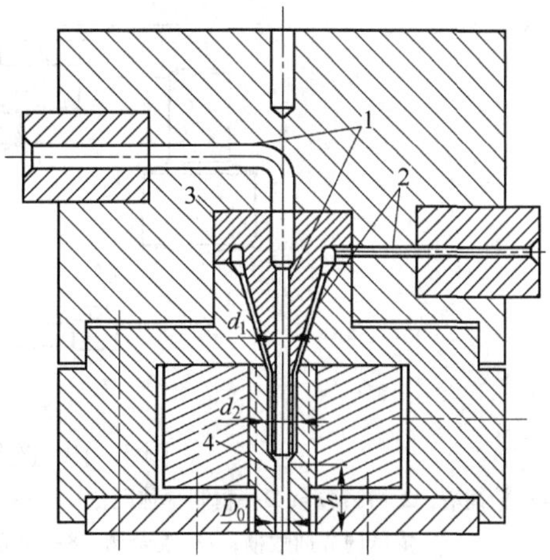

图 4－17　共挤法成型机头结构示意图

1—芯材流道；2—鞘材流道；3—分流锥；4—复合腔；d_1—芯材复合前直径；d_2—分流锥末端直径；D_0—复合腔直径；h—芯、鞘复合定型前高度

C　涂覆法

涂覆法是将挤出的纤芯通过鞘料的溶液，将溶剂去除后，鞘层包覆于芯层而成光纤的方法，其工艺流程见图 4－18。溶剂的选择有以下几个条件：（1）能够完全溶解鞘料，而不溶解芯料；（2）具有快速挥发特性；（3）无毒气排出。

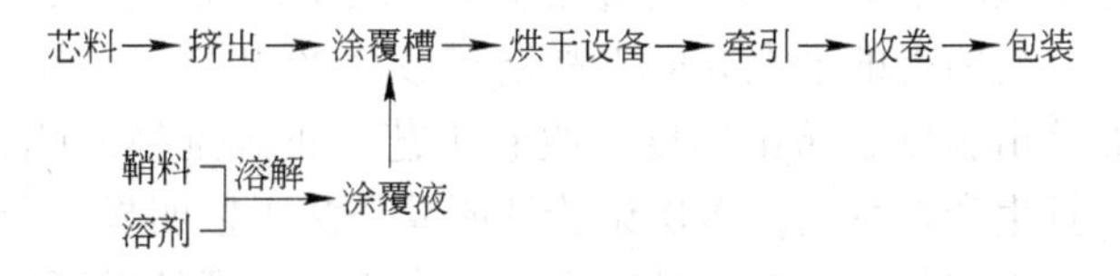

图 4－18　涂覆法工艺流程

D　连续聚合纺丝法

连续聚合纺丝法是目前最先进的光纤拉丝工艺，其先进性在于从单体聚合到纺丝成型全部在密封系统内进行，大大减少了外界环境污染，从而使光纤的透光率得以大幅提高。连续聚合纺丝法工艺流程见图 4－19。作为共聚原料的单体必须经过精馏提纯后才能使用，精馏的目的是去除单体中的低沸点有机物和高沸点有机物杂质以及水分。同时单体中的过渡金属离子、不溶性固体杂质也一并被去除。同样，相对分子质量调节剂和引发剂也要经过精馏提纯，以去除过渡金属离子和不溶性的固体杂质。

单体的聚合方式有两种，即悬浮聚合和本体聚合。悬浮聚合是用分散剂使单体液滴悬浮在水中而进行聚合，聚合完成后再经过脱水、烘干得到聚合物的颗粒，但用这种方法得不到高纯度的单体材料。本体聚合是在聚合过程中不加入任何其他介质而完成聚合的方式，这种方法可以得到高纯度的 PMMA 芯料。

E　各种生产方法生产 POF 的对比

棒管法是一种非连续工艺，要求有制作芯棒及套管的设备，不利于大规模生产，但可

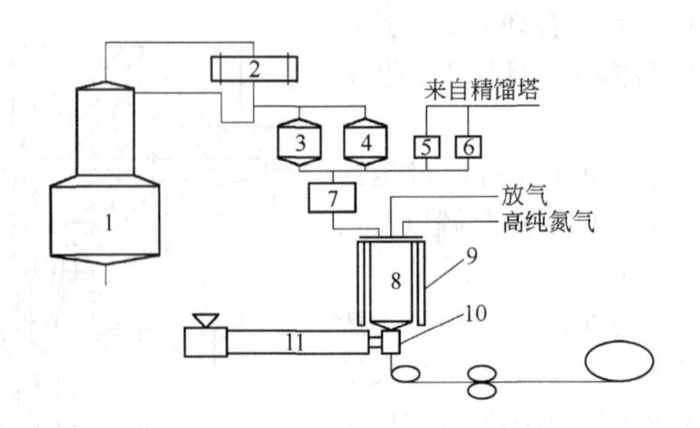

图 4 - 19 连续聚合纺丝法工艺流程

1—精馏塔；2—冷凝器；3—精制单体贮槽；4—精制丙烯酸乙酯贮槽；5—精制引发剂贮槽；6—精制相对分子质量调节剂贮槽；7—混合槽；8—聚合釜；9—加热套；10—拉丝模；11—鞘材挤出机

作为研制 POF 的一种手段。涂覆法的优点在于模头加工相对简单，投资见效快。而其缺点是：(1) 拉制 POF 丝受环境条件影响大，这是因为芯纤维在挤出后和涂覆前暴露在环境中，若环境中条件差，灰尘多，芯纤维因静电吸附，在涂覆前会吸附一些灰尘，使 POF 的损耗增大；(2) 采用涂覆法拉制 POF 丝，对环境有一定污染，这是因为鞘材溶液的浓度在5% ~ 50%之间，在烘干形成芯纤维的鞘材时，溶剂将大量挥发，对工作环境中的设备等有一定的侵蚀作用，不利于环境保护，POF 丝的质量又受人为控制的涂覆过程所影响，劳动强度大。共挤法最重要的是模头设计和原料选择，其设备投资相对大一些，生产操作简单，生产者劳动强度下降，POF 质量控制环节减少，且不存在环境污染，工作环境条件明显优于涂覆法。而两者的最大共同点是能连续生产出 POF。对于共挤法拉丝工艺，只要控制好芯鞘材的挤出温度、挤出速度及收卷工艺，正确选择芯鞘材，共挤 POF 丝的质量是相当稳定的，且生产效率高；多次试验证明共挤法工艺明显优于涂覆法工艺。连续聚合纺丝法的流程长、工艺复杂、控制精度高，但由于杜绝了外界环境的污染，再加以改性的单体，该工艺生产的塑料光纤损耗可低于 100dB，甚至可达 20 多分贝，大大拓展了塑料光纤的应用空间。光纤的制造过程虽处在一个密闭的系统中，但聚合过程是一个间歇过程，所以该制造工艺属于小规模制造 POF 的工艺。若要扩大生产规模，可以在此基础上改进成连续聚合、连续拉丝的工艺。

4.3.3.3 聚合物光纤的性能

目前石英光纤性能的研究重点自始至终定位在损耗、色散、偏振模色散、非线性效应等，而塑料光纤的性能研究重点则是传输损耗、色散、力学性能和热性能等。

(1) 传输损耗。塑料光纤尽管具有诸多石英光纤无可比拟的优点，但其传输损耗大却是不可忽视的缺点。塑料光纤的损耗主要取决于所选材料的散射损耗和吸收损耗。通过选用折射率低且等温压缩率低的高分子材料可获得低的散射损耗，而吸收损耗则是由分子键（碳氢 C—H，碳氘 C—D，碳氟 C—F 等）伸缩振动吸收以及分子键中不同能级间的电子跃迁引发吸收所致。在考虑近红外时，电子跃迁吸收作用可忽略不计。在以 C—H 键为基本骨架的高分子材料中，波长 650nm 处的吸收损耗大约为 120dB/km。如用重氢原子置换全部的氢原子构成 C—D 键高分子材料，其波长为 688nm 处的吸收损耗为 56dB/km。由 C—F 键构成的高分子材料，直至近红外区都无原子振动引起吸收损耗，故其可制得波长在1.3μm处吸收损耗为60dB/km的梯度型塑料光纤（GI POF）。

目前，一种新型塑料光纤PMMA POF的传输损耗已经接近于理论极限。PMMA阶跃型塑料光纤的损耗光谱中，三个低损耗窗口分别位于570nm、650nm和近红外780nm波长处。在650nm的损耗仅为110 dB/km，非常接近106 dB/km的理论极限。苯甲基苯甲酸盐掺杂PMMA GI POF的损耗光谱，在650nm的损耗为158 dB/km，在短波长区域的损耗比SI POF稍高，这是由光纤中的掺杂物质所造成的。PMMA POF在可见光和近红外区域的损耗主要是C—H谐波吸收造成的。在650nm波长处，C—H谐波吸收损耗约为90 dB/km。为了降低PMMA POF的损耗，可采用氘原子或卤素原子取代PMMA中的氢原子，使基体材料吸收光谱的特性峰向长波长方向移动，从而使近红外和红外区域的损耗降低。

（2）带宽大。数值孔径SI POF的NA在0.5左右，带宽可达到4MHz·km。小数值孔径SIPOF的NA值约为0.25～0.3，较小的NA使得光纤中只传输较低阶的模式，从而减小了模式色散，使带宽提高到210MHz·km。GI POF的带宽与光纤的折射率剖面、光源的谱宽和入射孔径有关。当光纤具有接近于抛物型的最佳折射率剖面时，光纤的色散最小，可以获得最佳的带宽性能。因此，控制折射率剖面是GI POF的关键。另外，当入射光源的孔径较小时，光纤中只有部分模式激发，色散小于光纤中全部传输模被激发的情形，因而可以获得相对较高的工作带宽。

（3）力学性能。塑料光纤力学性能的研究重点是弯曲、拉伸、扭转应力引起的衰减变化。与石英光纤不同，塑料光纤是由塑料材料制成的，这样，塑料光纤的杨氏模量比石英光纤小近2个数量级（如PMMA POF为2.1 GPa，PC POF为1.55～2.5GPa），所以塑料光纤可以十分方便地安装在光纤分线箱内。与石英光纤相比，塑料的延展性更好，刚性更小，所以塑料光纤的最小弯曲半径更小。

（4）耐热性。通常塑料光纤在高温环境中会发生氧化降解和损耗增大。氧化降解是由构成光纤芯材中的羰基、双键和交联的形成所致。氧化降解促使电子跃迁加快，进而引起光纤的损耗增大。通过实验发现，经老化处理后的光纤，其工作波长为760nm的衰减增大要比在680nm的衰减增大要小，只要选用的光源工作波长大于660nm，塑料光纤的耐热性就是长期可靠的。

4.3.4　功能光纤

光导纤维除了应用于通信领域之外，还具有传能、传像及传感等功能，因而在工业、军事等其他领域和医学上得到广泛应用，称为功能光纤。

4.3.4.1　传能光纤

随着激光技术的发展，20世纪60年代先后出现了各种频率的激光器。激光具有高能量和高聚焦性的特点，除应用在光纤通信外，如何使激光更好地为人类服务，就成为科学家们关注的问题，传能光纤的开发正迎合了这种需求。目前此类光纤已广泛用于工业中的热处理、焊接、切割和医疗中的外科激光手术刀、眼科手术中视网膜的焊合等。

传能光纤按其组成材料的不同，分为玻璃光纤、晶体光纤和空芯光纤三类。

玻璃传能光纤主要有可传输氩离子激光器的可见光激光（0.488～1.5μm）和YAG晶体激光器的近红外激光（1.06μm）的石英光纤，可传输CO_2激光器的中红外激光（5.3μm）的硫系玻璃光纤。一般玻璃传能光纤可以是直径为0.2～2μm的单根纤维，也可是直径为几毫米的光纤束。

晶体传能光纤一般以高折射率晶体为纤芯，以空气或折射率低的晶体为包层。传能光纤的晶体大多为氯化钠、卤化银单晶和卤化银多晶，晶体传能光纤多为单根纤维，直径一般为数毫米，可以传输中红外（10.6μm）激光。

空芯传能光纤是以空气作纤芯，空芯管的内壁涂以氧化锗等氧化物的玻璃材料，其包层为金属或非金属材料，空芯管主要由金属或玻璃制成。金属空芯传能光纤可以传输高达1500~2000W 的激光，可用于金属的焊接、切割和雕刻等。

4.3.4.2 传像光纤

传像光纤是利用光纤束的有序排列实现图像传输的目的。传像光纤束中，每一根光纤在光学上都是相互“绝缘”的，并独立地传递图像的一个单元，光纤束中的光纤数量等于图像单元的总数。传像光纤束中光纤的直径小，并且排列紧密，因为只有这样，才可以提高所要传输图像的分辨率。由单根光纤组成的光纤束中，光纤呈正方形或六角形排列，以获得最大紧密性。同样直径的光纤，排成六角形时要比正方形的分辨率高。

在医院里为了诊断患者的病情需要做肠镜或胃镜检查。肠镜和胃镜是通过光纤传输的，由此医生可以清晰地看到患者肠、胃中各部位的图像。此外，传像光纤还可以用于工业和军事领域，比如，在一些需要监控的地方和机械动力部件，而人又无法接近时，就可以采用传像光纤和摄像机，在控制室监控就行了。实际上，在核反应堆中，在公安系统、机场等公共场合，以及坦克、潜艇中，都可以看到传像光纤的应用。

4.4 发光复合材料

4.4.1 发光材料及其分类

发光材料是一种能够把从外界吸收的各种形式的能量转换为非平衡光辐射的功能材料。光辐射有平衡辐射和非平衡辐射两大类，即热辐射和发光。任何物体只要具有一定温度，则该物体必定具有与此温度处于热平衡状态的辐射。非平衡辐射是指在某种外界作用的激发下，体系偏离原来的平衡状态，如果物体在恢复到平衡状态的过程中，其多余的能量以光辐射的形式释放出来，则称为发光。因此发光是一种叠加在热辐射背景下的非平衡辐射，其持续时间要超过光的振动周期。

固体发光具有以下两个基本特征：

（1）任何物体在一定温度下都具有平衡热辐射，而发光是指吸收外来能量后，发出的总辐射中超出平衡热辐射的部分。

（2）当外界激发源对材料的作用停止后，发光还会持续一段时间，称为余辉。一般以持续时间 10^{-8}s 为分界，短于 10^{-8}s 的称为荧光，长于 10^{-8}s 的称为磷光。研究表明余辉现象即物质发光衰减过程，有的很短，可短于 10^{-8}s；有的则很长，可达数分钟甚至数小时。余辉现象说明物质在受激和发光之间存在着一系列中间过程。不同材料在不同激发方式下发光过程可能不同，但它们的共同之处是其中的电子从激发态辐射跃迁到基态或其他较低能量状态使离子、分子或晶体释放出能量而发光。

激活型发光材料按材料的组分不同可分为无机发光材料、有机发光材料、有机/无机复合发光材料等。根据激发方法可将发光材料分成光致发光材料、电致发光材料、阴极射线致发光材料、X 射线发光材料及放射线发光材料等。

4.4.2 发光材料的基本性能指标

在发光材料的研究过程中，对于发光材料的性能指标通常采用一些特有的物理量来表征。

（1）吸收光谱。吸收光谱是描述吸收系数随入射光波长变化的谱图。发光材料对光的吸收遵循下述规律：

$$I(\lambda)=I_0(\lambda)e^{-K_\lambda X} \tag{4-12}$$

式中，$I_0(\lambda)$ 是指波长为 λ 的入射光的初始强度；$I(\lambda)$ 为入射光通过厚度为 X 的发光材料后的强度；K_λ 为不随光强但随波长变化的系数，称为吸收系数。

发光材料的吸收光谱主要取决于材料的基质，激活剂和其他杂质对吸收光谱也有一定影响。被吸收的光能一部分辐射发光，一部分能量以晶格振动等非辐射的形式消耗掉。大多数发光材料的主吸收带在紫外光谱区。发光材料的紫外光谱可由紫外－可见分光光度计来测量。

（2）激发光谱。激发光谱是指发光材料在不同波长光的激发下，该材料的某一发光谱线的发光强度与激发波长的关系。激发光谱反映了不同波长的光激发材料的效果。根据激发光谱可以确定激发该发光材料使其发光所需的激发光波长范围，并可以确定某发射谱线强度最大时的最佳激发光波长。激发光谱对研究发光的激发过程具有重要意义。

（3）发射光谱。发射光谱是指在某一特定的波长激发下，所发射的不同波长光的强度或能量分布。许多发光材料的发射光谱是连续谱带，由一个或几个峰状的曲线所组成，这类曲线可以用高斯函数表示。还有一些材料的发射光谱比较窄，甚至成谱线状。

发射光谱与激发光的强度和波长有关，还与温度有关。激发光强度的影响表现在发光材料有几个发射带时，每个带的发射强度随激发光的强度不同而变化，特别是其中有一个带的强度很快将达到饱和。

对于发光材料，发射光谱及其对应的激发光谱是非常重要的性质，激发、发射光谱通常采用紫外－可见荧光分光光度计进行扫描。

（4）光通量。光源在单位时间向周围空间辐射并引起视觉的能量，称为光通量，即光源所放射出光能量的速率或光的流动速率，用 Φ 表示，单位为流明（lm）。光通量与光源的辐射强度有关，还与波长有关。通常采用比较法测试光源的光通量，即将待测光源与标准光源分别置于积分球内，分别测出它们的光电流，将积分球测量窗口安置修正滤色片，此时两者光通量的比即等于光电流之比，从而测出待测光源的光通量。

（5）发光强度。光源某方向单位立体角内发出的光通量定义为光源在该方向上的发光强度，其单位为坎德拉（cd），是国际单位制 7 个基本单位之一，用符号 I 表示。$I=\Phi/W$，W 为光源发光范围的立体角，立体角是一个锥形角度，用球面度来测量，单位为球面度（Sr）。Φ 为光源在 W 立体角内所辐射出的总光通量（lm）。在实际中，通常把用于研究的发光材料的发光强度和标准件用的发光材料的强度（同样激发条件下）相比较来表征发光材料的技术特性，此时所测得的发光强度为相对值。

（6）亮度。亮度是光度学量，单位为尼特或坎德拉每平方米（$1nt=1cd/m^2$），表示颜色的明暗程度。光度学量是生理物理量，不仅与客观物理量有关，还与人的视觉有关。亮度表示的是发光体元面积 $d\sigma$ 在与其法线成 θ 角的方向上，通过立体角 $d\Omega$ 的光通量。即 $B_\theta = d\Phi/(d\sigma\cos\theta d\Omega)$。亮度的测量方法一般分为分光光度法和光电积分法。

（7）发光效率。发光效率常用量子效率、能量效率和光度效率来表征。能量效率是指发光的能量与激发源输入能量的比值；光度效率是指发光的流明数与激发源输入的能量的比值。在光致发光中，材料的量子效率等于它发射的光子数与从激发光吸收的光子数之比。即使材料的量子效率接近100%，能量效率也比100%小得多，因为一个可见光光子是以消耗一个高能光子为代价而产生的。例如，荧光灯中的荧光粉把紫外光转变为可见光的量子效率超过90%，而能量效率只有50%。

发光材料的能量效率 η_E 和量子效率 η_Q 之间的关系可推导如下：

$$\eta_E = \frac{E_E}{E_A} = \frac{h\nu_E N_E}{h\nu_A N_A} = \eta_Q \frac{\nu_E}{\nu_A} = \eta_Q \frac{\lambda_A}{\lambda_E} \tag{4-13}$$

式中，λ_A 为吸收光带峰值波长；λ_E 为发光带峰值波长。因此，发光材料的能量效率要比量子效率低。

量子效率可以超过100%。具有图4-20所示的能态结构的材料，E_1 和 E_2 是两个发光能级，E_2 到 E_1 以及 E_1 到 G 的跃迁都发射可见光。在 E_2 向下的所有可能跃迁中，到 E_1 的跃迁具有大的分支化，一个高能的紫外或真空紫外光子变成了两个能量较低的可见光光子。这种现象称为量子剪裁，也称为量子劈裂或光子级联发射。

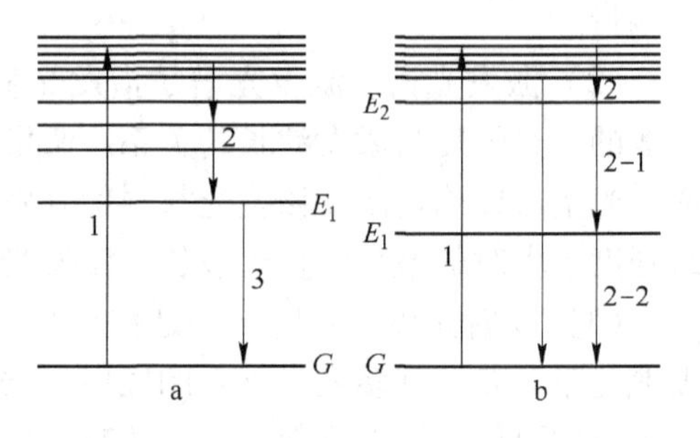

图4-20　发光能级变化

（8）流明效率。荧光灯的发光效率通常以流明效率来表示。流明效率即发射的光通量与激发时输入的光功率或被吸收的其他形式能量总功率之比，单位为流明/瓦（lm/W），可用来表示荧光粉的发光效率。

（9）余辉。一般把激发停止后的发光称为余辉，余辉时间短于 10^{-8}s 的称为荧光，长于 10^{-8}s 的称为磷光。杂质离子部分取代基质晶体原有格位上的离子，造成基质晶格缺陷，从而形成深度合适的陷阱，使得发光材料具有长余辉特性。

不同基质材料、不同的激活剂掺杂量以及不同的烧成工艺，对发光材料的余辉特性都有着极大的影响。对于长余辉发光材料，由于利用的是光源关闭后材料的缓慢自发光特性，所以发光亮度随衰减时间的变化就尤其重要。因此，余辉曲线的测试是一种衡量发光材料品质好坏的重要手段。如对于等离子显示板PDP（Plasma Display Panel）、阴极射线管CRT（Cathode Ray Tube）用荧光粉，要求余辉越短越好，通常为ns～μs级别。而对于用于指示标志的长余辉发光材料，则要求其余辉时间越长越好，通常为0.5～10h级别。余辉时间的长短取决于陷阱深度。

4.4.3　光致发光材料

4.4.3.1　光致发光材料的定义与分类

光致发光是指用紫外光、可见光或红外光激发发光材料而产生的发光现象。它大致经历吸收、能量传递和光发射三个主要阶段。光的吸收和发射均发生在能级之间的跃迁过程中，都经历激发态，而能量传递则是由于激发态运动。激发光辐射的能量可直接被发光中心（激活剂或杂质）吸收，也可能被发光材料的基质吸收。在第一种情况下，发光中心吸收能量向较高能级跃迁，随后跃迁回到较低的能级或基态能级而产生发光。在第二种情况下，基质吸收光能，在基质中形成电子－空穴对，它们可能在晶体中运动，被束缚在发光中心上，发光是由于电子－空穴的复合而引起的。当发光中心离子处于基质的能带中时，会形成一个局域能级，处在基质导带和价带之间，即位于基质的禁带中。对于不同的基质结构，发光中心离子在禁带中形成的局域能级的位置不同，从而在光激发下，会产生不同的跃迁，导致不同的发光色。光致发光材料分为荧光灯用发光材料、等离子体显示平板（PDP）用发光材料、长余辉发光材料和上转换发光材料。

4.4.3.2　光致发光材料的发光过程

光致发光是一个三步过程：（1）吸收一个光子；（2）把激发能转移到荧光中心；（3）由荧光中心发射辐射。

在激发过程后，处在激发态的电子，总要从激发态回到低能态并发出光子。由于材料的内部相互作用，材料的激发状态还要经过各种运动和变化，最后才是光的发射。如果激发产生了电子和空穴，它们可以在晶体中自由运动，这样激发态就不局限于一个地方，而可以有空间上的迁移。电子和空穴在运动中还可能被晶体中的缺陷或杂质中心俘获。俘获后还可能重新释放，使得电子和空穴的运动表现出一些复杂的行为。再者发光不一定是由于电子和空穴的直接复合。经常碰到的情形是电子和空穴都被某种发光中心俘获，发光跃迁则是通过发光中心进行的。所谓发光中心，是指在适当的激发条件下，固体中发射光的原子（离子）或原子团。图4－21列举了几种可能发光的情形：（1）导带电子与俘获的空穴复合；（2）俘获的电子与价带的空穴复合；（3）激发能传给孤立中心，发光跃迁发生在分立的中心内部；（4）导带中的电子直接与价带中的空穴复合；（5）俘获的电子与俘获的空穴复合。

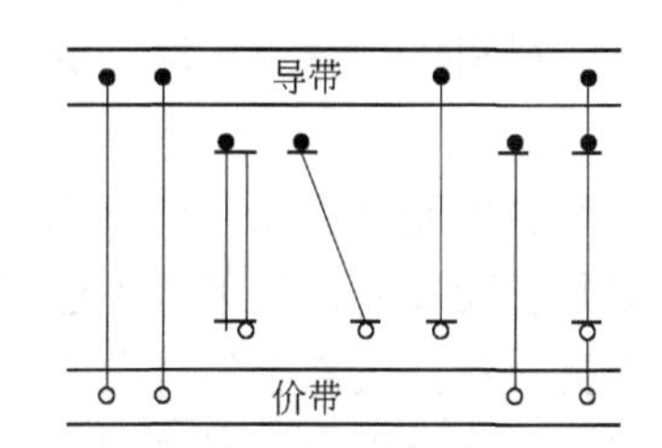

图4－21　可能的发光过程

在发光材料的基质中加入某种杂质或使基质材料出现偏离化学计量比的部分，即生成结构缺陷，使原来不发光或发光很弱的材料产生发光，这种作用称为激活，加入的杂质称为激活剂。发光大都依靠激活剂所形成的发光中心：一类是分立中心，另一类是复合中心。

（1）分立中心发光。发光材料的发光中心受激发时并未离化，即激发和发射过程在彼此独立的、个别的发光中心的内部的发光叫做分立发光。这种发光是单分子过程，并不伴随有光电导，故又称为“非光电导型”的发光。分立中心发光有以下两种情况：

1）自发发光。受激发的粒子（如电子），受粒子内部电场作用从激发态S而回到基态S_0时的发光，叫自发发光，如图4－22a所示。这种发光的特征是，与发射相应的电子跃迁的几率基本上取决于发射体内的内部电场，而不受外界因素的影响。

2）受迫发光。受激发的电子只有在外界因素的影响下才发光，叫做受迫发光。它的特征是发射过程分为两个阶段，如图4－22b 所示。受激发的电子出现在激发态 M 上时，从状态 M 直接回到基态 S_0 是禁阻的。在 M 上的电子，一般也不是直接从基态上跃迁来的，而是电子受激后，先由基态跃迁到 S，再到 M 态上，M 这样的受激态称为亚稳态。受迫发射的第一阶段是由于热起伏，电子吸收能量后，从 M 态上升到 S 态。要实现这一步，电子在 M 态上需要花费时间，等待机会，从 S 态回到基态是允许的，这就是受迫发射的第二阶段。由于这种发光要经过亚稳态，故又称为亚稳态发光。

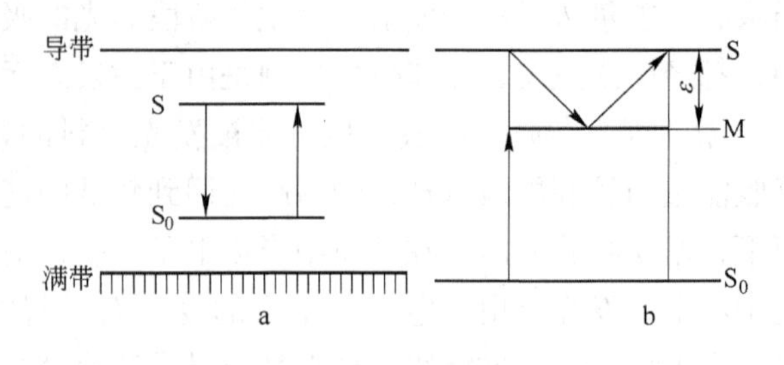

图4－22　分立中心发光
a—自发发光；b—受迫发光

（2）复合发光。发光材料受激发时分离出一对带异号电荷的粒子，一般为正离子（空穴）和电子，这两种粒子在复合时便发光，即称之为复合发光。由于离化的带电粒子在发光材料中漂移或扩散，从而构成特征性光电导，所以复合发光又称之为“光电导型”发光。

复合发光可以在一个发光中心上直接进行，即电子脱离发光后，又回来与原来的发光中心复合而发光，称单分子过程，电子在导带中停留的时间较短，不超过 10^{-10}s，是短复合发光过程。大部分复合发光是电子脱离原来的发光中心后，在运动中遇到其他离子化的发光中心复合发光，呈现双分子过程，电子在导带中停留的时间较长，是长复合发光过程。如铜和银激活硫化锌是典型的“光电导型”磷光体。

4.4.3.3　光致发光材料

光致发光材料根据组成可分为无机光致发光材料、有机光致发光材料和复合材料。

A　无机光致发光材料

无机光致发光材料一般为固态，应用面较宽，可分为晶体、粉末和薄膜三类。根据化学组成可分为硫化物系列发光材料、铝酸盐体系发光材料、硅酸盐体系发光材料和稀土发光材料。

a　硫化物系列发光材料

硫化物系列发光材料主要包括硫化锌、硫化锌镉、硫化锶、硫化钡、硫化钙等。硫化物系列发光材料最具实用价值的是以 ZnS 和（ZnCd）S 为基质的发光材料。ZnS 和 CdS 都是电子型导电的半导体化合物。ZnS 的禁带宽度为 3.7eV，CdS 为 2.4eV。它们在从紫外到红外的很宽的光谱范围内产生光发射。ZnS 发光材料的激活剂有：Cu、Ag、Au、Mn 和稀土元素等。这些激活剂在 ZnS 中形成的发光中心可分为两类：一类是属于分立中心发光，如以 Mn 和稀土元素为激活剂的 ZnS；另一类是以 Cu、Ag、Au 为激活剂，Cl、Br、I 或 Al、Ga、In 为共激活剂的 ZnS，如 ZnS：(Cu,Cl) 和 ZnS：(Cu,Al) 等属于复合发光。表4－8 列出了 Riedel-de Häen 公司商品名为 LUMILUX 的数种以 ZnS 为基质蓄光型发光材料的基本特性。

表 4 - 8 硫化物蓄光型发光材料基本特性

发光颜色	成 分	体色	平均粒径 /μm	亮度/mcd · m^{-2}				发光时间/min
				3min	10min	30min	60min	
green N	ZnS : Cu	黄绿	40	128	30.4	7.9	3.3	370
green N. ST	ZnS : Cu	黄绿	45	75	19	3.4	1	105
green N5	ZnS : (Cu,Co)	黄绿	40	123	32.2	9.5	4.4	580
green N10	ZnS : (Cu,Co)	浅黄绿	40	80	28	10.3	5.2	780
green	ZnS : (Cu,Co)	黄绿	40	126	31.3	8.9	3.9	460
green N. F	ZnS : Cu	黄绿	25	135	29.7	7.2	2.9	310
green N. FF	ZnS : (Cu,Co)	黄绿	18	100	24	6.2	2.4	260
yellow N	(ZnS,Cd) : Cu	黄绿	30	93.4	22	5.7	2.3	250
orange N	(ZnS,Cd) : Cu	黄	30	65	15.7	4.2	1.8	220
red N	(ZnS,Cd) : Cu	橙	30	17.3	3.6	0.9	0.35	63
sea green	SrS : Bi	浅绿	20	58.9	16.9	5.4	2.6	300
violet N	CaS : Bi	灰色	20	15.3	4.1	1.8	0.64	50
blue N	(Sr,Ca)S : Bi	灰色	20	31.5	8.9	2.9	1.3	190

碱土金属硫化物晶体属于面心立方结构。CaS 的能带宽度为 4.41eV；SrS 的能带宽度为 4.30eV。此类化合物可以形成广泛的固溶体，发光颜色可以根据基质、激活剂及其浓度变化而变化，见表 4 - 9 和表 4 - 10。

表 4 - 9 CaS 的激活剂、共激活剂及其发光性质

激活剂	共激活剂	发光颜色	发光光谱	衰减曲线
O		蓝绿色	带状	指数
P	Cl, Br	黄色	带状	双曲线
Sc	Cl, Br, Li	黄绿色	带状	
Mn		黄色	窄带	指数
Ni	Cu, Ag	红到红外	宽带	
Cu	F, Li, Na, Rb, P, Y, As	紫到蓝色	双带	双曲线
Ga	Cu, Ag	橙，红，黄色	宽带	
As	F, Cl, Br	黄橙色	带状	
Y	F, Cl, Br	蓝白色	宽带	双曲线
Ag	Cl, Br, Li, Na	紫色	带状	双曲线
Cd		紫外到红外	宽带	
In	Na, K	橙色	宽带	
Sn	F, Cl, Br	绿色	宽带	双曲线
Sb	Li, Na, K	红色	带状	指数
La	Cl, Br, I	蓝白色	宽带	双曲线
Au	Li, K, Cl, I	蓝到蓝绿色	双带	双曲线
Pb	F, Cl, Br, I, P, As, Li	紫外	窄带	双曲线
Bi	Li, Na, K, Rb	蓝色	窄带	双曲线

表 4-10 CaS 的稀土激活剂及发光性质

离子	发光颜色	发光光谱	衰减曲线
Ce^{3+}	绿色	双带	双曲线
Pr^{3+}	粉色到绿色	线状，绿色，红色，红外	绿：指数
Sm^{3+}	黄色	线状，黄，红，红外	黄：指数
Eu^{2+}	红色	窄带	双曲线
Gd^{3+}		线状，紫外	指数
Tb^{3+}	绿色	线状，紫外到红	绿：指数
Dy^{3+}	黄色、蓝绿色	线状，黄，蓝绿，红外	黄：$(1+t/\tau)^{-1}$
Ho^{3+}	白绿色	线状，蓝到红外	绿：$(1+t/\tau)^{-1}$
Er^{3+}	绿色	线状，紫外，绿色，红外	绿：$(1+t/\tau)^{-1}$
Tm^{3+}	蓝中带红	线状，蓝色，红色	蓝：指数
Yb^{3+}		线状，红外	
Yb^{2+}	深红	带状	双曲线
Sm^{2+}	深红色	线状，绿，红，红外	

b 铝酸盐体系发光材料

以铝酸盐为基质的发光材料具有发光效率高、化学稳定性好的特点。目前达到实用化程度的蓄光型发光材料有发蓝光的 $CaAl_2O_4$:(Eu,Nd)，发蓝绿光的 $Sr_4Al_{14}O_{25}$:(Eu,Dy)和发黄绿光的 $SrAl_2O_4$:(Eu,Dy)。它们都具有优异的长余辉发光性能。目前，铝酸盐体系长余辉发光复合材料的研究主要集中在多种稀土离子激活的 CaO · Al_2O_3 体系和 SrO · Al_2O_3 体系，激活剂为 Eu_2O_3、Dy_2O_3、Nd_2O_3等稀土氧化物，助熔剂为 Bi_2O_3。表 4-11 列出了铝酸盐体系长余辉发光材料的发光光谱数据。

表 4-11 铝酸盐体系长余辉发光材料

材料组分	发光颜色	λ_{max}/nm	半宽度/nm	体 色
$CaAl_2O_4$:(Eu,Nd)	蓝紫	440	52	白色
$CaAl_2O_4$:(Eu,Nd,La)	蓝紫	447	54	白色
$Sr_4Al_{14}O_{25}$:Eu	蓝绿	490	65	蓝绿
$Sr_4Al_{14}O_{25}$:(Eu,Dy)	蓝绿	490	65	蓝绿
$SrAl_2O_4$:Eu	黄绿	520	80	黄绿
$SrAl_2O_4$:(Eu,Dy)	黄绿	520	80	黄绿

c 硅酸盐体系发光材料

以硅酸盐为基质的发光材料的化学稳定性和热稳定性好，高纯二氧化硅原料易得，已发展成为一类应用广泛的光致发光和阴极射线发光材料。如 $ZnSiO_4$:Mn 早在 1938 年就用于荧光灯，作为光色校正荧光粉，至今仍是彩色荧光灯用荧光粉。至今已开发出多种耐水性好、紫外辐照性能稳定、发光色多样、余辉亮度高、余辉时间较长的硅酸盐体系长余辉发光材料。表 4-12 给出了两种硅酸盐长余辉材料与 ZnS :Cu 发光材料的对比。

表 4 - 12 硅酸盐长余辉发光材料与 ZnS：Cu 的对比

发 光 材 料	相对余辉亮度/%	
	10min	60min
ZnS：Cu	100	100
$Sr_2MgSi_2O_7$：Eu^{3+}	1658	3947
$Ca_2MgSi_2O_7$：(Eu^{3+}，Dy^{3+})	1914	1451

d 稀土发光材料

稀土发光材料具有诸多优点：吸收能量的能力强；转换效率高；可发射从紫外到红外的光谱，特别是在可见光区域有很强的发射能力；荧光寿命从纳秒到毫秒；物理化学性能稳定，能承受大功率的电子束、高能射线和强紫外光子的作用等。目前稀土发光材料已广泛应用于显示显像、新光源、X 射线增感屏、核物理和核辐射场的探测和记录、医学放射学图像等领域。表 4 - 13 给出了几种常见稀土氧化物及其在荧光器件上的应用。

表 4 - 13 几种常见稀土氧化物及其在荧光器件上的应用

稀土氧化物	主 要 应 用
Y_2O_3	彩色电视显像管，三基色荧光灯、高压汞灯、投影电视显像管、飞点扫描管
La_2O_3	X 射线增感屏
CeO_2	飞点扫描管、三基色荧光灯
Eu_2O_3	彩色电视显像管，三基色荧光灯、高压汞灯、投影电视显像管、复印荧光灯、X 射线增感屏
Gd_2O_3	X 射线增感屏、高亮度阴极射线显像管
Tb_2O_3	彩色电视显像管、三基色荧光灯、X 射线增感屏、高亮度阴极射线显像管

稀土发光材料作为三基色荧光体起着十分重要的作用，有力地推动了稀土发光材料的发展。发红光的荧光粉 Y_2O_3：Eu^{3+} 可满足作为发红光荧光粉的所有条件。它的发射峰位于 613nm，而所有其他位置的发射光相当弱。它容易被 254nm 的射线所激发，其量子效率接近 100%。发蓝色荧光粉：最大发射波长为 450nm 的蓝色荧光粉具有最大的光输出，然而最好的 CRI 值却在最大发射值为 480nm 处得到。由于三基色灯既要有高的光输出，又要求良好的显色性，因而，只有最大发射峰满足要求的激活的荧光粉满足要求，它们是 $BaMgAl_{10}O_{17}$：Eu^{3+}、$Sr_5(PO_4)_3Cl$：Eu^{2+} 和 $Sr_2Al_6O_{11}$：Eu^{2+}。它们的量子效率约为 90%。发绿光的荧光粉：三基色灯中发绿光的离子是 Tb^{3+}。它的第一允许吸收谱带是 $4f \to 5d$。由于它所处能量状态太高，因而不能有效地被 254nm 激发。为了能够有效地吸收 254nm 辐射，需使用敏化剂。Ce^{3+} 是一种非常适合的敏化剂。Ce^{3+} 的跃迁 $4f \to 5d$ 能级要比 Tb^{3+} 的跃迁 $4f \to 5d$ 能级低一些，$Ce_{0.67}Tb_{0.33}MgAl_{11}O_{19}$、$Ce_{0.45}La_{0.40}Tb_{0.15}PO_4$ 和 $Ce_{0.3}Gd_{0.5}Tb_{0.2}MgB_5O_{10}$ 是几种常见的绿光荧光粉，其可见光的量子效率在 85% 以上。

B 有机光致发光材料

有机光致发光材料主要包括芳香稠环化合物、分子内电荷转移化合物和某些特殊金属配合物三类。

a 芳香稠环化合物

芳香稠环化合物具有较大的共轭体系和平面及刚性结构，一般具有较高的发光量子效率，是一类重要的光致发光高分子材料。其量子效率与稠环的数目成正比。与取代基的关系比较复杂，在分子设计中主要用取代基来调节其溶解性能。近年来研究主要集中在苝（perylene）及其衍生物上。苝的荧光发射波长为580nm，已被广泛应用于激光领域。图4－23示出了常见稠环芳烃荧光化合物的分子结构。带有双羧酸酯的衍生物（图4－23b）具有强烈的黄绿色荧光，由于其水溶性好，常用于公安侦察方面。苝的甲酸二酰亚胺衍生物（图4－23c）具有由橘红到红色的强烈荧光，具有鲜艳的色彩和较高的量子效率，对光、热以及有机溶剂有良好的稳定性，因而特别适用于热塑性塑料的染色以及液晶显示和太阳能收集领域。当X为氨基时有蓝色荧光，常用于染料着色和汽车油漆中。在X位置引入芳香结构，增大了分子的刚性，可以使它们的量子效率几乎接近于1。此外如果将一些水溶性的基团引到亚胺的氮原子上，则可制得水溶性的荧光材料，蔻（coronene，图4－23d）由于较苝的共轭程度及分子刚性更大，因此具有更好的荧光性能，荧光发射波长为520nm，同时具有很高的量子效率，是一个非常理想的紫外电荷耦合显示材料。图4－23e所示化合物具有强烈的橘红色荧光，发射波长为584nm，同时具有84%的量子效率，为此在染料激光和光能收集系统等方面具有很大的发展潜力。

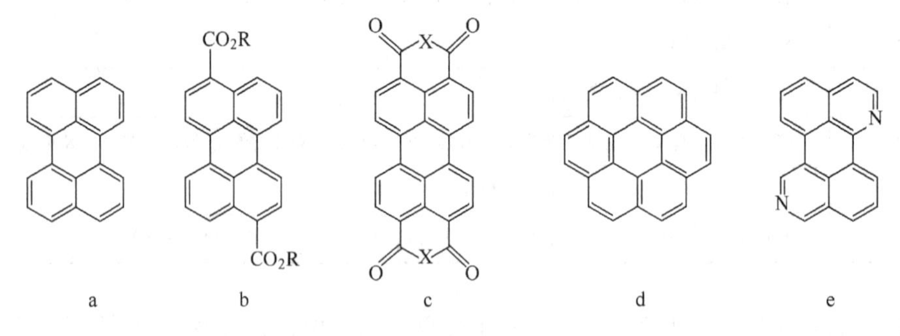

图4－23 常见稠环芳烃荧光化合物分子结构

a—苝；b—带有双羧酸酯的衍生物；c—苝的甲酸二酰亚胺衍生物；d—蔻；e—氮基取代衍生物

b 分子内电荷转移化合物

具有共轭结构的分子内电荷转移化合物是目前研究较为活跃的领域。其应用较多的有以下几种（图4－24）：

（1）芪类化合物。芪类化合物的两个苯环之间具有共轭关系，因此它在光照射下发生的是整个分子的激发，进而引起分子内电荷转移发出荧光。芪类化合物是用于荧光增白剂中数量最多的荧光材料，同时广泛用于太阳能收集领域及染料着色领域。在两个苯环分别带有供电和吸电取代基时，化合物吸收光子处于激发态，分子内原有的电荷密度分布发生变化。硝基和氨基取代衍生物的量子效率达70%，它在苯溶液中荧光发射波长为590nm。

（2）香豆素衍生物。香豆素衍生物光致发光材料在种类和数量上仅次于芪类化合物。它可用作激光染料、荧光染料、太阳能收集材料等，荧光量子效率很高。香豆素衍生物是由肉桂酸内酯化而成的，即通过内酯化过程使肉桂酸酯双键被保护起来，从而使原来量子

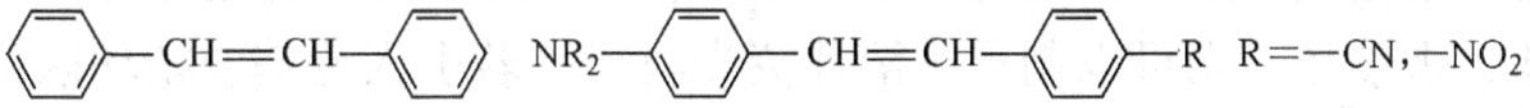

1　2

a

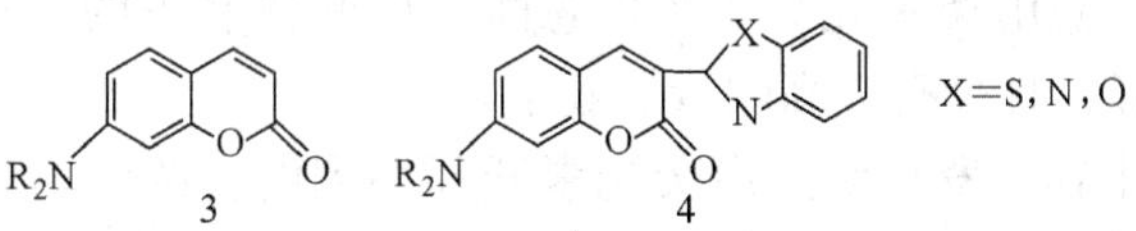

3　4

b

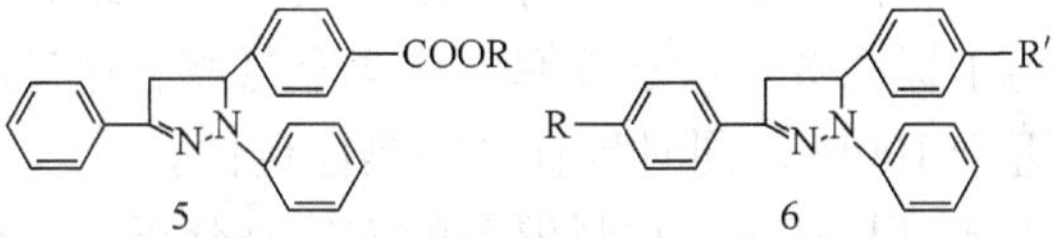

5　6

c

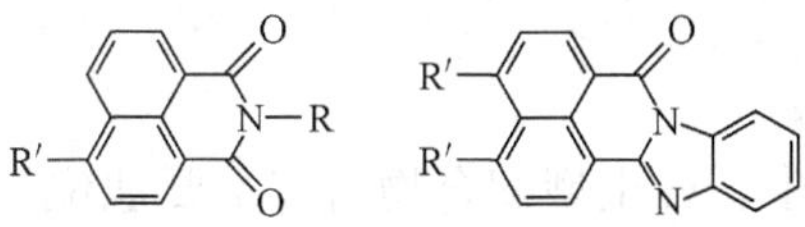

7　8

d

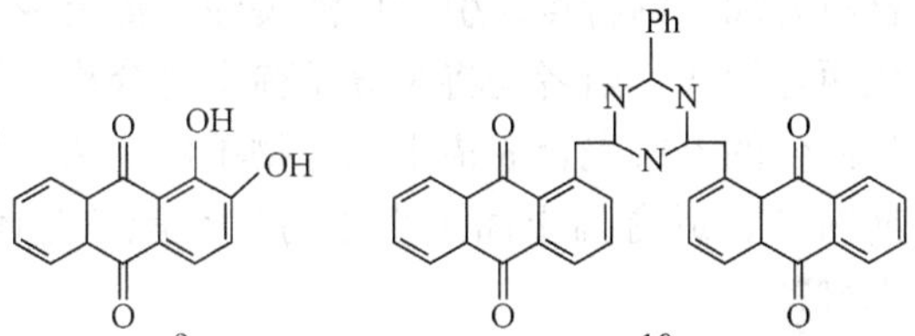

9　10

e

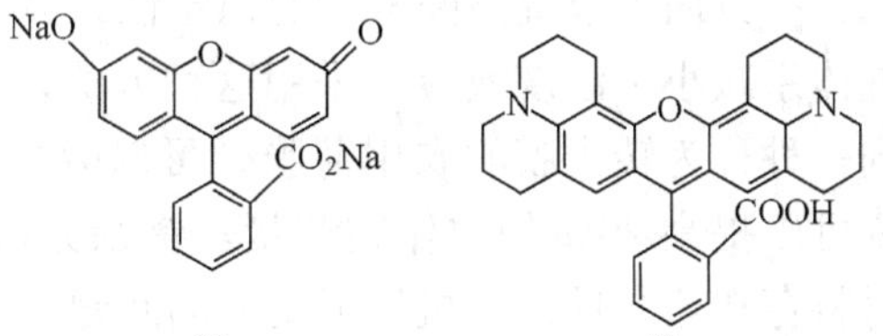

11　12

f

图 4－24　常见分子内电荷转移型荧光物质结构

a—芪类荧光化合物；b—香豆素类荧光化合物；c—吡唑啉类荧光化合物；d—1，8－萘酰亚胺荧光化合物；e—蒽醌类荧光化合物；f—罗丹明类荧光化合物

效率较低的肉桂酸酯转变为具有较高量子效率的香豆素衍生物。通过对香豆素衍生物进行化学修饰，可以调整荧光光谱。香豆素类衍生物往往在溶液中具有较高的量子效率，而在固态下容易发生荧光猝灭，因此用作发光材料时，多采用混合掺杂方式。

（3）吡唑啉衍生物。吡唑啉衍生物是由苯腙类化合物通过环化反应得到的。因为环化导致苯腙内双键受到保护，从而使这类化合物显出强的荧光发射。这类化合物在溶液中可以吸收 300～400nm 的紫外光，发出很强的蓝色荧光，被广泛用于荧光增白剂。吡唑啉衍生物还可作为有机电致发光材料。

（4）1,8－萘酰亚胺衍生物。这类荧光材料色泽鲜艳、荧光强烈，已被广泛用于荧光染料和荧光增白剂、金属荧光探伤、太阳能收集器、液晶显示、激光以及有机光导材料之中。将化合物7重氮化后加以修饰得到多环衍生物8，具有良好的光亮度，若在其中引入磺酸基、羧基、季铵盐，则可以制得水溶性荧光材料。若引入芳基或杂环取代基，则能有效地提高荧光效率，同时使分子的荧光光谱向长波方向偏移。

（5）蒽醌衍生物。蒽醌类荧光分子是以蒽醌为中间体制得的，具有良好的耐光、耐溶剂性能，稳定性较好，且具有较高的量子效率。

（6）罗丹明类衍生物。罗丹明是由荧光素开环得到的，两者均为黄色染料并都具有强烈的绿色荧光，广泛用于生命科学中。罗丹明系列荧光材料绝大部分是以季铵盐取代原来的羟基位置得到的。为了提高荧光量子效率，将两个氮原子通过成环置于高刚性的环境中，可以使荧光效率接近于100%，同时具有好的热稳定性。

上述荧光化合物可以通过与高分子材料混合的方法高分子化，得到可以用作涂料、板材等的荧光材料。

c 金属配合物荧光材料

在金属配合物荧光材料中，稀土型配合物占有重要地位。稀土离子既是重要的中心配位离子，也是重要的荧光物质，广泛用作荧光成分。稀土配合物荧光材料由于兼有稀土离子的发光性能和高分子材料易加工的特点，引起广泛关注。稀土配合物的高分子化方法主要有混合和直接高分子化两种形式。前者是将小分子稀土化合物与聚合物混合得到高分子荧光材料，后者通过化学键合的方式先合成稀土配合物单体，然后与其他有机单体共聚得到共聚型高分子稀土荧光材料，或者稀土离子直接与带有配位基团的高分子进行配合反应，直接生成高分子荧光材料。

（1）掺杂型高分子稀土荧光材料。把有机稀土小分子配合物通过溶剂溶解或熔融共混的方式掺到高分子体系中，一方面可以提高配合物的稳定性，另一方面可以改善其荧光性能，这是由于高分子共混体系减小了浓度效应。采用这种方法，将稀土Eu荧光配合物掺杂到塑料薄膜中可以得到一种称为转光膜的农用薄膜，可以吸收太阳能中有害的紫外线，转换成可见光发出，据说可以提高20%的农作物产量。掺杂方法虽然具有简单方便的优点，但是得到的高分子材料存在透光性差、机械强度低的问题。当稀土配合物在混合体系中浓度相当高时可能发生浓度猝灭现象。

（2）键合型高分子稀土荧光材料。先合成稀土配合物单体，然后用均聚或共聚的方法达到配位与高分子骨架通过共价键连接的高分子荧光材料。用这种方法得到的荧光材料中稀土离子均匀分布，不聚集成簇，因此在相当高的浓度下不会发生浓度猝灭现象，且可以得到透明度相当高的材料。甲基丙烯酸酯、苯乙烯等是常用的共聚单体。利用上述方法要求单体必须具有相当高的聚合活性才能够获得理想的共聚物，然而，单体中的配合物常常对聚合活性有不利影响，因此使用范围受到一定限制。如果先制备含有配位基团的聚合物，然后再通过高分子与稀土离子之间的配合反应将稀土离子与高分子结合，同样可以获得高分子稀土荧光材料。例如，带有羧基、磺酸基、β-二酮结构的高分子都可以与稀土离子配合。但该方法由于高分子本身的空间局限性，不能获得高配位配合物，金属离子仍有形成离子簇的倾向。因此，要制备高荧光强度的高分子稀土荧光材料比较困难。

高分子稀土荧光材料目前主要应用在农用转光膜、荧光油墨、荧光涂料、荧光探针等，在防伪、交通标识和分析检验等方面得到广泛应用。

4.4.4 电致发光材料

4.4.4.1 电致发光材料及其分类

电致发光（electroluminescence）是在直流或交流电场作用下，依靠电流和电场的激发使某种固体材料发光的现象，又称场致发光。为了将电能从外加电压转变为光辐射，需要三个步骤：首先是施加电场激发，然后是能量传递到发光中心，最后是由该发光中心产生发射。

晶体中存在着两种截然不同的电致发光机理：内禀发光和电荷注入发光。两者的主要区别在于：前者是靠交变电场激发的，没有静电流通过荧光材料；后者是靠“注入荧光材料”中的电荷激发的，只有当电流通过荧光材料时才能发光。

在内禀发光过程中，电场的作用使施主失去的电子进入导带并被加速，直到与发光中心相碰，使之电离。一个电子与发光中心的电离原子一经复合，就立即发光。在电荷注入发光过程中，让电极接触荧光材料以产生电子流或由于电子被引出而留下空穴；或者加电压于一个 p-n 结而使电子流动（即从 n 型材料流入 p 型材料）等。无论是上述的哪一种情况，只要电子与发光中心的正离子或正空穴复合，都将使电子失去能量，同时发光。

常见的电致发光材料有结型、薄膜型和粉末型三种形态。分为直流和交流电致发光两类。交流薄膜电致发光器件的结构是在粘有透明导电薄膜的玻璃基片上依次层叠绝缘层、发光层、绝缘层和背面电极（见图 4－25）。通常采用电子束蒸镀法、金属有机化学气相沉积法或原子层外延生长法等制备技术，以获得具有严格化学计量比和良好结晶性的发光层。薄膜电致发光材料的亮度和寿命均比粉末电致发光材料好。它具有良好的亮度-电压特性，即超过某一电压值就开始发光。直流电致发光材料与交流电致发光材料有所不同，它要求电流通过发光颗粒，因此要求发光体与电极有良好的接触。

根据所施加电压的高低，可分为低场电致发光和高场电致发光两类。发光二极管把其能量注入一个 p-n 结，是一种典型的低场电致发光，它的外加电压一般为几伏。高场电致发光需要的电场约为 106V/cm，在这类电致发光的应用中，使用最为普遍的材料就是 ZnS。低场电致发光通常在直流电场下工作，而高场电致发光一般在交流电场下工作。在本节首先讨论低场电致发光以及它们的应用，其中包括：发光二极管和激光二极管，后者称为半导体激光器。然后讨论高场电致发光，它在薄膜型电致发光体系得到应用。

A 发光二极管和半导体激光器

依据掺杂物的特性，可将半导体分为 n-型或 p-型。让我们考虑一个 p-n 结，即一块 n-型半导体和一块 p-型半导体的分界面，图 4－26 给出了在结附近的能带结构上电子的分布。当电压施加到 p-n 结上时，若是施加正向偏压，则电子首先被供给结的 n-型半导体一侧，其结果是 n-型半导体的导带中的电子落入 p-型半导体的价带的空穴中，见图 4－27。根据半导体材料的性质，在某些结上参与跃迁的能量会以光的形式发射出来。对于直接半导体尤其容易发生这种情况，通常将这种半导体定义为光学允许带－带跃迁半导体。通过这种方法可以得到一种发光二极管，并被用于电子显示。

上述二极管还不是一个激光器，但是，可以利用 p-n 结的电子－空穴复合的发射，作为激光器的基础。通过快速移走落入价带空穴中的电子，从而实现粒子数反转。这种激光器现在已得到广泛应用（光通讯和小型光盘播放器）。它的另一个优点是尺寸小（<1mm）。

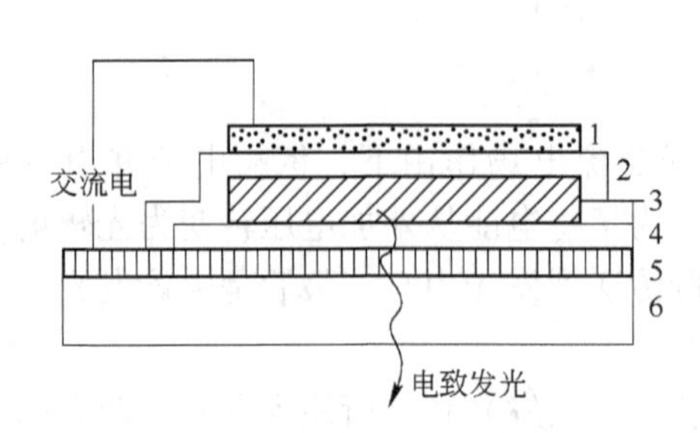

图 4－25　交流薄膜电致发光器件的结构

1—背面电极；2—绝缘层；3—荧光粉；4—绝缘层；5—透明导电薄膜；6—玻璃基片

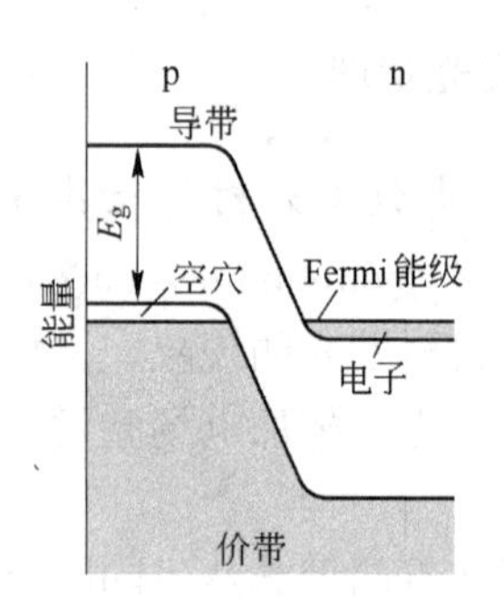

图 4－26　p-n 结的能级结构

如果选用的是 GaAs 材料，则很容易从一个 p-n 结获得红外发射。通过在 GaAs 中掺入荧光粉，带隙会增加，使发射移到可见光区域。如 $GaAs_{0.6}P_{0.4}$产生红色发射，而 GaP 产生绿色发射。

B　高场电致发光

可以把高场电致发光过程与气体放电灯的工作原理相类比。在这种灯中，电子从所施加的电场中获得能量而成为高能电子，该高能电子通过撞击使原子激发或离子化。因此，这种体系的效率较高，并成功获得发光。高场电致发光过程也有极为相似的机理，只是整个过程在固相中完成，而不是气相。此外，它没有那么高的效率。

在固相中电子（或空穴）也能被电场加速。然而，它们也会由于光子发射而很容易失去能量。因此要求一个高电场，而且从电场中获得的能量要大于以光子形式失去的能量。由于固体中的路径较小，因而发光中心的浓度应该较高，其最大极限值由浓度猝灭决定。图 4－28 给出了在固体中发生这种撞击过程的原理。

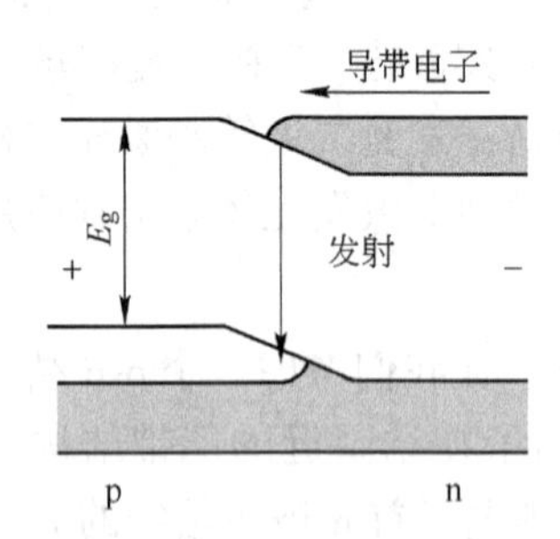

图 4－27　施加正向偏压的 p-n 结的能级结构

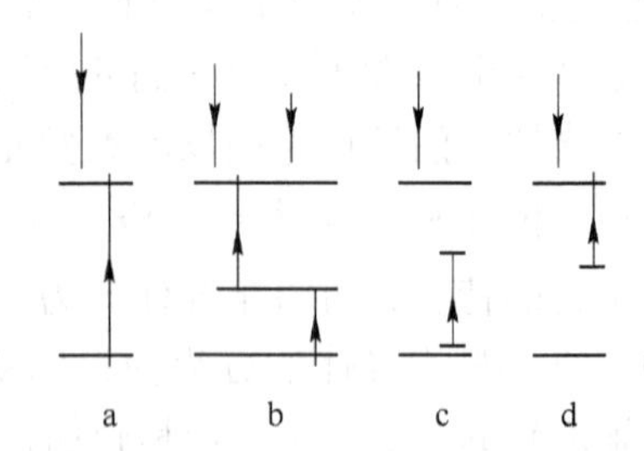

图 4－28　在固体中发生碰撞过程的原理

a—带－带离子化；b—两步的带－带离子化；c—碰撞激发；d—碰撞离子化

（1）带－带撞击离子化过程产生了电子和空穴，它们能通过发光中心发生辐射复合。其缺点是，电流随电压迅速增加，这妨碍了稳定的操作，且要求非常高的电场。

（2）在两步带－带撞击离子化过程中，一个入射的热载流子将一个深能级离子化，而后，另一个热载流子又将价带上的一个电子激发到深能级，这样就产生了自由电子和空穴。对于 ZnS 和 ZnSe，产生明显的载流子所需要的场强，要比单步带－带离子化过程的场强低一个数量级。为了防止浓度猝灭，撞击离子化中心具有较高浓度，而发光中心具有较低浓度，这一点十分具有吸引力。

（3）发光中心的撞击激发。这是 $ZnS:Mn^{2+}$ 的工作机理。其功率效率 η 可用下式表示：

$$\eta \approx \frac{h\nu sN}{eF} \tag{4-14}$$

式中，F 为电场强度；$h\nu$ 为发射能量；sN 为一个热电子在两个发光中心之间的行程（s 为发光中心的横截面，N 为发光中心的最佳浓度）。当各量取常用值时：$h\nu=2eV$，$s=10^{-16}cm^2$，$N=1020cm^{-3}$，$F=106V/cm$，则 $\eta \approx 2\%$，这样与实验结果吻合。

（4）掺杂稀土的 SrS 和 CaS 的电致发光过程中，似乎会产生发光中心的撞击离子化。

4.4.4.2 有机电致发光材料

有机电致发光（organic electroluminescence，OEL）是一种主动发光型 FPD。它是指发光层为聚合物，而且属于在电场作用下（载流子注入）结型的激光所产生的发光现象。它具有高亮度、高效率、低压直流驱动、可与集成电路匹配、易实现彩色平板大面积显示等优点，被誉为“21 世纪的平板显示技术”。

1987 年柯达公司 Tang 等报道，以 8-羟基喹啉铝作为发光层获得了直流电压驱动低于 10V，发光亮度为 $1000cd/m^2$（一般电视屏最高亮度 80），发光效率为 1.5lm/W 的 OEL 器件，这一突破性进展激发起各国学者极大的研究兴趣。人们竞相在发光材料的类型、稳定性和加工性能方面进行探讨。近年来已研制出高效率（大于 10lm/W）和高稳定性（大于 10000h）的器件，一些 OEL 器件在发光效率和发光寿命等方面达到实用化要求，1997 年日本先锋公司已将用于汽车的低信息容量 OEL 绿色显示器投放市场。与无机电致发光材料相比，OEL 器件加工简单，力学性能良好，成本低廉；与液晶显示器件相比，其响应速度快。近年来，OEL 的研究在平板显示器领域展现出日益明显的商业前景，在发达国家得到工业界和学术界的广泛关注和大量投入。与其他显示器相比 OEL 具有许多优点：

（1）采用有机材料，材料选择范围宽，可实现从蓝光到红光的任何颜色显示；

（2）驱动电压低，只需 3～10V 的直流电压；

（3）发光亮度和发光效率高；

（4）全固化的主动发光；

（5）视角宽，响应速度快；

（6）制备过程简单，成本低；

（7）超薄膜，质量轻；

（8）可制作在柔软的衬底上，器件可弯曲、折叠。

有机电致发光材料主要有金属螯合物、有机小分子染料和有机聚合物，它们各具特色，互为补充。但是，这些材料的一个特点是利用共轭结构 $\pi \to \pi^*$ 跃迁产生发射，光谱谱带宽，发光的单色性不好，难于满足实际显示对色纯度的要求。而属于金属螯合物范围的稀土配合物，其发射光谱带尖锐，半高宽度窄，色纯度高，这一独特优点是其他发光材料所无法比拟的，因而有可能作为 OEL 器件的发光材料。

A　有机电致发光的基本原理和器件结构

OEL 器件一般是由正负极、电子传输层、发光层和空穴传输层等几部分构成的。以单层 OEL 器件为例说明其发光机理，单层器件的机构如图 4－29a 所示。由阴极（目前采用较多的是 Mg：Ag 合金和 Al）、发光层和阳极（一般采用氧化铟－氧化锡（ITO））导电玻璃组成。OEL 器件发光属于注入型发光，正负载流子从不同电极注入。在正向电压（ITO 接正）驱动下，ITO 向发光层注入空穴，金属电极向发光层注入电子，空穴和电子在发光层相遇，复合形成激子，激子将能量传递给发光材料，后者再经过辐射弛豫过程而发光。

OEL 器件具有一般半导体二极管的电学性质，增大载流子的浓度和提高载流子的复合概率，有助于增强 OEL 器件的发光亮度，提高发光效率。这是由于电致发光属于注入型发光，而且只有当电子与空穴的注入速度匹配时，才能获得最大的发光亮度。一般来说，单层结构中电子和空穴的注入速度不匹配，为了提高注入发光层的少数载流子的密度，宜采用多层结构，即在阴极或阳极与发光层之间增加电子传输层或空穴传输层。多层结构有其重要的优点：每一层膜都可以单独地为电致发光过程进行优化；可以束缚发光层中的激子，防止电极表面对激子的猝灭。具体采用何种结构由发光材料的半导体性质决定，若所用的发光材料能够传导电子，即发光层的多数载流子是电子，就应在发光层与 ITO 之间增加一层空穴传输层，以增加空穴的注入密度；反之，则在金属电极和发光层之间增加一层电子输入层，以提高电子的注入密度，分别见图 4－29b 和图 4－29c 的双层结构。如果发光层既能传导电子，又可以传导空穴，则宜采用图 4－29d 所示的三层结构。

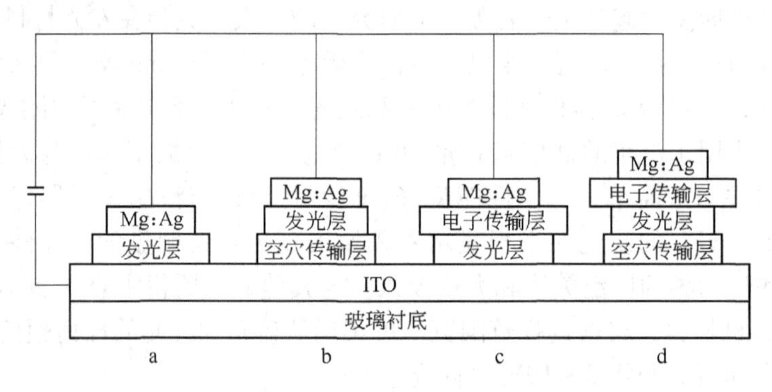

图 4－29　OEL 器件结构

a—单层结构；b，c—双层结构；d—三层结构

整个器件附着在基质材料（一般为玻璃）上，器件制作过程中，先将 ITO 沉积在玻璃基片上制成导电玻璃。为控制阳极表面的电压降，要求 ITO 玻璃表面电阻小于 50Ω，因此必须使用表面光洁、质地优良的玻璃基片。对于小分子 OEL 器件，一般采用真空蒸镀法将有机薄膜镀于 ITO 玻璃上，最后将阴极材料镀于有机膜上。制备聚合物 OEL 是将聚合物溶解在有机溶剂（如氯仿、二氯乙烷或甲苯）中，然后利用旋涂或浸涂方法成膜；阴极薄膜以及多层结构中的其他小分子材料仍然采用真空蒸镀法制备。制备过程的工艺条件（如温度、真空度和成膜速度等）会对器件的性能产生影响。OEL 薄膜厚度和载流子传输层的厚度一般在几十纳米，发光层厚度对器件的发光光谱和发光效率都有明显影响。加大发光层厚度将使驱动电压升高。

采用薄层结构，在 10V 左右的驱动电压下便可在发光层产生 $10^4 \sim 10^5$V/cm 的高电场，从而保证空穴和电子的有效注入。在载流子的注入和传输过程中，至关重要的是如何实现注入的平衡。如不能达到平衡，则电流将做无效流动，并使载流子的复合局限于某些区域，如在易于发生猝灭效应的电极－工作物质界面处发生，使发光的量子效率显著下降。要克服上述困难，必须是两个电极及工作物质界面处存在的势垒有一个合理配置。

OEL 的发光亮度与两种载流子电子和空穴的浓度成正比，可用下式表示：

$$B = K_r \times n \times p \times (n+p)^{-1} \times \eta_p \tag{4-15}$$

式中，n 和 p 分别为电子和空穴的浓度；η_p 为发光的量子效率；K_r 为比例系数。显然，当 $n=p$ 时，发光亮度最大，即两种载流子的平衡是发光优劣的关键。

发光层常用稀土配合物膜。用作空穴和电子传输的材料也是有机材料。TPD 是最常见的空穴传输材料，PBD 和 Alq_3 是常见的传导电子的有机材料，这些材料的分子结构如图 4－30 所示。

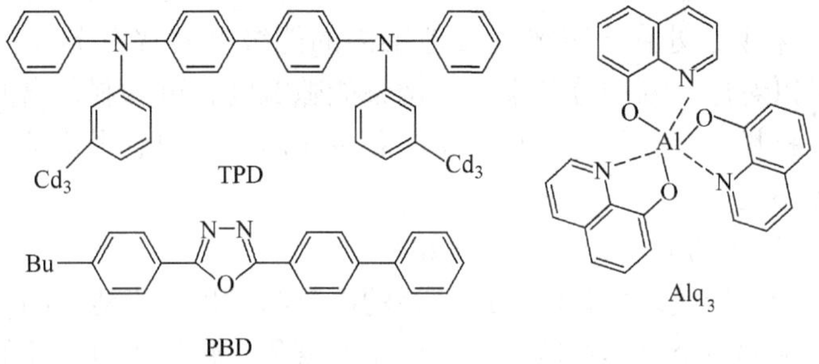

图 4－30　常用载流子传导材料的有机材料分子结构

OEL 的电极材料。载流子的注入效率决定了激子的生成效率，电极－有机层之间的势垒高度决定了载流子的注入机制和注入效率。为了提高载流子的注入效率，阴极和阳极的选择非常重要。工作时，器件的正极是透明的 ITO 导电玻璃，电致发射出的光在该侧向外传射。器件的负极为金属薄膜，一般来说，作为 OEL 器件的电子注入极的阴极材料的功函数较低为好，功函数低可使电子在低电压下容易注入发光层，如 Al、Ca、Mg、In、Ag 等金属能满足该要求。但低功函数金属的化学性质活泼，在空气中易氧化，往往采用合金阴极，目前较多采用 Mg : Al 合金和 Li : Al 合金。不采用对空气敏感的金属，而采用碱金属化合物和 Al 的组合阴极，可显著提高器件的稳定性和使用寿命。金属的功函数如表 4－14 所示。

表 4－14　用作聚合物薄膜电致发光器件的金属电极的功函数

金　属	Ca	Mg	Ag : Mg	Al	Al : Li	Tb	Ag : Tb	Ag
功函数/eV	2.9	3.7	3.7	4.3	2.7	4.2	4.2	4.4

B　影响聚合物电致发光性质的因素

电致发光材料的性质主要包括电致发光光谱（决定发射光的颜色）、电致发光量子效率（决定电能与光能的转换效率）、电致发光驱动电压（正负电荷注入效率）、电荷传输性质（决定正负电荷的复合效率）以及物理化学稳定性（决定器件的使用寿命）等。这些性质与材料的微观结构、化学组成、宏观结构以及外部条件等影响因素相关。以下是关于这些电致发光性质与影响因素的关系的讨论。

a 材料的化学结构与电致发光光谱的关系

发射光谱是指辐射光的波长或者频率特征，外观表现为颜色特征。光作为一种能量载体，光的能量与波长成反比，与频率成正比，因此电致发光材料的发射光谱性质是材料在电场力作用下其电能和光能的能量转换表现形式。其发射光子的能量，即发射光谱类型取决于材料的分子结构和分子轨道状态。众所周知，荧光物质的荧光光谱，其波长对应于其分子轨道激发态与基态之间的能量差，通常为分子反键轨道与成键轨道之间的能级差。与光致发光一样，电致发光材料的发射光谱性质也取决于材料反键轨道与成键轨道之间的能级差。在材料物理学中，聚合物的价带和导带分别对应分子中的成键分子轨道和反键分子轨道。其电致发光光谱依赖于发光分子型材料的价带与导带之间的能隙宽度，即禁带宽度。这个能量差也是激子能量进行荧光耗散时的能量，它决定了电致发光的发光波长。对于大多数有机分子来说，处在可见光能量范围内的能级差通常由 π-π^* 和 n-π^* 能级差构成。从上述分析可以看出，利用分子设计，调整能隙宽度，可以制备出能够发出各种不同波长光的电致发光材料，甚至可以满足制备全彩色显示装置的色彩要求，这也是分子电致发光材料的重要优势之一。

b 电致发光过程中的电－光能量转换效率

在电致发光中能量转换效率指输入或消耗的电能与发出的光能之间的转换效率。它取决于电致发光过程中的各个过程中能量转换效率的乘积，包括正负电荷的注入效率、激子的形成效率、激子的辐射效率和辐射光发射过程中的透射效率等。通常将电致发光装置的量子效率定义为单位面积单位时间发射的光子数目与同样条件下注入的正电荷或负电荷的数目之比。有人还将量子效率分成内量子效率和外量子效率。其中内量子效率包括上述的电荷注入效率、激子形成效率和激子辐射效率三项效率的乘积，而外量子效率除了上述三项效率乘积之外，还包括了辐射的透射效率。由于所有过程的效率都小于 1，因此上述内量子效率和外量子效率都远远小于 1。

电荷的注入效率主要取决于阳极和阴极材料与电致发光材料成键轨道和反键轨道能级的匹配，以及两者的结合状况。激子的形成效率定义为单位体积单位时间产生的激子数目与注入单种电荷数目之比。由于形成激子需要一定的空间条件，一般效率不高，是影响电致发光效率的主要影响因素，受到正负电荷传输平衡和器件结构的影响。激子的辐射效率受到非辐射能量耗散的影响，如果周围环境有利于非辐射耗散，其效率将大大下降，如存在猝灭剂分子、发生光化学反应等。此外形成激子的电子自旋状态也有很大影响，在一般情况下只有单线态激子通过荧光途径发光。透射效率是指器件发射出的光子数与激子发射的总光子数的比值。由于激子处在电致发光材料内部，其所发射的光必须要通过电致发光层、电荷传输层和外电极等，其所发射的光在上述途径中必然会有部分吸收和反射损失，造成效率下降。因此电极的透光率和折射率、发光和电荷传输材料在所发射光区的吸收系数都会直接影响其外量子效率。如何提高器件的总量子效率是电致发光器件制备和应用研究的重要组成部分。根据目前的研究水平，多数聚合物型电致发光材料的总量子效率一般都在 10% 以下。

c 载流子的注入效率与电致发光驱动电压的关系

载流子的注入是通过直接与有机材料结合的电子注入电极（阳极）和空穴注入电极（阴极）实现的。注入效率包含两方面的含义：一方面需要克服电极与电致发光之间的电荷注入势垒，需要一定的驱动电压，注入势垒越小，需要的驱动电压也越小，注入势垒与电极材料的功函和有机材料分子轨道对应能级相关；另外一方面通过阴极和阳极注入的正负电荷在数量上要基本平衡，因为量子效率只取决于数量较少的电荷数目，而且过量的单种电荷与激子的相互作用将导致非辐射能量耗散的比例上升。一般来说，在电极与电致发光层之间形成的具有欧姆电学特性的界面是理想界面。电荷注入与驱动电压成正比，即采用的驱动电压越高，电荷注入效率越高，发光强度越大。能够点亮电致发光器件的最小驱动电压称为启动电压，界面能垒与启动电压成正比，即界面能垒越小，需要的启动电压越小。界面能垒主要是由电极材料的功函参数和有机材料的分子轨道参数来决定的。功函是一个物质重要的物理化学参数，表示将一个电子从金属表面移出所需的最小能量值。对于阳极界面，金属电极的功函与有机材料的 HOMO 之间的能量差决定了能垒的大小。由于需要将成键轨道中的一个电子拉出，功函大的金属作为阳极有利于空穴的形成，界面能垒较小。对于阴极界面而言，界面能垒主要取决于金属电极功函与有机材料的 LUMO 之间的能级差，因为在阴极反应中需要电极向有机材料中的 LUMO 中注入电子，小功函的材料显然更有利于减小界面能垒。在有机电致发光器件中阳极和阴极功函与有机材料成键轨道和反键轨道能级之间有图 4－31 所示的关系。

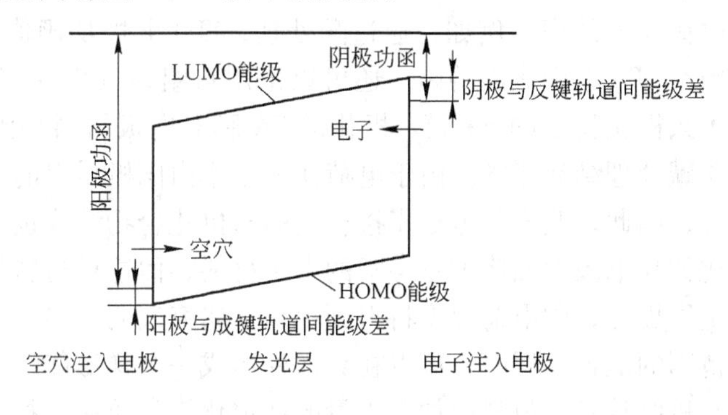

图 4－31 电致发光材料与电荷注入电极间能级匹配示意图

为了利于载流子的注入，应尽量采用高功函的空穴注入电极和低功函的电子注入电极。由于器件发光的需要，现在采用的阳极材料基本上都是透明的 ITO 电极，是目前最好的空穴注入材料之一。现在常用的阴极是 Mg、Al 或者是碱土金属与它们的合金。

由于在金属与有机材料界面之间还存在着偶极矩、化学反应和分子扩散等的影响，电荷注入效率并不完全依赖于电极功函与有机材料的分子轨道能级差。因此在选定电极材料之后，对电极表面进行处理和修饰，也是提高电荷注入效率的重要手段之一。

d 有机材料的空穴和电子的传输性质与材料结构的关系

电荷迁移性质是有机电致发光材料的重要特性之一。首先，在有机分子型材料中电荷的迁移能力要比金属材料低得多。其次，由于分子结构的差异，对于带不同符号的电荷在同种材料中的迁移能力是不同的。有些材料对电子的传输能力大大高于对空穴的传输能力，有些材料对空穴的传输能力好。而由于形成激子的密度与发光强度成正比，而且一个空穴只与一个电子复合，两者的理想比例是 1 ∶ 10，根据 Mott-Gurney 法则，除了施加的电压和材料厚度之外，电荷迁移主要与材料的化学结构和聚集态结构有关。在有机材料的电荷传输过程中，分子之间进行电子交换是必需的，而分子的亲电和亲核性质对不同类型的载流子的迁移率有较大的影响。由于在有机物质中空穴是在成键轨道中缺少了一个电子的分子，有从相邻分子中获得一个价电子的趋势，电子交换发生后，邻近分子则成为新的空穴。这样当相邻分子具有给电子倾向时，上述过程容易发生。因此，空穴在碱性分子中的传输率较高，最常见的空穴传输材料是芳香胺类。此外，由于分子型材料多呈非晶态，存在各种阻碍载流子传输的势能阱，电荷迁移受到的影响因素也较多。在电子传输过程中，荷载电子是 LUMO 中多一个电子的分子，电子处在分子的反键轨道上。电荷迁移中需要相邻分子具有一定接受电子的能力，即显示酸性。由于负电荷转移需要电子进入能量较高的反键轨道，所以对大多数有机分子材料来说，电子传输能力要大大低于空穴传输能力。此外，多数电子迁移率较高的材料都是化学敏感材料，所以选择范围受到一定限制，含有氧二唑结构的有机材料是比较理想的负电荷传输材料。

e 影响有机电致发光材料内量子效率的因素

从前面给出的讨论内容可知，正负电荷注入效率、正负电荷构成激子的复合效率、激子的辐射效率构成电致发光材料的内量子效率。而正负电荷注入效率的主要影响因素是电极材料的种类、电极表面形态、界面性质、与电极直接连接的有机材料特性等。提高电荷的注入效率最重要的手段是选择合适功函的电极材料。此外，通过修饰电极材料的界面形态结构也可以提高电荷注入效率。例如，通过酸处理，ITO 电极功函值向高的方向移动，通过碱处理的电极减小 ITO 电极表面功函。还可以采用自组装（SA）膜的方法，在电极表面形成一层具有永久极化特征的 SA 膜。极化的 SA 膜对电极材料功函的影响取决于膜极化方向，原理与酸碱处理结果相同。由于电荷注入效率由电极材料的功函和有机材料的离子化势的差值决定，因此，改变与电极直接相连的有机化合物结构也可以起到提高电荷注入效率的作用。比如在电极表面修饰一层新的有机材料，而这种材料的离子化势与电荷注入电极的功函匹配得更好，则电荷效率将得到提高。研究表明，当 ITO 电极材料表面存在一层厚度在纳米范围的酞菁铜层时，可以在界面处形成一个梯形能级结构，改善电荷的注入效率。有时在有机电致发光材料中加入少量的特定化学物质后，材料的发光效率和发光波长能够有较大提升或者改变，那么这种化学物质就可以称为光敏化剂。在有机电致发光研究中使用的光敏化剂主要有两种。一类是其激发态具有较高的辐射量子效率，称为荧光染料。这些物质可以接受激子的激发能，自身跃迁到激发态，并以自身的荧光特征发射可见光线，这时电致发光过程的发光光谱、辐射量子效率和激发态稳定性等都取决于光敏化剂的特征。另外一类光敏化剂被称为三线态磷光增敏剂，也称为磷光染料。其主要作用是通过将几乎没有贡献的三线激发态活化，使其发生磷光过程，提高发光效率。因为从三线激发态直接通过辐射方式耗散能量回到基态，在量子化学中是禁止的，因此在有机化合物中几乎看不到磷光现象。但是从概率上分析，处在三线激发态的分子几乎是处在单线激发态分子的三倍。如果能够将三线激发态的能量充分利用，将可以大大提高有机电致发光材料的发光效率。磷光增敏剂的原理是当引入较重元素时，由于自旋轨道的重叠效应，激子通过三线态到三线态间转移（Triplet-triplet transfer），将激发能转移给加入的磷光剂客体，并发射出磷光。

f　影响电致发光材料外量子效率的因素

影响外量子效率的主要因素包括电极材料、电荷传输材料、电致发光材料对所发射光的吸收、反射、散射等造成的光能损失。这些因素与器件的结构、材料的属性等密切相关，其中首要影响因素是界面的反射影响。在发光层辐射出的光线一般需要通过发光层/空穴传输层、空穴层/ITO 层、ITO 层/玻璃层、玻璃层/空气层4 个界面。光线通过4 个界面都必须经历透射、反射、散射的过程，其中只有透射光才能对其发光作出贡献。其反射性质与构成界面材料的相对折射率有关，即 θ 取决于 $\sin^{-1}(n_1/n_2)$。被反射的光线可以被各层材料所吸收，也可以经过相对界面的再反射对透射光作出贡献，因此将电子注入电极作成高反射率的镜面对反射光的再利用比较有利。人们已经提出多种改进的方法，其中包括在界面形成微穴（microcavity）、在玻璃表面刻蚀沟槽（etching grooves）、加入硅微球等，都可以在一定程度上减小由界面反射造成的外量子效率下降。材料对辐射光的吸收是第二个影响因素，在有机电致发光器件中使用的材料都或多或少对发射的可见光有吸收，造成发射光通过这些材料时产生光损失，这些材料包括 ITO 膜、空穴传输层和电致发光层等。有时还要考虑添加的光敏化剂的影响，其中 ITO 膜和电致发光膜的影响最为显著。ITO 膜属于半透光性材料，其厚度直接影响导电能力，也直接影响透光能力，其透光能力与制造工艺和膜的化学属性有关。电致发光材料的影响主要在于，在可见光区具有合适能带结构的分子，在同一区域内对光的吸收一般也比较强，造成光吸收损失。由于光吸收值与材料的厚度成正比，适当减小层厚是非常有效的方法之一。

C　高分子电致发光材料的种类

根据上面分析讨论可知，在高分子电致发光器件中使用的相关材料主要包括空穴注入材料、电子注入材料、电子传输层材料、空穴传输层材料、荧光或磷光发射层材料等。此外，电子和空穴阻挡层材料，以及在发光层添加的荧光染料和磷光染料作为辅助材料也比较重要。高分子材料在电致发光器件中可以作为荧光材料（发光层）、电荷传输材料（载流子传输层），在特定情况下也可以作为电荷注入材料（载流子注入电极）。作为有机电致发光材料需要考虑的各种因素包括它的物理稳定性，如具有一定机械强度、在使用状态下不易析晶；还包括化学稳定性，如在应用过程中不发生化学变化而导致老化，此外，其电离能、电子亲和能等也是必须考虑的因素。以下作简要介绍。

a　电荷注入材料

电荷注入材料包括电子注入材料和空穴注入材料，在有机电致发光器件充当阴极和阳极使用。

（1）电子注入材料。其主要功能是向电致发光材料中注入负电荷。要求电子注入材料具有良好的导电能力、合适的功函参数、良好的物理和化学稳定性，保证能够将施加的驱动电压均匀、有效地传送到有机材料界面，并克服界面势垒，将电子有效注入有机层内，同时保证在使用过程中不发生化学变化和物理损坏。常用的电子注入材料包括纯金属材料、合金材料、金属与金属化合物构成的复合材料、金属与含氟化合物的复合材料等。纯金属材料的特点是具有良好的导电能力，大多数金属材料的功函在2.6～4.7eV 之间。低功函的电极可以获得较高的电子注入效率，获得较大的电流密度。虽然从其功函的角度考虑，镱以及钾、锂、钠等碱金属的注入电子能力最高，但是在空气中不稳定，而且高活性金属也容易与有机材料发生化学反应，使用性能下降。为了能够在通常环境下使用钙、钾、锂等低功函的碱金属作为电子注入材料，可以通过与惰性元素构成合金的方式降低其反应活性和提高其抗环境腐蚀性。目前使用最多的是碱土金属材料和铝的合金，比如 Mg/Al 合金、Mg/Ag 合金、Li/Al 合金等。银的加入不仅提高其化学稳定性，而且可以增加电极与有机材料之间的黏附性。一般碱金属化合物的稳定性比纯金属要高，而且同样可以获得较好的电子注入效率。例如在金属铝电极表面形成一层厚度在 0.3 ~ 1.0nm 的碱金属化合物，包括 Li_2O、$LiBO_2$、K_2SiO_3、Cs_2CO_3 等也可以提高电子注入效率。此外，在铝电极表面上形成一层氧化铝层也可以提高铝电极的电子注入效率，碱金属的氟化物也具有类似的作用，使用最普遍的是氟化锂和氟化铯。为了提高电子注入电极的稳定性，在稳定性不好的金属层外侧，覆盖一层稳定性好的金属作为保护层，以隔绝环境中的氧气也是一种常用方法。最常用的覆盖层仍然为导电和稳定性好的银金属。

（2）空穴注入材料。在有机电致发光装置中阳极承担空穴注入任务，又要保证具有透光性，使所发射的可见光透过发出。目前使用最多的空穴注入材料是铟和锡氧化物的 ITO（Indium-Tin oxide）玻璃电极。ITO 玻璃是将氧化铟和氧化锡采用磁控溅射的方法沉积在玻璃表面形成的一种以玻璃为基体的透明导电复合材料。ITO 膜的功函可以达到 4.9eV 左右，是非常理想的空穴注入材料，注入空穴要克服的能垒主要由电极材料的功函和有机材料的电离势之差决定。阳极材料的功函越高，对于空穴注入越有利。鉴于功函是一个与材料表面状态相关的函数，实际上 ITO 电极表面的处理比电极材料本身的选择还要重要。对 ITO 表面进行适当处理和化学改性，改变其表面形态、化学组成和电学性质，可以明显提高其空穴注入性能。经常采用的表面处理方法有等离子体处理、酸处理、自组装膜处理、加入缓冲层（baffer layer）等方法。等离子体处理技术主要是为了清除电极表面吸附或键合的化学物质并改变其表面结构。采用氩等离子体处理一般仅有清洁作用，表面的化学组成一般不会发生变化。而采用氧或者 CF_4/O_2 等离子体进行表面处理不仅可以清除表面吸附物质，而且可以增加表面氧元素含量，从而提高功函值。采用 SF_6 和 CHF_3 等离子体处理，处理效果要更加明显。采用酸对表面进行处理主要是使 ITO 表面产生质子化从而提高其功函值，磷酸的效果最为明显，功函提高幅度可以达到 0.7eV。采用自组装膜（SAM）技术，在 ITO 膜表面形成一层有利于空穴注入的极化层，也可以提高其空穴注入效率。值得注意的是插入的缓冲层是提高还是降低空穴注入效率取决于极化层和空穴传输层之间的 HOMO 的关系。

除了 ITO 玻璃之外，空穴注入材料还有氟掺杂的氧化锡（FTO）、铝掺杂的氧化锌（AZO）等薄膜型材料。采用 FTO 替代 ITO 最明显的优点是可以降低成本，而且对各种清洁方法的耐受力强，发光效率高，但是较大的漏电流限制了使用范围。氧化锌的价格低廉，无毒，在室温下的禁带宽度为 3.3eV。经过铝掺杂的氧化锌电阻率在 $(2 \sim 4) \times 10^{-4}$ $\Omega \cdot cm$，在可见光区具有良好的透光性质。其他高功函、高透光率、高导电性的金属氧化物，如 GIO、GITO、ZIO 和 ZITO 作为空穴注入材料也有报道。共轭型高分子材料也可以用于制作空穴注入电极，比如，有人利用聚苯胺制作电致发光器件的阳极，替代 ITO 玻璃电极后，电致发光器件的性能有较大改善，工作电压下降约 30% ~50%，量子效率提高了 10% ~30%。更为重要的是用聚苯胺阳极制作的电致发光器件具有良好的韧性，弯曲后并不影响其发光性能，完全有可能用于制备大面积柔性电致发光器件。

b 电荷传输材料

经过阳极的空穴注入和阴极的电子注入，正电荷与负电荷在电场作用下将在有机材料中相向迁移，并在电致发光层中相遇形成激子。正电荷和负电荷在有机材料中的相对和绝对迁移性质，相对于器件的发光效率是非常重要的影响因素。正、负电荷的绝对迁移率低将导致电压降过大，相对迁移率差别大将造成电荷传输的不平衡，一种电荷发生透过性迁移而流失，另外一种电荷不能有效进入发光区域。为了提高器件的量子效率，单独设置正负电荷传输层，或者调整电致发光层的电荷传输性质是一个有效手段。在有机材料中空穴和电子的传输特性与材料的化学性质和化学结构紧密相关。

（1）电子传输材料。在电致发光器件中，电子传输材料承担着接受从阴极注入的电子，并将电子向阳极方向有效迁移的任务。从提高发光效率的角度分析，电子传输材料应该具有良好的电子传输能力和与阴极相匹配的电子能级。同时易于向发光层注入电子，而其激态能级能够阻止发光层中的激子进行反向能量交换。由于多数有机电致发光材料的电子迁移率要比其空穴迁移率低若干数量级，造成正、负电荷传输不平衡，使发光效率下降，因此，加入电子传输层意义重大。具有亲电性质的材料一般具有比较理想的电子传输特性。目前常用的有机电子传输材料主要有金属配合物和 n－型有机半导体材料。在电致发光研究中使用最多的金属配合物是三（8－羟基喹啉）铝（Alq_3）配合物及其衍生物。这是因为 Alq_3 除了具有良好的电子传输能力之外，还易于合成和纯化，具有优良的热和形态稳定性，易于采用蒸发法成膜，并且具有避免形成激基复合物的分子结构等特征也是受到欢迎的原因。此外，Alq_3 自身还具有发射绿色荧光的能带结构，可以兼做绿色电致发光材料使用。但是 Alq_3 在发光量子效率、电子迁移率、禁带宽度和升华成膜过程产生灰化等方面还不理想。作为电子传输材料，在 Alq_3 中电子的迁移率与施加电场强度的平方根成正比。三（5-羟甲基-8-羟基喹啉）铝（Alq_3）、双（5,7-二氯-8-羟基喹啉）、(8-羟基喹啉)铝($Alq_3(Clq)_2$)、(邻羟基苄基-o-氨基酚)、(8-羟基喹啉）铝（Al(Saph-q)）等都是常见的电子传输材料。改变中心离子或者配位体可以获得更多金属配合物电子传输材料，其中包括以铍（Be）、镁（Mg）、钙（Ca）、锶（Sr）、钪（Sc）、钇（Y）、铜（Cu）和锌（Zn）作为中心离子，以 8-羟基喹啉衍生物为配位体的金属配合物。其他类型的配位体构成的金属配合物包括 10-羟基苯并喹啉铍（Bebqz）、双 2-(2-羟基苯基）吡啶合铍（$Bepp_2$）、双苯基喹啉铍（Ph_2Bq）、2-(2-羟基苯基)-5-苯基嗯二唑与铝（$Al(ODZ)_3$）和锌（$Zn(ODZ)_2$）的配合物、1-苯基-2-(2-羟基苯基）苯并咪唑锌（$Zn(BIZ)_2$）等，也都表现出良好的电学和光学性质（见图 4－32）。具有环状结构配体的金属螯合物也具有电子传输性质，如酞菁铜也是一种很好的电子传输材料。

除了金属配合物以外，其他具有亲电性质的电子传输材料还有很多。这类材料通常还具有大的不规则分子结构以防止在使用过程中结晶。实验表明，含有嗯二唑结构的分子电子迁移率较高，常用的这类材料包括具有大取代基、多分支、螺形、星形分子结构的嗯二唑衍生物（PBD），这种类型的结构的分子能够有效防止其在使用过程中结晶。例如，噻吩低聚物（BMB-3T）、螺形嗯唑衍生物（spiro-PBD）、苯取代的苯并咪唑衍生物（TPBI）、全氟取代的 PF-6P、星形结构的八苯取代衍生物（COT）均是具有良好的电子传输性能，同时稳定性较高的电子传输材料。高分子电子传输材料目前已经使用的有聚吡啶类的 PPY、萘内酰胺聚合物（4-AcNI）以及聚苯乙烯磺酸钠等。

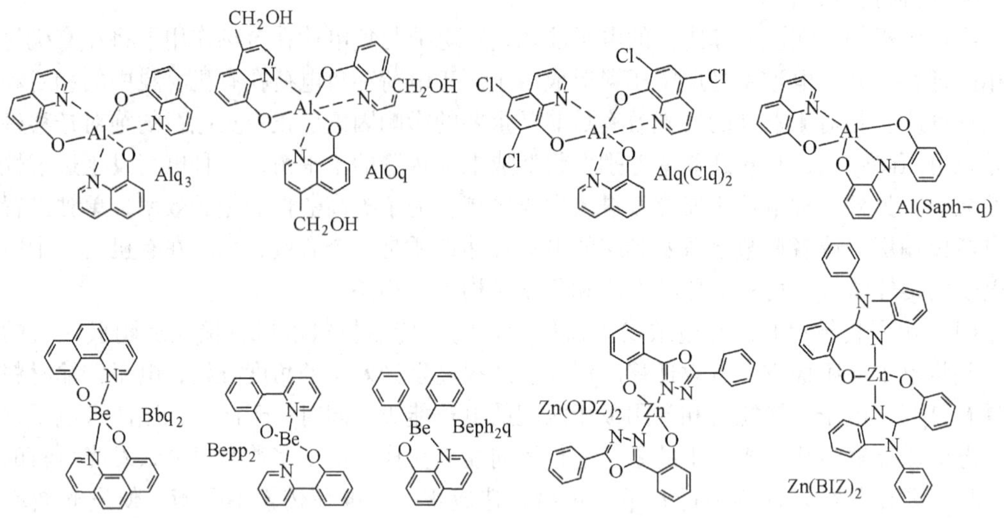

图4-32 常见金属配合物电子传输材料的化学结构

（2）空穴传输材料。作为空穴传输材料应该具有良好的亲核性质和与阳极相匹配的导带能级，以利于空穴的注入和传输。其激态能级最好也能够高于发光层中的激子能级，防止电子和复合形成的激子向空穴传输层迁移。在有机材料中，空穴是价带中缺一个电子的分子，其传输过程是空穴分子从相邻分子的价带中获得一个电子，相邻分子构成新的空穴，依次将空穴状态传输给阴极。因此，分子具有较好的给电子特性比较有利。从这个角度分析，有机胺类是理想的空穴传输材料。为了提高器件的稳定性，空穴传输材料应该具有较高的玻璃化转变温度，防止发生热聚集现象。因此，大分子有机胺是比较理想的。其实大部分带有氨基结构的高分子材料都具有空穴传输能力，其中聚乙烯咔唑（PVK）是典型的高分子空穴传输材料。聚甲基苯基硅烷（PMPS）也是一种性能优良的空穴传输材料，其室温空穴传输系数可达$10^{-3}cm^2/(V\cdot s)$。从防止其结晶考虑，具有星形结构或螺形结构的芳香性联苯二胺衍生物比较有利。从真空蒸镀制备工艺的角度分析，具有良好升华性质的分子是理想的。由于多数有机电致发光材料是空穴传输性的，因此空穴型传输材料的使用不像电子传输层那样迫切和普遍。

D 高分子荧光转换材料

发光材料在电致发光器件中起决定性作用，发光效率的高低、发射光波长的大小（颜色）、使用寿命的长短，往往都主要取决于发光材料的选择。首先，注入的正负电荷在发光层中复合形成激子，激子的形成效率是发光效率的重要影响因素之一；其次，激子通过辐射耗散激发能发光，发光效率取决于辐射耗散在所有途径的比率；发光强度取决于激子的密度；发光颜色取决于发光材料的能带结构。同时，激子是高能态物质，稳定性较差，对环境条件敏感，容易发生不利的化学反应，使电致发光器件逐步失效，缩短使用寿命，因此，提高发光材料的稳定性也极为重要。电致发光材料通常根据其种类可以分为无机半导体材料、有机金属配合物材料、有机共轭小分子材料和带有共轭结构的高分子材料四类。有时还可以根据发光颜色特征分成红外发光材料、红色发光材料、绿色发光材料、蓝色发光材料和紫外发光材料。

高分子电致发光材料目前常用的主要有三类：第一类是主链共轭的高分子材料，属于本征型电子导电材料，特点是电导率较高，电荷主要沿着聚合物主链传播，发光光谱取决于其共轭链的禁带宽度；第二类是共轭基团作为侧基连接到柔性高分子主链上的侧链共轭型高分子材料，在这类材料中影响发光和电学特性的主要是侧链上的共轭基团的能带结构，聚合物链主要起提高材料稳定性和力学性能的作用；第三类是直接将具有电致发光性质的有机小分子与高分子材料共混实现高分子化，以提高材料的使用性能，这类材料应该属于复合型电致发光材料。

（1）主链共轭高分子材料具有线型共轭结构，载流子的传输性能优良，能带结构满足发光要求，是目前使用最广泛的有机电致发光材料之一。它包括聚对苯乙炔（PPV）及其衍生物、聚烷基噻吩及其衍生物、聚芳香烃类化合物等。其中聚对苯乙炔（PPV）及其衍生物是最早使用的聚合物电致发光材料，对其的研究也最充分。其常用的合成方法有三种：即前聚物法（Wesseling 法和 Momii 法）、强碱诱导缩合法和电化学合成法。PPV 是典型的线型共轭高分子材料，苯环和双键交替共轭连接，具有优良的空穴传输性和热稳定性，由于苯环的存在光量子效率较高，其发光波长取决于 π 键的 LUMO（即导带）和 HOMO（即价带）的能量差，即能隙 E_g。通常 PPV 发出黄绿色光。通过分子设计，如在苯环位置引入供、吸电子取代基，或者控制聚合物的共轭链长度，均能调节能隙宽度，可以达到在一定范围调节发光波长的目的，可以得到红、蓝、绿等各种颜色的发光材料。但是 PPV 的升华性差，不能采用真空蒸镀法成膜。此外，单纯的 PPV 的溶解能力较差，不能溶于常用的有机溶剂，影响采用旋涂法直接成膜。解决的办法一般是先将可溶性预聚体旋涂成膜，然后在 200～300℃ 条件下进行消去反应来得到预期共轭链长度的 PPV 薄膜。改进溶解性能还可以通过在苯环上引入长链烷基或烷氧基等基团，得到可溶性衍生物。聚噻吩类衍生物是继聚对苯乙炔类之后人们研究较为深入的一类主链共轭型杂环高分子电致发光材料，稳定性好，启动电压较低。根据其化学结构不同，可以发出红、蓝、绿、橙等颜色的光。同样单纯聚噻吩结构的高分子材料溶解性不好，当在 3 位引入烷基取代基时，可以大大提高溶解性能，并且可以提高量子效率。聚噻吩衍生物的合成方法主要有化学合成法和电化学合成法两种。具有共轭结构的芳香型化合物通过偶合反应直接连接可以构成相互共轭的线型聚合物，这类聚合物具有良好的发光特性和量子效率，化学性质稳定，禁带宽度较大，能够制成其他材料不容易制作的蓝光发光材料。这类材料主要包括聚苯、聚烷基芴等。

（2）侧链共轭型高分子电致发光材料的主链由柔性饱和碳链或者其他类型主链构成，为材料提供可溶性和力学性能；侧链为具有合适能带结构和量子效率的共轭结构。这种化学结构具有较高的量子效率和光吸收系数。调节侧链发色团的共轭体系大小，可以合成出能发出各种颜色光的电致变色材料。由于处在侧链上的 π 价电子不能沿着非导电的主链移动，因此导电能力较弱，但是对提高产生的激子稳定性比较有利。比较典型的此类电致变色材料是聚 N－乙烯基咔唑。其发光波长处于蓝紫区（410nm）。聚甲基苯基硅烷（PMPS）也属于这一类材料，区别是用饱和硅烷链代替饱和碳链。由于其共轭程度较小，能带差大，其发光区域处在紫外光区，可以制备紫外发光器件。原则上所有小分子电致发光材料都可以通过接枝反应引入聚合物链构成侧链共轭型电致发光材料；或者在小分子电致发光材料结构上引入可聚合基团，通过均聚和共聚反应实现高分子化。因此，这类电致发光材料具有非常广的可开发空间。由于高分子化的电致发光材料具有优异的使用性能，合成化学家又提供了大量可供选择的合成方法，因此，这类电致发光材料具有非常广泛的发展前途。

(3) 共混型高分子电致发光材料。合成化学的发展为我们提供了众多具有非常好电致发光特性的小分子材料，但是小分子材料本身具有的一些弱点限制了这些材料的广泛应用。比如，多数小分子具有容易结晶、发生层间迁移、机械强度不好等弱点。虽然采用加大相对分子质量，增加取代基的数目和体积，在一定程度上可以解决上述问题，但是程度有限。通过共混改性高分子化是提高其使用性能的理想手段之一。共混型高分子电致发光材料是由具有电致发光性能的小分子与成膜性能好、机械强度合适的聚合物通过均匀混合制成的复合材料，一般由高分子材料构成连续相，小分子电致发光材料构成分散相。高分子连续相的存在可以克服有机小分子的析晶、迁移和力学性能差等问题。其中高分子对电荷传输和对激子稳定性的影响，以及两相相容性等需要考虑。

E　电致发光敏化材料

在有机电致发光材料研究领域最重要的发现之一是添加某种物质时，其发光效率、发光波长、使用稳定性等方面会出现有利变化的敏化性质，这种能够大大改善器件使用性能的添加物质就是电致发光敏化材料。添加之后，敏化材料与原来的电致发光材料构成主－客结构。通常情况下敏化材料作为客体可以起到三方面的作用：首先是提高其量子效率和工作稳定性，高量子化效率的敏化材料可以通过发射荧光提高器件的发光效率，抑制非辐射能量耗散过程；其次是可以调节和改变器件的发光光谱，因为敏化材料可以接受主体激子的能量，自身跃迁到激发态并发射具有自身能带结构特征的荧光，起到调节和改变发射光谱的目的，两者都称为荧光敏化过程；第三个作用是加入三线态敏化材料，可以将原来不能利用的三线激发态激子能量，通过发射磷光过程加以利用，从而提高发光强度，可以使理论内量子效率接近100%，这种敏化材料被称为磷光敏化剂。上述三种作用机制可以单独发生作用，也可以共同发生作用。

a　荧光敏化材料

荧光敏化材料主要是一些荧光染料，光量子效率高。当在电致发光层中加入荧光敏化材料后，在多数情况下其发射光谱都会发生变化，因为荧光染料能够吸收发光材料中产生的激子能量，自身发生受激发光。荧光染料的发光特征与其结构有关，因此，选择合适的荧光敏化材料掺杂到电致发光层中，可以调整、改变所发射光的颜色。因此在白光和全彩色电致发光装置研究中，添加荧光敏化材料具有重要意义。比如苯并噻唑取代的香豆素衍生物C－545T是一种荧光染料，其光量子效率可以达到90%。在绿色电致发光材料Alq_3中加入这种荧光染料可以显著提高电致发光材料的量子效率和工作稳定性。与绿色荧光染料相比，能够发射红色荧光的染料相对缺乏，其中DCJTB及其衍生物、DCTP及其衍生物、DCDDC及其衍生物、AAAP及其衍生物、(PPA)(PSA)Pe-1及其衍生物、BSN及其衍生物、DPP及其衍生物等研究得相对较多，也获得了比较理想的结果。其中BSN是综合性能最理想的红色荧光敏化材料。在三基色中，蓝色光的能量最高，需要发光材料的禁带宽度最大。能够发射蓝色荧光的敏化材料主要是一些带有大的取代基（减小分子间相互作用力）的多环芳香烃类，比如二苯乙烯端基取代的聚苯（DSA）、9,10－双萘基取代的蒽（β-DNA）和四叔丁基取代的二萘嵌苯（TBPe）等。在有机电致发光材料研究中常用的荧光敏化材料结构列于表4－15中。

表4－15 有机电致发光器件中使用的典型荧光敏化剂

种类	分子结构
绿色荧光剂	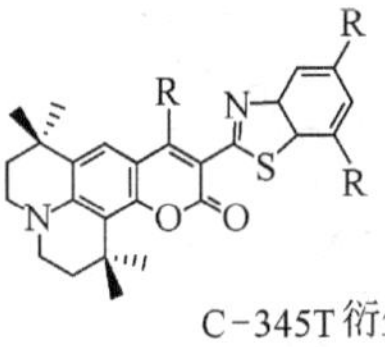 C－345T衍生物；DEC；咪唑啉酮衍生物；（OCH_3，Me－S，SO_2） 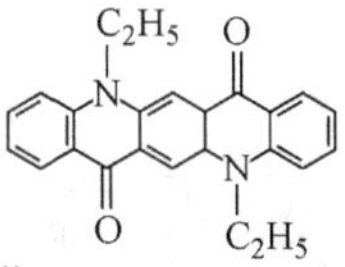 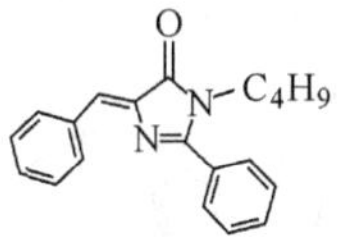 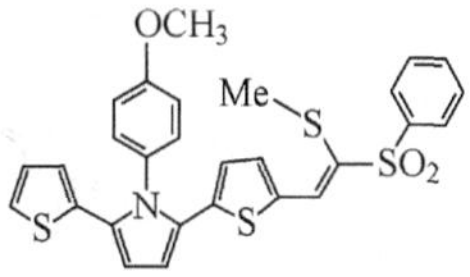
红色荧光剂	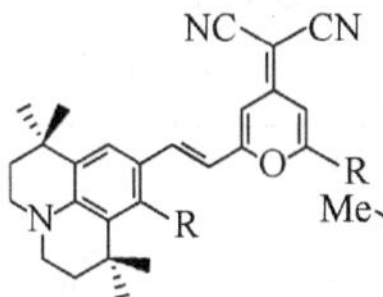 DCJTB；DCDDC；AAAP；(PPA)(PSA)Pe－1；BSN；DPP 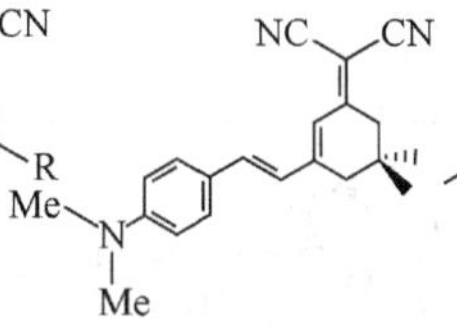 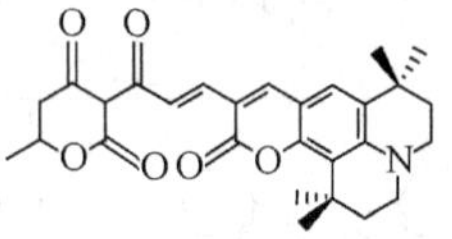 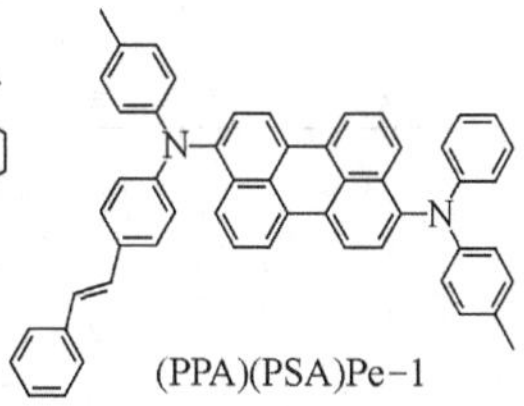 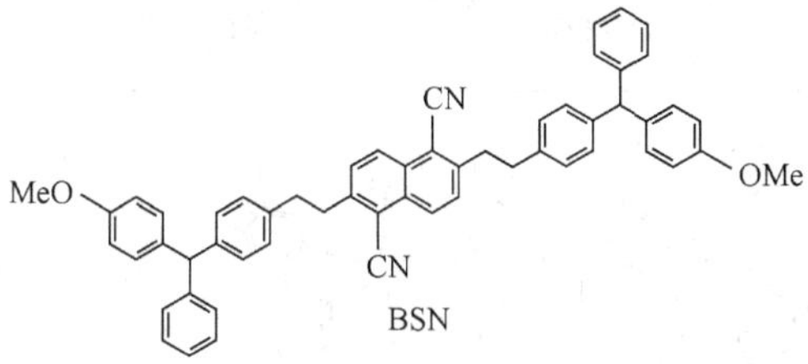 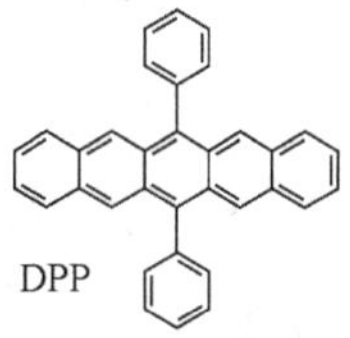
蓝色荧光剂	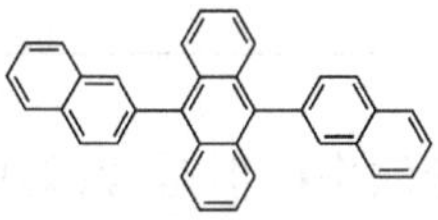 β－DNA；TBPe；DSA－Amine  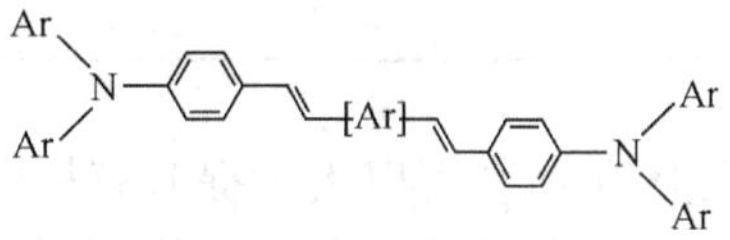

b 磷光敏化材料

当携带电子和空穴的分子相遇发生复合生成激子时，将有相当一部分构成三线态激子，处在反键轨道上的电子与价键轨道中的电子自旋方向相同。而根据量子力学原理，三线态激子的辐射跃迁是禁止的。因此大部分情况下，三线态激子只能以非辐射的方式耗散激发态能量。很显然，如果三线态的能量能够加以利用，电致发光效率将能够大大提高。从光物理学原理可知，三线态激子以辐射方式耗散能量的过程被称为磷光过程。相对于单线态激子的荧光过程，磷光过程是一个慢过程，同时需要特定的结构条件，通常需要有重元素参与。能够完成磷光过程的材料被称为磷光敏化材料。三线态激子如果通过电子交换和电荷捕获等过程，将能量传输给磷光敏化材料，将能够发射出具有敏化剂结构特征的磷光，从而达到提高内量子效率的目的。一般认为，含有重金属中心离子的有机金属配合物具有磷光敏化性能。能够发射红色磷光的敏化剂主要有铂的螯合物、镧系金属铕的有机配合物、铱的有机配合物、锇的有机配合物等。能够发射绿色磷光的敏化剂主要有铱的苯并吡啶配合物等。采用铱的配合物作为磷光敏化剂，可以产生波长在475nm的蓝色磷光。这些磷光敏化剂的结构见表4－16。

表4－16　有机电致发光材料中使用的典型磷光敏化剂

种类	分　子　结　构
绿色荧光剂	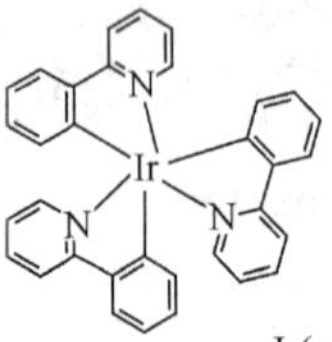 $Ir(ppy)_3$ 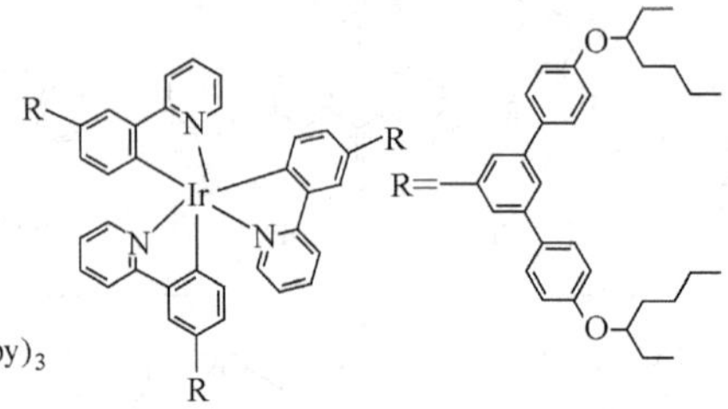
红色荧光剂	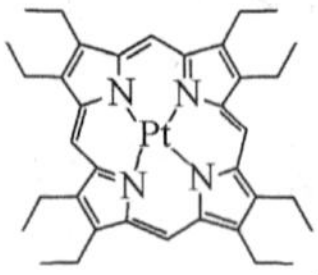 PtOEP 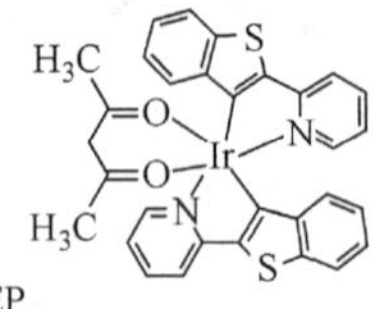　$Btp_2Ir(acac)$
蓝色荧光剂	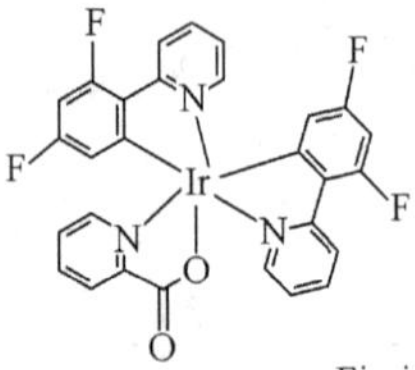 Firpic 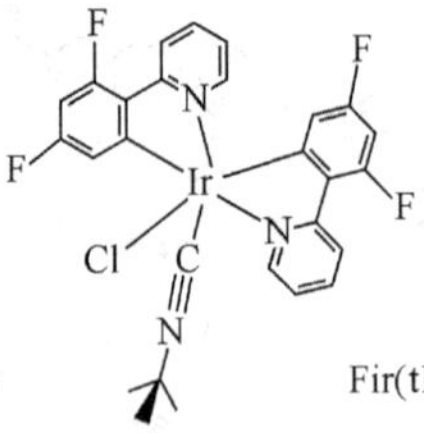　Fir(tBuNC)

磷光敏化材料可以大大提升有机电致发光器件的总发光效率。但是考虑到三线激发态的寿命较长，激子的扩散效应将不能忽略。为了防止激子的扩散，在电致发光层外侧加入具有较高离子化势的材料作为激子阻挡层往往是必要的。三线态激子的这种长寿命还带来另外一个问题，就是随着注入电流密度的加大，激子饱和问题将越来越突出，发光效率随着电流密度的升高而快速下降。实验结果还表明，添加磷光敏化剂还可以提高器件的使用寿命和稳定性。

F　高分子电致发光材料的应用

高分子电致发光材料自问世以来就备受瞩目，已经对传统的显示材料形成了挑战，显示了非常好的发展势头。世界各主要国家都将其作为重要新型材料研究开发的领域之一。目前高分子电致发光材料主要应用于平面照明和新型显示装置中，如仪器仪表的背景照明、广告等大面积显示照明等；矩阵型信息显示器件，如计算机、电视机、广告牌、仪器仪表的数据显示窗等场合。

a　在平面照明方面的应用

由于高分子材料的特有性质和电致发光本身的特点，高分子电致发光器件具有制作工艺相对简单、超薄、超轻、低能耗等特点，具有非常广泛的应用前景。有机电致发光材料是近年来发展非常迅速的照明用材料，已经广泛应用到仪器仪表和广告照明等领域。与传统照明材料相比，有机电致发光材料具有以下特点：首先，有机电致发光材料是面发光器件制备材料，如果把第一代电光源白炽灯称为点光源，把第二代电光源——日光灯称为线光源，那么电致发光将成为第三代电光源——面光源。这种发光器件具有发光面积大，亮度均匀的特点。作为照明器件，面发光器件较少产生阴影区，给人非常舒适的感觉，特别适合那些需要均匀、柔和的照明场合，易于营造温馨气氛。其次，多数有机电致发光材料发出特定颜色的光线，颜色纯度高，颜色可调节范围大，视觉清晰度好，特别适合仪器、仪表、广告照明和需要营造特定气氛的节日照明场合。目前已经在汽车和飞机仪表、手机背光照明等领域获得应用。但是这种照明场合容易造成物体颜色失真，不适合需要普通照明的场合使用。目前已经在研究开发白光照明有机电致发光器件，这个问题可望在近期获得解决。此外，有机电致发光材料属于冷光照明，对环境产生的热效应很小，适合那些对温度敏感的照明场合，如商场特定橱窗和展示柜台的照明。由于其驱动电压低，不产生热效应，相信在医疗场合也有发展前途。

b 在显示装置方面的应用

显示器是信息领域的重要部件，承担着信息显示和人机交互的重要任务，同时还是电视机、手机等消费品的主要组成部分。在显示器领域，目前大量使用的仍然是阴极射线管（CRT）等第一代显示装置，体积大、耗电高、制作工艺复杂等固有缺陷已经严重限制了应用范围的扩大。液晶和等离子体显示装置在相当程度上已经克服了上述缺陷，被称为第二代显示装置，成为替代阴极射线管显示装置的主要替代产品。但是其高昂的制造成本和视角限制以及器件的刚性特征，迫切要求科学家开发出第三代平面显示装置。根据很多科学家预测，有机电致发光器件在开发成为新一代显示器方面很有发展前途，很有可能会成为继阴极射线管、液晶平面显示和等离子体显示之后的新一代显示装置。同液晶显示器相比，有机电致发光显示器具有主动发光，且亮度更高、质量更轻、厚度更薄、响应速度更快、对比度更好、视角更宽、能耗更低的优势，相信在生产技术成熟之后，制造成本将比同类产品更低。解决稳定性问题后，有机电致发光显示器完全具备成为第三代显示器件的潜力。经过十余年的研究开发，目前在有机电致发光显示装置研究方面已经取得了很多应用性成果。如日本的 Pioneer Electronics 公司在 1997 年向市场推出了有机电致发光汽车通信系统。在 1998 年的美国国际平板显示会上展出了无源矩阵驱动的有机电致发光显示屏。美国的 Eastman Kodak 公司与其合作伙伴日本的 Sanyo 公司采用半导体硅薄膜晶体管驱动的有机显示器件，在 2000 年实现了全彩色有机电致发光显示，代表了目前有机电致显示器件的最高水平。目前移动电话的显示屏、数码相机的取景器、笔记本电脑显示器、壁挂式电视机等领域都在研究开发有机电致发光型替代品。更为重要的是，如果能够采用柔性高分子材料代替目前使用的玻璃基体 ITO 电极，将有可能制造出柔性电致发光显示器件，使显示器的质量更轻、更耐冲击、成本更低，甚至可以发展成为电子报纸和杂志。

c 在应用方面需要解决的一些问题

虽然有机电致发光器件在应用研究方面已经获得巨大成功，在多个领域已经有商品出售或者已经有实用化的工艺技术出现，但是从总体上来说，聚合物电致发光材料无论是制备工艺、品质质量方面都还不成熟，还有许多课题需要研究，要使这种新型材料走向实用化需要解决以下几个方面的问题：

（1）提高发光效率。发光效率一般有以下几个衡量标准：一是内量子效率，指输入的电子或空穴数目与能形成光发射的激子数目之比；另一个是外量子效率，指输入的电子或空穴数与发射出器件的光子数目之比，均用百分比表示。此外，更容易测定的衡量方法是输入功率与所发出光功率的比值，用 lm/W 作为单位。在发光效率方面，首次报道的 PPV 单层器件的发光效率仅为 0.01%。1994 年，Braun 等报道，采用 PPV 衍生物的共聚物作为电致发光层，其外量子效率提高到 1.4%。1996 年，采用 PPV 的二烷氧基取代衍生物，其外量子效率达到 2.1%。而以 PPV 为空穴传输层、CNPPV1 为发光层和电子传输层制成的双层器件，外量子效率达到了 2.5%。但是，从满足实际需要角度考虑，发光效率仍较低；还有待于发光机理的深入研究。用另外的光物理单位衡量，1998 年，Spreitzer 等以 PPV 衍生物为发光材料，得到的发光效率为 16lm/W，亮度为 100cd/m^2，器件寿命为 2.5 万小时。而采用聚烷基芴为发光材料制备的绿色发光器件，其发光效率可以达到 22lm/W，亮度达到 1000cd/m^2。

提高发光效率主要解决以下几个问题：首先是要选择光量子效率高的电致发光材料，提高内量子效率。一般来说，具有大共轭体系的化合物量子效率较高。其次是提高生成激子的稳定性，如减小主链共轭型聚合物的共轭长度，可以起到激子束缚作用，防止激子猝灭。此外，加入载流子传输层，使载流子传输平衡，是增强荧光转换率、提高外量子效率的有效方法。同时，利用载流子传输层的激子束缚作用和减薄发光层厚度，压缩载流子复合区域，以提高载流子的复合效率，都可以达到提高发光效率的目的。近年来三线态激子的利用研究取得重要突破，三线态激子的有效利用成为提高内量子效率的重要内容。加入磷光敏化剂可以将三线态激子能量通过磷光过程转化为可见光，大大提高了电致发光器件的量子效率。

（2）提高器件的稳定性和使用寿命。有机电致发光器件的稳定性差是影响其实用性的重要原因。在通常情况下，器件性能变坏主要由于以下几点：首先是电致发光材料的析晶问题，对于有机小分子材料尤其严重。由于电致发光主要发生在非晶态的有机材料中，器件在使用过程中温度升高，会加速析晶过程，结晶区增大，发光区域减小。同时，析晶过程也会破坏薄膜的完整性。因此，选择玻璃化转变温度高的材料，或者将小分子电致发光材料高分子化，这样可以有效克服析晶问题。其次是电致发光材料的化学稳定性，由于载流子复合产生的激子是一种活泼的高能量物质，很容易与材料分子发生化学反应。选择化学惰性好的电致发光材料也是当前的研究课题之一。降低材料中的杂质浓度，改进工艺，提高形成薄膜的均匀性，增大聚合物的相对分子质量，提高材料的玻璃化温度等都可以有效延长有机电致发光器件的使用寿命。目前，某些在实验室内制成的发光器件的使用寿命已经达到 10000h 以上，接近于满足实际使用要求。

（3）发射波长的调整。有机电致发光材料作为全彩色显示器件应用，必须解决的一个问题还包括实现三原色发光。只有能够发出纯正的三原色：绿、红、蓝色，才能制备出色彩还原性好的彩色显示器件。从目前的研究成果看，绿色发光问题解决得比较好，发光材料的量子效率较高，色纯度较好。发红色光的问题较多，主要是发红色光的材料量子效率较低，还有待于进一步改进。调节电致发光材料的波长主要依靠以下两种方法：一是通过分子设计改变分子组成，如改变取代基、调整聚合物的共轭程度等都可以改变高分子电致发光材料的禁带宽度，从而达到调整发光波长的目的。例如 Sokolik 合成了共轭与非共轭的 PPV 衍生物，非共轭部分的引入，使得聚合物的共轭长度变短，发光波长蓝移

160nm。二是通过加入荧光染料（光敏感剂）调整发光颜色。将荧光染料加入发光层后，载流子复合产生的激子在发光层中将能量传递给荧光染料分子，从而得到荧光染料的分子激子，其发光特性则取决于荧光染料的分子结构。加入荧光染料后还可以提高器件的量子效率。

（4）改进材料的可加工性。简化电致发光器件的制作工艺，是人们一直追求的目标，也是大规模工业化的前提。而多数高分子电致发光材料的溶解性能较差，给薄膜型器件的制备带来困难。在主链共轭型电致发光材料中引入长链取代基可以改善这些材料的溶解性能，使采用浸涂和旋涂成膜方法以及计算机控制的喷墨打印法可以应用，扩大了材料的选择范围。聚苯乙炔和聚噻吩型主链共轭型材料都可以通过上述结构改造方法来提高溶解能力。而原位聚合方法则是解决电致发光材料成型加工的另一个解决方案，适合形状复杂、结构精细的电致发光器件的制备，具有很好的发展前途。

4.5 光致变色复合材料

光致变色复合材料是指能在光激发下产生变色作用的复合材料，它是光功能复合材料中比较特殊的一类。光致变色复合材料不是利用光与其他物理场的相互作用特性，而是利用材料在光的作用下发生化学结构变化以致变色的特点。

4.5.1 光致变色原理

光致变色复合材料中最主要的特性就是光敏组分的光致变色特性。所谓光致变色是指一个单一化学物质 A 在受到某种波长光（波长 λ_1、频率 ν_1）的照射时，结构发生变化，形成物质 B。若用另一种波长光（波长 λ_2、频率 ν_2）照射或在热（kT）的作用下，物质 B 又可以可逆地形成物质 A。A 和 B 具有完全不同的吸收，这种由光诱导的颜色变化称为光致变色现象，简单用下式表示：

$$A \underset{h\nu_2 \text{ 或 } \Delta}{\overset{h\nu_1}{\rightleftharpoons}} B$$

一般从 A 变为 B 的辐射频率为紫外区波长，而从 B 变为 A 大多为可见光区波长。光致变色组分经紫外光照射时，在短于毫微秒的瞬间会发生结构上的变异，从而引起颜色的变化而记录信息。还可以通过受到另一波长的光或热的作用而恢复到原来的结构和颜色，从而实现重复使用。整个记录过程包括光照、激活反应、发色和消色反应等。

光致变色材料根据组成可分为：无机光致变色材料、有机光致变色材料和复合光致变色材料。

4.5.2 无机光致变色材料

无机光致变色材料包括：光致变色玻璃、多金属氧酸盐、过渡金属氧化物、金属卤化物等。

4.5.2.1 光致变色玻璃

用玻璃作基体的光致变色复合材料称为光色玻璃，俗称变色玻璃。此种玻璃在紫外光或可见光中的蓝紫光辐照下，能够在可见光区域产生光吸收而着色，去除辐射后又回复原始状态。目前的光色玻璃大致有还原性碱金属硅酸盐玻璃、含卤化银玻璃和以 CdO 为主的玻璃三种类型，其特点各异。

（1）还原性碱金属硅酸盐玻璃。碱金属元素中 Li、Na、K 的硅酸盐玻璃在强还原气氛下熔化，再经紫外线照射，便产生作为着色中心的结构缺陷。如果在玻璃中加入微量的经光照射容易释放出电子的离子（如 Eu^{2+} 及 Ce^{3+}），就成为对日光响应灵敏的光色玻璃。例如硅酸盐玻璃与0.1%（质量分数）Ce_2O_3 和1%（质量分数）MnO_2 复合，并在还原气氛下进行处理，即形成具有光致变色的复合材料。其机理是：在紫外光的激发下，首先产生 Ce^{2+}，然后 Ce^{2+} 激活 Mn^{2+}，Mn^{2+} 成为色心而使玻璃变为暗色，一旦激发光不存在则产生可逆作用而褪色。

（2）含卤化银玻璃。卤化银微小晶体与玻璃复合形成的材料也有光致变色作用。例如，将质量分数为0.2%～0.7%的卤化银 AgX（AgCl、AgBr、AgI 或者它们的混合物）加到硼硅玻璃中熔化，待玻璃化后，在适当条件下进行热处理，析出直径为4.0nm 的 AgX 微晶。当光照射到这种玻璃时，产生下式所示的光化学反应：

$$AgX \underset{h\nu_2\ \&\ kT}{\overset{h\nu_1}{\rightleftharpoons}} Ag^\circ + X^\circ \quad (X^\circ = Cl^\circ,\ Br^\circ,\ I^\circ)$$

Ag° 或其原子团即成为着色中心，感生吸收范围包括整个可见光区域，该类玻璃的变色范围为灰至褐色。原理上它与照相底片的银盐系感光材料相同，但在玻璃中，X° 被关在基体中而不至于向系统外扩散，所以当光照射停止时就产生逆反应而回到原始状态，加热或用长光照射可以加快其恢复过程。该类感光玻璃的感光波长范围可以从300nm（只添加 AgCl）到600nm（添加 AgCl + AgI）。因此，较宽的光响应性和着色——复明永久可逆性是含卤化银光色玻璃的特性，已大量用于制造变色眼镜，并应用于可逆数字存储、全息照相存储器等领域。

（3）以 CdO 为主要成分的玻璃。含有15%～50%（摩尔分数）CdO 的硅酸盐或锗酸盐玻璃经紫外光照射后可在大部分可见光区域内发生感生吸收。它恢复原状的时间极长，室温下呈半永久性着色。但经加热或用长波长的光照射可以回到原始透明状态。以 CdO 为主成分的光色玻璃与前两种类型有着明显的差异，即该类玻璃在发生光致变色的同时亦可发生光电导、荧光及热发光等现象。其中，伴随热褪色产生的热发光现象正被试用于彩色照相底片上成像。

4.5.2.2 多金属氧酸盐

研究发现，激发多钼酸烷基铵盐的 O→Mo LMCT 带引起质子从烷基铵向共边的 MoO_6 八面体晶格中处于光还原点的桥氧转移。同时，O→Mo LMCT 在氧原子处留下的空穴与氮原子上的孤对电子相互作用形成了电荷转移化合物，如下所示：

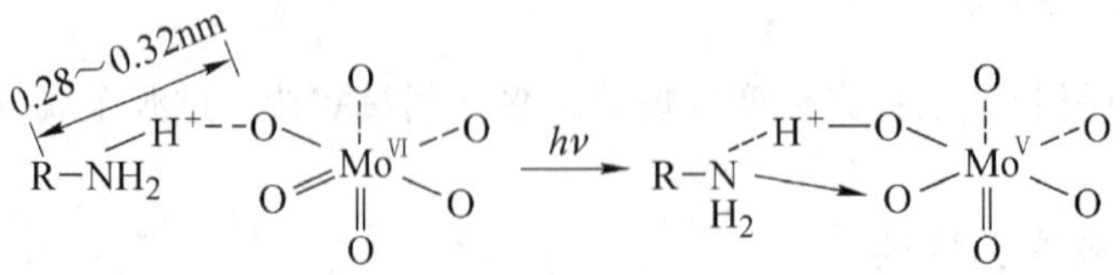

$$R{-}NH_2{-}H^+{\cdots}O{-}Mo^{VI}(=O)_2(O)_3 \quad (0.28\sim0.32nm) \xrightarrow{h\nu} R{-}NH_2{\cdots}H^+{-}O{-}Mo^{V}(=O)(O)_3$$

在氧气存在时，褪色过程是上述过程的逆反应，即一个电子从 Mo^V 原子转移到氧气分子。一些多钼酸在紫外光下的颜色改变见表4-17。

表4-17 多钼酸在紫外光下的颜色变化

结构	颜色变化	结构	颜色变化
$[NH_3C_6H_5]_4[Mo_8O_{26}]\cdot 2H_2O$	白→棕	$[NH_4]_3[Mo_8O_{26}(HCO_2)_2]\cdot 2H_2O$	白→红棕
$[NHMe_2C_6H_5]_4[Mo_8O_{26}]\cdot 2H_2O$	白→棕	$Na_4[Mo_8O_{24}(OMe)_4]\cdot 8H_2O$	白→蓝
$[NHC_5H_4(3\text{-}Me)]_4[Mo_8O_{26}]$	白→棕	$[Hpy]_4[Mo_8O_{26}(py)_2]\cdot 8Me_2SO$	白→棕

4.5.2.3 过渡金属氧化物

过渡金属氧化物作为光致变色材料，人们研究比较多的是MoO_3、WO_3、TiO_2、V_2O_5、Nb_2O_5和混合氧化物体系。它们的光致变色性质很大程度上取决于制备薄膜的方法以及薄膜的表面拓扑结构。以MoO_3为例，当MoO_3接受光照后，会产生电子空穴分离。MoO_3表面吸附的水分与空穴反应生成氢离子。氢离子在电场作用下扩散到MoO_3的晶格中，MoO_3与其反应生成$H_xMo_x^{V}Mo_{1-x}^{VI}O_3$，新生成的$Mo^{5+}$与$Mo^{6+}$价带间的电荷转移使$MoO_3$变为蓝色。变色机理如下：

$$MoO_3 + h\nu \longrightarrow MoO_3 + e^- + h^+$$

$$2h^+ + H_2O \longrightarrow 2H^+ + O$$

$$MoO_3 + xH^+ + xe^- \longrightarrow H_xMo_x^{V}Mo_{1-x}^{VI}O_3$$

$$Mo_A^{VI} + Mo_B^{V} \xrightarrow{h\nu} Mo_A^{V} + Mo_B^{VI}$$

4.5.2.4 金属卤化物

金属卤化物具有一定的光致变色性，如碘化钙和碘化汞混合晶体、氯化铜、氯化汞、氯化银等。当照射掺La、Ce、Gd、Tb的氟化钙时，会发生稀土杂质的光谱特征吸收，其变色机理是金属离子变价。

4.5.3 光致变色有机材料

光致变色有机材料可分为光化学过程变色和光物理过程变色两类。光化学变色过程可分为互变异构、顺反异构、开环闭环反应、生成离子、解离成自由基或者氧化还原反应等。光物理过程变色通常是有机物质吸收光波而激发生成分子激发态，主要是形成激发三线态，而某些处于激发三线态的物质允许进行三线态-三线态的跃迁，此时伴随着一特征的吸收光谱变化而导致光致变色。

根据消色过程可将光致变色有机高分子材料分为T类型和P类型。T类型的化合物A吸收一定波长的光后发生光致变色，产生有色体B；而B的热反应活化能较低，在一定温度下可恢复到A，成为无色体。P类型与T类型的不同之处在于消色过程仍是光化学过程，而不是热过程，两种类型如下所示：

$$A \underset{\text{热}}{\overset{h\nu}{\rightleftharpoons}} B \quad \text{T类型}$$

$$A \underset{h\nu'}{\overset{h\nu}{\rightleftharpoons}} B \quad \text{P类型}$$

光致变色有机材料的制备途径可分为两类：一种是把光致变色材料与聚合物共混，使共混后的聚合物具有光致变色功能；另一种是通过共聚或者接枝反应以共价键将光致变色结构单元连接在聚合物的主链或者侧链上，成为真正意义上的光致变色功能聚合物。

有机高分子光致变色材料可以分为四大类：（1）键合型光致变色高分子材料；（2）物理掺杂型光致变色高分子材料；（3）有机－无机复合光致变色材料；（4）光致变色液晶高分子材料。

（1）键合型光致发光高分子材料。键合型光致发光高分子材料包括：含甲胺结构型、含硫卡巴腙结构型、偶氮苯型、聚联吡啶型、含茚二酮结构型、含噻嗪结构型和含螺结构型等。

在高分子主链上含有羟基苯甲亚胺基团的含甲胺结构型高分子材料在光照射下甲亚胺基邻位羟基上的氢原子内迁移，使得原来的顺式烯醇转化为反式酮，从而导致吸收光谱的变化。变色机理如下式所示：

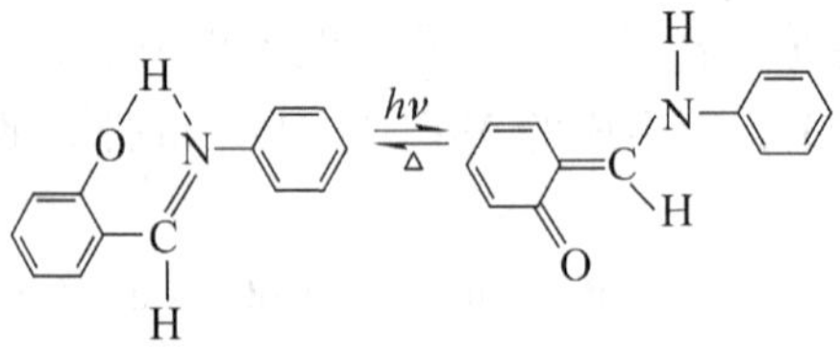

含硫卡巴腙的结构型光致变色高分子材料是由对苯基汞二硫腙配合物与苯乙烯、甲基丙烯酸甲酯、丙烯酸丁酯和丙烯酸酰胺等共聚得到的。共聚物膜经日光照射由橘红色变为暗棕色或紫色。

偶氮苯型高分子光致变色材料是由偶氮苯的顺反异构引起的，在光的作用下，偶氮苯从反式转变为顺式，顺式是不稳定的，在暗条件下，恢复到稳定的反式。聚联吡啶型高聚物在光照下通过氧化还原反应而变色。噻嗪是含硫、氮原子的杂环化合物，其变色机理被认为是由于在光照作用下发生氧化还原反应，其氧化态是有色的，还原态是无色的。含螺结构型高分子材料在紫外光的作用下发生结构转变，使共轭体系延长，吸收光谱向长波方向移动，从而变为有色。

（2）物理掺杂型光致发光高分子材料。物理掺杂法是把光致变色化合物通过共混掺杂到作为基材的高分子材料中。例如用光致变色螺噁嗪和螺吡喃染料对聚合物进行掺杂，可以用来制备进行实时手书记录的材料。将苯氧基丁基醌类光致变色化合物加入聚苯乙烯、聚甲基丙烯酸甲酯或聚硅氧烷中，可以得到光致变色高分子材料。

（3）有机－无机复合光致变色材料。有机－无机光致变色材料集中了有机和无机光致变色材料的众多优点，应用功能大为增强。目前研究较多的是复合光致变色薄膜，多采用溶胶－凝胶法制备。例如，在硅酸乙酯中加入可溶性的 $AgNO_3$、CuCl、CuBr 等制成了粒径在 70～110nm 的卤化银微晶，此微晶在常温下表现出良好的光致变色特性。目前，智能窗特别是光电色智能窗具备了光致变色与电致变色的双重优点：既可随照射光的变化产生颜色变化，又能用电流控制其颜色变化；而且，两种变化互不干扰，既可单独发生光致变色或电致变色，又可同时发生光电同时作用变色。由于电致变色响应较快，光致变色响应较慢，因而两者可以互补。

采用有机光致变色材料制备有机－无机复合光致变色材料研究最多的是螺吡喃类，因为它在介质中对周围环境的反应非常灵敏且变色速度较快。

（4）光致变色液晶高分子材料。光致变色液晶高分子材料在信息储存方面具有独特性质。根据制备方法可分为掺杂型和化学键合型。掺杂型光致变色液晶高分子材料可以通过将光致变色有机分子与液晶小分子同时掺入普通高分子材料内获得，也可以通过将光致变色有机分子掺入液晶高分子内获得。BMAz 与液晶高分子 PAPBn 及 PACBn 形成的掺杂型光致变色液晶高分子材料所记录信息的热稳定性好，而且可以实现信息的非破坏性读出，其结构式如下：

$R-C_6H_4-C_6H_4-CN$ (R0571)

$R=C_5H_{11}, C_7H_{15}, C_8H_{17}, C_5H_{11}-C_6H_4-$

$n-C_4H_9-C_6H_4-N=N-C_6H_4-OCH_3$ (BMAz)

$-(CH_2-CH)_n-$, $C=O$, $O-(CH_2)_x-O-C_6H_4-COO-C_6H_4-OCH_3$ (PAPBn)

$-(CH_2-C(CH_3))_n-$, $C=O$, $O-(CH_2)_n-O-C_6H_4-C_6H_4-CN$ (PACBn)

按主链结构，键合型光致变色冶金高分子材料主要分为聚丙烯酸酯型、聚酯型和聚硅氧烷型。聚丙烯酸酯型研究得最多，主要通过含丙烯酸型双键的染料单体和介晶单体的均聚或共聚制得。聚酯型则是将染料基团和介晶基团通过缩聚的方式引入到高分子的主链或侧链，或同时在主链和侧链上。聚硅氧烷型主要通过金属配合物催化含氢聚硅氧烷与乙烯基取代的介晶单体和光致变色染料单体的加成反应而制得。

光致变色有机高分子材料的引用研究尚处于初始阶段，但前景诱人，例如，可作为窗玻璃或窗帘的涂层，从而调节室内光线；可作为护目镜从而防止阳光、激光以及电焊闪光等的伤害；在军事上，可作为伪装隐蔽色或密写信息材料；还可以作为高密度信息储存的可逆储存介质等。光致变色高分子材料适于制造光致变色器件，因此在图像显示、光信息储存元件、可变化密度的滤光、摄影模板、光控开关等方面有应用价值。

4.6 电致变色复合材料

颜色是区分识别物质的重要属性之一，是物质内部微观结构对光的一种反应。变色性质是指物质在外界环境的影响下，其吸收光谱或者反射光谱发生改变的一种现象，其本质是构成物质的分子结构在外界条件作用下发生了改变，因而其对光的选择性吸收或者反射特性发生改变所致。变色现象广泛存在于自然界，在植物和动物界都有发现。目前人们研究的变色材料，根据施加变色条件的不同，可以分成电致变色材料、光致变色材料、热致变色材料、化学变色材料等，分别指施加电学、光学、热学、化学等参数后颜色发生改变的物质。其中材料的电致变色性质（electrochromism）是本节要讨论的内容。

通常所指的电致变色现象是指材料的吸收光谱在外加电场或电流作用下产生可逆变化的一种现象。电致变色实质是一种电化学氧化还原反应，材料的化学结构在电场作用下发生改变，在可见区域其最大吸收波长或者吸收系数发生了较大变化，在外观上表现出颜色的可逆变化。通常在电场作用下可见光区颜色发生显著变化的材料为电致变色材料。从应用角度考虑，人们最关注的是颜色可以发生双向改变的可逆电致变色材料。从材料的结构上划分，电致变色材料可以分成无机电致变色材料和有机电致变色材料。目前发现的无机电致变色材料主要是一些过渡金属的氧化物和水合物。有机电致变色材料又可以分成有机小分子变色材料和高分子变色材料，其主要区别是相对分子质量的大小。根据电致变色材料氧化态变化与光谱吸收之间的关系，电致变色还可分为阴极变色（还原变色）和阳极变色（氧化变色），分别指其变色态为还原态和氧化态。目前人们已经发现许多功能聚合物具有电致变色性质。聚合物型电致变色材料已经成为功能高分子材料的重要组成部分。

4.6.1 无机电致变色材料

无机电致变色材料主要指某些过渡金属的氧化物、配合物、水合物以及杂多酸等。常见的过渡金属氧化物电致变色材料中属于阴极变色的主要是VI_B族金属氧化物，有氧化钨、氧化钼等；属于阳极变色的主要是Ⅷ族金属氧化物，如铂、铱、锇、钯、钌、镍、铑等元素的氧化物或者水合氧化物，其中钨和钒氧化物的使用比较普遍。氧化铱的响应速度快，稳定性好，但是价格昂贵。关于金属氧化物的电致变色机理，目前尚没有一致的看法。对于研究最充分的WO_3，人们提出了以下几种模型：Deb 模型提出了无定形WO_3具有类似金属卤化物的离子晶体结构，能形成正电性氧空位缺陷，阴极注入的电子被氧空位捕获而形成 F 色心，被捕获的电子不稳定，易吸收可见光光子而被激发到导带，使WO_3膜显色；其次是 Faughnan 模型，又称双重注入/抽出模型、价内迁移模型，可表达为施加电场时，电子 e 和阳离子M^+同时注入WO_3膜原子晶格间的缺陷位置，形成钨青铜（M_xWO_3）而显蓝色。当施加反向电场时，电致变色层中的电子 e 和阳离子M^+同时离开，蓝色消失。其蓝色来自两种不同晶格位置上的钨的电子跃迁。与此类似的还有 Schirmer 提出的小极化子模型。无机电致变色材料的离子电导和电子电导对于电致变色也起重要作用。这类材料的稳定性好，与常规无机非金属材料的结合性能优异，目前是制备电致变色玻璃的主要材料之一。

4.6.2 有机小分子电致变色材料

根据电化学理论，某些小分子在电极电势作用下发生氧化还原反应，如果反应后其吸收光谱和摩尔吸收系数发生较大变化，则这种物质就可以作为电致变色材料。可以发生电致变色的有机物质非常广泛，从目前的研究成果和实用角度考虑，有机小分子电致变色材料主要包括有机阳离子盐类和带有有机配位体的金属配合物。前者最有代表性的是紫罗精（viologens）类化合物，其化学结构为1,1′-双取代-4,4′-联吡啶双盐。当被电化学还原时，可以形成单氧化态的阳离子自由基和中性的全还原态醌型结构（见图4－33a）。

紫罗精类衍生物属于阴极变色材料，当对其施加负电压时，可令其发生还原反应改变其氧化态而显色。其中全氧化态为稳定态，多数呈现淡黄色；单氧化态为变色态，其最大吸收波长在可见光区，吸收特定波长的可见光后呈现强烈的补色；得到两个电子的全还原态摩尔吸收系数不大，颜色不明显。其显示的颜色与连接的取代基种类有一定关系，主要是取代基的电子效应在起作用。当取代基为烷基时，单还原产物呈现蓝紫色，芳香取代基衍生物通常呈现绿色。颜色的深浅取决于材料的摩尔吸收系数值，摩尔吸收系数的大小与

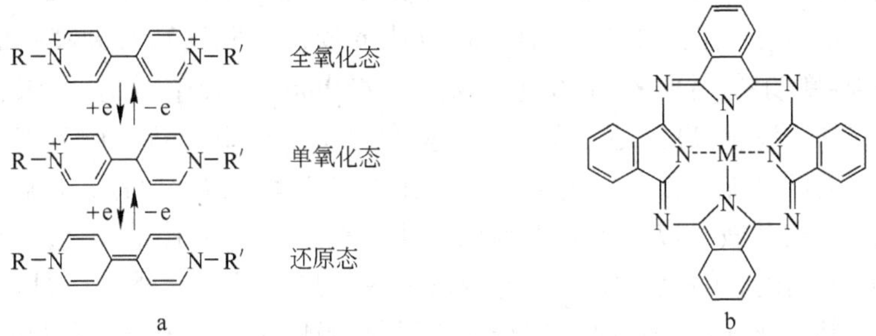

R—N⁺(吡啶)—(吡啶)N⁺—R′ 全氧化态
+e↓↑−e
单氧化态
+e↓↑−e
还原态

a

b

图4-33 紫罗精（a）和金属化酞菁（b）的分子结构

分子的结构类型有关。单氧化态的紫罗精自由基阳离子的摩尔吸收系数非常高，在较低浓度下就可以产生强烈的颜色变化。紫罗精具有非常好的氧化还原可逆性，在反复氧化还原过程中能够保持结构的稳定性。大部分的紫罗精单阳离子自由基通过自旋成对而形成反磁性的二聚体。二聚体与单体的吸收光谱也不同。如甲基紫罗精阳离子自由基的单体在水溶液中是蓝色的，而二聚体是红色的。

带有大 π 电子结构的有机金属配位物多数都表现出一定的颜色，而且具有氧化还原活性，其颜色与中心离子的氧化态相关。在电化学反应中改变其氧化还原状态后颜色发生较大变化，就可以作为电致变色材料使用。这种电致变色物质的种类繁多，其变色性源于电子吸收光能后，从低能量的金属到配体的电荷转移跃迁、价态间的电荷转移跃迁、配体间激发态跃迁。金属配合物型电致变色材料中具有代表性的是酞菁（phthalo-yanines）配合物。酞菁是带高度离域 π 电子体系的四氮杂四苯衍生物，具有 18 个电子高度共轭的平面大环刚性分子结构，分子能级结构能够满足对光谱变化和吸收系数的要求。酞菁可以和铁、铜、钴、镍、钙、钠、镁、锌等许多过渡金属和金属元素生成螯合型金属配位配合物，被称为金属化酞菁（见图4-33b）。金属离子可位于酞菁中心，也可位于两个酞菁环中间呈三明治状。多种金属的酞菁配合物在可见光区都有很强的吸收，是重要的工业染料，通常摩尔吸光系数大于 10^5，表现出良好的电致变色特性。

4.6.3 高分子电致变色材料

高分子电致变色材料是目前人们研究的重点。根据这类高分子材料的结构类型划分主要有四种类型：主链共轭型导电高分子材料、侧链带有电致变色结构的高分子材料、高分子化的金属配合物和小分子电致变色材料与聚合物的共混物和接枝物。

（1）主链共轭型导电聚合物电致变色材料。主链共轭型导电聚合物在发生电化学掺杂时其颜色会发生变化，而这种掺杂过程完全是可逆的。因此所有的电子导电聚合物都是潜在的电致变色材料，特别是其中的聚吡咯、聚噻吩、聚苯胺和它们的衍生物在可见光区都有较强的吸收带。主链共轭型聚合物可以用电化学聚合的方法直接在透明电极表面成膜，制备工艺简单、可靠，有利于电致变色器件的生产制备。主链共轭型聚合物既可以氧化掺杂，也可以还原掺杂。在作为电致变色材料使用时，两种掺杂方法都可以使用，但是以氧化掺杂比较常见。聚吡咯在还原态呈现黄绿色，最大吸收波长在 420nm 左右；当进行电化学掺杂氧化后，其吸收光谱显示最大吸收波长在 660nm 处，呈现蓝紫色。聚噻吩在还原态的最大吸收波长在470nm左右呈红色；被电极氧化后，最大吸收波长为730nm左右变成蓝色。电致变色性能比较显著，响应速度较快。取代基对聚噻吩的颜色影响较大，如聚3-甲基-噻吩在还原态显红色（λ_{max} = 480nm），在氧化态呈深蓝色（λ_{max} = 750nm）。而3,4-二甲基噻吩在还原态时显淡蓝色（λ_{max} = 620nm）。调节噻吩环上的取代基还可以改善其溶解性能。聚苯胺的最大优势在于它的多电致变色性，也就是说在改变电极电位的过程中，聚苯胺可以呈现多种颜色变化。相对于饱和甘汞参比电极（SCE），在0.2～1.0V电压范围内，颜色变化依次为淡黄—绿—蓝—深紫（黑）；常用的稳定变色是在蓝—绿之间。其氧化还原变色机理还涉及质子化/脱质子化或电子转移过程。在苯环上，或者在氨基氮原子上面引入取代基是调节聚苯胺电致变色性能和使用性能的主要方法。视取代基的不同，可以分别起到提高材料的溶解性能、调整吸收波长、增强化学稳定性等作用，如聚邻苯二胺（淡黄—蓝）、聚苯胺（淡黄—绿）、聚间氨基苯磺酸（淡黄—红）。属于主链共轭型的电致发光材料还有聚硫茚和聚甲基吲哚等。在这类材料中由于苯环参与到共轭体系中，显示出独特性质。苯环的存在允许醌型结构和苯型结构共振，在氧化时因近红外吸收而经历有色到无色的变化。这种颜色变化与其他导电聚合物相反。

（2）侧链带有电致变色结构的高分子材料。这种电致变色材料是通过接枝或共聚反应等高分子化手段，将小分子电致变色化学结构组合到聚合物的侧链上。通过这种高分子化处理后，原来小分子的电致变色性一般能基本保留。这种类型的电致变色材料集小分子变色材料的高效率和高分子材料的稳定性于一体，因此具有很好的发展前途。将电致变色小分子引入高分子骨架有多种方法可以利用，其中比较常用的包括聚合反应和接枝反应两种。前者是在电致变色小分子中通过化学反应引入可聚合基团，如乙烯基、苯乙烯基、吡咯烷基、噻吩基等，制成带有电致变色结构的可聚合单体，再用均聚或共聚的方法形成骨架各不相同，而侧链带有电致变色结构的高分子。其中最常用的是带有紫罗精侧链的可聚合单体。利用高分子接枝反应也可以将电致变色结构结合到高分子侧链上。如聚甲基丙烯酸乙基联吡啶则是典型代表。

（3）高分子化的金属配合物电致变色材料。将具有电致变色作用的金属配合物通过高分子化方法连接到聚合物主链上可以得到具有高分子特征的金属配合物电致变色材料。其电致变色特征主要取决于金属配合物，而力学性能则取决于高分子骨架。高分子化过程主要通过在有机配体中引入可聚合基团，采用先聚合后配合或者先配合后聚合的方式制备。其中采用后者时，聚合反应容易受到配合物中中心离子的影响；而采用前者，高分子骨架对配合反应的动力学过程会有干扰，均是必须考虑的不利因素。目前该类材料中使用比较多的是高分子酞菁。当酞菁上含有氨基和羟基时，可以利用其化学活性，采用电化学聚合方法得到高分子化的电致变色材料。如4,4′,4″,4‴-四氨酞菁钴、四（2-羟基-苯氧基）酞菁钴等通过氧化电化学聚合都得到了理想的高分子产物。当金属配合物电致变色材料带有端基双键时还可以用还原聚合法实现高分子化。

（4）共混型高分子电致变色材料。将各种电致变色材料与高分子材料共混进行高分子化改性也是制备高分子电致变色材料的方法之一。其混合方法包括小分子电致发光材料与常规高分子混合，高分子电致发光材料与常规高分子混合，高分子电致发光材料与其他电致发光材料混合，以及与其他功能助剂混合四种。经过这种混合处理之后，材料的电致变色性质、使用稳定性和加工性能均可以得到一定程度的改善。特别是可以通过这种方法使原来不易制成器件使用的小分子型电致变色材料获得广泛应用。将无机电致变色材料与电致变色导电聚合物结合，可以集中两者的优点。如将吡咯单体在含三氧化钨的悬浮液中进行电化学聚合，将获得同时含有三氧化钨和聚吡咯的新型电致变色材料，其中三氧化钨与聚吡咯共同承担电致变色任务，在适当比例下膜的颜色变化遵从蓝—苍黄—黑的变化规律。三氧化钨与聚苯胺（蓝—苍黄—绿）复合物具有同样性质。

4.6.4 电致变色器件的结构和制备工艺

从前面的讨论可以知道，作为电致变色材料使用有如下几个关键问题必须考虑：首先是如何使材料在电场力作用下发生电化学反应，产生相应结构变化；通常的电化学过程可以通过电极施加电压，并通过外电路控制其施加的电压大小完成。其次是发生的颜色变化能够被外界感知，这样就要求电极必须是透明的，或者至少是半透明的。再次是要保证在发生电化学反应中必然产生的电子和离子在材料中和材料间的传输；在电化学过程中通常采用电解质作为电极与材料之间的离子导电介质。上述三个条件都必然要求电致变色器件有合理的结构，因此电致变色器件的结构设计具有非常重要的意义。此外，作为电致变色材料的实际应用，有利用其对可见光透射性能变化的，如可以选择性控制可见光透射的智能窗等；也有利用其对可见光的选择性反射性能的，如汽车用防眩光后视镜等。应用场合不同，对器件结构的要求也不同。

从应用的角度考虑，目前研究中的有机电致变色器件的基本结构与电致发光器件的结构类似，都是层状结构，由透明导电层、电致变色层、电解质层和对电极层等构成，其结构如图 4 - 34 所示。根据实际需要和材料具备的各种性能不同，实际电致变色器件的具体结构和层数会有所变化。如果能找到具备多功能的材料，并采取合适的制备工艺，就可将结构简化为四层或三层。

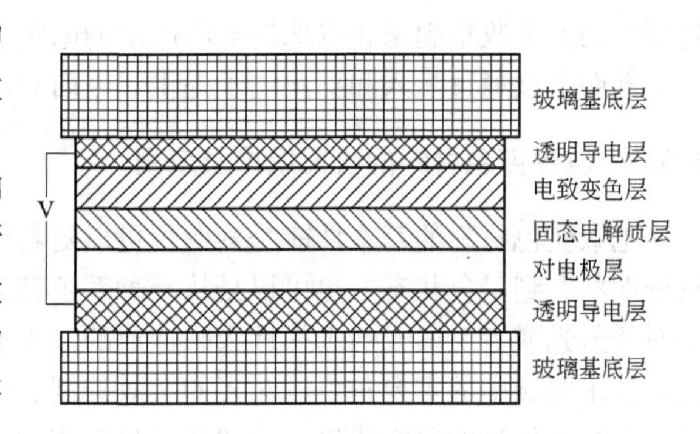

图 4 - 34 有机电致变色器件结构

对于电致变色器件的制作工艺，由于大规模的工业化生产工艺还没有见报道，仅从实验室角度看主要是成膜工艺。镀膜的方法有湿法和干法。湿法成膜主要包括浸涂法、旋涂法、化学沉积法、电化学沉积法等。干法成膜主要有真空蒸镀法和溅射法。

（1）透明导电层的性能和制备工艺。透明导电层担负着对电致变色材料施加电压，并将其发生的颜色变化传递到外面的任务。首先要求其必须是能够完成电荷注入的导体，外界电源通过它们为电致变色器件施加变色所需的电压，因此其电阻越小越好，这样可以降低在电极两端的电压降。其次是必须在可见光区透明，能够允许来自于光源的光透过并进入电致变色层，同时能够将电致变色层的变色现象传递到外面，被人们感知。常见的透明导电层仍然是以玻璃为基底材料的 ITO 电极。这种 ITO 电极的透明层导电层一般由氧化铟和氧化锡合金构成。这种 ITO 膜可以利用真空蒸镀、电子束或者离子束溅射等方法在玻璃基底上制作而成。

（2）电致变色层的性质和制备工艺。电致变色层是装置的主体部分，所有电化学氧化还原反应和颜色变化都发生在该层中。在有机电致发光器件中电致变色层由高分子或者小分子电致变色材料组成。电致变色层一般采用旋涂、浸涂、蒸镀或者原位聚合等方法在透明导电层上形成膜。对于那些溶解性能好的材料可以采用浸涂或旋涂法；对于那些热稳定性好、有一定挥发性的材料可以采用真空蒸镀法；对于那些带有可聚合基团的分子可以采用电化学或光化学原位聚合方式形成电致变色层。根据需要，膜的厚度约几微米到几十纳米。膜的厚度对器件的电致变色性能有重要影响，如电致变色的响应时间与膜的厚度成反比，颜色变化的深度与膜的厚度成正比。

（3）固态电解质层的性能和制备工艺。电解质是电化学装置中的重要组成部分，承担着离子传输、导电和传质的作用。在电致变色装置中，电解质层可以采用液体电解质或者固体电解质。液体电解质的离子导电能力好，具有传质能力；但是液体的流动性限制了在有机电致变色装置中的应用。固体电解质，特别是高分子电解质，虽然离子导电能力稍差，但是良好的成膜性能和力学性能使其已经成为有机电致变色装置中的主体。在有机电致变色装置中，电解质层的主要作用是在电致变色过程中向电致变色层注入离子，以满足电中性的要求和实现导电通路。固态电解质层采用胶体化和高分子电解质比较普遍。其中传输的离子一般有 H^+、Li^+、OH^- 及 F^-。对电极层也称为离子存储层，主要作为载流子的发射/收集体。当器件施加电场发生电致变色时，电解质层向变色层注入离子，而对电极则向电解质层供应离子；在施加反向电场时，电解质层从发光层中抽出离子，对电极则将多余的离子收集起来，以保持电解质层的电中性。对电极的电中性由处在相邻位置的另一个透明电极通过注入和抽出电子提供。因而对电极也是电子和离子的混合导体。

4.6.5 电致变色材料的研究成果及应用

电致变色材料的基本性能是其颜色可以随着施加电压的不同而改变，其变化既可以是从透明状态到呈色状态，也可以是从一种颜色转变成另一种颜色。而表现出的颜色实质上是对透射光或者反射光的选择性吸收造成的。光作为一种能量、信息的载体，已经成为当代高技术领域中的重要角色，对光的有效控制、调整技术也已经是人们关注的重要研究课题。归纳近年来的研究成果，电致变色材料作为一种实用性材料具有如下特点：

（1）颜色变化的可逆性。即材料在电极电势驱动下在两种呈色状态之间可以反复多次发生变化，其结构不会在变色过程中被破坏。颜色变化的可逆性实质上是氧化还原反应的可逆性。可逆性好意味着使用的寿命长，这是电致变色材料在多个领域获得实际应用的基础。

（2）颜色变化的方便性和灵敏性。即通过改变施加的电压的大小或极性，可以方便、迅速地控制颜色的变化。控制方便可以大大简化控制电路，降低成本，扩大应用领域。颜色变化迅速则能够保证在信息领域应用的高效性。

（3）色深度的可控性。即当注入的电荷量 ΔQ 较小时，光密度与注入电荷量 ΔQ 的关系是线性的，较大时才呈现出饱和。因为电化学氧化还原反应与消耗的电荷具有计量关系，输入的电量多，发生变色效应的分子就越多，自然颜色发生变化的深度就越高。因此，具备这种性质的材料可通过控制注入电荷量来实现光密度连续调控，扩大控制范围。

（4）颜色记忆性。即变色后切断电路，颜色可被保持。这一点与电致发光性质不同，后者在电压取消后，发光也即刻消失。这是因为发生氧化还原的分子，在呈色态具有相对稳定性，在一定条件下其呈色态可以长久保持。这一性质对于显示静止画面（如广告画面）而言，可以降低消耗。在作为信息记忆材料使用时可以提高存储信息的可靠性。

（5）驱动电压低。因为电致变色是发生电化学氧化还原反应，需要的驱动电压一般很小，多在1V左右，比电致发光器件所需电压要低很多。加上前述特点，使其具有电源简单、耗电省的性质。

（6）多色性。部分电致变色材料具有多色性，即在施加不同电压时可以呈现不同颜色。利用这一性质，可以利用电压调色，扩大使用范围。

（7）环境适应性强。由于电致变色本身是通过选择性吸收入射光线而呈现颜色的，因此特别适合在强光线环境下使用，如室外广告和大屏幕显示器等。这样可以避免发光型器件的某些弊病。

目前很多研究开发成功的高分子电致变色材料已经基本具备上述性质。电致变色材料的特点及优势促使各种电致变色器件的研制和开发迅速发展。近年来研制开发的主要有信息显示器件、电致变色智能调光窗、无眩反光镜、电色储存器等。此外，在变色镜、高分辨率光电摄像器材、光电化学能转换和储存器、电子束金属版印刷技术等高新技术产品中也获得应用。

（1）信息显示器。电致变色材料最早凭借其电控颜色改变而用于新型信息显示器件的制作，如机械指示仪表盘、记分牌、广告牌、车站等公共场所大屏幕显示等。与其他类型器件，如液晶显示器件相比，具有无视盲角、对比度高、易实现灰度控制、驱动电压低、色彩丰富的特点。与阴极射线管型器件相比，具有电耗低、不受光线照射影响的特点。矩阵化工艺的开发，直接采用大规模集成电路驱动，很容易实现超大平面显示。

（2）智能窗（smart window）。智能窗也被称为灵巧窗，是指可以通过主动（电致变色）或被动（热致变色）作用来控制窗体颜色，达到对热辐射（特别是阳光辐射）光谱的某段光谱区产生反射或吸收，有效控制通过窗户的光线频谱和能量流的目的，实现对室内光线和温度的调节。其用于建筑物及交通工具，不但能节省能源，而且可使室内光线柔和，环境舒适，具有经济价值与生态意义。采用电致变色材料可以制作主动型智能窗。

（3）电色信息存储器。由于电致变色材料具有开路记忆功能，因此可用于储存信息。而且，利用多电色性材料，以及不同颜色的组合（如将三原色材料以不同比例组合），甚至可以用来记录彩色连续的信息，其功能类似于彩色照片。而可以擦除和改写的性质又是照相底片类信息记忆材料所不具备的。

（4）无眩反光镜。在电致变色器件中设置一反射层，通过电致变色层的光选择性吸收特性，调节反射光线，可以做成无眩反光镜。用于制作汽车的后视镜，可避免强光刺激，从而增加交通的安全性，如利用紫罗精衍生物制作的商业化的后视镜。后视镜的结构为：一块涂在玻璃上的ITO导电层和反射金属层作为电池的两极，中间加入电致变色材料。其中紫罗精阳离子作为阴极着色物质，噻嗪或苯二胺作为阳极着色物质。当施加电压使其发生电致变色时，可以有效减少后视镜中光线的反射。

当然，目前高分子电致变色材料还有许多问题需要解决，如化学稳定性问题、颜色变化响应速度问题、使用寿命问题等。无论如何，随着研究的深入，可以预期，电致变色材料特别是高分子电致变色材料的应用前景是非常广阔的。

参考文献

[1] 益小苏，杜善义，张立同. 复合材料工程［M］. 北京：化学工业出版社，2006.
[2] 张希艳，卢利平，等. 稀土发光材料［M］. 北京：国防工业出版社，2005.
[3] 孙家跃，杜海燕. 固体发光材料［M］. 北京：化学工业出版社，2003.
[4] 张中太，张俊英. 无机光致发光材料及其应用［M］. 北京：化学工业出版社，2005.
[5] 贾德昌，等. 电子材料［M］. 哈尔滨：哈尔滨工业大学出版社，2000.
[6] 郑子樵，封孝信，方鹏飞. 新材料概论［M］. 长沙：中南大学出版社，2009.
[7] 马如璋，蒋民华，徐祖雄. 功能材料概论［M］. 北京：冶金工业出版社，1999.
[8] 干福熹. 信息材料［M］. 天津：天津大学出版社，2000.
[9] 尹洪峰，魏剑. 复合材料［M］. 北京：冶金工业出版社，2010.
[10] 张佐光. 功能复合材料［M］. 北京：化学工业出版社，2006.
[11] Chiang H P, Leung P T, Tse W S. Optical propertis of composite materials at high temperatures［J］. Solid State Communications, 1997, 101 (1): 45.
[12] 吴人洁. 复合材料［M］. 天津：天津大学出版社，2000.
[13] 赵文元，王亦军. 功能高分子材料［M］. 北京：化学工业出版社，2008.
[14] 陈卢松，黄争鸣. PMMA 透光复合材料研究进展［J］. 塑料，2007, 36 (4): 90 ~ 95.
[15] Sheela Sampath, Girish S, Ramachandra. Effects of glass fibers on light transmittance and color of fiber-reinforced composite［J］. Dental materials, 2008, 24: 34 ~ 38.
[16] Lai S M , Chen W C, Zhu X S. Melt mixed compatibilized polypropylene/clay nanocomposites: Part 1-the effect of compatibilizers on optical transmittance and mechanical properties［J］. Composites: Part A 2009, 40: 754 ~ 765.
[17] Iba H, Chang T, Kagawa Y. Optically transparent continuous glass fibre reinforced epoxy matrix composite: fabrication, optical and mechanical properties［J］. Composites Science and Technology, 2002, 62: 2043 ~ 2052.
[18] Yu Yang-Yen, Chien Wen-Chen, Tsai Tsung-Wei. High transparent soluble polyimide/silica hybrid optical thin films［J］. Polymer Testing, 2010, 29: 33 ~ 40.
[19] Sasmita Nayak, Sarama Bhattacharjee, Bimal P Singh. Preparation of transparent and conducting carbon nanotube/N-hydroxymethyl acrylamide composite thin films by in situ polymerization［J］. Carbon, 2012, 50: 4269 ~ 4276.
[20] Li Yan, Fu Shao-Yun, Li Yuan-Qing, et al. Improvements in transmittance, mechanical properties and thermal stability of silica-polyimide composite films by a novel sol-gel route［J］. Composites Science and Technology, 2007, 67: 2408 ~ 2416.
[21] 刘玉庆. 塑料光纤的制备方法［J］. 玻璃纤维，1999, 3: 25 ~ 26.
[22] 王国栋. 石英系光纤概述［J］. 压电与声光，1985, 4: 17 ~ 28.
[23] Jesper Lasgaard, Anders Bjarklev. Microstructured optical fibers-fundamentals and applications［J］. J. Am. Ceram. Soc., 2006, 89 (1): 2 ~ 12.
[24] 李瑞，李宝洲，乔欣. 无机光导纤维与有机光导纤维的性能与应用［J］. 非织造布，2010, 18 (4): 27 ~ 30.
[25] Kevind, Weaver, James Stoffer. Interfacial bonding and optical transmission for transparent fiber glass/methymethacryiate composites［J］. Polymer Composites, 1995, 16 (2): 161 ~ 169.
[26] Guangming Tao, Ayman F Abouraddy. Multimaterial fibers［J］. International Journal of Applied Glass Science, 2012, 3 (4): 349 ~ 368.

[27] 顾陈斌，王东军，刘世雄，等．含氟高分子材料在塑料光纤中的应用［J］．化学进展，2002，14（5）：398～400.

[28] Takeyuki Kobayashi, Shiro Nakatsuka, Takami Iwafuji, et al. Fabrication and super fluorescence of rare-earth chelate-doped graded index polymer optical fibers [J]. Appl, Phys. Lett., 1997, 71 (17): 2421.

[29] 徐叙瑢，苏勉曾．发光学与发光材料［M］．北京：化学工业出版社，2004.

[30] He Tao, Yao Jiannian. Photochromism in composite and hybrid materials based on transition-metal oxides and polyoxometalates [J]. Progress in Materials Science 2006, 51: 810～879.

[31] 沈庆月，陆春华，许仲梓．光致变色材料的研究与应用［J］．材料导报，2005，19(10)：31～35.

[32] 贾屹夫，张复实．无机光致变色材料的研究进展［J］．信息记录材料，2011，12（6）：34～39.

[33] 杨松杰，田禾．有机光致变色材料最新研究进展［J］．化工学报，2003，54（3）：497～507.

[34] 钱国栋，王民权．若干无机/有机复合光功能材料及相关器件研究进展［J］．硅酸盐学报，2001，29（6）：596～601.

[35] 许少辉，周雅伟，赵晓鹏．无机粉末电致发光材料研究进展［J］．材料导报，2007，21：162～166.

[36] 亓树建，史科慧，刘乾才．有机电致发光材料的新进展［J］．化工新型材料，2007，35（4）：13～16.

[37] 陈润锋，郑超，范曲立，等．高分子电致发光材料结构设计方法概述［J］．化学进展，2010，22（4）：696～705.

[38] Prakash R Somani, S Radhakrishnan. Electrochromic materials and devices: present and future [J]. Materials Chemistry and Physics, 2002, 77: 117～133.

[39] Claes G Granqvist. Oxide electrochromics: An introduction to devices and materials [J]. Solar Energy Materials & Solar Cells, 2012, 99: 1～13.

[40] 王四青，仓辉，杨文忠，等．电致发光稀土高分子的研究进展［J］．化工新型材料，2010，38（1）：26～28.

5 热功能复合材料

热功能复合材料主要包括烧蚀防热复合材料、热管理复合材料和阻燃复合材料三类。

5.1 烧蚀防热复合材料

烧蚀防热复合材料（亦称耐烧蚀复合材料或防热复合材料），其功能是在热流作用下能发生分解、熔化、蒸发、升华、辐射等多种物理和化学变化，借助材料的质量消耗带走大量热量，以达到阻止热流传入结构内部的目的，用以防止工程结构在特殊气动热环境中遭到烧毁破坏，并保持必需的气动外形，是航天飞行器、导弹等必不可少的关键材料。

5.1.1 烧蚀防热复合材料的分类和性能要求

烧蚀防热复合材料可按烧蚀防热机制和基体类型进行分类。

5.1.1.1 分类与其特点

烧蚀防热复合材料按烧蚀机理分为升华型、熔化型和碳化型三类。例如，碳－碳复合材料、聚四氟乙烯、石墨等属于升华型烧蚀材料。其中的碳－碳复合材料是用沉积碳或浸渍碳为基体，用碳纤维或织物为增强材料，制成的复合材料。碳在高温下升华，吸收了大量的热量，而且碳还是一种辐射系数较高的材料，因而碳－碳复合材料有着很好的抗烧蚀性能。石英和玻璃类材料属于熔化型烧蚀材料，它的主要成分是二氧化硅，例如高硅氧玻璃中含二氧化硅96%～99%。二氧化硅在高温下有很高的黏度，熔化后的 SiO_2 液态膜能够抗击高速气流冲刷，并能在吸收气动热后熔化和蒸发。碳化型烧蚀材料包括纤维增强树脂复合材料，这种材料主要利用树脂基体在高温烧蚀过程中，吸收大量的热量；碳化型烧蚀材料在这三种材料中应用得最多。碳化型烧蚀材料的显著特点是在相对较低的温度下热解，而在随温度升高至250～300℃下发挥作用，即开始出现热解和相变，然后在材料表面形成一层较厚的以碳为主要成分的碳层。这个碳层可以经受住很高的温度，起到良好的耐烧蚀的作用，与此同时，它又有辐射散发热量的效果，能充当高温隔热层保护其内部的材料。

按所用基体的不同，可将烧蚀防热复合材料分为树脂基、碳基和陶瓷基三类。树脂基防热复合材料具有密度低，成型加工容易等优点，烧蚀式防热技术的兴起首先有赖于树脂基防热复合材料的开发。C/C 防热复合材料的耐烧蚀性能最好，并具有优异的高温力学性能与耐热冲击性。C/C 复合材料是用于2000℃以上防热结构的唯一备选材料，可耐受高达10000℃的驻点温度。陶瓷基复合材料具有良好的高温力学性能、抗氧化性、耐磨性及隔热性，其工作温度可高达1650℃，但其脆性大，可靠性较差。

树脂基防热复合材料按密度大小又可分为低密度防热复合材料和高密度防热复合材料。

低密度防热复合材料是由轻质填料（如中空玻璃珠、陶瓷珠等）、短切纤维与酚醛树脂、环氧树脂或有机硅树脂等复合而成的防热材料，其密度可根据要求在0.2～0.7g/cm^{3}之间变化。

低密度防热材料既利用了树脂基体的耐热性能，又通过加入填料显著提高了材料的隔热性能，适用于低焓、低热流和再入时间长的航天器，如轨道式再入的返回式飞船和卫星的热防护蒙皮。“双子星座”密封舱防热材料和“阿波罗”指挥舱防热系统都采用了低密度树脂基防热复合材料。

高密度防热复合材料一般指密度大于1.0g/cm^{3}的防热复合材料，如纤维增强各种基体的防热复合材料。常用的高密度树脂基防热复合材料有玻璃纤维/酚醛树脂复合材料、高硅氧纤维/酚醛树脂复合材料、碳纤维/酚醛树脂复合材料及碳纤维/聚酰亚胺树脂复合材料。

5.1.1.2 烧蚀防热材料的性能要求

材料的烧蚀防热是借助消耗质量带走热量以达到热防护的目的，希望材料能以最小的质量消耗来抵挡最多的气动热量，因此衡量耐烧蚀材料性能优劣的一个重要参数是有效烧蚀热，即单位质量的烧蚀材料完全烧掉所带走的热量。烧蚀防热材料一般应具备以下基本特性：

（1）比热容大，以便在烧蚀过程中可吸收大量的热量；

（2）热导率小，具有一定的隔热作用，这样能使形成高热的部分仅局限在表面，热难以传导到内部结构；

（3）密度小，从而最大限度地减少制造材料的总质量，以适应航天领域的设计要求；

（4）烧蚀速率低，质量烧蚀率低。

作为导弹鼻锥、航天飞机头锥与机翼前沿、火箭发动机喷管喉衬等用烧蚀防热材料，除应具备良好的耐烧蚀防热性能外，还应具有良好的力学性能和热物理性能，使其在高温气动环境下仍能保持结构的承载能力和气动外形。

下面将以高硅氧玻璃纤维/酚醛树脂复合材料为例讨论热物性参数对烧蚀性能的影响。图5－1给出比热容对高硅氧玻璃纤维/酚醛树脂复合材料烧蚀性能的影响。当高硅氧/酚醛复合材料的c_p在0.8～1.2J/(g·K)的范围内变化时，材料吸热能力增强，在其他外界条件相同的情况下，则只需要损失较少的材料便能平衡气动加热热流，因此烧蚀材料的

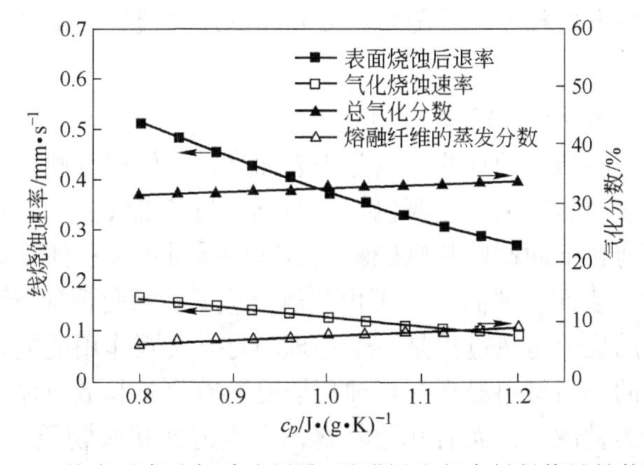

图5－1 比热容对高硅氧玻璃纤维/酚醛树脂复合材料烧蚀性能的影响

表面烧蚀后退率和气化烧蚀速率都减小。随着 c_p 的增加，烧蚀材料吸收同样的热量产生的温升降低，因此壁面温度降低。因为气化烧蚀速率减小，即从材料内部逸出后进入到边界层的气体的质量流率减少，热阻塞的热量也相应减少，而热阻塞的热量的减少使边界层内的热量增加，进而使液态层中达到蒸发状态的高硅氧纤维的数目增多，即熔融高硅氧纤维的蒸发分数增大，则总气化分数也增大。

图 5－2 给出了热导率对高硅氧玻璃纤维/酚醛树脂复合材料烧蚀性能的影响。可见，随着热导率 α 的增大，表面烧蚀后退率和气化烧蚀速率呈明显增加趋势，这是由于热导率增加，外界热环境对材料壁面的气动加热更多地传导进入材料内部，使材料本身承受的热量增加，材料的烧蚀进行程度加深，因此表面烧蚀后退率增大，且质量损失增加也会导致气化烧蚀速率增大。随着热导率的增加，热阻塞效应因子下降，这主要是因为气化烧蚀速率增大，进入边界层的气化质量流率增加，因此阻塞掉的热量增加，即热阻塞效应因子下降及边界层内热量的减少使熔融的高硅氧纤维更难达到蒸发状态，因此随着热导率的增加，熔融高硅氧纤维的蒸发分数反而减小，同样材料的总气化分数随 α 的增加也减小。

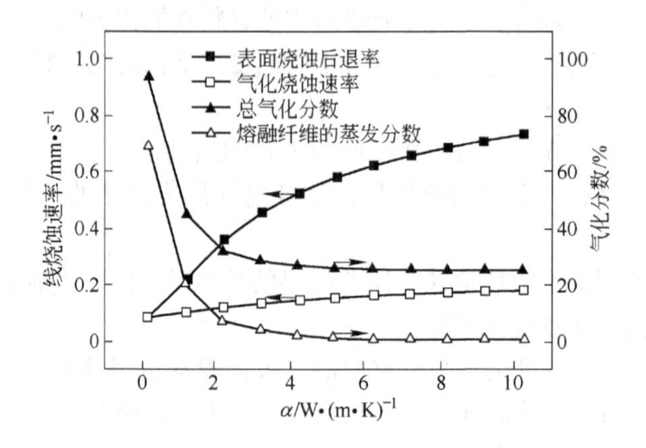

图 5－2　热导率对高硅氧玻璃纤维/酚醛树脂复合材料烧蚀性能的影响

5.1.2　树脂基烧蚀防热复合材料

树脂基烧蚀防热复合材料主要是利用高相变热、低热导率的有机和无机组分，在吸收气动加入的大量热流后发生相变，并随着相变物质的质量流失热量被带走，从而起到保护内部结构的作用。

5.1.2.1　烧蚀过程与防热机理

耐烧蚀防热复合材料结构的烧蚀可以分为表面烧蚀和体积烧蚀。表面烧蚀又称为线烧蚀，是指发生在结构表面的烧蚀。主要包括表面材料与环境气流的热化学反应、材料的熔化、蒸发、升华、高速粒子冲刷以及机械剥蚀引起的质量损失；体积烧蚀是指结构内部材料在较低温度（相对于表面烧蚀而言）下由热解反应或热氧化反应导致的质量损失。

树脂基复合材料的烧蚀防热过程是一个物理与化学交互作用的复杂过程，要清楚地描述这一过程是很困难的。当材料暴露在烧蚀环境时，首先是起散热体的作用。随着热势加剧，树脂基体外层变为黏性体，而后开始降解，产生泡沫状炭物质，最终形成多孔焦炭。焦炭是一种结构相对较脆的材料，在高速气流的冲刷作用下一部分焦炭被吹走，从而带走大量热量；同时，其余焦炭能与增强纤维形成整体而不分离，使材料在烧蚀条件下不致完全破坏。焦炭本身是一种绝热体，而且从内部的树脂基体分解产生的挥发物可渗透到焦炭中，能使其进一步冷却。这是由于挥发物被加热到极高温度进而分解出更低相对分子质量的裂解物，这种裂解物的耗散可带走大量的热能，从而阻碍了热量向材料内部的传入。

烧蚀过程中表现出来的各种物理和化学现象，取决于材料本身的特性以及外界的气动热环境。在稳定的条件下，烧蚀过程也相应地确定，这便是通常所说的稳态烧蚀。稳态烧蚀是指相对不变的热环境中材料的烧蚀出现一个动态平衡的烧蚀现象，使空间上各点的物性、热力学参数不随时间而改变，进入材料的气动加热热流值稳定，因而液态层、炭化层和热分解层的厚度一定，其厚度值取决于复合材料中树脂的热分解温度、炭化温度及纤维的熔融温度；同时各个界面层也以同样的速度向深处推进，形成稳定的烧蚀率，而在烧蚀开始阶段则有一个短暂的非稳态过程。图5－3为玻璃纤维/酚醛树脂复合材料稳态烧蚀示意图。

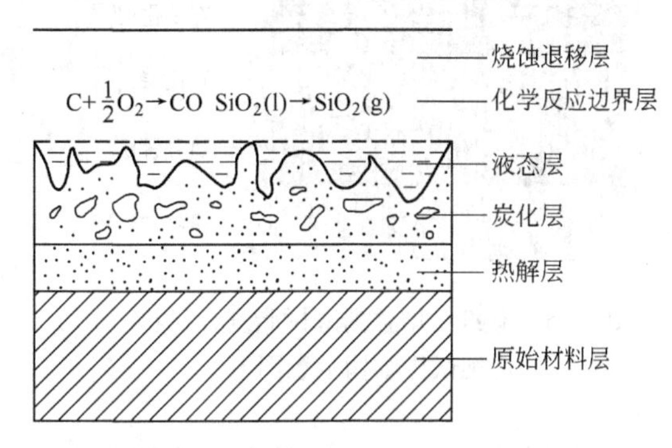

图5－3 玻璃纤维/酚醛树脂复合材料稳态烧蚀示意图

以碳纤维/酚醛树脂复合材料为例，烧蚀过程大致可描述如下：

（1）复合材料本身的热容吸收。气动加热初期（表面未达到烧蚀之前），防热材料依靠自身的热容吸收热能而升温。由于碳纤维不熔化，可升到较高的温度。碳纤维/酚醛树脂复合材料的热导率较大，因而向内传递的热能较多，这就导致烧蚀过程中炭化层加厚。但是玻璃（高硅氧）纤维/酚醛树脂复合材料与之不同，其热导率低，只有少部分热流向内传递，会使表面温度迅速升高。

（2）树脂基体的热分解吸热。当材料的温度上升到树脂基体的分解温度时，树脂开始分解并吸收大量热能（约为360kJ/mol）；同时热解产生大量气体向外逸出并带走热量，热解气体的主要成分是氢气（约54%（mol））、苯酚（约2.5%（mol）），以及甲酚、甲醛、一氧化碳、甲烷和水等。图5－4给出了酚醛树脂以及玻璃纤维、石墨纤维和芳纶纤维的热重分析曲线，可见在达到100℃左右时，酚醛树脂发生分解，出现失重，在180～600℃范围失重明显，而三种纤维始终很小。随温度进一步升高，热解过程基本完成，热解层变成多孔的焦炭炭化层。与玻璃（高硅氧）纤维/酚醛树脂复合材料不同的是，碳纤维/酚醛树脂复合材料在高温下可生成较厚的坚硬炭化层，炭化层的总质量可达原防热层材料质量的85%。由于表面温度高，炭化层具有石墨化的倾向，这就使碳纤维/酚醛树脂复合材料在一定程度上兼有石墨或碳/碳材料的烧蚀

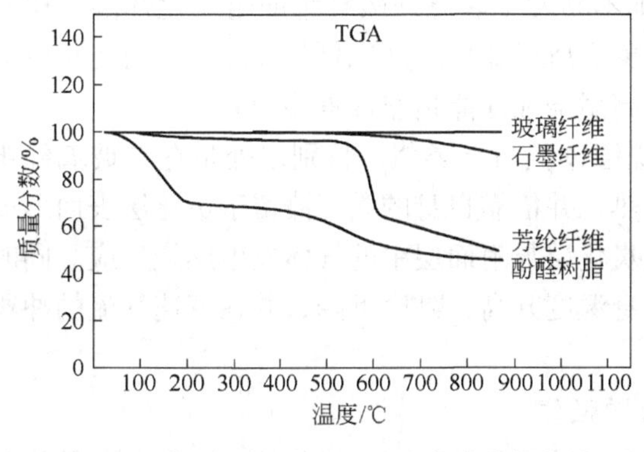

图5－4 复合材料不同组分的热重分析曲线

性能。这时如果从防热材料的厚度方向来看，由表向里可分为四层：1）最外层，直接承受气动热，温度约为1600～2500℃，生成稳定的炭化层，具有石墨化倾向，气孔率高；2）次外层，也为稳定的炭化层，温度为1000～1600℃，完全热解炭化但不出现石墨化倾向；3）热解层，包括部分不稳定炭化层，温度为650～1000℃；4）材料本体层，基本未发生化学变化，如图5－5所示。图5－6则给出碳纤维/树脂复合材料烧蚀实验后的碳化层形貌。可见多孔结构使材料具有较好的隔热性能。

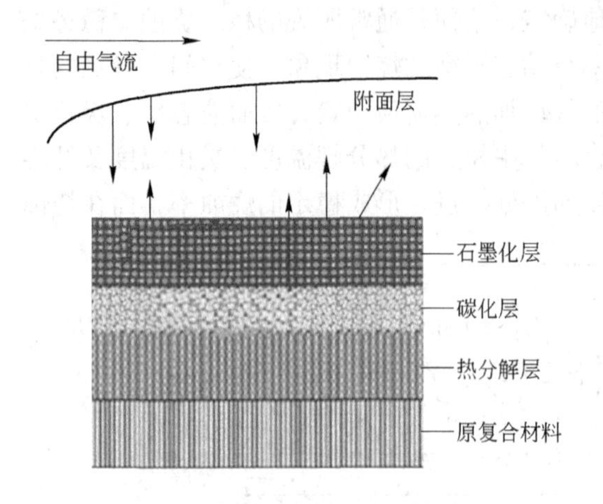

图5－5 碳纤维增强酚醛树脂复合材料烧蚀试样结构示意图

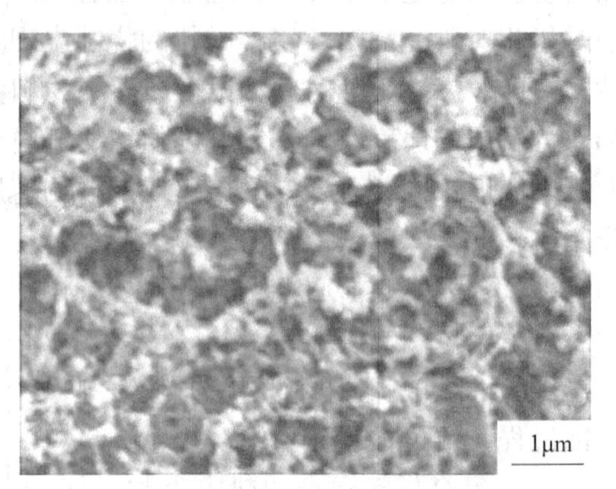

图5－6 碳纤维/树脂复合材料烧蚀实验后的表面形貌

（3）炭化层表面的化学反应、升华和热辐射。表面层在附面层中氧的作用下发生化学反应并放出热量（与碳/碳复合材料近似）。由于表面温度很高，大量热量以热辐射的形式放出，同时部分碳分子发生升华吸热。

（4）“热阻”效应和剥蚀现象。随着烧蚀过程的进行，炭化层、热解层和热影响层的层间界面逐渐向材料深部推进，界面处不断产生的热解气体产物穿过炭化层把大量的热量带入附面层，同时阻止附面层的热量向内传递，还能阻止附面层中的氧气与炭化层接触而发生燃烧反应，即所谓“热阻”效应。但这种热解气体也会导致炭化层破碎而随气流流失，即“机械剥蚀”。所以热解气体在防热中具有双重性，过多的气体产物会导致发生严重的机械剥蚀。对于弹头锥面的防热层材料还须注意炭布层取向与气流的关系，当布层与气流成90°时易发生机械剥蚀，而在30°时则不易发生。此外碳纤维的耐氧化性能、树脂的热解产物及成炭性能，都会影响到剥蚀现象。所以如何选择原材料和工艺，对防止或减轻机械剥蚀，保持防热层的结构完整性，提高耐烧蚀性能是非常重要的。

高硅氧玻璃纤维/酚醛树脂复合材料的烧蚀过程与上类似，特别之处是存在玻璃纤维的熔化吸热过程。玻璃纤维在高温下熔化吸热，并依靠自身的黏度滞留于炭化层表面形成液态玻璃层，起到保护炭化层的作用，阻止炭化层与附面层中的气体发生燃烧反应。同时液态玻璃层继续吸收附面层的气动热，使自身温度升高，黏度下降，并在高速气流的冲刷下流失而带走大量热量。

5.1.2.2 烧蚀防热树脂基复合材料的增强体

烧蚀防热树脂基复合材料主要由增强体和基体两部分组成。增强体起着调节各种物理力学性能、提高抗烧蚀能力的作用，多采用与基体树脂亲和性好、耐热性高的纤维。目前用作树脂基烧蚀防热复合材料的主要有玻璃纤维、高硅氧纤维、石英纤维、碳纤维（石墨纤维）及其编织物，也少量应用石棉纤维、碳化硅纤维、氧化铝纤维及有机纤维等。

纤维增强体对抗烧蚀特性的影响很大。玻璃纤维在200～250℃下强度无明显变化，当达到熔融温度以后，其熔态玻璃的黏度小，流动速度快。高硅氧纤维是指SiO_2含量在95%以上的玻璃纤维。SiO_2含量越高，纤维熔点也就越高，一般玻璃纤维的SiO_2含量仅为65%左右，因此高硅氧纤维的热性能优于玻璃纤维，在980℃下无明显物理变化，在1600℃以下不熔化和蒸发。当温度高于1650℃时高硅氧纤维即熔化，生成高黏度液体，流动速度小，易滞留于材料表面，且液层的比热容和热辐射也高，可发生较强的气化作用，从而提高了有效烧蚀热。高硅氧纤维/酚醛树脂复合材料的表面温度可达2200～3000℃，辐射热可达2.8～9.1MW/m^2，但高硅氧纤维的力学性能低于玻璃纤维。

碳纤维（石墨纤维）的高温强度高，且由于其在高温下焓值提高及升华吸热，其有效烧蚀热也高于其他材料。碳纤维按其先驱丝不同，可分为黏胶基、聚丙烯腈（PAN）基和沥青基碳纤维三种。黏胶基碳纤维的密度低、热导率低（1.26W/(m·K)）、纯度高（碱金属杂质含量低于50mg/kg）、工艺性能好、价格低，是较理想的防热材料用纤维，但其力学性能较差，轴向抗拉强度仅为1000MPa。聚丙烯腈基碳纤维具有优良的力学性能，抗拉强度可达3000MPa以上，比黏胶基碳纤维高3倍多，用作发动机喷管喉衬时其抗冲刷性能好于黏胶基碳纤维，但一般的聚丙烯腈基碳纤维的含碳量低于黏胶基碳纤维，热导率较高，与树脂的结合力也稍差，用作弹头防热层时其综合性能尚不足。沥青基碳纤维的抗拉强度较PAN基碳纤维稍低，但可制得高模量的纤维。

有机纤维在表面温度为1800～2500℃的中、低热环境下的烧蚀速度与玻璃纤维相当，但在高热环境下（7000℃）其烧蚀速度约为玻璃纤维的1/2，这主要是因为有机纤维比热容大，气体生成率高，在7000℃的高温下，烧蚀过程的气塞效应显著，而使烧蚀速度减小。

表5－1给出了三种纤维增强酚醛树脂复合材料的热物理性能。

表5－1　纤维增强酚醛树脂复合材料的热物理性能

材　料	比热容/J·(kg·K)$^{-1}$			热扩散系数
	25℃	200℃	300℃	
酚醛树脂	1712	2390	2495	7.6
芳纶/酚醛树脂	1115	1142	1120	18.6
E－玻璃纤维/酚醛树脂	986	970	1110	8.1
石墨纤维/酚醛树脂	970	990	600	27.0

5.1.2.3　烧蚀材料用树脂基体

树脂基烧蚀复合材料所采用的基体主要为酚醛树脂。这是由于酚醛树脂的成碳率较高，且酚醛树脂在热解时可生成一种具有环形结构、烧蚀性能优异的中间产物，完全炭化后的炭化层较致密、稳定，所以这种最早问世的合成树脂不仅是最早用于火箭喷管的烧蚀材料，而且迄今仍在烧蚀材料领域发挥着重要的作用。

酚醛树脂几乎可与上节所述的各种纤维复合构成不同的烧蚀复合材料。如常用的有：玻璃纤维/酚醛树脂复合材料、高硅氧纤维/酚醛树脂复合材料和碳纤维/酚醛树脂复合材料，其中碳纤维/酚醛树脂复合材料的烧蚀性能最好，高硅氧纤维/酚醛树脂复合材料次之。表5－2对比了几种酚醛树脂基烧蚀复合材料的烧蚀机理及应用特点。

表5－2 几种酚醛烧蚀复合材料的性能对比

组　分	烧蚀机理	应　用　特　点
玻璃纤维/酚醛树脂复合材料	炭化－熔化型	高强度、低热导率、高抗热震性；适于用在要求中等焓值和热流的部位，常用于中、近程导弹弹头防热和中等推力的固体火箭发动机喷管
高硅氧纤维/酚醛树脂复合材料	炭化－熔化型	热性能优于玻璃纤维/酚醛树脂；适于用作焓值和热流要求更高部位的防热材料
碳纤维/酚醛树脂复合材料	炭化－升华型	在高温下不熔化、强度高、有效烧蚀热大，可在再入过程中保持较完整的气动外形，兼具防热和结构的双重作用；适用于能发挥升华效应的较高焓值和热流的工作环境，可用于远程导弹弹头烧蚀较缓和的头锥裙部和高性能固体火箭发动机喷管

烧蚀材料的树脂基体一般要求具有高相对分子质量、高芳基化、高交联密度、高C/O比，以使材料烧蚀后成碳率高。材料的烧蚀率与成碳率成反比关系，树脂的成碳率越高，其耐烧蚀性能越好。材料的成碳率高低由树脂的化学结构决定。目前烧蚀材料的研究方向是：成碳率高、比热容大、热导率小、密度小、碳化层强度高、热分解温度高的材料。酚醛树脂有广泛的改性余地，且价格低廉，工艺性能良好，因此酚醛树脂的改性就成了耐烧蚀材料基体树脂的研究热点。目前酚醛树脂的改性方法可分为三大类：无机元素改性、结构改性和共混改性。

无机元素改性酚醛树脂包括：硼酚醛树脂、钼酚醛树脂、磷酚醛树脂。

硼酚醛树脂是一类由甲醛、苯酚和硼酸合成的具有较好耐热及耐烧蚀性的热固性改性酚醛树脂。由于无机硼元素以B—O—C酯键的形式存在，而B—O键能（774.04kJ/mol）远大于C—C键能（334.72kJ/mol），此外体系中的游离酚羟基减少了，这使硼酚醛树脂的热分解温度提高100～140℃。同时B—O—C酯键以三向交联结构存在，高温烧蚀时本体黏度大，且生成了坚硬高熔点的碳化硼，因此瞬时耐高温炭化层的耐冲蚀、烧蚀速率比普通酚醛树脂好。

钼酚醛树脂是在普通酚醛树脂中引入钼改性的热塑性酚醛树脂。它是通过化学反应使金属元素钼以化学键O—Mo—O的形式连接苯环，分子结构式为：

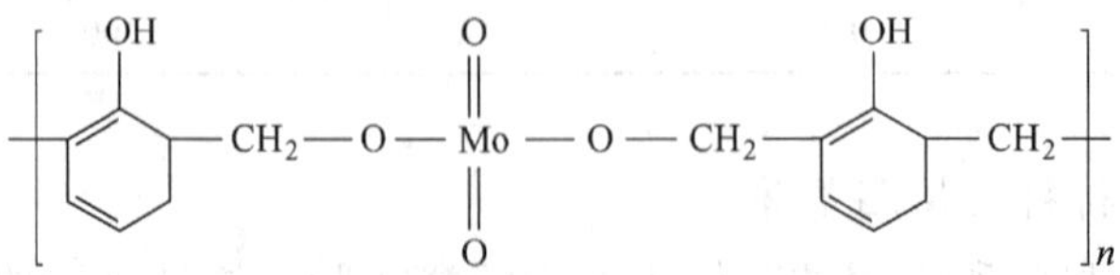

$$\left[-C_6H_3(OH)-CH_2-O-\overset{\overset{\displaystyle O}{\|}}{\underset{\underset{\displaystyle O}{\|}}{Mo}}-O-CH_2-C_6H_3(OH)-CH_2- \right]_n$$

由于其键能比C—C键能大得多，因此钼酚醛树脂的耐热性和耐烧蚀性高于普通酚醛树脂。其合成方法是使钼酸、苯酚在催化剂作用下反应，先生成钼酸苯酯，然后钼酸苯酯再与甲醛进行加成反应及缩聚反应生成钼酚醛。钼酚醛树脂烧蚀产生气体分解产物和具有稠环结构的炭。其复合材料不仅具有高的烧蚀性能及耐燃气流冲刷性能，而且力学强度高、工艺性良好，还具有消烟消焰等功能。

磷酚醛树脂是用含磷的酚基化合物与甲醛或糠醛在氢氧化钠或盐酸催化剂的作用下反应生成分子链上有磷原子的热固性酚醛树脂。磷酚醛树脂的最大优点是具有优异的阻燃性能、耐热性和突出的抗火焰性，可用作火箭发动机的喷管材料。常用于改性酚醛树脂的磷化物有磷酸、磷酸锆、氯化磷腈等。

酚醛树脂的结构改性包括：有机钙改性酚醛树脂、开环聚合改性树脂、酚三嗪树脂和马来亚酰改性树脂。

有机硅聚合物较一般高聚物对热和氧都稳定，在高温下表现出优良的物理稳定性。使用有机硅单体或可溶性的有机硅树脂与酚醛树脂中的酚羟基或羟甲基进行接枝或共缩聚反应可改善酚醛树脂的耐热性，另外还具有热失重率小、韧性高等特点。有机硅改性酚醛树脂主要有两种方法。一种是将酚醛树脂与含有烷氧基的有基硅化合物进行反应，形成Si—O键的立体网络结构，且固化后形成互穿的聚合物网络（IPN）结构或半IPN结构；另一种是采用烯丙基化的酚醛树脂与有机硅化合物反应。常用于改性酚醛树脂的有机硅单体有$CH_3Si(OR)_3$、$CH_3Si(OR)_2$、$C_2H_5Si(OR)_3$、$(C_2H_5)_2Si(OR)_2$等。采用不同的有机硅单体或混合单体可得到不同性能的改性酚醛树脂。

开环聚合酚醛树脂是由酚类、胺类和甲醛合成的含有N、O原子的六元杂环化合物，通过开环聚合反应固化，形成类似酚醛树脂的交联网络结构的新型热固性酚醛树脂。开环聚合酚醛树脂克服了传统酚醛树脂的缺点，且原材料易得、成本低，其固化产物具有优异的耐热性、耐腐蚀性、绝缘性和力学性能；通过开环反应聚合，不放出小分子，具有良好的综合工艺性能，特别适合于制备低孔隙率、高性能低成本的纤维增强复合材料。

酚三嗪树脂是通过氰基的环三聚合形成三嗪网状结构来实现交联固化的。PT树脂的研制显著提高了酚醛树脂的耐热、耐烧蚀性能，且固化过程中无挥发性小分子产生，收缩率低。碳纤维酚三嗪树脂复合材料的耐热性优异，热老化性能好。酚三嗪树脂的弯曲和剪切强度为热固性树脂之首，制成的产品尺寸稳定性好、耐化学腐蚀，有良好的发展前景。

在酚醛树脂的分子结构中引入马来酰亚胺环，提高了环状基团在固化后树脂中的比例，可大幅度提高树脂的耐热性。采用对羟基苯基马来酸酰缩亚胺（HPMI）系聚合物作为酚醛树脂的改性剂，可以同时提高酚醛树脂的韧性和耐热性，改性效果明显。

共混改性酚醛树脂的方法包括：纳米碳粉、纳米碳管和蒙脱石共混改性酚醛树脂。

5.1.2.4 烧蚀防热树脂基复合材料的成型方法

低密度树脂基防热复合材料有四种制备方法：(1) 蜂窝结构泡沫材料填充法；(2) 涂料喷射法；(3) 表面涂敷法；(4) 模压法。由于采用蜂窝结构可改善烧蚀后炭化层的性能，因此以第一种应用最广。可采用手工或喷枪式灌注机向蜂窝芯内填充低密度防热材料。使用灌注机能更有效地控制蜂窝内填充材料的质量，从而保证热防护系统的可靠性。

高密度树脂基烧蚀防热复合材料的成型可采用层压成型、模压成型、缠绕成型、手糊成型与树脂传递模塑（RTM）等工艺。根据烧蚀防热复合材料构件的使用要求与结构形状选择合适的成型工艺。烧蚀防热树脂基复合材料的成型方法可参考上一章光功能树脂基复合材料的成型工艺。

5.1.3　碳/碳防热复合材料

5.1.3.1　特点及烧蚀机理

碳/碳复合材料（C/C），即碳纤维增强碳基体复合材料，是一种特别具有性能可设计性和抗热震性的新型高性能复合材料，它具有优良的抗烧蚀性能、高比强度、高比模量、极好的高温力学性能和良好的尺寸稳定性等一系列突出的特性，特别适合在要求减重且物理、化学、力学性能稳定性和可靠性极高的高温及超高温环境中使用。目前，世界各国均把 C/C 复合材料用作先进飞行器高温区的主要热结构复合材料，并不断扩大其应用领域。C/C 复合材料已成功地在固体火箭喷管、航天器与导弹鼻锥、机翼前缘和飞机刹车片等重要航天航空领域得到广泛应用，是应航天航空领域的需要而发展的最成功的材料之一。

烧蚀实际上是一个包括传热、传质、传动量和化学反应的复杂物理化学过程。评价喉衬材料烧蚀性能的指标有：（1）比热容，比热容大的材料在烧蚀过程中可以吸收大量的热量；（2）导热率，导热率低的材料能使高温部分仅限于表面，导致热量难以传导到内部结构中去；（3）烧蚀速度，材料在高温环境中的烧蚀速度要小；（4）密度，密度小的材料在航天航空领域中能最大限度地减少结构件的总质量。C/C 复合材料的烧蚀过程与很多因素有关，既与材料的结构和性能密切相关，也与烧蚀环境、喷管的尺寸形状等因素密不可分，而且各种因素也并非是孤立的，相互之间存在复杂的影响。

C/C 复合材料的烧蚀可分为热化学烧蚀和机械剥蚀两部分。热化学烧蚀是指材料表面在高温气流下发生的氧化和升华。高速气流中的 O_2、N_2、CO_2 和 H_2O 在高温下与碳发生化学反应，消耗了材料表面的碳而造成表面质量损耗。在较低温度下，碳首先氧化，氧化过程开始由反应速率控制，氧化速率由表面反应动力学条件决定。随温度升高，氧化急剧增加，氧气供应逐渐不足，此时氧气向表面的扩散过程起控制作用。在更高温度下，碳氧反应、碳氮反应以及碳升华反应逐渐显著，升华过程也从由反应速率控制过渡到由扩散控制。材料的化学反应以及升华导致表面材料的质量损失，会带走大量的热量。化学反应和升华所产生的气体进入边界气流中，会降低气流中的氧气浓度，并对材料表面的传热起到屏蔽作用。

机械剥蚀则是在气流压力和剪切力作用下由基体和纤维密度不同造成烧蚀差异而引起的颗粒状剥落或由热应力破坏引起的片状剥落。C/C 复合材料的密度对烧蚀率起着至关重要的作用。如果烧蚀表面的热流分布均匀，由于基体的密度比纤维的小，故基体烧蚀得较快。但是，当材料处于流场中时，露在表面的纤维长度受到剪切力和涡旋分离阻力的制约，在剪切力和涡旋分离阻力的作用下，纤维开始颗粒状地剥落。在短时间、超高热流的作用下，材料表面区的温度场按指数规律分布，碳纤维的强度随温度的升高而增加，当温度升高到一定值时，碳纤维的强度迅速降低，即当超过某一温度时，碳的晶体转化为无定形碳，剥蚀就在无定形碳区进行，一般从裂纹或孔隙等处开始。由于 C/C 复合材料内部有孔隙，并且温度梯度非常大，在热应力的作用下，易引起应力集中，当导致剥离的应力超过其强度时，从裂纹尖端处或应力最大处开始剥离，从而引起片状剥落。机械剥蚀不仅造成材料的质量损失，还会影响材料的强度。

由于纤维和基体的物理、力学性质的差异，表面的热化学烧蚀和热力学腐蚀导致表面粗糙度增加，会加剧机械剥蚀；而机械剥蚀又会促使热流深入到材料的内部，加剧内部的热化学烧蚀。因此，两种烧蚀机制是互相影响，密切相关的。

（C/C）防热复合材料具有很多优点：（1）耐热性极高，C 在石墨状态下，当温度达到 2500℃时才会出现塑性变形，即（C/C）复合材料的室温强度可保持到 2500℃，常压下加热到 3000℃才开始升华，若压力超过 12000MPa，4000℃才会升华；（2）强度高，尤其是高温条件下的强度高；（3）对热冲击和机械冲击的感度小；（4）耐烧蚀性好，且能用调整其密度的办法来满足不同烧蚀性能的需求，耐含固体微粒的燃气流的冲刷；（5）线膨胀系数小；（6）多维的（C/C）复合材料构件制造技术灵活多样，因而提供了设计的灵活性。因此对于火箭、导弹头锥、尾喷口等使用温度高，且要求烧蚀量小，需保持良好的烧蚀气动外形的特殊场合，（C/C）复合材料是最好的候选材料。（C/C）复合材料用于导弹端头，既能缩小端头钝度，又能保持烧蚀外形，利于提高弹头再入速度和命中精度；该烧蚀材料用于固体火箭发动机喷管内型面，烧蚀比较均匀、光滑，没有前、后烧蚀台阶或凹坑，可明显改善收敛段和扩散段的烧蚀界面，有利于提高喷管效率，并避免出现推力偏心。

（C/C）复合材料的烧蚀机理与树脂基烧蚀复合材料有着本质的区别，是典型的升华-辐射型烧蚀材料（与石墨材料的机理一致）。元素碳具有高的比热容和汽化能，熔化时要求有很高的压力和温度，因此在不发生微粒被吹掉的前提下，它具有比任何材料都高的烧蚀热。C 作为烧蚀材料要充分发挥其高抗烧蚀的特性，必须防止微粒被吹掉，而靠材料的升华来提供大量的热量散发。由于 C 材料可在烧蚀条件下向外辐射大量的热量，而且其本身有较高的辐射系数，可进一步提高其抗烧蚀性。因此（C/C）复合材料在高温下利用升华吸热和辐射散热的机制，以相对小得多的单位材料质量耗散来带走更多的热量，使有效烧蚀热大大提高。

5.1.3.2 制备工艺

最常用的有两种制备工艺：化学气相渗透法和液相浸渍法。形成碳基体的先驱物有用于化学气相沉积的碳氢化合物，如甲烷、丙烯、天然气等；有用于液相浸渍的热固性树脂，如酚醛树脂、糠醛树脂等，热塑性沥青如煤沥青、石油沥青。在选择液相浸渍剂时，要考虑它的黏度、产碳率、焦炭的微观结构和晶体结构。

化学气相渗透（CVI）工艺是最早采用的一种碳/碳复合材料工艺，现在英国仍然采用这种工艺生产 C/C 刹车片。把碳纤维织物预制体放入专用 CVI 炉中，加热至所要求的温度，通入碳氢气体，这些气体分解并在织物的碳纤维周围和空隙中沉积上碳（称作热解碳）。根据制品的厚度、所要求的致密化程度与热解碳的结构来选择 CVI 工艺参数。主要参数有：源气种类、流量、沉积温度、压力和时间。碳气源最常用的是甲烷，沉积温度通常在 800～1200℃，沉积压力为 0.1MPa 至几百帕。

化学气相渗透工艺有等温 CVI 法、热梯度 CVI 法、脉冲压力 CVI 法、微波 CVI 法，以及等离子体强化等种类。最常用的是等温 CVI 法，其可以获得高质量的 C/C 制品，一般要经过多次反复，甚至上几百小时，才能最终得到高密度的碳/碳复合材料。所以，对于一定形状的炉子和一定的制品装载，应严格控制工艺参数达到最优化，才能获得经济可行的 CVI 工艺。这种工艺适合于在大容积沉积炉中生产数量较多的 C/C 制品。

液相浸渍工艺是生产石墨材料的传统工艺，也是制造碳/碳复合材料的主要工艺。按形成碳基体的浸渍剂种类，可分为树脂浸渍法和沥青浸渍法，此外还有沥青树脂混浸工艺；按浸渍压力可分为低压、中压和高压浸渍工艺。化学气相渗透工艺和液相浸渍工艺有时也联合使用，以获得很高致密度的碳/碳复合材料。通常首先采用化学气相渗透获得综合力学性能较好的热解碳基体，然后采用液相浸渍进一步提高最终 C/C 制品的密度。为了使（C/C）复合材料获得更好的性能，常采取化学气相沉积/渗透和浸渍工艺并用、树脂和沥青混浸的制备工艺。

5.1.3.3 影响 C/C 材料烧蚀性能的因素

A 碳纤维的影响

一般来说，高模量碳纤维在高温处理时可引起纤维高度石墨化，结晶沿纤维的轴向排列较好，有利于提高 C/C 材料的热导性、密度，降低线膨胀系数，因而抗烧蚀性能增强，由表 5－3 可看出，高压下，高模量碳纤维构成的 3D 碳/碳复合材料的烧蚀性能明显好于低模量碳纤维构成的 3D 碳/碳复合材料。

表 5－3 碳纤维类型对 3D 碳/碳复合材料烧蚀性能的影响

驻点压力/MPa	低模量碳纤维（粗编）	高模量碳纤维（粗编）	高模量碳纤维（细编）
4.4	2.08	2.43	2.25
8.8	24.9	4.03	3.83
16.4	35.3	10.3	10.5

注：烧蚀率单位为 mm/s。

从碳纤维的微观结构来看，碳纤维属脆性多晶材料，其内部存在着微裂纹、微孔等缺陷及表面存在毛孔、凹坑等都会影响碳/碳材料的性能直至最终的烧蚀性能。如果碳纤维的损伤多，强度低，碱金属和碱土金属等杂质的含量高，在复合或烧蚀过程中，杂质挥发后，会在纤维中留下缺陷，纤维容易在气流的冲刷下折断、剥落，从而增加碳/碳复合材料的烧蚀率，所以，为了制取具有良好抗烧蚀性能的碳/碳复合材料，选用合适的碳纤维是先决条件之一。

B 预制件的结构的影响

碳纤维在碳/碳材料中的分布及其均匀性，严重影响着碳/碳材料的抗热震性能和抗烧蚀性能。例如 3D 织物易形成闭孔，各向同性稍差，烧蚀率高，各向之间烧蚀性差别大；4D 织物不易产生闭孔，各向结构大致相同，烧蚀均匀。从预制件结构来说，充分利用复合材料的可设计性，减小材料的线膨胀系数，提高材料的各向同性度，可提高材料的抗热震性能和抗烧蚀性能。研究证明，碳/碳材料编制增强体的纤维取向及各向纤维的体积分数对碳/碳材料的抗烧蚀性能有明显影响，纤维体积分数大，可提高抗烧蚀性能。对发动机而言，垂直燃气排列的纤维易受燃气的侵蚀，平行燃气排列的纤维具有较高的烧蚀性能。材料的编制缺陷对烧蚀性能影响不大，而编制间距是一重要的影响因素，早期的研究表明细编可提高材料的烧蚀性能。例如当沿焰流轴向和周向纤维的中心间距小于 2.54mm 时，发动机喉衬的抗烧蚀性能较好，当编织间距小到一定程度时，减小编织间距已对提高材料的抗烧蚀性能无明显影响。

C 材料密度的影响

碳/碳材料的密度与烧蚀率密切相关。在相同的试验条件下，材料的密度越大，烧蚀率越小。如图 5－7 所示，随喉衬密度提高，烧蚀率成比例降低，密度增加 10%，烧蚀率可降低15%左右。在材料密度达到1.95g/cm³时，出现拐点，即密度再增加，烧蚀率变化不大，甚至会有负效应。这是因为碳/碳材料中的气孔对裂纹尖端应力有一定的松弛作用，密度太大，则材料会呈现较多的脆性特性，造成烧蚀过程的颗粒剥蚀增加，这同时表明密度与碳/碳材料烧蚀率的关系不是单一的，而是和其他因素综合作用的结果。此外，材料中密度的均匀性对碳/碳材料的烧蚀有较大影响。已经证明，烧蚀过程中的微粒剥蚀现象主要是材料的不同步烧蚀造成的。当材料存在密度不均时，在烧蚀过程中出现局部烧蚀速率的差异。烧蚀的不同步造成表面粗糙，暴露在气流中的凸起部分可能在气动剪切力作用下被剥落，造成材料机械剥蚀的增加。

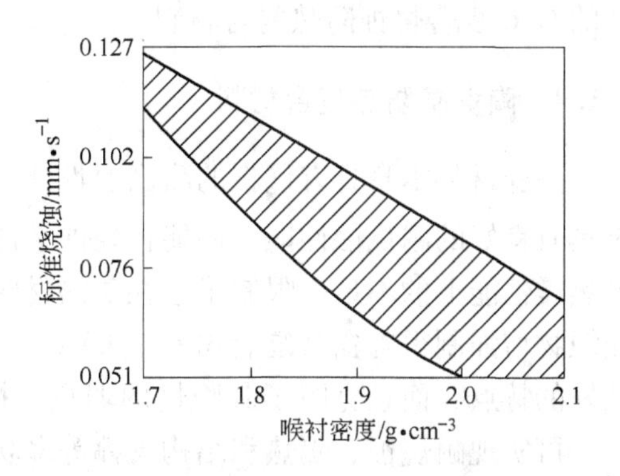

图5-7 碳/碳复合材料密度与烧蚀率的关系

D 孔隙的影响

碳/碳材料是多孔材料，由于孔隙率与碳/碳复合材料的密度成反比关系，因此，碳/碳复合材料的烧蚀率随孔隙率的增大而增大。开孔会造成材料的局部优先氧化与侵蚀，使孔隙增大与延伸，而闭孔中残留的小量气体在高温时膨胀产生压力，足以使材料破坏。一些研究表明，孔隙和微裂纹的取向对材料的烧蚀会造成明显影响，并受工作压力的控制作用。在低压下，孔隙结构的差别不足以引起烧蚀率大的差别，在较高的压力下，更大的剪切力使多孔碳/碳材料的表面和次表面更容易被烧蚀。

E 基体炭的种类

致密化工艺不同，碳/碳材料中可能存在三种不同的基体炭：化学气相沉积（CVD）炭、树脂炭、沥青炭。不同类型的基体炭和同类型基体炭的不同结构都会影响到碳/碳材料的烧蚀性能。

研究表明，化学气相沉积炭的纯度最高，与纤维结合强度较高，内部组织致密，烧蚀性能最好，沥青炭次之，树脂炭较差，但在烧蚀过程中三种基体炭和纤维炭的不同步烧蚀可能会使烧蚀失去周围支持而剥蚀。同时基体炭的烧蚀受烧蚀角的影响，如炭的石墨层面与气流垂直，则较耐机械剥蚀，抗烧蚀性能提高。

碳/碳材料的烧蚀性能还与基体炭的石墨化度、杂质的种类及含量等有关，总之，由于碳/碳材料的非均质性，微观结构的复杂性，因而固体火箭喷管热环境下碳/碳复合材料烧蚀是受众多因素及其交互影响的复杂过程。

5.1.3.4 提高C/C复合材料抗烧蚀性能的途径

目前，国内外解决的办法综合起来主要有两种：(1) 基体处理技术，即对C/C复合材料基体进行改性，包括基体浸渍技术和添加阻燃陶瓷颗粒。(2) 涂层技术，即防止含氧气体接触扩散为前提的材料外部抗氧化涂层技术。在C/C复合材料表面涂覆抗冲刷、耐氧化的高熔点化合物（如：Ta、Hf、Zr、Nb、Si、Mo等的碳化物、硼化物、硅化物）涂层，以提高C/C材料的耐烧蚀性能。或者将上述两者结合起来，即将基体改性与表面涂层技术有机结合起来，由于可在制备与性能设计上互补与优化，有望制备出烧蚀性能更好的 C/C 复合烧蚀防热复合材料。

5.1.4 陶瓷基防热复合材料

陶瓷材料本身具有优良的耐高温性能，且其中的 SiO_2、Al_2O_3、Si_3N_4 和 BN 等材料不仅具有良好的耐烧蚀性能，还能在烧蚀条件下保持良好的介电性能，但陶瓷材料在脆性和抗热震性能上的不足，限制了它在防热材料上的应用。这些陶瓷基体材料采用高性能纤维编织物增强制得陶瓷基复合材料（CMC）后，不仅保持了比强度高、比模量高、热稳定性好的特点，而且克服了其脆性的弱点，抗热震冲击能力也显著增强，用于航天防热结构，可实现耐烧蚀、隔热和结构支撑等多功能的材料一体化设计，大幅度减轻系统质量，增加运载效率和使用寿命，提高导弹武器的射程和作战效能，是未来航天科技发展的关键支撑材料之一。

5.1.4.1 组分材料与其特色

根据复合材料的组成，连续纤维增韧陶瓷基复合材料分为玻璃基、氧化物基和非氧化物基复合材料，工作温度依次提高。玻璃基复合材料、氧化物基复合材料和非氧化物基复合材料分别具有低成本、抗氧化和高性能的优点。连续纤维增韧碳化硅陶瓷基复合材料（CMC－SiC）是目前研究最多、应用最成功和最广泛的陶瓷基复合材料，是航空航天等高科技领域发展不可缺少的材料。

连续纤维增韧碳化硅陶瓷基复合材料主要包括碳纤维和碳化硅纤维增韧碳化硅（C/SiC、SiC/SiC）两种。其密度分别为难熔金属和高温合金的1/10和1/4，比 C/C 具有更好的抗氧化性、抗烧蚀性和力学性能，覆盖的使用温度和寿命范围宽，因而应用领域广。CMC－SiC 在700～1650℃范围内可以工作数百至上千小时，适用于航空发动机、核能和燃气轮机及高速刹车片；在1650～2200℃范围内可以工作数小时至数十小时，适用于液体火箭发动机、冲压发机和空天飞行器热防护系统等；在2200～2800℃范围内可以工作数十秒，适用于固体火箭发动机。CMC－SiC 在高推重比航空发动机内主要用于喷管和燃烧室，可将工作温度提高300～500℃，推力提高30%～100%，结构减重50%～70%，是发展高推重比（12～15，15～20）航空发动机的关键热结构材料之一。CMC－SiC 在高比冲液体火箭发动机内主要用于推力室和喷管，可显著减重，提高推力室压力和延长寿命，同时减少冷却剂量，实现轨道动能拦截系统的小型化和轻量化。CMC－SiC 在推力可控固体火箭发动机内主要用于气流通道的喉栓和喉阀，可以解决新一代推力可控固体轨控发动机喉道零烧蚀的难题，提高动能拦截系统的变轨能力和机动性。CMC－SiC 在亚燃冲压发动机内主要用于亚燃冲压发动机的燃烧室和喷管喉衬，可以解决这些构件抗氧化烧蚀的难题，提高发动机的工作寿命，保证飞行器的长航程。CMC－SiC 在高超声速飞行器上主要用于大面积热防护系统，比金属构件减重50%，可减少发射准备程序，减少维护，延长使用寿命和降低成本。

5.1.4.2 制备技术

制备工艺对材料的最终性能影响很大。连续纤维增强陶瓷基复合材料的制备方法与 C/C 复合材料有类似之处，也是首先将纤维进行编织得到预制体，然后采用致密化工艺使工件致密。致密化工艺主要有：化学气相浸渍法、聚合物先驱体转化法、溶胶－凝胶法、反应熔融浸渗法等，其中以化学气相渗透法和聚合物先驱体转化法为主。由于上述方法各自存在优缺点，为此，通常将上述方法进行组合制备纤维增韧陶瓷基复合材料，例如化学气相浸渍法与先驱体转化法组合、化学气相浸渍法与反应熔融浸渗法组合等，通过组合可以进一步提高复合材料的性价比。

5.1.4.3 C/SiC 复合材料烧蚀后的结构变化

利用氧乙炔焰对三维针刺 C/SiC 复合材料的烧蚀性能进行了测试。烧蚀条件为：喷嘴直径为 2mm；烧蚀角为 90°；氧乙炔枪口到试样表面中心的距离为 10mm；氧气气压为 0.4MPa；乙炔气压为 0.095MPa；氧气流量为 0.42L/s；乙炔流量为 0.31L/s；烧蚀时间为 20s。图 5－8 给出了 C/SiC 复合材料烧蚀前后的显微结构照片。图 5－8a 和 b 给出了复合材料显微结构照片，从图中可看见其中的纤维、纤维束、气孔以及沉积碳化硅。图 5－8c～j 给出了烧蚀后 C/SiC 复合材料的显微结构。图 5－8c 为烧蚀表面的宏观形貌，烧蚀表面有一明显的凹坑，烧蚀中心表层只有纤维骨架，烧蚀产物附着于纤维骨架上。这是由于烧蚀中心对应于火焰中心，材料表面的温度最高（约为 3000℃），而 SiC 基体的熔点为 2380℃，升华温度为 2700℃，C 纤维的升华温度远高于 3000℃。这表明在材料的烧蚀中心，SiC 基体处于完全升华的状态，C 纤维处于不完全升华的状态。另外，C 纤维的升华潜热为 59.75MJ/kg，SiC 的升华潜热为 19.83MJ/kg，因此，在相同的热环境中，吸收相同的热量时，将有更多的 SiC 基体升华，并且 C 纤维处于 SiC 基体的包围之中。因此在烧蚀中心 SiC 基体的烧蚀比 C 纤维的烧蚀严重。另外，在烧蚀中心，复合材料所受到的压力最大，且为正压，复合材料受到的燃气的冲刷也最为严重。因此在烧蚀中心，复合材料的烧蚀是以升华和冲刷为主。图 5－8d 为烧蚀次表层的微观形貌，C 纤维裸露在表层，下层 SiC 基体开裂。这是由于 C 纤维和 SiC 基体的线膨胀系数不同，在较高的热冲击作用下，基体产生微裂纹。在烧蚀过程中，这些微裂纹一方面加速了微区机械剥蚀；另一方面，增加了燃气在复合材料内部的扩散通道，在烧蚀过程中形成微区热积累和微区涡流，导致微区的烧蚀加剧。图 5－8e、f 为烧蚀中心 C 纤维的烧蚀情况。C 纤维都呈现针状，这是由于 SiC 的烧蚀比 C 纤维的烧蚀要快，随着烧蚀的不断进行，C 纤维逐渐裸露出来。对于裸露的 C 纤维来说，由于端部裸露的时间最长，受到燃气的冲刷力最大，因此烧蚀也最多，于是随着烧蚀的进行逐渐锐化为针状。另外，C 纤维表面有明显的微孔产生，这与 C 纤维本身的微结构有关。在 C 纤维的表面有一些微缺陷如微孔等，在氧乙炔焰流中，由于热应力和热化学的作用，微缺陷处优先发生烧蚀，随着烧蚀的推进，微缺陷逐渐增大。

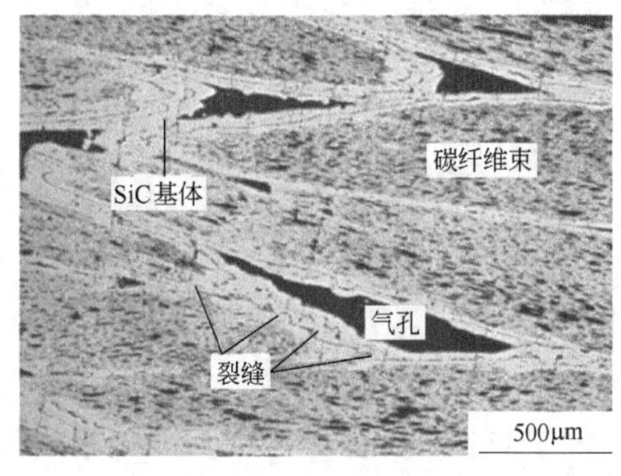

a

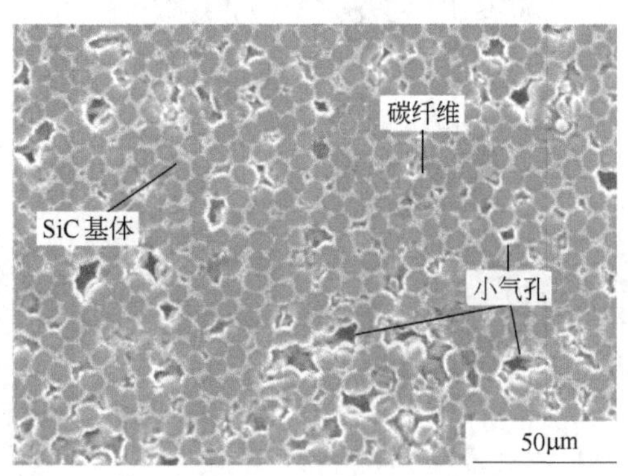

b

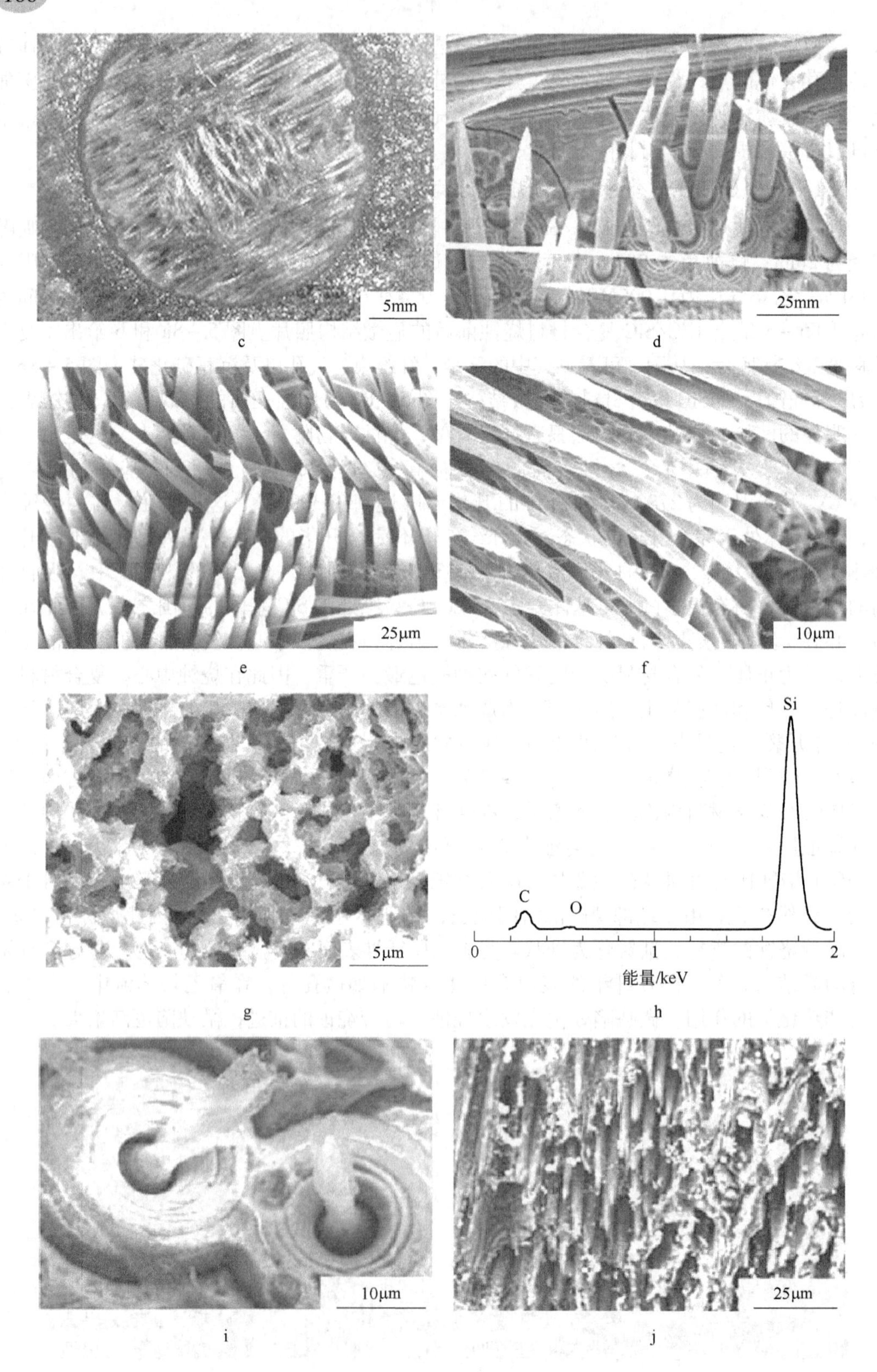

图 5-8 C/SiC 复合材料烧蚀前后的显微结构照片

图5-8g、h为试样烧蚀表面中心区的孔隙中SiC基体的烧蚀情况，呈多孔状。这与复合材料的微结构和烧蚀过程中热流的分布有关。结构缝隙理论和实验的研究表明：在结构缝隙的内部，其热流要远远低于外部的热流。因此，孔隙中的热流要远小于烧蚀表面的热流，孔隙中的热量积累就要低得多，烧蚀主要是热化学烧蚀，即SiC基体的氧化烧蚀。图5-8h为烧蚀产物的EDS分析结果。由图5-8h可知，烧蚀产物中不仅含有C和Si，还含有O，因此，在烧蚀过程中有氧化反应发生。试样烧蚀表面中心区的微孔中，烧蚀以SiC基体的氧化烧蚀为主。

图5-8i、j为试样烧蚀表面过渡区的烧蚀形貌。垂直于烧蚀面的C纤维表现出根部细化、端部锐化的特性。在热应力和高温燃气流侧向冲刷的作用下，裸露的C纤维其根部受到的应力最大，烧蚀较快，C纤维端部由于受到侧向压力的作用在烧蚀过程中的氧化和剥蚀较快，因而出现C纤维根部细化，端部锐化的现象。另外，由于C纤维根部的细化，SiC基体与C纤维之间的孔隙逐渐加大，烧蚀加快，使得烧蚀后C纤维和SiC基体之间留下较大的孔隙。由图5-8i可以看出：平行于烧蚀表面的C纤维也锐化为针状，但其周围还有较多的SiC基体未被烧蚀掉，这是由于在过渡区，温度有所下降，SiC基体主要处于不完全升华的熔融态，不易被冲刷掉，因此该区域的烧蚀要比中心区域小得多，以氧化烧蚀为主。

5.1.5 防热复合材料的发展

5.1.5.1 防热材料的多功能化

目前，防热材料已成为航天工程再入技术的重要支柱，再入环境的新要求成为防热材料发展的动力。由于再入环境因素的多样性，对防热复合材料也就必然要求多功能化，而不是单一的防热功能。因而材料工程界逐渐形成再入材料（Reentry Materials）的新概念，专指用以应付各类再入环境要求的材料系列，其中再入热电离等离子体环境和大气粒子云环境是必须考虑的两种再入环境，要求材料兼有应付这两种环境的能力。

A 再入等离子体鞘问题

导弹弹头和各类航天器再入大气层时造成的气动加热环境，可使再入体周围的大气被加热电离成自由电子和正离子，形成高温等离子体鞘，包裹在再入体周围。再入等离子体鞘的存在，不但使再入飞行器与地面通信中断，形成“黑障”，自由电子进入尾流还会引起雷达反射截面增大，对突防极为不利。降低等离子体鞘中的自由电子密度，就成为减轻“黑障”的一条重要技术途径。

试验发现，自由电子密度的大小不但与再入气动加热的剧烈程度有关，还与防热材料烧蚀产物的污染有关，特别是电离势低的碱金属和碱土金属元素在烧蚀过程中产生大量自由电子，使电子密度显著增加。图5-9为弹道式再入情况下烧蚀产物的污染流场与纯净流场在不同再入高度上的自由电子密度的比较。可通过减少防热材料中碱金属和碱土金属杂质的含量

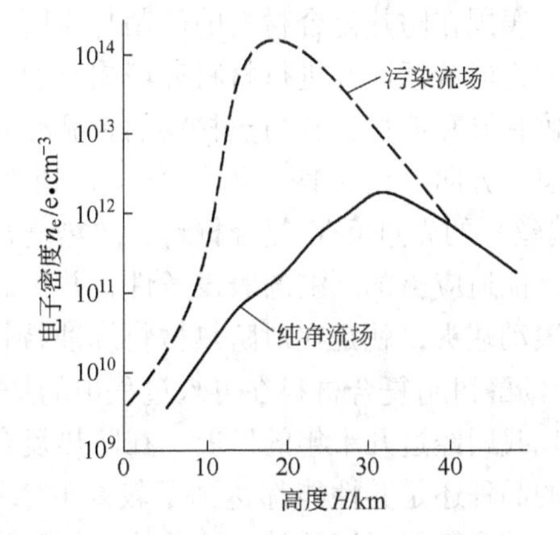

图5-9 弹道式再入电子密度与高度的关系

来降低自由电子密度。此外，若能使防热材料在烧蚀过程中释放出亲电子物质，使其发挥“中和”自由电子的作用，就可进一步降低自由电子的密度。当然这种亲电子物质必须是固体，并能以合适的工艺方法掺入防热材料中，同时又不能影响防热材料的主要使用性能。一些难熔材料微粒，如 WO_3、BN、ZrO_2、ThO_2、SiC 等，在这方面显出较好的效果。其作用机制是：在高温环境中，这些难熔微粒可提供电子－离子复合的“催化”表面，蒸发后的气态物质又具有较大的电子俘获截面，且在烧蚀复合材料中掺入固体粉末的工艺比较易于实现，对材料的烧蚀性能和其他使用性能均无明显影响。

B 抗粒子云侵蚀问题

通常再入环境中的大气环境仅指晴朗天气的典型大气环境，并未顾及可能出现的云、雾、雨、雪甚至冰雹等气候环境。大气层中存在着固态或液态的水汽凝聚物粒子，大小从几微米到几毫米不等，通常分布于12km以下的大气层中，通称为粒子云。当再入体穿越粒子云时，已在烧蚀中的防热材料受到粒子群的撞击，可造成高速碰撞导致的侵蚀破坏，直接威胁到防热材料的效率。尤其对于再入速度高的战略导弹弹头，粒子云的侵蚀作用更为严重，可导致防热材料解体而使弹头毁于一旦。因此，要求研制既耐烧蚀又抗侵蚀的双功能材料。

评价材料的抗侵蚀性能，常采用以下几种方法：（1）用电子枪、激光枪等模拟单粒子碰撞，可在高速风洞或激波管中进行；（2）用电弧加热器、弹道靶、固体发动机燃气流等模拟多粒子碰撞，可将试验材料制成端头模型；（3）必要时可在相应的气候环境中进行飞行试验，实地考察端头材料穿越气候环境的能力。

在室温条件下，高硅氧纤维/酚醛树脂复合材料的抗侵蚀性能最优，到2100℃后，碳纤维/石英复合材料显示出最好的抗侵蚀性能，在更高温度下，C/C 复合材料才显出优越的抗侵蚀性。这表明材料的抗侵蚀性能与材料的本质特性相关，可根据使用要求的不同来选择合适的材料。另外，可通过引入抗侵蚀组分，改进成型工艺等方法来提高防热材料的抗侵蚀性能。

5.1.5.2 现状与发展趋势

鉴于防热复合材料在航天器和导弹使用中的重要性，防热复合材料一直是各军事大国发展的重点材料，其发展历程一方面是由于提高航天器和武器性能的需要，另一方面是基于对防热材料、服役环境、环境作用及防热机理的广泛深入的研究和逐步认识。

美国在防热复合材料的研制与应用过程中，开展了大量的相关基础研究工作，建立材料的性能数据库并进行材料环境响应的数值模拟研究，为新型防热材料的研制和设计应用提供指导和依据，其防热材料的新品种和新结构不断涌现，一直领导着世界防热复合材料的发展方向。由早期的石墨类材料到现在服役的正交三向、细编穿刺和含有难熔金属（钨丝）的先进 C/C 复合材料，防热复合材料的防热性能不断提高，烧蚀外形稳定对称变化，能适应更加严酷的服役条件，并提高弹头的战术性能指标。如现在用于导弹的新型被动滚动端头，就是在对防热材料烧蚀特性进行多年研究的基础上，利用 C/C 材料和碳纤维/酚醛树脂复合材料在再入过程中的烧蚀外形变化来实现对滚动力矩的控制。

我国经过几十年的发展，在防热复合材料上也取得了很大的进展，无论是防热复合材料的品种还是其性能都达到了较高的水平，并得到了成功的应用，如在神舟飞船上的应用。神舟飞船返回舱的烧蚀防热材料便是我国自行研制的，并具有国际先进水平。但在相关应用基础研究方面，则与美国和俄罗斯有相当大的差距。多年来虽然开展了一些防热复合材料的组织结构、性能测试、表征和评价研究，也建立了多种模拟再入条件的防热材料性能测试、表征技术，但是由于再入条件下极端环境的严酷性、材料环境响应的复杂性、环境效应与材料组织结构的相关性、航天器结构及飞行参数的相关性，我国开展基础研究的广度和深度还远远不足，模拟环境和真实再入环境之间的差别很大，防热材料的数据齐全性和可靠性也存在明显不足，对防热材料再入环境的响应及防护机理等的认识还十分有限。

在防热材料的研制过程中，相关基础研究工作主要包括：高温条件下材料的基本力学性能、物理性能测试研究，模拟条件下防热材料响应测试及评价技术，材料微观结构、环境损伤特性等的研究，极端条件下防热材料响应的计算机模拟技术。其发展趋势为：材料环境响应行为的评价由单一环境因素向多因素发展；材料环境损伤、失效机理研究由宏观向微观尺度发展，对热防护机理的认识逐步化；材料环境响应由定性向定量描述发展；由试验模拟向计算机模拟技术发展，并最终指导材料设计。

由于防热复合材料所在服役环境下环境响应的复杂性，其基础研究工作是个很大的系统工程，要真正实现防热复合材料的优化设计及服役条件下材料行为的准确预测还有很漫长的道路。此外，除提高防热复合材料的烧蚀性能外，提高其在结构、吸波、抗核和隔热等方面的潜力，实现防热复合材料的多功能化，也具有非常重大的意义。

5.2 热管理复合材料

从热管理的角度研究电子封装用的材料，通过对复合材料进行组分与其含量的选择和排列取向的设计，而使之具有适合要求的热导率或线膨胀系数，增大系统功率输出、降低系统热疲劳损伤和热应力破坏，这类材料称之为热管理材料。该类复合材料在航空航天、汽车和电子领域中有着广泛的应用。

随着电子及通讯技术的迅速发展，高性能芯片和大规模及超大规模集成电路的使用越来越广泛。电子器件芯片的集成度、封装密度以及工作频率不断提高，而体积却逐渐缩小，这些都使芯片的热流密度迅速升高。高温将会对电子元器件的性能产生有害的影响，譬如过高的温度会危及半导体的结点，损伤电路的连接界面，增加导体的阻值和形成机械应力损伤。随着温度的增加，其失效率呈指数增长趋势，甚至有的器件在环境温度每升高10℃，失效率增大一倍以上，被称为10℃法则。据统计，电子设备的失效率有55%是由温度超过规定的值引起的。同时，大多电子芯片的待机发热量低而运行时发热量大，瞬间温升快。这就要求基板和封装材料具有越来越优异的性能，如高热导率、低膨胀系数、低介电系数和热稳定性。

5.2.1 热管理复合材料的性能要求

热管理复合材料的性能要求包括：

（1）较低的线膨胀系数。电子元器件在工作寿命内，在热循环下，热膨胀作用会使元器件与封装材料产生变形，如果两者线膨胀系数相差较大，可能会产生严重的开裂或者分离现象。于是要求封装材料具有与硅芯片材料（$3.5\times10^{-6}\sim4.2\times10^{-6}$/K）接近的线膨胀系数，以获得较好的热匹配性。

（2）优良的导热性能。电子元器件消耗功率产生大量的热量，会导致器件温度升高。一般来说，温度每升高18℃，器件失效的可能性就增加2～3倍。因而提高封装材料的导热性能来解决散热问题，以保证电路在工作温度范围内工作正常显得尤为重要。

（3）良好的高频特性，即较低的介电常数和介电损耗。电子封装材料的介电性能是影响集成电路运算速度的重要因素，介电常数太高会导致集成电路信号传输延迟增大，而且较高的介电损耗会使信号在传输过程中产生严重的失真。

（4）气密性好，能抵御高温、高湿、腐蚀、辐射等有害环境对电子器件的影响。传统的树脂基复合材料的热导率低，不能适应高集成度和高功率所产生的高热量。因此需要研究热导率较高的复合材料，即能提供系统所需要的耐热性，又可将系统的热量迅速传递出去，同时，提高复合材料的导热性还可以避免出现热疲劳破坏等问题。

（5）强度和刚度高，对芯片起到支撑和保护的作用。

（6）良好的加工成型和焊接性能，以便于加工成各种复杂的形状和封装。

（7）性能可靠，成本低廉。

（8）对于应用于航空航天领域及其他便携式电子器件中的电子封装材料的密度要求尽可能的小，以减轻器件的质量。

5.2.2　热管理复合材料的发展

电子元器件内存在热应力及变形主要是由线膨胀系数的差异导致的。因此，作为热管理材料线膨胀系数及热导率是其关键的考察指标。

传统低线膨胀系数材料如Cu－W、Cu－Mo、Cu/Invar/Cu、Cu/Mo/Cu等，具有高密度和高热导率，但不及金属Cu、Al，被称为第一代热管理材料。表5－4所示为第一代热管理材料的热物理性能。由于电子器件的质量和热导率是两个重要考察指标，故定义热导率与密度的比值为比热导率，比热导率越高材料越优异。

表5－4　第一代热管理材料及性能

材　料	热导率 /W·(m·K)$^{-1}$	线膨胀系数 /K^{-1}	密度 /g·cm^{-3}	比热导率 /W·(m·K)$^{-1}$
Al	237	23.2×10^{-6}	2.7	81
Cu	400	16.5×10^{-6}	8.9	45
Mo	138	5.36×10^{-6}	10.2	13.5
Invar	16.5	1.3×10^{-6}	8.1	2.0
Silvar	153	6.5×10^{-6}	—	—
	110	7×10^{-6}	—	—
Cu/I/Cu	164	8.4×10^{-6}	8.4	20
Cu/Mo/Cu	182	6.0×10^{-6}	9.9	18
W/Cu	157～190	$(5.7\sim8.3)\times10^{-6}$	15～17	9～13
Mo/Cu	184～197	$(7.0\sim7.1)\times10^{-6}$	9.9～10.0	18～20

在第一代热管理材料中，尽管有的材料（Al 和 Cu）热导率和比热导率较高，但线膨胀系数与半导体芯片和陶瓷基板相差较大，导致循环使用热应力较大，影响器件的使用寿命和可靠性。其他材料具有较匹配的线膨胀系数，但比热导率较低，传热效果欠佳和器件质量偏大，在便携式电子产品、通讯设备以及航空、航天方面的使用受限。

根据热导率的高低，将先进热管理材料分为第二代和第三代，其中，第二代热管理材料的热导率 λ 满足 $300 \leqslant \lambda \leqslant 400\text{W/(m·K)}$，而第三代热管理材料的热导率不低于400W/(m·K)。第二代、第三代热管理材料及其性能见表5－5和表5－6。复合材料具有很强的可设计性，通过复合化可以兼顾热管理材料热导率和线膨胀系数，尤其是石墨化碳纤维、石墨片和金刚石高导热相的引入可使热管理复合材料的热导率、比热导率提高，同时可以在较大范围内通过复合材料组分、增强体取向等设计调节复合材料的线膨胀系数，使得热管理复合材料在具有良好导热和散热功能的同时，与半导体和基片线膨胀系数匹配较好，减小热应力及器件翘曲，降低器件质量。图5－10给出了热管理材料的比热导率与线膨胀系数的关系。其中图中阴影部分代表半导体芯片和陶瓷基片的线膨胀系数区域。

表5－5　第二代热管理材料及性能

材　料	平面内热导率 $/\text{W·(m·K)}^{-1}$	纵向热导率 $/\text{W·(m·K)}^{-1}$	线膨胀系数 $/\text{K}^{-1}$	密度 $/\text{g·cm}^{-3}$	比热导率 $/\text{W·(m·K)}^{-1}$
石墨/环氧	370	6.5	-2.4×10^{-6}	1.9	190
连续 C_f/环氧	330	10	-1×10^{-6}	1.8	183
SiC/Al	170	170	6.0×10^{-6}	2.79	61
SiC/Cu	320	320	$(7\sim10.9)\times10^{-6}$	6.6	48
短切 C_f/Cu	300	200	$(6.5\sim9.5)\times10^{-6}$	6.8	44
连续 C_f/SiC	370	38	2.5×10^{-6}	2.2	170
泡沫炭/Cu	350	350	7.4×10^{-6}	5.7	61

表5－6　第三代热管理材料及性能

材　料	平面内热导率 $/\text{W·(m·K)}^{-1}$	纵向热导率 $/\text{W·(m·K)}^{-1}$	线膨胀系数 $/\text{K}^{-1}$	密度 $/\text{g·cm}^{-3}$	比热导率 $/\text{W·(m·K)}^{-1}$
CVD 金刚石	1100～1800	1100～1800	$(1\sim2)\times10^{-6}$	3.52	310～510
连续 C_f/Cu	400～420	200	$(0.5\sim16)\times10^{-6}$	5.3～8.2	49～79
连续 C_f/C	400	40	-1×10^{-6}	1.9	210
石墨片/Al	400～600	80～110	$(4.5\sim5.0)\times10^{-6}$	2.3	174～260
金刚石/Al	550～600	550～600	$(7.0\sim7.5)\times10^{-6}$	3.1	177～194
金刚石/Cu	600～1200	600～1200	5.8×10^{-6}	5.9	102～203
金刚石/Ag	400～600	400～600	5.8×10^{-6}	5.8	69～103
金刚石/SiC	600	600	1.8×10^{-6}	3.3	182

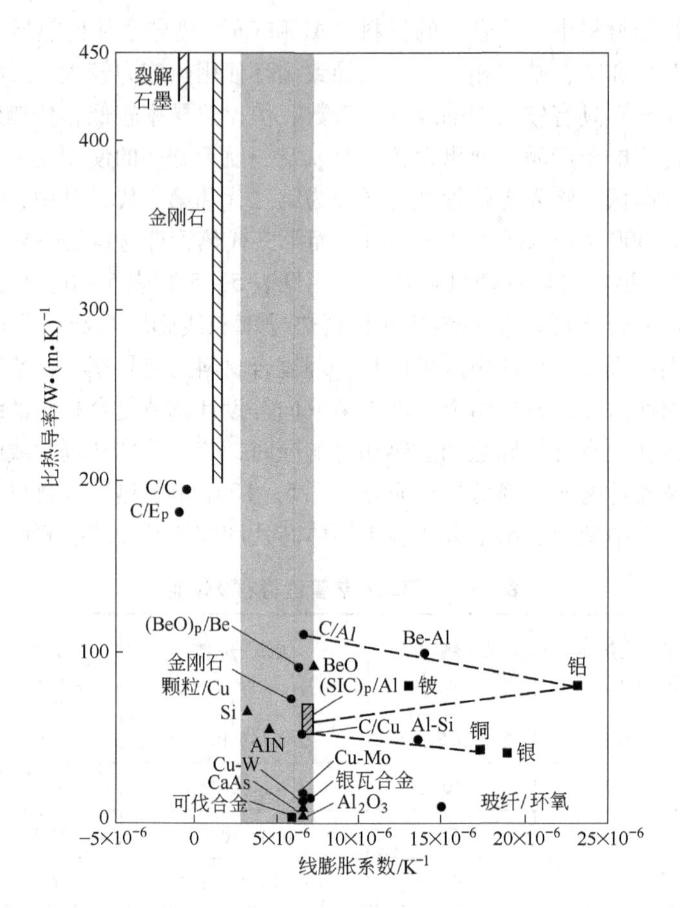

图 5-10 热管理材料的比热导率与线膨胀系数的关系

5.2.3 热导率的计算模型

复合材料的热导率取决于基体、纤维和填料，较经典的计算公式有 Maxwell - Eucken 方程，该方程可较好地适用于填料含量较低的颗粒增强复合材料体系，即分散相之间接触程度较少的情况。此外还有 Cheng - Vocken，Bruggemen 等方程，但这些公式的计算值与复合材料体系热导率的实际值偏差较大。

对于颗粒增强复合材料的热导率，Maxwell 在假设颗粒增强复合材料的第二相为球形，且均匀分布在基体中之后，提出了颗粒增强复合材料热导率的计算公式：

$$\lambda_m = \lambda_1 \frac{\lambda_2 + 2\lambda_1 + 2\varphi(\lambda_2 - \lambda_1)}{\lambda_2 / 2\lambda_1 - \varphi(\lambda_2 - \lambda_1)} \tag{5-1}$$

式中 λ_1——基体的热导率；

λ_2——颗粒的热导率；

λ_m——复合材料的热导率；

φ——颗粒的体积分数。

对于大部分颗粒增强复合材料，式（5-1）的理论计算结果与实验测量结果基本相符。

在式（5-1）中，如果 λ_2 远大于 λ_1，则有：

$$\lambda_m \approx \lambda_1 \frac{1+2\varphi}{1-\varphi} \tag{5-2}$$

即当颗粒的热导率远大于基体的热导率时，颗粒增强复合材料的热导率仅由基体的热导率和颗粒的体积分数决定，而与颗粒的热导率无关，这是颗粒增强复合材料所具有的特征。但此模型用于填料含量较高的复合材料热导率计算时，理论值与实际值相差较大。

当填料含量较高时，假定填料均匀分布在基体中，可将其视为一个网络，此时的热导率可表示为：

$$\lambda_m = f[\lambda_1, \lambda_2, \varphi, G(f)] \tag{5-3}$$

式中，$G(f)$ 为填料在材料内部的分布函数，与填料结构、含量、几何形状及填充密度等因素有关。

5.2.4 纤维增强复合材料可控线膨胀系数设计

单向混杂纤维复合材料线膨胀系数的估算对于单向铺层的复合材料来说，由于单一纤维复合材料的线膨胀系数各不相同，且有正与负温度效应之分，而将具有正膨胀与负膨胀的两种纤维混杂后可得到线膨胀系数可控的混杂纤维复合材料，进而可得到零膨胀的复合材料。

对于单向纤维复合材料，最简单的计算线膨胀系数的模型为线性混合法则，它是在忽略组元之间弹性相互作用下给出的结果，该模型适用于组分材料模量相差不大的复合材料，公式如下：

$$\alpha_{cL} = \alpha_m \varphi_m + \alpha_{fL} \varphi_f \tag{5-4}$$

$$\alpha_{cT} = \alpha_m \varphi_m + \alpha_{fT} \varphi_f \tag{5-5}$$

式中　α——线膨胀系数，10^{-6}/K；

φ——体积分数，%；

f，m，c——纤维、基体和复合材料；

L，T——纵向和横向。

针对长纤维增强复合材料，Schapery 计算了不同方向的线膨胀系数：

$$\alpha_{cL} = \frac{\alpha_{fL}\varphi_f E_{fL} + \alpha_m \varphi_m E_m}{\varphi_f E_{fL} + \varphi_m E_m} \tag{5-6}$$

$$\alpha_{cT} = (1+\mu_m)\alpha_m \varphi_m + (1+\mu_f)\alpha_f \varphi_f - \alpha_{cL}\mu_c \tag{5-7}$$

式中，$\mu_c = \mu_m \varphi_m + \mu_f \varphi_f$。

5.2.5 树脂基热管理复合材料

树脂基热管理材料主要用作封装散热和热界面材料。表5-7给出了几种常见聚合物的热导率。与陶瓷和金属材料相比，聚合物的导热性能较差，表现在热导率要低得多。但树脂基复合材料具有绝缘、质量轻、成本低廉、线膨胀系数低、介电性能优异、易成型加工、适宜大规模自动化、产业化和薄型化等优点。为使树脂材料可用于热管理材料，通常需要在基体中引入高导热物质。如高导热的金属或陶瓷相。为了能够使得树脂基复合材料与半导体芯片和陶瓷基片具有较好的热匹配性能，可多引入无机非金属高导热相，以降低复合材料的线膨胀系数，如引入氮化硼、氧化铝、氧化铍、石墨、碳纤维等，尤其是可以利用碳纤维线膨胀系数的各向异性设计复合材料的热物理性能。常用增强体及热物理性能见表5-8。

表5-7　几种聚合物的热导率

材　料	聚乙烯	聚氯乙烯	聚苯乙烯	环氧树脂	尼龙	硅橡胶
热导率/$W \cdot (m \cdot K)^{-1}$	0.16~0.24	0.13~0.17	0.08	0.18	0.25	0.20

表5-8　几种用于提高聚合物热导率陶瓷增强体的热导率

材　料	BN	Al_2O_3	AlN	SiC	石墨	碳纤维
热导率/$W \cdot (m \cdot K)^{-1}$	280	42	320	80~120	209	>640
线膨胀系数/K^{-1}		8.0×10^{-6}		3.4×10^{-6}		22/-0.7

根据引入增强体的形状可以将树脂基热管理材料分为颗粒增强复合材料和纤维增强复合材料两大类。对于纤维增强复合材料又可分为连续纤维增强复合材料和短切纤维增强复合材料。此外还可以包含两种或两种以上的增强相的树脂基热管理复合材料。例如颗粒和石墨晶片共同增强环氧树脂，石墨片与短切纤维增强硅橡胶等。由于碳纳米管和石墨烯具有高的热导率，随着其合成与应用研究的深入进行，人们尝试用碳纳米管和石墨烯作为增强相来提高树脂基热管理材料的热传导性能。

树脂基热管理复合材料的制备工艺完全可以沿用树脂基复合材料的制备工艺。在复合材料制备过程中，为了获得具有优异综合性能的热管理复合材料，需要对复合材料界面进行很好的控制，以便获得具有较高热物理性能和力学性能的复合材料。

5.2.6　金属基热管理复合材料

在金属材料中Cu和Al具有较高的热导率，同时价格相对较低，但线膨胀系数与半导体芯片和陶瓷基片相差较大，为此会导致较大的热膨胀残余应力，影响电子器件的可靠性和使用寿命。为了获得高性能金属基热管理复合材料，需要引入高导热低膨胀增强相，以便在保持其高导热性能的同时，能很好兼顾线膨胀系数的匹配性。为此对于金属基热管理材料多围绕金属Cu和Al进行研究。通过引入碳化硅、金刚石、石墨晶片、石墨纤维和碳纳米管等高导热增强体，改进两类金属基复合材料的综合性能。

5.2.6.1　金属基热管理复合材料的界面控制

复合材料的界面对其性能有着非常重要的影响，通过界面改性和界面控制可以调节界面结合程度，阻止不利界面反应，提高复合材料的综合性能。对于金属基复合材料，界面性能可以通过基体合金化改性、增强体表面改性和优化金属基复合材料制备工艺参数来实现。下面举几个比较典型的事例予以说明：

（1）SiC_p/Al复合材料界面控制遇到的主要问题是增强体SiC和基体Al之间的润湿性不好和在制备过程中存在如下不利反应：

$$3SiC(s) + 4Al(l) = Al_4C_3(s) + 3Si(l) \qquad (5-8)$$

反应产物会增加界面热阻，且易与空气中的水反应，影响复合材料性能。通过在基体中引入4% ~8% Mg 可以改善增强体 SiC 和基体 Al 之间的润湿性，促进两者之间的结合，提高致密度。通过在基体中引入 12% Si 可以有效阻止界面反应。当 SiC 添加量为 58% ~70% 时，可以获得热导率为 170 ~200W/(m·K)，平均线膨胀系数为 7×10^{-6}/K 的 SiC_p/Al 复合材料。

（2）金刚石/Cu 复合材料体系，金刚石增强体和基体 Cu 之间不发生反应，使得润湿性不好，润湿角为 170°。较高的制备温度（>700℃）使得金刚石增强体易产生氧化或石墨化（>1000℃）。可以通过在金刚石增强体上制备 Ni、Ti 或 Cr 层，改善润湿性，提高抗氧化性能，可以获得热导率高达 900W/(m·K) 的金刚石/Cu 复合材料。

（3）C_f/Al 复合材料。通过在碳纤维上涂覆 Ni、Ti、Mo 等涂层可以改善基体和增强相之间的润湿性，防止碳纤维和基体 Al 之间的不良化学反应。

5.2.6.2 金属基热管理复合材料的制备工艺

金属基热管理复合材料的制备工艺主要分为两大类：熔融液相浸渗法和粉末冶金法。

熔融液相浸渗法主要分为两步：陶瓷预制体制备和熔融金属液浸渗。陶瓷预制体制备尽量应满足近终形成型，提高预制体的强度，选择合适的增强体含量以使得复合材料获得优良的综合性能。金属液的浸渗可以采用无压浸渗和有压浸渗。无压浸渗可以获得形状复杂的制品，生产效率较高；加压浸渗所得制品的形状和生产效率受限。

粉末冶金法包括无压烧结、气氛烧结、热压烧结以及放电等离子体烧结等。具体制备工艺过程可以参照相关粉末冶金文献。

5.2.7 C/C 热管理复合材料

C/C 复合材料具有较聚合物基复合材料高得多的热导率，是目前研究的重点，国际上著名的几家 C/C 复合材料公司对其均有研究。据加利福尼亚州的 BF Goodrich Suppertemp 报道，已研制成功一种导热性能几乎和铝一样好，而质量仅有铝的 2/3 的低模量 C/C 复合材料板材。低模量 C/C 复合材料被认定是迅速散逸热量的最佳材料，其主要应用方面有高功率电子装置的散热器，此外也被粘接在宇宙飞船结构基板上用于散热。宇宙飞船的实测表明，C/C 复合材料的运行性能甚至比预想的更好，并能维持足够的热容限。例如：当一个厚度为 0.16cm 的三维 C/C 复合材料板被安装在星际宇宙飞船的一个固态功率放大器下时，其温度可从 67℃降低到 38℃。

C/C 复合材料的表面热导率和透过热导率都随热处理温度的升高而逐渐升高，这是因为高温热处理（2200 ~3000℃）导致碳基体的石墨化，从而导致高热导率。二维 C/C 复合材料板材可提供约 40W/(m·K) 的透过热导率，而三维 C/C 复合材料则能提供约 180 ~200W/(m·K) 的均质热导率。二维和三维 C/C 材料都能被机械加工并抛光成所需平整度和厚度的板材。材料的石墨化程度低、材质不均匀都会造成热扩散率和热导率偏低。石墨化程度低，使碳的结构偏离理想石墨晶体结构较远，呈一种乱层排布结构，晶格振动方向不一，相互间作用抵消，因而传热性差；材质不均匀，使温度梯度不均衡，不能很快达到热传递平衡，因而热扩散率低，热导率也低。

C/C 复合材料中存在组织结构不同的三个组元，其石墨化难易程度不同：一组元为树脂炭，最难石墨化；二组元为碳纤维，较难石墨化；三组元为热解炭，易石墨化。随石墨化温度的升高，石墨化程度有所增加，一组元增幅较大，二、三组元增幅不大。因此提高碳纤维的热导率是提高 C/C 复合材料导热性的主要因素，目前的研究主要集中于高热导率的中间相沥青基碳纤维，其轴向热导率已可达 900W/(m·K)。

BPAmoco 公司是世界上生产碳纤维、石墨纤维、织物的知名企业集团，最近它推出了高热导率的沥青基碳纤维及其高热导率的专利产品 ThermalGraph。表 5－9 是 Amoco 公司碳纤维的性能，同时列出了国产碳纤维的性能与其进行比较。

表 5－9 Amoco 公司及国产碳纤维性能比较

厂家	牌号	先驱体	抗拉强度 /GPa	拉伸模量 /GPa	密度 /g·cm^{-3}	伸长率 /%	直径 /μm	热导率 /W·(m·K)$^{-1}$	线膨胀系数 /K^{-1}
Amoco	P120s	沥青	2.41	827	2.17	0.3	10	640	-1.45×10^{-6}
	K－800x	沥青	2.34	896	2.20	—	10	800	-1.45×10^{-6}
	K－1100	沥青	3.10	965	2.20	—	10	900	-1.45×10^{-6}
	T－650/35	PAN	4.28	255	1.77	1.7	6.8	14	-0.6×10^{-6}
太原	SK	PAN	3.3	230	1.76	1.4	7		—
鞍山	—	沥青	0.6	40	1.91	—	15		

从表 5－9 可看出，K－1100 碳纤维的轴向热导率达到 900W/(m·K)，是铜的 2～3 倍，是铝的 5 倍，这是研制高热导率 C/C 复合材料的有利条件。Amoco 公司利用这种高导热碳纤维研制成功了 Thermal Graph 板材，它是由纯碳纤维压制而成的，并无黏结剂。Thermal Graph 具有高热导率和低线膨胀系数，对于体积分数是 60% 的连续碳纤维复合材料板材，其密度为 1.32g/cm^3，热导率为 350W/(m·K)；而当体积分数达 80% 时，其热导率可达 700W/(m·K)。

5.2.8 热管理复合材料的应用

对于热管理复合材料，由于其优异的综合性能，其在大功率电机、超薄型笔记本电脑、便携式移动通讯设备、大功率半导体电气设备、LED 节能灯以及航空航天等领域有着广阔的应用前景。

在电机发展的数百年历史中，其技术的改进主要围绕着绝缘与冷却进行，可以说主绝缘是电机的心脏，它决定了电机的寿命。随着电机的额定电压和装机容量的不断增大，运行时所产生的损耗随之增加，产生出更多的热量，使得电机的温升增加，而高温是导致电机主绝缘的电气性能、力学性能下降，绝缘寿命缩短甚至失效的重要原因。因此，高压电机运行中的发热、传热、冷却，将直接影响到电机的工作效率和使用寿命。如目前使用比较广泛的大型空冷高压发电机组的制造技术已取得了重要进展，这主要是因为空气冷却相比其他冷却方式（水冷和氢冷）具有结构简单、布置紧凑、运行可靠、安装迅速、调整灵活、维修方便、运行成本低和占地面积小等优点。为了提高空气的冷却能力，必须对空冷发电机的主绝缘材料进行研制以降低导热热阻，达到降低温升的目的。对于降低主绝缘的导热热阻可以通过以下方式来进行调节：一方面可以通过减薄绝缘层的厚度；另一方面可以采用高导热的绝缘材料。电机的主绝缘厚度是与其电压等级呈正比例关系增加的，因此，电压等级的提高必然意味着绝缘厚度的增加。由于要保证足够的电气强度，因此绝缘减薄这种方法受到了极大的限制。采用后者方法，在电机中采用高导热的绝缘材料来降低导热热阻是一种切实可行的方法，而且可以提升电机产品的制造水平。据国外报道，如果主绝缘材料的导热系数由现在的0.2W/(m·K)提高到0.4~0.5W/(m·K)，高压空冷发电机的输出功率可以提高10%，而且其制造成本至少可下降10%~15%，经济效益极为可观。所以在电机领域中，使用高导热材料，比如高导热云母带、高导热电磁线、高导热漆布、高导热槽绝缘、高导热浸渍树脂等是现代电机技术研究的重点方向之一。

现代电子技术主要是微电子技术，微电子技术的关键及影响电子系统高性能和小型化的主要因素是电子封装技术。封装技术的总的目标是在保证绝缘可靠性的前提下提高传输速度、功率和散热能力，增加输入/输出端口数，减小器件尺寸，降低生产成本。所以电子封装向高集成度、高密度、高频和布线细微化（Intel 25 nm 工艺已成功地应用于芯片制造）、芯片的大功率化方向发展。这种发展趋势使得在有限的体积内产生更多的热量，如果热量不能及时导出，积累过多，便会使集成电路和芯片的温度升高，影响其工作，甚至烧毁电子元器件。电子封装技术的快速发展对电子封装材料不断提出了新的要求。

高功率的LED其输入功率的15%~20%的能量转变成光，余下的75%~80%的电能均转变成热。如果这些发光产生的热能不能及时从LED灯的整体部件中导出，而蓄积在LED内部，会使芯片的温度升高，随着温度上升，发光材料的禁带宽度减小，导致LED发光会发生红移现象，使得白光色度变差。而且温升还将严重影响LED的发光效率和使用寿命，甚至当LED灯中的相关器件承受不了其高温时而最终使LED灯失效。因此一般在LED灯内部的芯片温度不能超过110℃。要想很好地控制LED灯温升，应从LED灯的结构设计和散热材料的选择上去实现。

由于应用于航天航空和军事领域的器件通常都需要在高频、高压、高功率以及高温等苛刻的环境下运行，并且要求高可靠性，无故障时间长，对散热要求也极高，因此对聚合物基复合材料的导热性能也提出了更高要求。图5-11~图5-18分别给出了热管理用复合材料在计算机、航空航天以及LED节能灯等方面的应用。

图5-11 配置SiC/Al复合材料基底的绝缘栅双极型晶体管

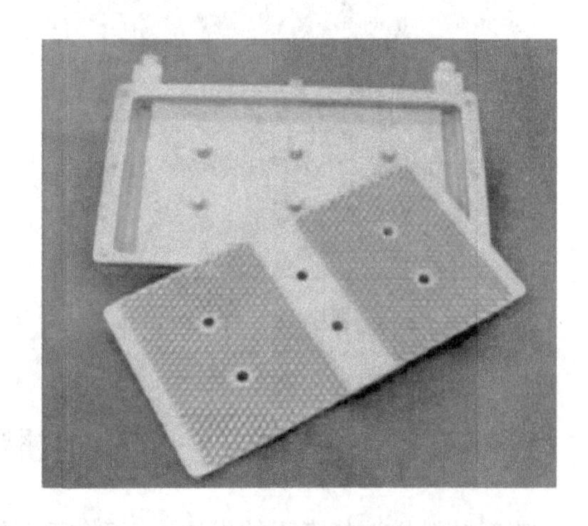

图5-12 SiC/Al复合材料用于飞机功率模块基底

图 5－13 C_f/Al 质封装材料用于航天器相控雷达微波器件

图 5－14 金刚石增强碳化硅散热器

图 5－15 配有石墨散热器的笔记本电脑

图 5－16 LED 节能灯

图 5－17 C/C 复合材料散热片

图 5－18 等离子体喷涂 C/C 散热器

5.3 阻燃复合材料

随着材料科学与工程的发展，各种新型的聚合物及其复合材料以其优异的综合性能正逐步取代传统材料，被广泛应用于社会生产与生活的各个领域。但是，在聚合物材料给人们的生活带来巨大方便的同时，也由于其易燃性带来了潜在的火灾安全性问题。聚合物及其复合材料在火灾中会造成的危害主要分为热危害和非热危害两大类：前者来自于火灾中释放的热量，后者来自于火灾中产生的大量烟雾和有毒、腐蚀性气体。因此对聚合物进行阻燃处理使其不着火或具有自熄性可减少火灾的发生。

5.3.1 材料阻燃性能评价

评价阻燃复合材料的阻燃性能主要有材料的易点燃程度、自熄时间、火焰蔓延速度、生烟密度和燃烧产物的毒性等几方面。

常用的测试材料易燃性能的方法有两种：垂直燃烧法（火焰蔓延法的一种，除此还有水平法、45°倾斜法等）和氧指数法，其在各国国标中均有详尽的定义和规范（如国标 GB 4609—84、GB 2406—80）。垂直燃烧法通过测试试样有焰、无焰燃烧持续的时间，被烧毁或损伤的长度，是否熔滴颗粒，燃烧后和冷却时的即时变形和物理强度来描述材料的阻燃性。氧指数法是评价各种材料相对燃烧性的一种方法，极限氧指数（LOI）是指在氧氮混合气流中刚好能保持燃烧状态所需的最低氧浓度，以氧的百分数表示（亦称氧指数），一般 LOI 值大于 27% 的物质为阻燃性物质。此方法作为判断材料在空气中与火焰接触时燃烧的难易程度非常有效，可以用来给材料的燃烧难易程度分级。单独凭极限氧指数值的高低，不足以说明该样品阻燃性的好坏，而垂直燃烧法可以客观地描述材料的阻燃性；但与垂直燃烧法相比，氧指数法测得的数据准确，重现性好。因此，氧指数法更适合用于工艺过程实验使用；垂直燃烧法则可以评价材料的最终阻燃性能。

烟雾是材料热解或燃烧时生成的可见固体、液体微粒及气体混合物，其组成因燃烧条件（如温度、氧含量等）和其他因素的变化而异。烟尘会降低火场的可见度，其中的有毒物质还会危害人体。材料燃烧生烟程度的测试方法主要有两种：一是烟雾的比光密度法（如 ASTM E662），即通过测定所生烟雾对光强度的衰减作用来判断发烟量的多少，比光密度（Ds）越大，烟浓度越大；二是烟尘的质量测定法（如 ASTM D4100），即通过测定材料燃烧发烟前后的质量损失和烟尘质量来判断发烟量的多少。

复合材料的燃烧产物因材料的成分和结构的不同而异，主要有 CO_2、CO 及各种聚合物的热分解产物（如 CH_4，C_2H_2、C_2H_4 等低相对分子质量的烃和丙烯醛等含氧化合物），含杂原子的聚合物还会产生相应的杂原子化合物，如 SO_2、NO、NO_2、NH_3、HCN、HCl、HF 等，这些气体大都有毒性，会对人体造成伤害。研究气体毒性的方法有分析化学试验法、生物试验法和生理研究法。其中的分析化学法通过采用气相色谱、红外光谱等先进的仪器分析手段，可以了解燃烧产物的种类及含量，了解温度对产物生成及含量的影响等。此外 TG、DTA、DSC 等热分析法对阻燃材料和阻燃机理的研究也非常有用。

目前已有专门的仪器来研究材料的阻燃性能。常用的如锥形量热计，可测定材料的燃烧余量（%）、燃烧放热率值（HRR）、质量损失速率（MLR）、比消光面（SEA）、比燃烧热（Hc）及 CO 生成量，其中前三者的最大重现误差为 ±10%，后两者的最大重现误差为 ±15%。

作为建筑材料和车、船、飞行器等的内装饰材料，要求复合材料具有低可燃、低烟雾、低毒性的特点。表 5-10 为我国飞机内装饰材料的某些可燃性设计指标。

表 5-10 我国飞机内装饰材料的可燃性设计指标

项目		指标
垂直燃烧（60s）		能自熄
平均烧焦长度/mm		<152
离焰后续燃时间/s		≤15
热释放速率/$kW \cdot min \cdot cm^{-2}$		<100
烟雾（Ds）240s		<200
燃烧物毒性	HF	$<50 \times 10^{-6}$
	HCl	$<500 \times 10^{-6}$
	HCN	$<150 \times 10^{-6}$
	CO	$<3500 \times 10^{-6}$
	SO_2	$<100 \times 10^{-6}$
	$NO + NO_2$	$<100 \times 10^{-6}$

5.3.2 阻燃剂与阻燃机理

5.3.2.1 阻燃方法

复合材料的阻燃方法主要有反应型和添加型。反应型阻燃剂是在被阻燃基材制造过程中加入的，它们或者作为聚合物的单体，或者作为交联剂而参与反应，最后成为聚合物的结构单元而赋予聚合物以阻燃性，多用于热固性聚合物。采用反应型阻燃剂所获得的阻燃性具有相对的永久性，毒性较低，对被阻燃聚合物的性能影响也较小，但工艺复杂。添加型阻燃是在聚合物加工过程中直接加入的，工艺简单，并且能满足使用要求的阻燃剂品种多。因此，在实际应用中多采用添加阻燃剂的方法来实现。

5.3.2.2 助燃剂及其阻燃机理

从聚合物的燃烧过程及机理可知，聚合物的持续燃烧需要足够的氧气、可燃物及温度，这三个要素缺一不可。通过阻止或抑制其中某一要素，都可以起到阻燃作用。按阻燃机制划分，聚合物的阻燃方法可分为化学方法和物理方法：所谓的化学方法是通过干预聚合物在降解过程中的自由基链反应来实现的；而物理方法则通过阻隔、冷却和稀释等手段来实现。若按阻燃作用的区域划分，阻燃机理可以分为气相阻燃机理和凝聚相阻燃机理。

下面具体地分析几种常用阻燃剂的阻燃机理：

（1）金属氢氧化物。金属氢氧化物是消费量最大的无卤阻燃剂，主要包括氢氧化镁（MTH）和氢氧化铝（ATH）。其中，由于 MTH 具有较高的热稳定性，常用来阻燃聚合物。这类阻燃剂的作用机理可以归纳为：首先，大量阻燃剂的填充降低了可燃聚合物的实际浓度；其次，氢氧化物在受热分解时会吸收大量的热，抑制聚合物温度升高，延缓材料的降解；此外，分解生成的水蒸气可以稀释可燃气体和氧气的浓度，阻止燃烧继续进行；再者，分解生成的不燃物质（MgO 或 Al_2O_3）覆盖在聚合物表面，阻隔氧气和可燃气体的传递，起到阻燃作用。然而，这类阻燃剂的阻燃效果取决于其添加量，一般需要添加 50%（质量分数）以上才能显示良好的阻燃效果；另外，氢氧化物属于亲水化合物，表面极性大，与非极性的聚合物相容性差，大量阻燃剂的添加严重劣化了材料的力学性能和加工性能。可以通过表面改性处理、纳米化和协同阻燃来提高金属氢氧化物的阻燃效果。

（2）磷系阻燃剂。磷系阻燃剂包括无机磷阻燃剂和有机磷阻燃剂。无机磷阻燃剂主要包括：红磷、三聚氰胺磷酸盐和聚磷酸铵等，此类阻燃剂具有阻燃效果持久、热稳定性好和不易挥发等优点。有机磷阻燃剂则主要包括磷酸酯、膦酸酯和有机磷盐等。磷酸酯阻燃剂往往兼具阻燃与增塑功能，在赋予材料阻燃性能的同时可改善其加工流动性。磷系阻燃剂主要以凝聚相阻燃为主。磷系阻燃剂受热分解，生成具有强脱水性的磷酸，促使聚合物脱水炭化，减缓聚合物的分解，从而起到阻燃作用。然而，脱水炭化过程必须依赖聚合物自身的含氧基团，因此单独使用磷系阻燃剂并不能获得满意的阻燃效果，通常将其与其他阻燃剂复配使用。

（3）硅系阻燃剂。硅系阻燃剂是无卤阻燃剂中的后起之秀，它的开发要晚于磷系阻燃剂，始于20世纪80年代。它在赋予聚合物良好阻燃抑烟性能的同时，还能改善材料的耐热性能、加工性能及力学性能。因此，尽管硅系阻燃剂的成本较高，但仍然是近年来的研究热点。目前，常见的硅系阻燃剂包括：聚硅氧烷、硅胶、硅树脂微粉、硅酸盐和纳米二氧化硅等。其中，聚硅氧烷（俗称有机硅阻燃剂）最具发展潜力。一般认为，有机硅阻燃剂的作用机理为凝聚相阻燃机理，主要通过燃烧时向聚合物表面富集并形成 Si — O、Si — C 耐高温保护炭层，从而起到阻燃作用。

（4）硼系阻燃剂。硼系阻燃剂能在阻燃材料受高温或燃烧时，在其表面形成连续、致密的玻璃状物质，起到隔热隔氧的作用。硼系阻燃剂包括无机硼系阻燃剂和有机硼系阻燃剂。无机硼系阻燃剂包括：硼酸锌、硼砂、偏硼酸铵和偏硼酸钡等。其中，硼酸锌的应用最为广泛。硼酸锌具有较好的阻燃抑烟作用，但单独使用时效果并不明显，因此常与膨胀型阻燃剂、氢氧化镁和红磷等阻燃剂复配使用。然而，无机含硼化合物存在极性大、易吸湿和易水解等缺点，限制了其进一步应用。近年来，有机硼系阻燃剂方面的研究工作受到了越来越多的关注。其中，将硼、硅元素引入同一分子结构中合成有机硼硅阻燃剂是研究的热点。这类阻燃剂不仅有效改善了含硼阻燃剂的抗湿和耐水解性能，降低了含硅阻燃剂的使用成本，而且与其他无卤阻燃剂表现出很好的协同阻燃作用。

（5）膨胀阻燃剂。膨胀型阻燃剂（IFR）是近年来发展最快的一类无卤阻燃剂，具有阻燃效率较高、低烟低毒、无腐蚀气体释放和抗熔滴等优点。膨胀型阻燃剂的基本组成有三部分：酸源、炭源和气源。目前，较为成熟的膨胀阻燃机理为：受热燃烧时，酸源释放出无机酸作为脱水剂，与含有多羟基的炭源发生酯化、交联、芳基化及炭化反应，此过程中形成的熔融态物质在气源产生的不燃性气体的作用下发泡、膨胀，形成致密多孔的泡沫状炭层。膨胀所形成的炭层使热难于穿透凝聚相，并阻止氧从周围介质扩散到正在降解的塑料中，以及阻止降解生成的气态或液态可燃物逸出材料表面，使聚合物燃烧过程由于没有足够的燃料和氧气维持而终止，从而达到阻燃的目的。

（6）纳米阻燃剂。20世纪80年代以来，纳米技术和纳米复合材料的蓬勃发展，为阻燃科学与技术的发展注入了新的活力。与传统阻燃剂不同，少量纳米阻燃剂（$\leqslant 5.0\%$（质量分数））的加入，不仅可以提高聚合物的阻燃性能，还能改善其力学性能。目前用来阻燃聚合物的纳米阻燃剂有层状双氢氧化物，海泡石、α－磷酸锆、蒙脱土、聚倍半硅氧烷、埃洛石纳米管、富勒烯、碳纳米管和石墨烯等。纳米阻燃技术之所以受到重视在很大程度上是因为少量纳米阻燃剂的加入可以大幅降低材料的热释放速率（HRR）。HRR 是火灾评价中的最为重要的参数之一，它反映火焰点燃和传播的能力。然而，单独添加纳米阻燃剂往往难以获得满意的氧指数和垂直燃烧级别，极大限制了其实际应用。因此，常将纳米阻燃剂与传统阻燃剂复配使用。

5.3.3 树脂基复合材料的易燃性及阻燃

树脂基复合材料主要由增强体和树脂基体组成。增强体主要有颗粒增强体和纤维增强体。树脂基体分为热固性树脂和热塑性树脂。常有的热固性树脂主要包括不饱和聚酯树脂、环氧树脂、酚醛树脂等。热塑性树脂包括各种通用塑料（如聚丙烯、聚氯乙烯等）、工程塑料（如尼龙、聚碳酸酯等）以及特种耐高温聚合物（如聚醚醚酮、聚醚砜及杂环类聚合物等）。树脂的易燃性与其成碳量有关，表 5 - 11 给出了极限氧指数与成碳量的关系。由表 5 - 11 可见，树脂和复合材料的成碳率提高，极限氧指数相应提高，易燃性降低。

表 5 - 11 树脂及其复合材料极限氧指数与成碳量的关系

树 脂	800 下的成碳量/%	LOI/%
环氧树脂	10	23
聚酰亚胺	53	27
酚醛树脂	54	25
密胺树脂	58	27
石墨复合材料		
环氧树脂	79	41
酚醛 - 对苯二甲撑二甲醚苯酚	83	46
二马来酰亚胺	82	47
酚醛 - 线性酚醛清漆	86	50
聚醚砜	77	54
聚二苯砜	81	52

大多数聚合物需经改性或添加阻燃剂后，才有较好的阻燃性，如在不饱和聚酯树脂中引入水镁石提高其阻燃性。从表 5 - 12 可以看出，随水镁石添加量的增加，不饱和聚酯（UPR）的极限氧指数呈上升趋势，说明水镁石对 UPR 有阻燃效果。而且用钛酸酯改性后的水镁石与未改性的相比，改性后的水镁石填充阻燃 UPR 的氧指数上升较快，这是因为处理后的水镁石在 UPR 树脂中良好的分散性使得在相同填充量时更能充分发挥水镁石的阻燃作用，提高阻燃效果。此外，当 UPR 中未加入水镁石时，燃烧放出黑烟，随着水镁石的加入黑烟量逐渐减少，当加入量达到 50% 时，UPR/水镁石复合材料燃烧时已无任何黑烟，无任何环境影响。

表5-12　水镁石添加量对极限氧指数的影响

添加量/%	UPR/未改性水镁石的极限氧指数/%	UPR/改性水镁石的极限氧指数/%
0	19.3	19.3
10	19.9	21.3
20	21.3	24.7
30	22.7	27.2
40	23.2	27.6
50	24.9	28.3
60	24.5	32.4

红磷是无机阻燃剂的一种优良的阻燃协效剂。表5-13显示了红磷的加入对复合材料性能的影响效果。如表5-13所示，红磷的加入对复合材料力学性能的影响不大，而对阻燃性能影响较大。但由于$Mg(OH)_2$和$Al(OH)_3$阻燃剂种类不同，两者与红磷在阻燃协同效果上又有所不同。就氧指数而言，红磷与$Mg(OH)_2$之间存在饱和性，而与$Al(OH)_3$的复配在试验范围内未出现类似现象。

表5-13　红磷加入时阻燃剂协同阻燃效果对比

阻燃剂	红磷的质量分数/%	抗拉强度/MPa	断裂伸长率/%	极限氧指数/%
氢氧化镁	0	11.4	112	29.5
	2	11.4	104	33.4
	4	11.7	100	39.8
	6	11.7	100	42.4
	8	11.8	96	39.6
氢氧化铝	0	9.3	112	24.2
	2	10.3	100	24.2
	4	10.3	104	25.6
	6	10.1	116	31.5
	8	10.4	92	33.0

注：聚烯烃100份，氢氧化物100份，抗氧化剂1份。

5.3.4　阻燃复合材料技术的发展

阻燃复合材料技术的发展如下：

(1) 注重安全性。为了使阻燃性复合材料在其制备和使用过程中不对人体和环境造成危害，首先要求阻燃剂本身是无毒的，其次要求在阻燃过程中高温下的分解产物也是无毒的，非刺激性的，发烟量越少越好。一些常用的阻燃剂，如卤系阻燃剂，发烟量大且释放出来的烟雾、气体中的有毒成分将腐蚀环境物体，使人窒息，造成更多更大的二次灾害。为了减轻阻燃剂的有害作用以获得具有使用安全性的阻燃剂，以抑烟化、无毒化、无卤化等为主题的安全化阻燃已成为复合材料阻燃技术开发应用的主要趋势。

无卤阻燃复合材料中主要是采用无机阻燃剂（如水合氧化铝、水合氧化镁）、锑系阻燃剂、磷系阻燃剂等来替代卤系阻燃剂。其中，由于水合氧化铝（镁）本身具有阻燃、消烟、填充三个功能，且无毒害、无二次污染、无腐蚀，又能与多种物质产生阻燃协同效应，特别是它资源丰富、价格低廉、使用安全，因而被公认为理想的无公害阻燃添加剂，其中以水合氧化铝（镁）为阻燃剂的复合材料的研究最为广泛。

由于碳的极限氧指数高达65%，人们又研制出一种新的阻燃体系——膨胀型阻燃剂（IFR），如 Melabis 阻燃剂，其结构式见图5-19。IFR 可用于多种易燃聚合物，它能催化裂解共聚物骨架为碳化层，或本身含有碳组分。在聚合物中加入一定量的 IFR 可使 LOI 值提高到碳的 LOI 值，而且可减少材料燃烧时放出的烟量及消除卤化氢，提高安全性。

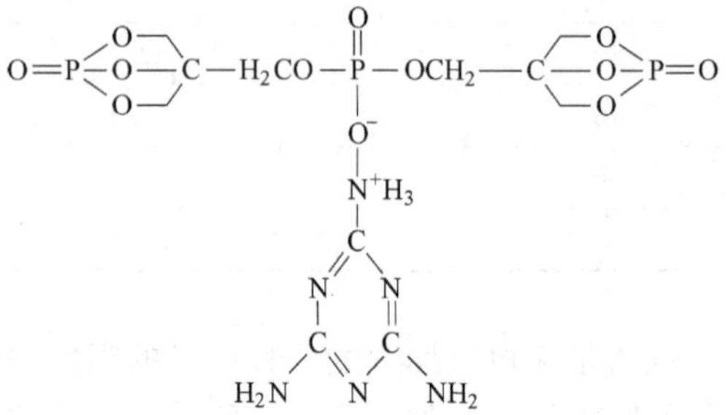

图5-19　Melabis 的结构式

（2）注重功能复合性。在研究复合材料的阻燃性能时，最基本的要求首先是不损害它的原有性能，例如不降低其力学性能、电学性能等。随着复合材料阻燃技术的发展，在这些基本要求之上，还希望材料具有某些特定的功能。例如为了解决 $Al(OH)_3$ 在电器用复合材料体系中的耐湿性问题，也就是提高其在潮湿环境下的电绝缘性，将混入 $Al(OH)_3$ 中的 Na^+ 离子控制在 100mg/kg 以下即可达到实用的目的。应用微粒化的 $Al(OH)_3$，并将其表面用硬脂酸处理，或用环氧硅烷、乙烯硅烷等有机硅偶联剂处理后既能使其阻燃效果很好，又能提高阻燃复合材料体系的强度。另外还出现了要求同时具有阻燃与抗静电功能或阻燃与电磁波屏蔽效应功能的产品。在某些特殊使用条件下还要求耐热与耐辐射的阻燃材料。总之要求阻燃性树脂基复合材料有多层次的复合功能的动向已经出现。

（3）注重技术创新性。为了发展和完善树脂基阻燃复合材料体系阻燃技术，很多新兴的科学技术也开始要求逐渐应用到复合材料阻燃性能的研究中。例如，为了使氢氧化铝、氢氧化镁、氧化锑等无机阻燃剂能更有效的使用，要求采用粉体工程的新技术使之微粒化，另外还可用表面化学技术使粒度有合理的级配，并有效控制粒子的形状，增加它们与树脂基体的亲和力。

微胶囊化技术也开始运用于阻燃剂的使用中，它有助于更有效地发挥阻燃剂在树脂体系中的作用。在国外，阻燃剂的微胶囊化已成为树脂基复合材料阻燃技术前沿研究的热门课题。

为了达到阻燃的目的，首先要有精确地表征各项性能的分析测试方法，在物理、化学性质的基本数据方面已有各种现代化的精密仪器分析方法，但表征有关阻燃性能的测试方法的精度还远远不够，要不断地改进提高有关阻燃性能的分析测试方法。为此除了要注意人的操作技术外，在测试的各个环节，还要尽量采用自动控制的仪表，与计算机相连接，使测试技术现代化是很必要的。

TGA、DSC 等热化学分析方法已逐渐被树脂基复合材料阻燃性能的研究所利用，鉴于在其他技术领域现在发展到将热分析的方法与色谱、光谱的方法联合使用的阶段，对树脂基复合材料阻燃技术的研究也应当综合利用各种分析方法来阐明一些带有根本性的问题。

随着纳米技术的发展，聚合物/无机物纳米复合材料又为阻燃复合材料开辟了一条新途径，被誉为复合材料阻燃技术的革命。20 世纪 80 年代末 90 年代初，丰田公司的研究开发中心首次报道了尼龙 -6/黏土纳米复合材料的制备，10 多年来，聚合物/黏土纳米复合材料作为一种有机 - 无机杂化材料已成为各国竞相研究开发的热点，除尼龙外，已开发出聚酯（PET、PBT 等）、聚烯烃（PP、PE 等）、PS、UHMWPE、环氧、聚苯胺和硅橡胶等多种复合体系。所谓聚合物/黏土纳米复合材料即是将以特殊技术制得的纳米级硅酸盐无机物分散于聚合物基体中形成的复合材料，当其中无机物组分含量为5% ~10%时，由于纳米材料极大的比表面积而产生一系列的效应，而使之较常规聚合物/填料复合材料有无法比拟的优点，如密度小、机械强度高、吸气性和透气性低等，其耐热性和阻燃性也大为提高。

（4）注重研究的系统性。阻燃聚合物基复合材料体系是多组分的复杂体系，它包括不同性质的阻燃剂、炭化促进剂、偶联剂、交联剂、消烟剂、填充剂等。显然这样复杂的体系仅靠几条经验性的规则和一般的科学原理是不能完全指导它的配制的。为得到这个体系的最优化的综合性能，必须研究这些成分之间的相互作用，要发挥它们之间的增益作用，避免它们之间的有害的、相互抵消的作用。在具体运用过程中，不能只达到化学理论的平衡，还必须研究这些组分的热分解动力学过程，即在不同的时间、温度历程中它们基本上处于什么样的平衡状态，从加工处理的阶段开始，直到高温热解，必须靠很多的实验才能找出最合适的配方。因此对聚合物基复合材料体系阻燃技术的研究不能只停留在对阻燃添加剂、阻燃结构上，还应从全面的、系统的角度进行研究，使阻燃复合材料能更广泛地运用到建筑行业及航空航天等领域中去。

参 考 文 献

[1] 张佐光．功能复合材料［M］．北京：化学工业出版社，2002.

[2] 尹洪峰，魏剑．复合材料［M］．北京：冶金工业出版社，2010.

[3] 贾修伟．纳米阻燃材料［M］．北京：化学工业出版社，2004.

[4] 吴人洁．复合材料［M］．天津：天津大学出版社，2000.

[5] Gerard L Vignoles，Jean Lachaud，Yvan Aspa，et al. Ablation of carbon - based materials：multiscale roughness modelling［J］. Composite Science and Technology，2009，69：1470 ~1477.

[6] Jong Kyoo Park，Donghwan Cho，Tae Jin Kang. A comparison of the interfacial，thermal，and ablative properties between spun and filament yarn type carbon fabric/phenolic composites［J］. Carbon，2004，42：795 ~804.

[7] Pulci G，Tirillò J，Marra F，et al. Carbon - phenolic ablative materials for re - entry space vehicles：manufacturing and properties［J］. Composites：Part A，2010，41：1483 ~1490.

[8] Hong Changqing，Han Jiecai，Zhang Xinghong，et al. Novel phenolic impregnated 3 - D woven pierced carbon fabric composites：microstructure and ablation behavior［J］. Composites：Part B，2012，43：2389 ~2394.

[9] Iglhamig Pertas. High - temperature Degradation of Reinforced Phenolic Insulator［J］. Journal of Applied Polymer Science，1998，68：1337 ~1342.

[10] Kershaw D，Still R H. Thermal degradation of polymers（Ⅸ）—ablation studies on composites：comparison of laboratory test methods with tethered rocket motor firings［J］. Journal of Applied Polymer Science，1975，19：983 ~989.

[11] 黄海明，杜善义，吴林志，等．C/C 复合材料烧蚀性能分析［J］．复合材料学报，2001，18（3）：

76 ~ 80.
[12] 易法军，梁军，孟松鹤，等. 防热复合材料的烧蚀机理与模型研究 [J]. 复合材料学报，2000，23 (3)：48 ~ 57.
[13] Nie Jingjiang, Xu Yongdong, Zhang Litong. Microstructure, thermophysical, and ablative performances of a 3D needled C/C - SiC composite [J]. International Journal Applied Ceramic Thechnology, 2010, 7 (2): 197 ~ 206.
[14] 秦凯，王钧，宋仁义. 酚醛耐烧蚀复合材料的耐热改性研究 [J]. 国外建材科技，2005, 26 (4)：23 ~ 26.
[15] 高迪. 酚醛树脂浸渍碳纤维三维编织体的成型与烧蚀行为研究 [D]. 哈尔滨：哈尔滨工业大学，2011.
[16] 聂景江，徐永东，张立同，等. 化学气相渗透法制备三维针刺 C/SiC 复合材料的烧蚀性能 [J]. 硅酸盐学报，2006, 34 (10)：1238 ~ 1242.
[17] 牛国良. 烧蚀材料用改性树脂 [J]. 固体火箭技术，1998, 21 (4)：64 ~ 67.
[18] 张立同，成来飞，徐永东. 新型碳化硅陶瓷基复合材料的研究进展 [J]. 航空制造技术，2003, (1)：24 ~ 33.
[19] 赵东林. 再入大气环境下材料性能的实验模拟方法研究 [D]. 西安：西北工业大学，2006.
[20] Gao Guoxin, Zhang Zhicheng, Zheng Yuansuo, et al. Effect of fiber orientation angle on thermal degradation and ablative properties of short - fiber reinforced EPDM/NBR rubber composites [J]. Polymer Composites, 2010, 10: 1223 ~ 1232.
[21] Bibin John, Dona Mathew, B Deependran. Medium - density ablative composites: processing, characterization and thermal response under moderate atmospheric re - entry heating conditions [J]. J Mater Sci., 2011, 46: 5017 ~ 5028.
[22] Schubert Th, Trindade B, Weiβgärber T, et al. Interfacial design of Cu - based composites prepared by powder metallurgy for heat sink applications [J]. Materials Science and Engineering A , 2008, 475: 39 ~ 44.
[23] Carl Zweben. Advances in composite materials for thermal management in electronic packaging [J]. JOM, 1998, (6): 47 ~ 52.
[24] Carl Zweben. High - performance thermal management materials [J]. Advanced Package, 2006, (2): 20 ~ 23.
[25] Carl Zweben. Thermal management materials solve power electronics challenges [J]. Power Electronics Technology, 2006, (2): 40 ~ 48.
[26] Qu Xuan - hui, Zhang Lin, Wu Mao, et al. Review of metal matrix composites with high thermal conductivity for thermal management applications [J]. Progress in Natural Science: Materials International, 2011, 21: 189 ~ 197.
[27] Prieto R, Molina J M, Narciso J et al. Fabrication and properties of graphite flakes/metal composites for thermal management applications [J]. Scripta Materialia, 2008, 59: 11 ~ 14.
[28] Sabuj Mallik, Ndy Ekere, Chris Best, et al. Investigation of thermal management materials for automotive electronic control units [J]. Applied Thermal Engineering , 2011, 31: 355 ~ 362.
[29] Tan Zhanqiu, Li Zhiqiang, Fan Genlian, et al, Fabrication of diamond/aluminum composites by vacuum hot pressing: Process optimization and thermal properties [J]. Composites: Part B, 2013, 47: 173 ~ 180.
[30] Andrey M Abyzov, Sergey V Kidalov, Fedor M Shakhov. High thermal conductivity composite of diamond particles with tungsten coating in a copper matrix for heat sink application [J]. Applied Thermal Engineering, 2012, 48: 72 ~ 80.

[31] Zhang Qiang, Wu Gaohui, Chen Guoqin, et al. The thermal expansion and mechanical properties of high reinforcement content SiCp/Al composites fabricated by squeeze casting technology [J]. Composites: Part A, 2003, 34: 1023 ~ 1027.

[32] Faqir M, Batten T, Mrotzek T, et al. Improved thermal management for GaN power electronics: silver diamond composite packages [J]. Microelectronics Reliability, 2012, 52: 3022 ~ 3025.

[33] Xia Yang, Song Yue - qing, Lin Chen - guang, et al. Effect of carbide formers on microstructure and thermal conductivity of diamond - Cu composites for heat sink materials [J]. Trans. Nonferrous Met. Soc. China, 2009, 19: 1161 ~ 1166.

[34] 虞锦洪. 高导热聚合物基复合材料的制备与性能研究 [D]. 上海：上海交通大学，2012.

[35] Cohen A Bar, Wang P, Rahim E. Thermal management of high heat flux nanoelectronic chips [J]. Microgravity Sci. Thecnol., 2007, 3/4: 48 ~ 52.

[36] Bakk I P, Borsoi G, Favarolo P A. Thermal management of LED systems [J]. Electronic and Information technique, 2012, (3): 21 ~ 28.

[37] John J Banisaukas, Roland J Watts. Carbon composites for spacecraft thermal management [J]. Space Technology and Applications International Forum - STAIF 2004, 28 ~ 38.

[38] Tan Zhanqiu, Li Zhiqiang, Fan Genlian, et al. Enhanced thermal conductivity in diamond/aluminum composites with a tungsten interface nanolayer [J]. Materials and Design, 2013, 47: 160 ~ 166.

[39] Schubert Th, Brendel A, Schmid K, et al. Interfacial design of Cu/SiC composites prepared by powder metallurgy for heat sink applications [J]. Composites: Part A, 2007, 38: 2398 ~ 2403.

[40] 夏扬，宋月清，崔舜，等. 热管理材料的研究进展 [J]. 材料导报，2008，22 (1)：4 ~ 7.

[41] 尹辉斌，高学农，丁静，等. 热适应复合材料应用于电子器件散热的研究进展 [J]. 化工进展，2007，26 (6)：830 ~ 833.

[42] 田大垒，关荣锋，王杏. 新型封装材料与大功率 LED 封装热管理 [J]. 电子元件与材料，2007，26 (8)：5 ~ 8.

[43] Laoutid F, Bonnaud L, Alexandre M, et al. New prospects in flame retardant polymer materials: From fundamentals to nanocomposites [J]. Materials Science and Engineering R, 2009, 63: 100 ~ 125.

[44] Kiliaris P, Papaspyrides C D. Polymer/layered silicate (clay) nanocomposites: an overview of flame retardancy [J]. Progress in Polymer Science, 2010, 35: 902 ~ 958.

[45] Richard Hull T, Witkowski Artur, Hollingbery Luke. Fire retardant action of mineral fillers [J]. Polymer Degradation and Stability, 2011, 96: 1462 ~ 1469.

[46] Indrek S Wichman. Material flammability, combustion, toxicity and fire hazard in transportation [J]. Progress in Energy and Combustion Science, 2003, 29: 247 ~ 299.

[47] 王洋. 高效复合型磷系阻燃剂在 HIPS 中的应用研究 [D]. 贵阳：贵州大学，2009.

[48] 李红霞. 高性能无卤阻燃聚烯烃复合材料的研究 [D]. 北京：北京化工大学，2007.

[49] 杨伟. 聚酯复合材料无卤协效阻燃及机理的研究 [D]. 合肥：中国科技大学，2012.

[50] 赖学军. 耐水高膨胀型阻燃剂的制备及其阻燃聚丙烯的研究 [D]. 广州：华南理工大学，2012.

[51] 吕品. 膨胀型阻燃剂聚丙烯复合材料制备、性能与机理研究 [D]. 合肥：中国科技大学，2008.

[52] 刘俊龙，赵越，赵芝田，等，水镁石对不饱和聚酯树脂性能的影响 [J]. 塑料，2010，39 (3)：76 ~ 79.

[53] 李波. 无卤阻燃弹性体的制备、性能及阻燃机理研究 [D]. 北京：北京化工大学，2011.

[54] 王晔. 复合材料的阻燃研究 [J]. 消防技术与产品信息，2003，11：49 ~ 58.

[55] 董金虎. 聚合物基复合材料阻燃的研究进展 [J]. 塑料工业，2012，40 (5)：17 ~ 24.

6 梯度功能复合材料

6.1 梯度功能材料的产生与研究动态

6.1.1 梯度功能材料的产生

随着现代科学技术的发展，人们对材料使用性能的要求越来越高，新材料也不断涌现。1986 年 2 月，美国总统里根在新年咨文中发表了关于东京－华盛顿间只需两小时的特超音速客机“New Oiient Express”开发计划，在欧洲也实施了各种计划，如英国的载人航天飞机“HOTOL”，德国的 SANGER 计划及俄罗斯的图－2000 计划等，日本科学技术厅航空宇宙研究所在 1988 年 7 月召开的“宇宙往返输送技术讲演会”上发表了具有挑战性的宇宙往返和特超音速客机两用的航天飞机开发计划。为了推进该计划，作为其基础的发动机，机体材料和飞行控制技术等的开发是很必要的，但由于新型航天往返飞机是以非垂直上升姿势穿越大气层的，必须在大气层中长时间飞行加速，其速度可达 8～25 马赫数。飞行过程中机体表面与空气摩擦将产生很高的温度。据模拟计算，在 27000m 的高空，巡航速度为 8 马赫数时，机头表面温度将达到 1800℃，冲压发动机进气口处也能达到 1700℃以上。此外，其发动机燃烧室也将承受 2000 K 以上高温燃气流的强烈冲击（热流密度为 $5MW/m^2$）。在这样高的热负荷下，必须利用所带燃料液氢（－253℃）对机体和发动机进行有效的冷却。如此苛刻的工作环境对机体热防护系统和发动机材料提出了极高的要求——一侧要有优异的耐热隔热特性以承受 2000K 以上的高温和热冲刷，另一侧又能耐低温且导热性良好，以提供足够的强制冷却作用；同时材料要有优良的强韧性以承受机械载荷和温度梯度引起的热应力，达到一定的耐久性和使用寿命。因此作为机体材料的隔热型超耐热材料的开发是必不可少的。

根据上述背景，以新野正之为中心的日本科学技术厅航空宇宙研究所的研究者和东北大学的材料研究者们于 1987 年提出了“梯度功能材料”（Functionally Graded Materials, FGM）的新概念。其基本思想是：为了避免陶瓷/金属复合部件在使用过程中，因陶瓷与金属间在线膨胀系数、热导率、弹性模量及强度、韧性等物理性能和力学性能上的巨大差异所产生的过高界面应力而致使陶瓷层出现开裂及剥落现象，陶瓷与金属不是直接接触连接，而是在陶瓷与金属两者之间形成一个在成分、组织组成及性能上均呈梯度连续变化的过渡区，其典型的用作防热结构的梯度功能材料如图 6－1 所示，通过控制其成分、微观结构和

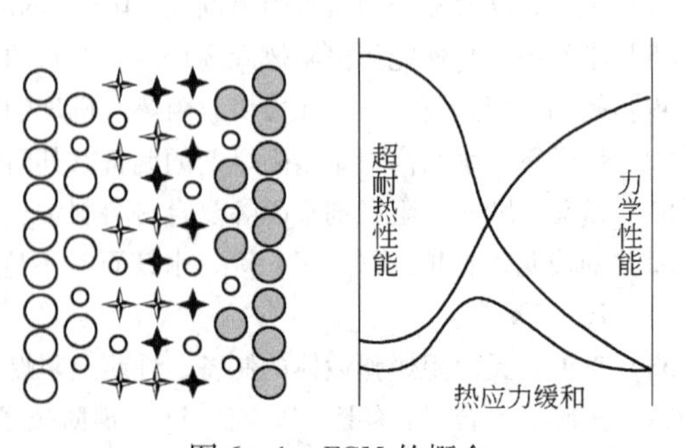

图 6－1 FGM 的概念

○—陶瓷；●—金属；✦✧—纤维；○—微孔

孔隙率，使外层陶瓷与内层金属的线膨胀系数差得到补偿，使结合部位的界面消失，从而得到热应力缓和的高性能梯度功能材料。这样，一方面避免了两者间由物理及力学性能上的巨大差异所造成的界面应力等问题，另一方面又能充分缓和材料在使用过程中由高温度梯度落差所造成的热应力。此外，梯度功能材料的另一大优点是可根据工件的实际服役条件要求，对FGM的组成、结构等进行灵活柔性设计而达到预期的要求。

梯度功能材料技术被一致认为是未来航空、航天、核能等国防武器装备的核心关键技术，对武器装置及国防科技发展具有重要作用和意义。除了作为防热结构材料，FGM在生物医学、化学工程、信息工程、光电工程、民用及建筑方面也有着广阔的应用前景。

6.1.2 国内外研究动态和进展

自1987年FGM概念提出以后，立即引起了日本、德国、美国、瑞士、俄罗斯等国的高度重视，日本更是将开发FGM视为十大尖端科学研究方向之一，日本科技厅在1987年即开始实施“关于缓和热应力的FGM的基础技术研究及开发”，制定了分两阶段实施的FGM五年研究计划。第一期（1987~1989年）实施计划已经完成，在材料设计、合成和评价方面进行了许多开创性的工作，制备了一系列不同体系的厚度为1~10mm、直径为30mm的梯度功能材料。第二期（1990~1991年）研究计划也于1991年完成，目标是制得厚1~10mm、30cm见方的较大规格板材或具有同样面积、形状复杂的制品。同时成立了有100多个高校、研究院所和大公司参加的梯度功能材料研究会，以便协调全国FGM的设计、合成和评价方面的工作，并召开各种研讨会进行学术交流。1993年日本开始实施FGM研究的第二个国家级五年计划，已将工作重点转向模拟件的试制及其在超高温、高温度梯度落差及高温燃气高速冲刷等条件下的实际性能测试评价上。

梯度功能材料的出现也引起了世界其他国家材料工作者的极大兴趣。美国的国家宇航局和德国的航空研究所等都在积极从事FGM的研究。各国都把耐热隔热FGM及其制备技术作为重点关键技术来研究开发，国际上有关FGM的研究开发活动异常活跃，每两年定期召开一次FGM国际研讨会。

我国也于20世纪80年代末开始了对FGM的研究工作，目前国内已有专家单位从事FGM研究工作，但开展的研究都是基础性的探索工作，总体开发水平尤其是应用研究及先进制备技术方面与国外先进水平相比尚存在很大差距。

6.2 FGM设计

FGM研究开发部门由材料设计、材料合成和性能评价三部分组成。

研究目标是根据材料的使用条件而制定的，包括材料所应达到的耐热温度、耐热温差、热导率、机械强度等。材料设计部门搜集材料的各种性能数据，建立数据库，根据功能目标以及制造成本等因素，选择材料体系，然后将使用条件和材料数据代入进行计算，得到使热应力最小的最佳成分分布。

材料合成部门根据材料体系和成分分布研究材料合成工艺，制备符合最佳成分分布的试样和试件。

性能评价部门对试样或试件进行各种性能测试，如力学性能测试、热冲击试验、热落差试验，将实测值反馈给材料设计部门，完善数据库，进行成分分布调整达到所需性能，指导材料合成部门制备试样或试件。

6.2.1 材料设计

在现代航空、航天及核反应堆等承受极高热载的结构设计领域中，要求材料既能耐超高温，又能承受巨大的内外温差。这就要求同一件材料的两侧具有不同的性能或功能，又希望不同性质的两侧结合得完美，避免在苛刻使用条件下因性能的不匹配而发生破坏。一般的均质复合材料是难于满足要求的。如果采用一侧的简单的覆合表面涂层，则在两类材料之间存在明显的界面，将因线膨胀系数的严重失配而在界面处产生巨大的热应力，导致材料的破坏。梯度功能材料（Functionally graded Materials，FGM）通过连续改变两种材料的组成和结构，使其内部界面消失，并导致材料物性值的倾斜变化，从而达到缓和热应力的目的。

作为缓和热应力型 FGM，其组分的分布变化必须与之相适应。因为组分分布的变化导致物性值随之变化，从而使热应力的分布发生变化。如果控制物性值使热应力朝相抵消的方向变化，则在均质材料下存在的热应力就可在这种非均质化的措施下得到缓和甚至消除。设计 FGM 一般应经过以下几个环节：首先要根据构件的形状和实际使用条件，计算材料截面的热应力分布。根据热应力抵消或缓和的基本原则确定最简单可行的材料物性值分布。然后，基于设计知识库按照材料的复合法则选择合适的材料组合。最后，基于材料性能数据库和材料强度判据，根据既定的物性值分布设计最佳的材料组合及组分分布，完成材料的梯度化设计。材料组成设计过程如图 6－2 所示。

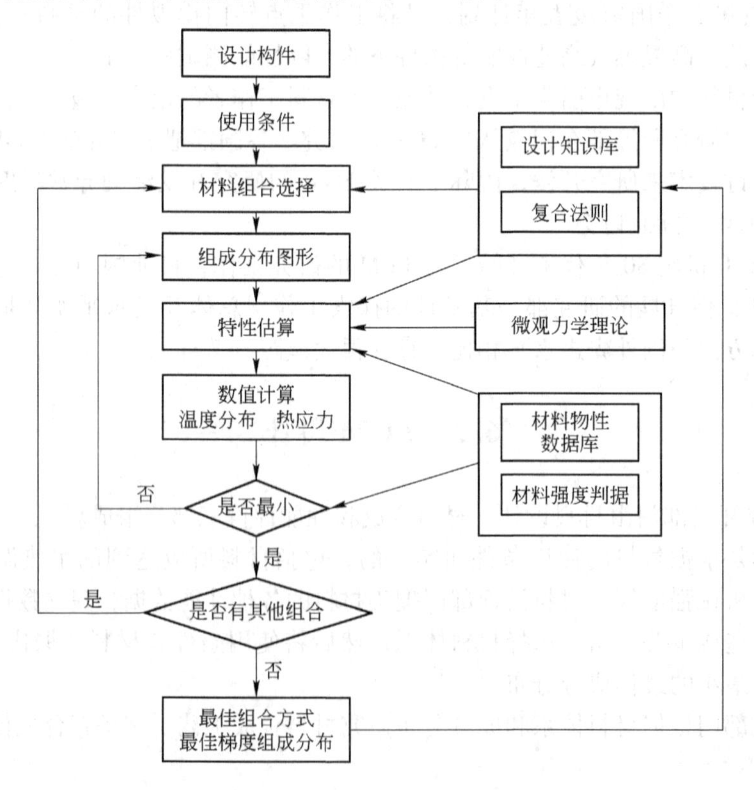

图 6－2 梯度材料组成设计过程流程图

6.2.2 组成分布函数的确定

FGM 材料与普通材料不同，它是沿着某一方向其各组元的成分发生连续变化，因此必须建立材料成分与成分梯度方向位置之间的函数关系。由于材料内部的热应力分布和应力水平主要依靠梯度层的组成和性质，所以对于不同的组层和机构，材料会产生不同的径向、环向和层间撕裂等破坏形式，因而通过优化设计梯度材料的组成分布来控制其各种破坏形式更加重要。目前采用较多的组成分布函数是：

$$f_1(x)=\left(\frac{x}{l}\right)^P \tag{6-1}$$

式中，f 为陶瓷的体积分数；l 为试样厚度；x 为陶瓷组分的位标；P 为陶瓷组成形状分布指数。由上式可见梯度材料的破坏形式与组成分布形状指数 P 有很大关系，优化设计步骤是：在 P 取不同数值的条件下，分别得出材料内的最大轴向应力、径向应力、环向应力及切应力与 P 的关系曲线，从而选出 P 值；然后检查各不同分布情况下最大应力是否超过其所处梯度层的许可强度以调整 P 值；同时还需要考虑应力分布规律，如高温侧陶瓷局部的拉应力，弹塑性代替弹性分析等。

同时也有很多学者采用复杂的幂函数形式的成分分布函数，假定梯度功能材料的构成要素为 A（如陶瓷）、B（如金属）和孔隙，各组分的体积分数分别为 φ_A，φ_B，φ_P，则有下式成立：

$$\varphi_A+\varphi_B+\varphi_P=1 \tag{6-2}$$

为处理简便，令：

$$\varphi_B'=\varphi_B/(\varphi_A+\varphi_B) \tag{6-3}$$

则梯度功能材料成分分布函数可表示为：

$$\varphi_B'=f(x)=\begin{cases} f_0 & 0\leqslant x<x_0 \\ (f_1-f_0)\left(\dfrac{x-x_0}{x_1-x_0}\right) & x_0\leqslant x<x_1 \\ f_1 & x_1<x\leqslant 1 \end{cases} \tag{6-4}$$

式中，x 为成分点至表面的距离与总厚度的比率，即相对距离或相对厚度；x_0、x_1 分别为内、外表面非梯度层的相对厚度；f_0、f_1 为内、外表面上的成分比率；n 为控制梯度成分分布的参数。

若将孔隙分布单独处理，则有：

$$\varphi_A=(1-\varphi_P)(1-\varphi_B') \tag{6-5}$$
$$\varphi_B=(1-\varphi_P)\varphi_B'$$

当 $\varphi_P=0$，即材料中无气孔时，式（6－3）、式（6－4）得到简化，且 f_0、f_1 分别为 0 和 1。

6.2.3 FGM 材料物性值的理论预测

从热应力的计算到物性值的梯度设计，这种梯度化如何确定呢？如果直接计算均质材料的应力分布，则难以找出使之热应力得到缓和的梯度化的量度。对于特定构件，首先可以在一个假设物性值梯度下计算其截面内的热应力分布，然后确定使热应力得到缓和的梯度量度。如果假设的梯度随截面变化，则将给计算带来很大困难。因此，可以先假设物性值梯度为某一个定值 k，即物性值在厚度方向线性变化，以通过计算热应力求得这个 k 值，这就是 FGM 物性值的线性模型。线性模型的建立，将使问题变得大为简化，同时也使 FGM 的实际制造变得更为可行。事实上，通过梯度化的设计而使热应力各处均为零是不可能的，也是毫无必要的。我们的目的是缓和而不是消除热应力，这就是线性模型建立的基础。

非均质材料的物性参数（E，G，α，λ，μ）由微观结构决定的"混合律"推算所得。依据这种"混合律"可以半定量地确定混合比不同的材料的物性参数值。Wakashima 等对混合律进行了研究并将其应用于 FGM 研究中。假设 FGM 由陶瓷和金属的物性参数构成，P_1、P_2 分别表示纯陶瓷和纯金属的物性参数，f_1 和 f_2 为体积分数，$f_1+f_2=1$（图 6－3）。最简单最常用的混合律为线性组合，即：

$$P=f_1P_l+f_2P_2 \tag{6-6}$$

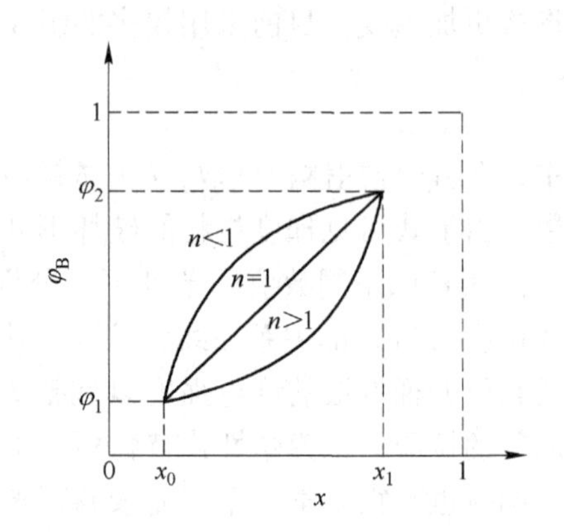

图 6－3 FGM 成分构成和成分分布函数

FGM 的有效物性参数值为一算术平均值。调和混合律的表达式为：

$$\frac{1}{P}=\frac{f_1}{P_1}+\frac{f_2}{P_2} \tag{6-7}$$

FGM 的有效物性参数值为一调和平均值。而更一般的表达式则如：

$$P=f_1P_1+f_2P_2+f_1f_2Q_{12} \tag{6-8}$$

其中，Q_{12}为与 f_1、f_2、P_1、P_2 相关的函数。

在 FGM 中，物性参数随成分、组织和合成工艺的变化而变化，通常应在实验中测定出这些数据。作为估算，FGM 内物性参数可用混合平均法则求得：

$$P_x=\varphi_A(x)P_A+\varphi_B(x)P_B+\varphi_A(x)\varphi_B(x)Q_{AB} \tag{6-9}$$

式中，P_x 为宏观物性值（弹性模量、泊松比、热导率和线膨胀系数）；P_A、P_B 为各组分的基本物性值；Q_{AB}为 φ_A、φ_B、P_A、P_B 及 φ_P 的函数。

6.2.4 FGM 的热应力解析

超耐热型 FGM 存在两方面的热应力缓和问题：一是材料制造过程中的残余热应力缓和，二是在实际使用环境－温度梯度场中的热应力缓和。由于材料制备和实际工作环境所具有的热、力问题的初始条件与边界条件的差异，两类热应力的分布截然不同，所要求的最优组成分布也不一致。因此，在 FGM 设计过程中，必须将两类热应力分布情况综合起来考虑。

值得注意的是，虽然 FGM 制备和使用条件所要求的优化组成分布对另一条件下的热应力缓和也是有效的（尽管不是最优的）。以陶瓷/金属 FGM 为例，由于陶瓷的线膨胀系数一般小于金属，故从制备温度冷却到室温后，FGM 内部形成由陶瓷一侧的拉应力到金属一侧的压应力的分布，见图 6－4a，在大温度差环境中使用时，这一应力状态发生反转，即陶瓷一侧由于温度高、膨胀量大形成压应力，金属一侧则形成拉应力，见图 6－4b。可见，使用条件下热应力由于 FGM 制备应力的相消作用而降低。

因此，热应力缓和型 FGM 的设计也包含制备与使用应力的缓和这两个方面。首先，要合理地调配 FGM 的组成和结构分布，使材料在由烧结温度降到室温的过程中产生一个合理的热应力缓和分布，得到满足要求的结构材料。其次，FGM 在大温度落差条件下应兼顾缓和热应力所要求的组成分布及制备过程产生的残余应力的叠加效应而进行最优设计。

考虑如图 6－4a 所示无因次厚度 $0 \leqslant x \leqslant 1$ 的无限大 FGM 平板在稳态温度场中的热应力分布，材料受热时内部的温度分布如图 6－5 所示。可由热传导和弹性理论求得热传导方程为：

$$\frac{\mathrm{d}}{\mathrm{d}x}\left[\lambda(x)\frac{\mathrm{d}T}{\mathrm{d}x}\right]=0 \tag{6-10}$$

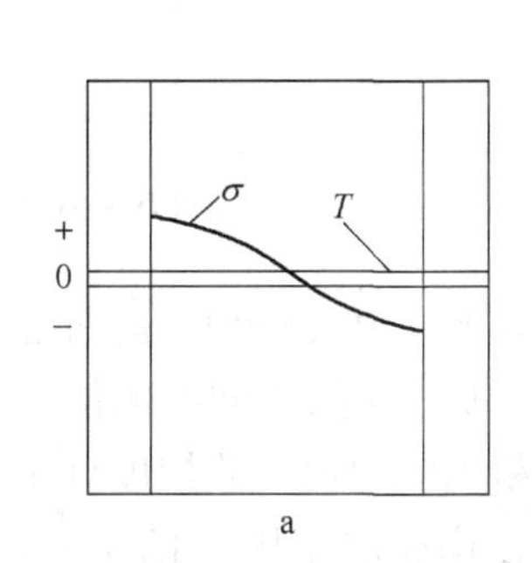

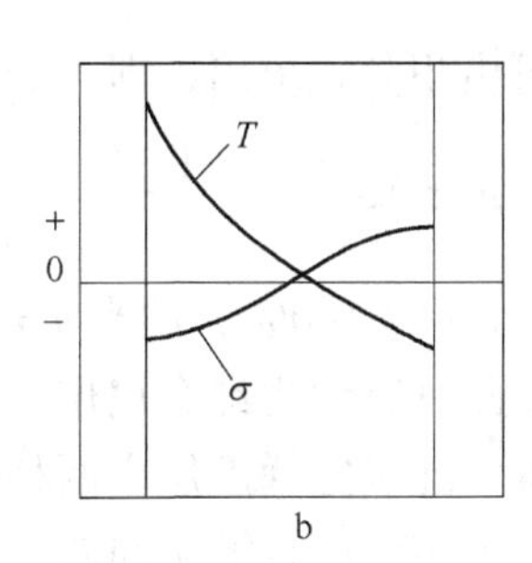

图 6－4　金属/陶瓷 FGM 的温度和热应力分布

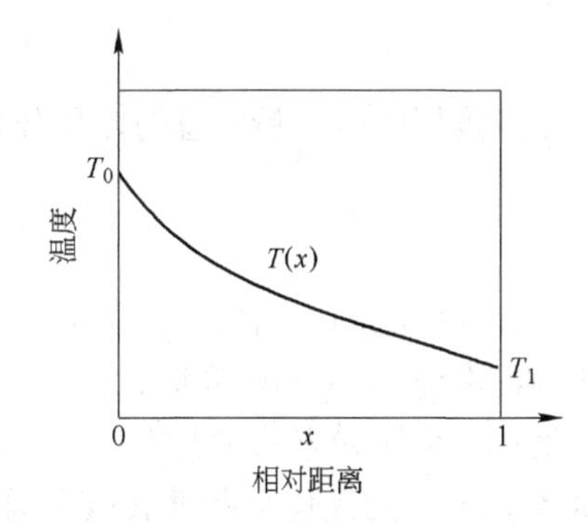

图 6－5　FGM 温度分布

对于 A、B 两组分系，温度分布为：

$$T(x)=K\int_0^x \frac{\mathrm{d}t}{(\lambda_A-\lambda_B)T^n+\lambda_B}+T_0 \tag{6-11}$$

式中，λ 为热导率，常数 $T=\dfrac{T_0}{\int_0^1(\lambda_A-\lambda_B)T^n+\lambda_B}$。

材料内部热应力分布为：

$$\sigma(x)=-E(x)\alpha(x)[T(x)-T_1] \tag{6-12}$$

式中，$E(x)$、$\sigma(x)$ 分别为弹性模量和线膨胀系数在 x 成分点的估算值。

对于非稳态热传导情形，热传导方程用下式描述：

$$C(x)\rho(x)\frac{\partial T(x,t)}{\partial t}=\frac{\partial}{\partial x}\left[\lambda(x)\frac{\partial T(x,t)}{\partial t}\right] \tag{6-13}$$

式中，T、t、C、ρ、λ 分别表示温度、时间、比热容、密度、热导率。

根据上式可用数值解法求出材料内的温度分布。内应力分布可用下式表示：

$$\sigma(x)=\frac{E(x)}{1-\mu(x)}[C_1x+C_2-\alpha(x)\Delta T(x)] \tag{6-14}$$

式中，μ 为泊松比；C_1、C_2 为由边界条件决定的常数；ΔT 为各点温度与基准温度之差，基准温度为消除应力的初始温度。

变换坐标作类似处理，可解决圆筒或球壳问题。

由于采用的近似理论不同，派生出不同的优化设计方法，这里重点介绍最有代表性的N. Noda法。金属与陶瓷复合材料在高温环境下使用时，其界面处产生的热应力是材料失效的主要原因。因此，服役过程中所产生的热应力大小及其分布状况是制约材料性能的关键因素，也是FGM优化设计的理论依据。FGM的设计指导思想是通过连续改变材料配比的方法，实现物性参数沿梯度方向上的连续变化，而这又相当明显地影响整个材料的热应力分布。因此，存在着一个以热应力大小为目标的最优化设计问题，实际上就是选取一个梯度分布函数，最大限度地缓和热应力。金属与陶瓷FGM的几何模型如图6－6所示，其中h为梯度层厚度，金属与陶瓷的组分在z_1方向上呈梯度分布，并且梯度层中金属粉末的含量服从指数形式的梯度分布函数$g(z_1)$，且：

$$g(z_1)=\left(\frac{z_1}{h}\right)^n \tag{6-15}$$

梯度层中合金粉末总的体积分数，可由积分式求出，即：

$$\varphi=\frac{1}{h}\int_0^h g(z_1)\mathrm{d}z_1=\frac{1}{n+1} \tag{6-16}$$

在梯度层的表面处，φ为0，在底面处φ为100%，即当$n=\infty$时，$g(z_1)\equiv0$，此时退化为纯陶瓷层；当$n=0$时，$g(z_1)\equiv1$，此时退化为纯金属层。因此，n的不同取值能唯一地描述金属粉末的过渡方式，并且能唯一地确定梯度层中两种粉末的配比，故梯度分布函数$g(z_1)$的优化问题就转变为梯度分布指数n的优化问题。在梯度层中因n的不同，各层的物性参数可以利用简单的混合规则求出。梯度层中任一位置z_1处梯度层的特性参数为：

$$F(z_1)=g(z_1)F_{\mathrm{m}}+[1-g(z_1)]F_{\mathrm{c}} \tag{6-17}$$

式中，F可以代表各种物性参数，如弹性模量E、泊松比μ和热膨胀系数α等，下标m、c分别代表纯金属和纯陶瓷。在梯度层中，因n数值不同，材料的物性参数沿z_1方向呈现有规律变化，即从纯陶瓷性逐渐过渡到纯金属性。为求解梯度层中的温度分布函数$T(z)$与热应力分布函数$\sigma(z)$，应首先求出FGM的热传导方程。假设热导率$\lambda(z)$沿厚度方向任意变化，如图6－6所示。

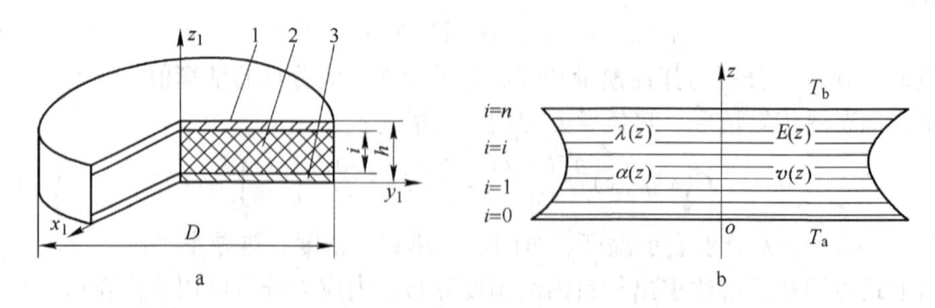

图6－6　金属陶瓷FGM几何模型和热传导模型

a—金属陶瓷FGM的几何模型；b—非均匀板的热传导模型

1—陶瓷层；2—梯度层；3—金属层

沿厚度方向的一维热传导方程为：

$$\frac{\partial}{\partial z}\left[\partial(z)\frac{\partial T}{\partial z}\right]=0 \tag{6-18}$$

引入边界条件，$z=0$ 时，$T=T_a$；$z=1$ 时，$T=T_b$。根据式（6－18）及边界条件，采用积分法便能求出满足边界条件的温度分布函数 $T(z)$，即：

$$T(z) = T_a + \frac{(T_b - T_a)\int_0^z \frac{dz}{\lambda(z)}}{\int_0^1 \frac{dz}{\lambda(z)}} \tag{6-19}$$

由于梯度层中每一单层的实际厚度相对于长度而言很小，因此，该单层可以认为无限长且周边自由，则因热弯曲而在层厚方向上引起的热应力分布 $\sigma(z)$ 为：

$$\sigma(z) = \frac{E(z)}{1-\nu(z)}\left\{\varepsilon_0 + \frac{1}{R}z - \alpha(z)[T(z) - T(0)]\right\} \tag{6-20}$$

式中，$E(z)$、$\nu(z)$、$\alpha(z)$ 分别为弹性模量、泊松比和线膨胀系数；$T(0)$ 为处于无压力状态时的初始温度；ε_0、R 分别为变形后层在 $z=0$ 处的应变分量和曲率半径。

ε_0、R 则可由层的弯曲力矩和内应力的平衡条件求出，即：

$$\sigma(z)z\mathrm{d}z = 0 \quad \int_0^1 \sigma(z)\mathrm{d}z = 0 \tag{6-21}$$

根据式（6－18）、式（6－19）便可确定 ε_0 和 R。由于梯度层中金属与陶瓷组分是任意和连续变化的，每一层材料的物性参数又可通过式（6－20）求出，若将求出的物性参数代入式（6－18）、式（6－19），便可求出沿材料厚度方向的温度分布函数 $T(z)$，从而求出热应力分布函数 $\sigma(z)$。不同梯度层数的 FGM，其热应力分布 $\sigma(z)$ 是不同的，因此，通过优化设计可求出热应力最小时的梯度分布指数 n，即为最优化设计方案。

川崎亮等人对 ZrO_2/SUS_3O_4 系从烧结温度 1350℃ 冷却到室温的热应力进行了解析。组成分布函数按式（6－3）取为 $C=(x/d)^n$，其中 d 为中间梯度层厚度（mm），x 为与纯 ZrO_2 距离（mm），C 为 SUS 体积分数，n 为形状指数。最大轴向应力对 ZrO_2/SUS_3O_4 直接接合体（$d=0$）的相应值作了归一化处理。可见，中间梯度层的引入显著降低了热应力；热应力缓和效果强烈依赖于梯度厚度和组成分布形状；最优组成分布形状指数 n 约为 0.7。

以 N. Noda 为首的研究小组还讨论了稳态及瞬态的无限长板、空心圆筒、空心球等一维热传导及相应的热弹性应力问题。所研究的课题均假定 FGM 的物性系数仅仅沿材料厚度方向任意变化，并将其表示为体积分数 φ_m 和孔隙度 P 的函数，金属的体积分数 φ_m 和孔隙度 P 由下式给出：

$$\varphi_m = \xi^m \quad P = A\xi(1-\xi) \qquad 0 \leqslant A \leqslant 4 \tag{6-22}$$

式中，ξ 为位置坐标，利用材料性质的适当混合规则，可以求得沿材料厚度方向的温度分布 T，进而可以求得热应力分布 σ。

假设一物体具有各向同性和非均匀材料性质，无内热源稳态的热传导方程由下式给出：

$$\frac{\partial}{\partial x}\left[\lambda(x,y,z)\frac{\partial T}{\partial x}\right] + \frac{\partial}{\partial y}\left[\lambda(x,y,z)\frac{\partial T}{\partial x}\right] + \frac{\partial}{\partial z}\left[\lambda(x,y,z)\frac{\partial T}{\partial x}\right] = 0 \tag{6-23}$$

式中，$T=T(x,y,z)$ 为变量；$\lambda(x,y,z)$ 为非均匀材料的热导率；(x,y,z) 为坐标系。可要获得方程（6－23）的精确解几乎是不可能的，然而，对一些简化了的一维问题却能够进行解析研究。

设有一厚度为 b 的板，现在考虑沿板的厚度方向的一维热传导问题，假定热导率 $\lambda(x)$ 沿厚度方向任意变化及板的两表面保持常温 T_a 和 T_b，热传导方程和热边界条件可以写为：

$$\frac{\partial}{\partial x}\left[\lambda(x)\frac{\partial T}{\partial x}\right]=0 \tag{6-24}$$

$$x=0, T=T_a \tag{6-25}$$

$$x=l, T=T_b \tag{6-26}$$

式中，x 为无量纲坐标（$x=X/b$），由此我们能够获得方程（6－23）和方程（6－24）的温度解 $T(x)$ 为：

$$T(x) = T_a + (T_b - T_a)\int_0^x \frac{dx}{\lambda(x)}\Big/\int_0^1 \frac{dx}{\lambda(x)} \tag{6-27}$$

在求出温度场后，为了求解非均匀板的热应力，假定该板无限长，且周边自由，因热弯曲而在板内引起的热应力分布可用下式得到：

$$\sigma(x)=\frac{E(x)}{1-\mu(x)}\left\{\varepsilon_0+\frac{1}{\rho}x+\alpha(x)\left[T(x)-T_0\right]\right\} \tag{6-28}$$

式中，$E(x)$ 为弹性模量；$\mu(x)$ 为泊松比，$\alpha(x)$ 为线膨胀系数；T_0 为自由边界条件的初始温度；ε_0 为下表面（$x=0$）的应变分量；ρ 为变形后板下表面的曲率半径。常数 ε_0、ρ 由下式确定：

$$\int_0^1 \sigma(x)x\mathrm{d}x = 0;\quad \int_0^1 \alpha(x)\mathrm{d}x = 0 \tag{6-29}$$

将式（6－26）代入式（6－27）中便可以求出 ε_0、ρ，然后假定板的高温表面材料为陶瓷，板的低温表面为轻金属，在陶瓷和金属之间的非均匀组分是任意的和连续变化的，从而 N. Noda 等完成了由 ZrO_2 和 Ti－6Al－4V 组成的 FGM 板的热应力计算。

大连理工大学刘书田和程耿东利用均匀化理论建立了复合材料宏观与微观结构表征量之间的关系，同时在连续体拓扑优化问题基础上，建立了金属－陶瓷系热应力缓和型 FGM 优化设计问题的提法，确定了实心圆柱体内热应力。李臻熙对 Al_2O_3－Ti 系梯度功能材料在制备过程中产生的残余热应力进行了弹性有限元分析。讨论了梯度层数目、梯度层厚度和成分梯度指数对应力大小和分布的影响，优化出了各种最佳参数。非梯度功能材料与优化后的梯度功能材料的残余热应力的对比结果显示：梯度功能材料缓和热应力的效果十分显著。Walanabe 等基于线弹性理论采用有限元法计算了盘形 FGM 样品的轴向和径向、环向和切应力，通过调整组成分布以降低残余热应力，从而优化了 FGM 的设计。张联盟等采用有限元法对热弹性假设条件下的 MgO/Ni、TiC/Ni、PSZ/Mo 系 FGM 在制备和使用过程中产生的热应力进行了分析，结果表明残余热应力与 FGM 的组成分布密切相关的位置。李臻熙等采用有限元法对 Al_2O_3/Ti 系 FGM 在制备过程中的残余热应力进行了线弹性分析，结果认为梯度层数目的增加，可有效降低残余热应力，但当梯度层数达到一定值（$n>8$）后，残余热应力下降趋于平稳，应力缓和效果不明显，随着梯度层厚度的增加，残余热应力逐渐降低，存在最佳组成分布指数 N，使各残余热应力分量均降低至最低值。

梯度材料的性能能否连续平稳变化，主要取决于组成成分的连续变化。因此，组成的优化设计显得格外重要。梯度材料的特点是其材料参数随空间而变化，即材料的物性参数是坐标的函数。因此，所有描述 FGM 的控制方程都是非线性的，要想得到它的精确解几乎是不可能的，为求解往往对这种非线性系统采用适当的近似理论。选择合理的组分分布指数 N，可以大幅度地缓和热应力，并调整最大热应力。虽然从理论上来讲，FGM 从材料到构成都是可设计的，但目前尚难以做到。很重要的一个原因是材料基本物性数据的缺乏。FGM 微观构成的多元化和非均匀性使 FGM 物性分布与变化规律复杂化，难以准确预测 FGM 物性值。就设计方法本身而言，其发展方向是以数据库为依托，将知识库与模型方法库相结合而形成的网络化智能开发系统，也存在着材料物性数据的积累和建库、模型方法库和知识工程的建立和完善等问题，均有赖于对材料化学成分、组织结构与性能关系及其变化规律的深入研究。

6.3 FGM 制备技术

目前 FGM 制备方法主要有：粉末冶金法、等离子喷涂法、激光熔覆法、气相沉积法、自蔓延高温燃烧合成法和电泳沉积法等。

6.3.1 粉末冶金法

粉末冶金法先将原料粉末按不同混合比均匀混合，然后以梯度分布方式积层排列，再压制烧结而成。按成型工艺可分为直接填充法、喷射积层法、薄膜叠层法、离心积层法、粉浆浇注法和涂挂法等。

（1）直接填充法。混合粉经造粒、调整流动性后直接按所需成分在压模内逐层充填，并压制成型。工艺简便，但其成分分布只能是阶梯式的，积层最小厚度约为 0.2 ~ 0.5mm。

（2）喷射沉积法。原料粉各自加入分散剂搅拌成悬浮液，混合均匀后一边搅拌混合，一边用压缩空气喷射到预热的基板上，通过计算机控制粉末浆料的流速及 $X-Y$ 平台的移动方式可得到成分连续变化的沉积层，喷射沉积层经干燥后经冷压成型再热压烧结即得到 FGM，所用的喷射装置原理图如图 6 - 7 所示。该工艺的最大特点是可连续改变粉末积层的组成，控制精度高，典型的沉积速度为 7μm/min，是很有发展前途的梯度积层法。日本利用这种方法得到的 TiB_2-Ni 系 FGM 具有良好的连续性。

（3）薄膜叠层法。在陶瓷和金属粉末原料中加入微量黏结剂与分散剂，用振动磨混合制浆并经减压搅拌脱泡，用刮浆刀制成厚度 10μm ~ 2mm 的薄膜，将不同配比的薄膜叠层压制，脱除黏合剂后加压烧结成阶梯状 FGM。要注意调节原始粉末的粒度分布和烧结收缩的均匀性，防止烧结时出现裂纹和层间剥落。日本东北大学采用该方法研究了 ZrO_2/W、PSZ/Mo 系 FGM。

（4）离心积层法。将原料粉快速混合后送入高速离心机中，粉末在离心力作用下紧密沉积于离心机内壁，改变混合比可获得连续成分梯度分布，经过注蜡处理后离心沉积层具有一定的生坯强度，可经受切割、冷压等后续成型加工，最后再烧结处理即可，该工艺

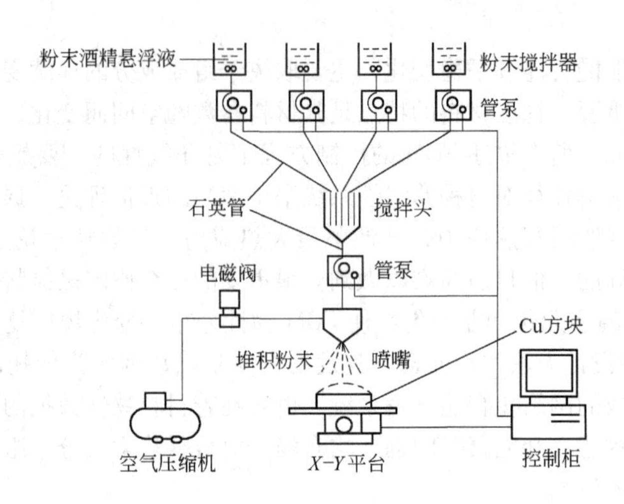

图6-7 喷射积层装置示意图

沉积速度极快，目前实验室规模下，沉积直径15mm、15mm高、5~10mm厚的FGM圆环仅需5min。

(5) 粉浆浇注法。将原料粉均匀混合成浆料，通过连续控制粉浆配比，注入模型内部，可得到成分连续变化的试件，经干燥再热压烧结成FGM。加拿大工业材料研究所用该法制备了 Al_2O_3/ZrO_3 系FGM。

6.3.2 等离子喷涂法

因为其可获得高温、超高速的热源，最适合于制备陶瓷/金属系FGM，其方法是将原料粉末送至等离子射流中，以熔融状态直接喷射到基材上形成涂层，喷涂过程中改变陶瓷与金属的送粉比例，调节等离子射流的温度及流速，即可调整成分与组织，获得FGM涂层，其沉积速率高，无需烧结，不受基材截面积大小的限制，尤其适合于大面积表面热障FGM涂层。

按送粉方式不同可以分为两类制备方法，如图6-8a所示，一类是异种粉末的单枪同时喷涂工艺，可以将两种粉末预先按设计混合比例混匀后，采用单送粉器输送复合粉末，也可以采用双送粉器或多送粉器分别输送金属粉和陶瓷粉，通过调整送粉率实现两种材料在涂层中的梯度分布，前一种送粉方法只能获得成分呈台阶式过渡的梯度涂层，而采用后一种送粉方法能够获得成分连续变化的梯度涂层，如图6-8b所示。另一类是异种粉末的双枪单独喷涂工艺，即采用两套喷枪分别喷涂陶瓷粉和金属粉，并使粉末同时沉积在同一位置，通过分别调整送粉率实现成分的梯度化分布。采用双枪喷涂，由于可以根据粉末的种类分别调整喷枪位置、喷射角度以及喷涂工艺参数，因此能够比较容易精确控制粉末的混合比与喷射量。但是为了使独立喷涂的异种粒子在涂层中各区域的分布都是均匀的，可能存在等离子射流间的相互干扰，以及喷涂条件变化产生的异种粒子间结合不牢的问题，并且制备成本也相应增加。采用单喷则可避免双喷过程中等离子射流相互干扰的问题。然而要兼顾陶瓷与金属两种粉末的喷涂工艺参数还存在一定的困难。

新日本制铁公司采用低压等离子熔射技术制备了厚1mm和4mm的 $ZrO_2-8\%\ Y_2O_3/Ni-$

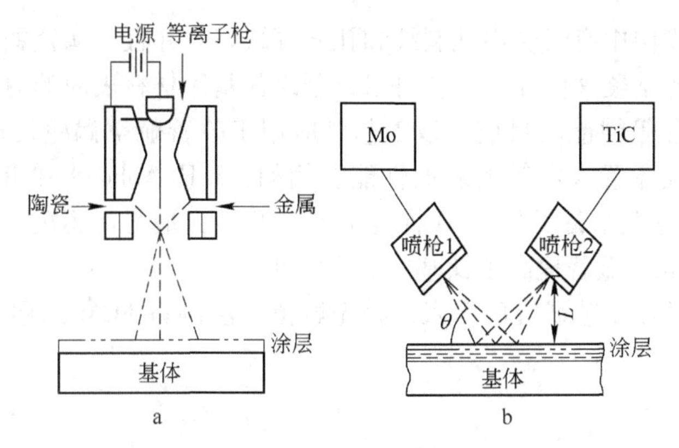

图 6-8 等离子喷涂制备 FGM 方法示意图

a—异种粉末的单枪同时喷涂工艺；b—异种粉末的双枪同时喷涂工艺

L—喷射距离；*θ*—喷射角

20Cr 系 FGM 薄膜，我国的哈尔滨工业大学采用单喷法在 TC4 合金基体上得到厚为 2.2mm 的 ZrO_2 - NiCoCrAlY 热障梯度涂层。

6.3.3 激光熔覆法

激光熔覆方法制备 FGM 涂层是 20 世纪 90 年代由 R. F. West 和 R. D. Rawliys 等发展起来的一种新方法。这种工艺的基本原理和过程见图 6-9。把少量 B 陶瓷粉置于 A 金属基体表面，采用激光照射，使 B 和 A 上表面薄层区同时熔化，通过冶金结合形成 B-A 合金金属。重复以上过程，并合理控制 B 涂层的厚度、激光束能量及激光束扫描速度或工件 A 的移动速度等参数，可以制得含有多层薄层的梯度涂层。在涂层中，A 成分含量沿厚度方向上逐渐减少。

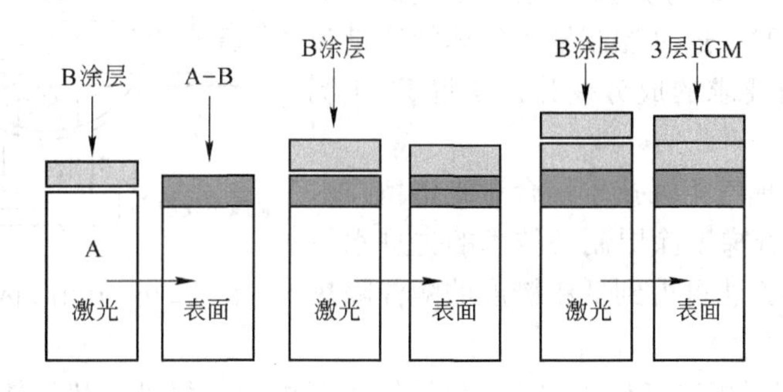

图 6-9 激光熔覆方法制备 FGM 涂层的工艺过程

熔覆层材料 B 的初始状态有粉末状、丝状及膏状等。涂层材料 B 的添加方式主要有预置和同步两种。预置方法主要包括火焰喷涂、等离子喷涂、黏结剂法和粉末松散铺展法等；同步法包括重力送粉法、气动动态送粉法、送膏法和送线法等。涂层材料的不同添加方法最终会影响熔覆过程的冶金行为和涂层性能。

该工艺具有如下特点：（1）涂层温度冷却快（高达 10^6℃/s），产生快速凝固组织；（2）热输入小，基体畸变小，涂层与基体呈冶金结合；（3）适用的材料体系广泛；（4）可以进行选区熔覆，材料消耗少等。但是，在制备陶瓷金属梯度涂层的过程中，由于激光温度非常高，所以，涂层中有时会出现裂纹和孔洞等缺陷，并且，陶瓷颗粒与金属往往发生化学反应。采用激光熔覆梯度涂层工艺可以显著改善基体材料表面的耐磨、耐蚀、耐热及电气特性和生物活性等性能。目前，该工艺已应用于改善航空涡轮发动机叶片、汽车缸体、汽轮机叶片、人体置入件等的表面性能。例如：J. H. Abboud 和 R. F. West 等采用该工艺在工业纯 Ti 基体上制备了 Ti－Al 梯度涂层，并且，最终制得的 Ti－Al/TiB_2 功能梯度涂层的厚度达 2mm，显著提高了钛基体的耐磨性。

随着科技发展及该工艺研究的深入，激光熔覆方法制备 FGM 涂层工艺的应用范围正在不断扩大。

6.3.4　气相沉积法

气相沉积是利用具有活性的气态物质在基体表面成膜的技术，按机理的不同分为物理气相沉积(PVD)和化学气相沉积(CVD)两类。

(1) 物理气相沉积法（PVD 法）。PVD 法通过各种物理方法（直接通电加热、电子束轰击、离子溅射等）使固相源物质蒸发进而在基体表面成膜，即是固体原料—气相—膜的过程。PVD 法沉积温度低，对基体热影响小，故可作为最后工序处理成品件，通过改变蒸发源可以合成多层不同的膜，但 PVD 法的沉积速率低，且不能连续控制成分分布，故一般与 CVD 法联合使用以制备 FGM。

日本科技厅金属材料研究所用 HCD 型 PVD 法（中空阴极放电型物理真空镀膜法）制备了 Ti－TiN、Ti－TiC、Cr－CrN 系 FGM 膜。装置原理如图 6－10 所示，作为阴极的 HCD 枪产生氩等离子，使水冷坩埚内的金属（Ti、Cr 等）蒸发，金属蒸发与导入的气体（N_2、C_2H_2 等）发生化学反应，在上部的衬底上形成薄膜。通过控制导入气体的流量和流速，可以实现所要求的成分变化，获得 FGM 沉积膜。

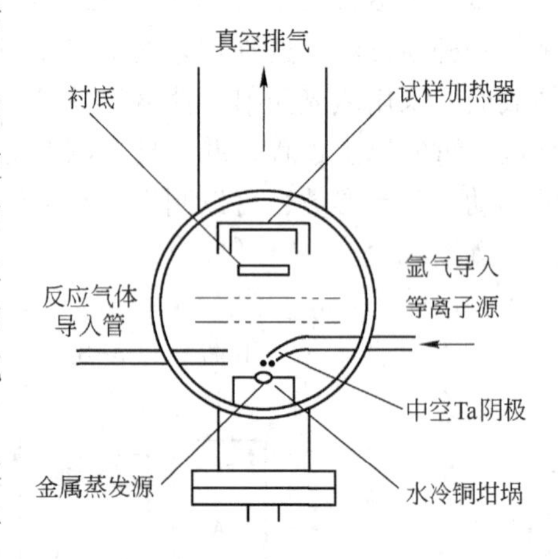

图 6－10　HCD－PVD 装置示意图

利用电子束物理气相沉技术结合激光熔覆技术（EB－PVD）代表着梯度涂层制备技术的先进水平和发展方向，这种方法可得到低粗糙度的陶瓷隔热或绝热梯度涂层。

(2) 化学气相沉积法（CVD 法）。化学气相沉积的过程是加热气体原料使之发生化学反应而生成固相的膜沉积在基体上。CVD 法的优点在于容易实现分散相浓度的连续变化，可使用多元系的原料气体合成复杂的化合物。采用喷嘴导入气体，能以 1mm/h 以上的速度成膜，通过选择合成温度，调节原料气流量和压力来控制梯度沉积膜的组成与结构。日本东北大学以 $SiCl_4$－CH_4－H_2 为原料，合成温度 1673K，压力 6.5kPa，得到了耐高温抗氧化的 SiC/C 系 FGM。

气相沉积法可制备出大尺寸的试样，但缺点是合成速度低，一般不能制备出大厚度的梯度膜（<1mm），且设备要求高，如何提高气相沉积速度并得到大厚度的梯度膜是今后要研究的课题。

6.3.5　自蔓延高温燃烧合成法（SHS 法）

自蔓延高温燃烧合成法（Self - propagating High - temperature Synthesis，SHS）是一种合成材料的新工艺，其原理如图 6 - 11 所示，通过加热原料粉局部区域激发引燃反应，反应放出的大量热量依次诱发邻近层的化学反应，从而使反应自动持续地蔓延下去。SHS 法的特点是它反应时的高温（2000 ~ 4000K）和反应过程中快速移动的燃烧波（0.1 ~ 25cm/s），SHS 法具有产物纯度高，效率高，耗能少，合成物污染少，工艺相对简单等优点。

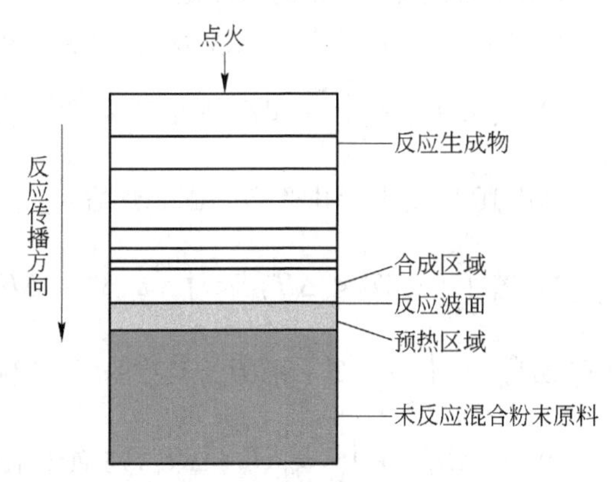

图 6 - 11　SHS 法原理图

该技术最早是由前苏联化学物理研究所的 Merzhanov 和 Borovinskaya 在 1967 年发现的，从那时起前苏联的科学工作者为之进行了长期的研究工作，取得了外界的关注，前苏联也加强了 SHS 的研究力量，并于 1987 年建立了 SHS 研究中心，苏联科学院结构宏观动力学研究所，即现在的俄罗斯科学院结构宏观动力学研究所（ISMAN），专门从事 SHS 研究工作。

20 世纪 80 年代初，美、日等国也相继开展了 SHS 的研究，前苏联解体后，美国将引进“材料燃烧合成法”作为首选任务，美国的 SHS 研究被列入美国国防部高级研究计划。美国目前包括国防部、能源部、学术界和工业界在内共有 28 个机构从事 SHS 的研究与开发工作。日本也有 13 个政府、高校和工业界的机构涉足 SHS 材料的研究。目前开展 SHS 研究比较活跃的国家和地区还有英国、波兰、西班牙、印度、韩国、巴西、意大利以及中国台湾等。我国在 20 世纪 80 年代末也进行 SHS 的研究工作，主要在武汉理工大学、北京科技大学开展此项研究工作，1995 年在武汉举办了第三届国际自蔓延高温合成技术研讨会。1996 年哈尔滨工业大学从俄罗斯科学院引进了燃烧合成的关键技术和设备，开始开展 SHS 技术的研究，主要目标是使 SHS 技术在国防工业中得到应用，目前进展顺利并且取得了一些创造性的成果。

6.3.6　燃烧合成理论

燃烧合成理论包括：

（1）燃烧合成的热力学。绝热反应温度 T_{ad} 是绝热条件下，发热反应能达到的最高温度，是一个理论极限温度，它可作为燃烧合成反应能否进行的半定量判据。实验表明，除非 $T_{ad} \geqslant 1800K$，否则反应不能自维持。

对于反应体系：

$$A(s) + B(s) \longrightarrow AB(s) + Q \tag{6-30}$$

如果反应在 T_0 温度下进行，按热力学定律有：

$$Q = \Delta H + \int_{T_0}^{T_{ad}} c_p \mathrm{d}T \tag{6-31}$$

因为是绝热条件，所以 $Q=0$，则：

$$-\Delta H=\int_{T_0}^{T_{ad}} c_p \mathrm{d}T \tag{6-32}$$

式中，ΔH 为化合物 AB 的形成焓。

根据 T_{ad} 和产物熔点 T_{mp} 的大小，可分三种情况计算 T_{ad}：

1）若 $\Delta H_{fT_0}^0<\int_{T_0}^{T_{ad}} c_{ps}\mathrm{d}T$，则绝热温度 T_{ad} 小于 AB 的熔点，即 $T_{ad}<T_{mp}$ 且有 $\Delta H_{fT_0}^0=\int_{T_0}^{T_{ad}} c_{ps}\mathrm{d}T$，其中 c_{ps} 是 AB 产物的固态热容。

2）若 $\int_{T_0}^{T_{ad}} c_{ps}\mathrm{d}T<\Delta H_{fT_0}^0<\int_{T_0}^{T_{mp}} c_{ps}\mathrm{d}T+\Delta H_m$，则绝热温度等于产物的熔点，即 $T_{ad}=T_{mp}$，且有 $\Delta H_{fT_0}^0=\int_{T_0}^{T_{mp}} c_{ps}\mathrm{d}T+\eta\Delta H_m$，其中 η 为熔融态 AB 的分数，ΔH_m 为固态 AB 的熔化焓。

3）若 $\Delta H_{fT_0}^0>\int_{T_0}^{T_{mp}} c_{ps}\mathrm{d}T+\Delta H_m$，则绝热温度高于 AB 的熔点，即 $T_{ad}>T_{mp}$，且有 $\Delta H_{fT_0}^0=\int_{T_0}^{T_{mp}} c_{ps}\mathrm{d}T+\Delta H_m+\int_{T_0}^{T_{ad}} c_{pl}\mathrm{d}T$，其中 c_{pl} 为 AB 的液态热容。

（2）燃烧合成的动力学。动力学的研究主要是对反应过程中燃烧波的传播规律进行分析研究，目前还是用一维傅里叶热传导方程，即：

$$\rho c_p=\frac{\partial T}{\alpha}=\lambda\frac{\partial^2 T}{\partial x^2}+Q\rho\frac{\partial \eta}{\partial \alpha} \tag{6-33}$$

式中，ρ、c_p 分别为产物密度、比热容；λ 为热导率；Q 为反应热；η 为反应物已转变成产物的分数；T 为温度；x 为燃烧波蔓延方向坐标。根据此燃烧波方程，建立了燃烧波结构理论图，如图 6-12 所示，反应从右向左，向反应混合物坯料推进。图中包括燃烧反应中三个关键参数的分布：温度 T、转化率 η 和发热速率 ϕ。Ⅰ区为燃烧波前沿热影响区，Ⅱ区为燃烧的反应区，Ⅲ区是燃烧后产物区。

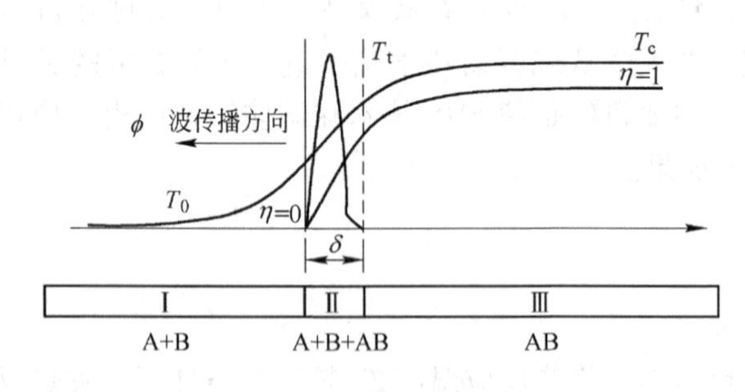

图 6-12 燃烧波结构图

稳态燃烧的绝对燃烧波速 $\bar{v}_a$ 为：

$$\bar{v}_a^2=f(n)\frac{\alpha c_p(T_{ad})^2}{QE}K_0\exp\left(-\frac{E}{RT_{ad}}\right) \tag{6-34}$$

式中，$f(n)$ 为复杂常数函数，大小取决于反应级数 n。

通常燃烧过程有稳定与不稳定两种状态。当条件改变，如加入惰性物质或稀释剂时，稳定燃烧会转变成不稳定燃烧形式。不稳定燃烧又可分为螺旋燃烧、振荡燃烧、重复燃烧及表面燃烧等几种形式。

同时如果我们改变影响燃烧反应的工艺条件，通过实验测试出不同工艺条件下的燃烧波速 v，然后利用上述三个公式，就可以计算出反应激活能 E。

(3) 燃烧合成的结构宏观动力学等理论研究。结构宏观动力学是前苏联学者提出的一个全面描述 SHS 过程规律性的新学说，即：

经典宏观动力学 = 化学动力学 + 热交换和物质交换理论

结构宏观动力学 = 经典宏观动力学 + 结构转变动力学

6.3.7 燃烧合成技术

燃烧合成技术主要包括 SHS 粉末制备技术、SHS 铸造技术、SHS 烧结技术、SHS 涂层技术、SHS 焊接技术以及 SHS 加压致密化技术等。

利用 SHS 法已合成的碳化物、氮化物、硼化物、金属间化合物及复合材料等超过 500 种化合物。SHS 法尤其适合于制备 FGM，与其他的 FGM 制备方法相比，自蔓延高温合成法（SHS）具有以下优点：(1) 由于在 SHS 过程中燃烧反应的快速进行，原先坯体中的成分梯度安排不会发生改变，从而最大限度地保持最初设计的梯度组成；(2) 梯度层之间，由反应物比例不同而引起绝热温度 T_{ad} 不同，形成自然温差烧结，对于缓和热应力型 FGM 能预置有利的应力。采用 SHS 技术制备 FGM 的研究课题主要是控制技术（SHS 热化学、SHS 反应过程与动力学）、SHS 范围控制技术、SHS 烧结与致密化技术，燃烧合成同时结合致密化一步完成成型和烧结过程是 SHS 技术发展的新方向。致密化的方式有等静压、挤压、冲击波加压和轧制等。采用该工艺可得到 TiB_2/Ni、$TiAl/(MoSi_2/SiC)$、TiB_2/Cu 等 FGM。

SHS 结合气相等静压法（GPCS 法）是以分子运动能大的气体作为加压介质的等静压下的加压燃烧烧结法，其能量效率高，采用适当的玻璃模盒技术可以制造大型、复杂形状的材料。气体加压燃烧烧结法由于以秒为单位完成反应，能抑制元素扩散，因而适合于制造组成连续变化的 FGM。作为一个例子，在制取 TiB_2-Ni 系 FGM 时，按组成（质量分数）：$Ti+2\%B+10\%Ti+xNi+30\%TiB_2$，使 Ni 的添加量（质量分数）按 0、10%、20%、30% 变化进行阶梯叠层，其中加入 30% TiB_2 作为稀释剂是为了避免过高的反应温度，阻止 TiB_2 晶粒的长大。将叠层预压成一定致密度的预制块，表面涂覆 BN 后，真空密封于派莱克斯耐热玻璃模盒内，将模盒埋入充填于石墨坩埚内的燃烧剂（Ti + C）中，整体置于如图 6-13 所示的 GPCS 高压容器中，加热至 973K 使玻璃模盒软化后导入 Ar 气，升压至 100MPa，接着用石墨带加热器将燃烧剂点燃，由其生成的大量热量激发模盒内试样发生燃烧反应，在合成的同时完成烧结。利用这种方法还合成了 $(MoSi_2/SiC)/TiAl$、$TiC-Ni$ 等 FGM。

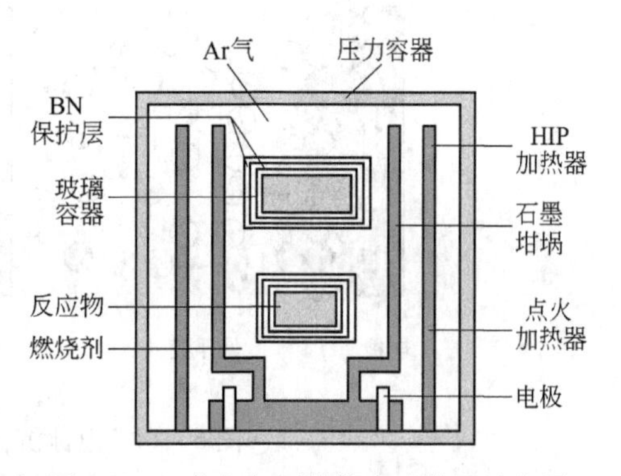

图 6-13 气相加压燃烧合成装置示意图

日本东北工业技术试验所正在以制备大型 FGM 为目标，开发用静水压加压的低压燃烧合成法。这种方法的原理与图 6-13 相近，只不过加压介质是液体而已，静水压 SHS 法的优点是辅助设备少，成本较低。

SHS 合成 FGM 亦可利用气体原料参与反应，例如 Nb - NbN 系 FGM 的 SHS 合成是将 Nb 金属片埋入作为燃烧剂的 Nb + NbN 粉末中，加热燃烧剂在 3MPa 以上的 N_2 压力下点燃燃烧剂，生成大量的热量使 1mm 厚的 Nb 片表面氮化形成 NbN - Nb_2N - Nb 梯度结构，使 100μm 厚的 Nb 片完全氮化成 B_1 相 NbN。这里 N_2 既是加压介质，又是反应气体，通过这种氮化工艺可以形成任意形状的 NbN - Nb_2N - Nb 制件。所得 B_1 相的 NbN 为超导材料，临界温度为 16.5K。通过这种简单工艺合成的 TiN 陶瓷可以作为耐热、耐腐蚀和隔热工程材料。

除上述粉末冶金法、等离子喷涂法、激光熔覆法、气相沉积法和 SHS 法等基本的 FGM 合成技术外，还有电铸法、电沉积法、直接通电烧结法、爆炸合成法和溶胶 - 凝胶法等。

从工艺角度看，粉末冶金法的可靠性高，但主要适合于制造形状比较简单的 FGM 部件，且成本较高；等离子喷涂法适合于几何形状复杂的器件的表面梯度涂覆，但梯度涂层与基体间的结合强度不高，并存在着涂层组织不均匀及存在空洞疏松、表面粗糙等缺点；PVD 和 CVD 法可制备大尺寸试样，但存在着沉积速度慢，沉积膜较薄(<1mm)，涂层与基体结合强度低等缺点；SHS 法的优点在于其高效率、低成本，并且适合于制造大尺寸和形状复杂的 FGM 部件，其目前的局限性在于仅适合于存在高放热反应的材料体系中，另外其反应控制技术（包括 SHS 反应过程与动力学、致密化技术和 SHS 热化学等）也是获得理想 FGM 的一个难题。SHS 法将是今后 FGM 制备技术的热点。

6.3.8　电泳沉积法

电泳沉积（Electrophoretic Deposition，简称 EPD）是利用直流电场促使带电颗粒发生迁移进而沉积到极性相反的电极上的过程。电泳沉积包括两个过程，首先是悬浮在分散介质中的带电颗粒在电场作用下定向移动（电泳），其次是颗粒在电极上沉积形成致密均匀的薄膜。通常电泳沉积需要后续的热处理（烧结）过程，从而使沉积层致密化。电泳沉积根据发生沉积的电极不同分为阳极沉积和阴极沉积。经过多年发展，电泳沉积既适用于导电材料，也适用于不导电材料。图 6 - 14 给出了电泳沉积工艺原理示意图，可见带有正

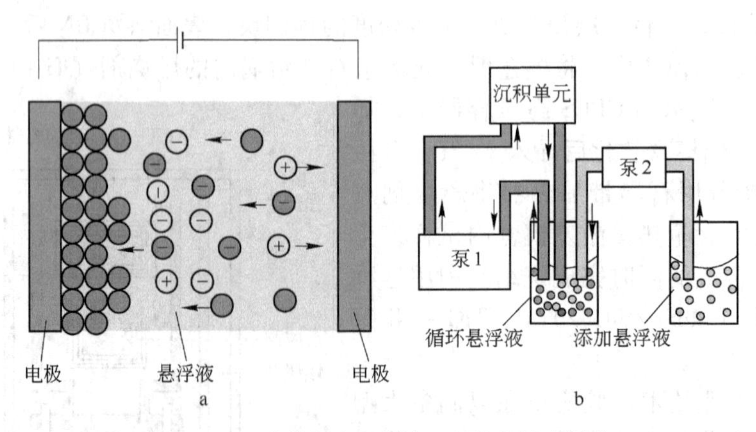

图 6 - 14　电泳沉积法制备 FGM 过程示意图

a—原理示意图；b—制备过程示意图

电荷的阳离子在电场作用下向阴极运动在纤维上发生沉积。利用电泳沉积法已制备 WC/Co、ZrO_2/WC、Al_2O_3/ZrO_2 梯度复合材料。

总之，不同的制备方法都各有其优缺点，所获得 FGM 的尺寸、组织和性能也各有其特点。

6.4　FGM 性能评价技术

6.4.1　梯度功能材料的力学性能与物理性能的测定与评价

关于金属材料和陶瓷材料的力学性能和物理性能的测试方法和技术目前已经比较成熟。但是对于热应力缓和型的梯度功能材料，为了对其组成、结构进行合理设计，以得到最优异的性能，必须预先知道各梯度层的物性及力学性能值，然而，各种混合组成的陶瓷与金属的复合材料的线膨胀系数、弹性模量、屈服应力、破坏应力及断裂韧性等各种性质与温度关系的数据目前尚不具备，而在 FGM 的试制阶段又难以得到过去进行材料性能测试所需要的大样，为此必须开发小型试样材料性能评价试验方法。从这种小样(SP 或 MSP)所得到的破坏应力(f)、破坏应变(ε)可以推测从室温到高温的弹性模量、弯曲强度、K_{IC}和 J_{IC}，这是一种掌握材料的高温破坏特性的极其有益的方法。

小穿孔试验设计的试验装置如图 6－15 所示，试样的保持架由上下两个压模组成；对于高温试验(不大于 873K)该保持架由碳化硅制成。本方法采用了典型的 10mm×10mm×0.5mm 矩形试样。小穿孔试样简单地支撑在一个环上（下压模内膛端部），其中心部分用穿孔器加载直到发生断裂。小孔试样的上表面之间应留有足够的间隙，以保持试验期间的超载条件。记录不同温度下载荷与位移曲线，以确定试样断裂行为与温度之间的函数关系。文献采用这种方法得到了 Al_2O_3 和 Si_3N_4 的载荷位移函数关系记录。室温下这些材料的断裂是脆性的，温度升高时断裂特性变得非线性，类似于金属的脆性、韧性转变。根据

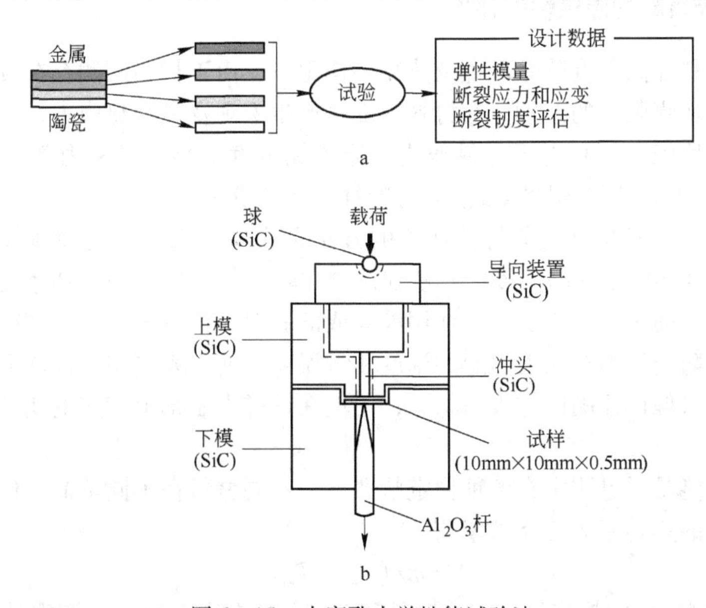

图 6－15　小穿孔力学性能试验法

载荷位移记录的测量结果可以测定弹性模量和断裂强度等力学性能。小穿孔试验得到了断裂强度随温度的变化关系，试验结果与现在传统三点弯曲试验的数据相当。进一步来说，对于金属材料，小穿孔试验方法可作为评价其力学性能的简便方法。小穿孔试验方法使我们能利用单一试验得到材料的弹性模量和断裂强度，为建立材料力学性能数据库奠定基础，因此小穿孔试验方法被看做是一种有前途的试验方法。

（1）FGM 弹性模量和断裂强度。薄片状 FGM 的弹性模量和断裂强度用小穿孔方法测定。Al_2O_3 圆棒的载荷线位移由线性变换传感器检测，通过测定不同温度下 FGM 的载荷-位移曲线，可确定试样的断裂行为与温度之间的函数关系，测定出 FGM 的弹性模量和断裂强度，分析 FGM 的脆性和韧性。

（2）FGM 的耐磨性。采用大越式高速磨损试验机，研究了 Al-Ti 系金属间化合物梯度功能材料的耐磨性。FGM 的组织、成分、显微硬度均呈梯度分布，梯度外层由于金属间化合物 TiAl 和 $TiAl_3$ 的含量高，阻止了试样氧化磨损，提高了材料的耐磨性，磨损量最小，中间层次之，里层由于金属间化合物含量低，磨损量最大。FGM 表现出良好的应力缓和作用和耐磨性。有文献采用切削实验，研究了梯度 WC/Co 硬质合金刀具的连续耐磨性和使用寿命。由于表层 Co 含量低，硬度高，耐磨性好；心部 Co 含量高，强度高，冲击韧性好，使硬质合金的强度和韧性得到很好的协调，使 FGM 的使用寿命比传统均质硬质合金刀具的使用寿命延长了 3 倍。

（3）FGM 的显微硬度。硬度试验可反映 FGM 梯度层组织和性能的连续变化关系，评定 FGM 的质量。例如文献研究了铸造铝合金激光表面改性金属-陶瓷梯度层的显微硬度。认为激光表面改性的梯度层与单次的激光合金化层在显微硬度方面明显不同。单次的激光合金化层的显微硬度在改性层与基体的交界处存在着硬度的“突变”，而激光改性梯度层显微硬度呈现连续变化趋势，有助于减小改性层与基体之间的应力集中，降低激光改性层的开裂倾向。

6.4.2 梯度功能材料的隔热性能评价

梯度功能材料在高温度落差环境及热循环作用下，由于材料两侧存在较大的温度落差以及陶瓷和金属热膨胀率的差别，在材料内部将产生宏观及微观热应力，它是引起材料热疲劳破坏的主要原因，同时由于材料隔热性能的优劣直接影响材料内部产生的热应力大小，为此必须对 FGM 的隔热性能及热疲劳特性进行评价。

目前进行隔热性能及热疲劳特性评价的方法是模拟表面温度为 2000K、温度落差为 1000K 的理想温度环境场的高温度落差基础评价试验。使用最大输入功率为 30kW 的水冷氙弧灯，对试样表面进行聚光加热。使用液氢或液氮对试样背面进行强制冷却，试样侧面也用液氢冷却以防止氙弧灯照射引起的温度测量误差。使用光电温度计从上方测定试样表面温度，用电视摄像机监测试样表面状态，用埋在试样中心轴上的热电偶测定透过试样内的热流速。

材料隔热性能是通过测定在各种稳定状态下，不同材料在不同负荷条件下的热导率 λ 来进行的，材料的热导率 λ 由下式求得：

$$\lambda = qt/(T_{wd} - T_{wb}) \tag{6-35}$$

式中，q 为透过试样内的热流量；t 为试样厚度；T_{wb} 为由光电温度计测得的试样表面温度的平均值；T_{wd}为试样背面温度。

对于不同组分的材料，在试样厚度相同和温度差 $\Delta T = T_{wd} - T_{wb}$ 相同的条件下，比较热导率 λ 的大小，可以判断材料隔热性能的优劣。

对于同一材料，通过式（6－35）可以判断材料在不同温度下 λ 的变化趋势。

熊川彰长等测定了 ZrO_2 和镍基合金在不同组分、不同温度下的热导率，实验结果表明，在相同温度下梯度化材料的热导率比单纯 ZrO_2 陶瓷材料高，传热功能好，因此，梯度材料可以避免材料内部产生大的热应力。

6.4.3 梯度功能材料的热疲劳特性评价

热疲劳特性的评价是通过测定材料在一定温度下热导率随热循环次数的变化来进行的。一般来说，材料的热导率随循环次数的增加而减少，但对不同组分、结构的材料，减少幅度不同，通过比较热导率减少幅度的大小，可以评价材料热疲劳性能的优劣，同时，可以规定热导率降低到一定比例所对应的循环次数作为材料热疲劳寿命。

有文献采用三点弯曲试样，在 Shmadzu 疲劳试验机上，研究了 SiC 颗粒增强铝基梯度复合材料的疲劳裂纹扩展行为，测定了 FGM 疲劳裂纹扩展速率与应力场强度因子范围（$d_a/d_n - \Delta K$）的关系曲线。疲劳裂纹从梯度层中高 SiC 含量区向低 SiC 含量层扩展发生偏析和分枝，从而导致裂纹的延滞现象，使梯度复合材料避免了层状复合材料层间界面容易开裂的缺点，提高了材料的疲劳强度。文献也通过三点弯曲试验，研究了离子束增强沉积形成 Si_3N_4/Ni 梯度薄膜试样的疲劳寿命。首次发现粒子束增强沉积梯度 Si_3N_4 薄膜，不仅可以抑制钢试样疲劳裂纹的萌生，而且可以明显降低疲劳裂纹的扩展速度，从而延长疲劳寿命。

6.4.4 梯度功能材料热冲击特性及热应力缓和性能评价

梯度功能材料作为超耐热材料在实际使用时，经常承受由于和空气摩擦产生的超高温或燃烧气体燃烧时产生的超高温，在此条件下，FGM 耐热冲击特性的好坏和热应力缓和性能的优劣是衡量 FGM 性能的关键指标之一，因此必须对此进行评价。

梯度材料的热冲击性能评价通常是通过激光加热法和声发射探测法（AE）共同来确定的。宫胁和彦等将 $ZrO_2 + 8\%\ Y_2O_3$ 非梯度材料及 $ZrO_2 + 8\%\ Y_2O_3/NiCrAlY$ 梯度材料在激光照射下进行热冲击评价，后者的临界激光输出功率密度大约为前者的 1.5 倍，表明梯度结构的耐热冲击性有较大提高。佐木真等采用该法对均质材料和梯度材料进行了热冲击评价，亦得到相似结果。

热冲击试验装置示意图如图 6－16 所示，它由 CO_2 激光气作为加热源，通过调节聚光镜与试样之间的距离来控制加热面积，斑直径用狭缝法测得，激光照射时间由光闸控制。用光电温度计测量试样表面温度，用声发射装置（即 Acoustic Emanation，AE 传感器）测试热冲击破坏过程。

用激光照射试样表面，随着激光输出功率的增大，试样表面所承受的热负荷增加，当光输出功率增加到某一值时开始产生 AE 信号，把开始产生 AE 信号（及裂纹）的激光输出功率与激光光斑直径的比值定义为临界激光输出功率密度，即：

$$\text{临界激光输出功率密度} = \frac{\text{开始产生 AE 信号(裂纹)的激光输出功率}}{\text{激光光斑直径}}$$

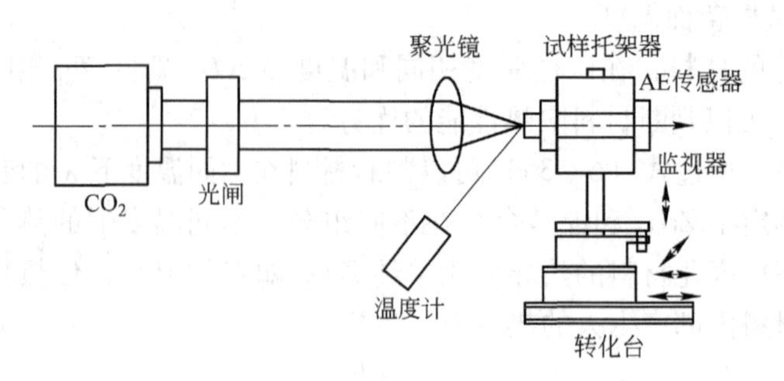

图 6－16　激光热冲击试验装置图

对于不同材料，根据其临界激光输出密度的大小，可以定量（或定性）评价材料耐热冲击性的优劣，即材料的临界激光输出功率密度越大，耐热冲击特性越好；反之亦然。

日本东北大学宫胁和彦等对均匀 $ZrO_2+8\%\ Y_2O_3$ 材料及 $ZrO_2+8\%\ Y_2O_3-Ni$ 构成的 FGM，分别进行了耐热冲击特性评价试验，实验结果表明，梯度化使材料承受临界激光输出功率密度的能力增强，即耐热冲击性提高。

6.5　FGM 的应用

功能梯度材料的应用主要包括如下方面：高温材料、切削工具、生物医学材料、光学材料、介电和压电材料、热电变换材料等。

（1）高温材料。作为高温材料的功能梯度材料已得到应用的有 PSZ/NiCrAlY 系 FGM 热障涂层。在镍基合金叶片的表面喷涂一层热障涂层可以提高涡轮发动机叶片的耐热温度，从而改善热机的工作效率。因为 PSZ 陶瓷具有良好的热障性能，而且不与合金发生化学反应，所以适合于制备具有热障性能的 FGM 涂层。制备 PSZ/NiCrAlY 系热障涂层主要利用减压或常压等离子体喷射技术。与 PSZ/NiCrAlY 系功能梯度材料相比，CVD 法制备的 SiC/C 系功能梯度材料和 SiC/TiC－C 系功能梯度材料具有质量轻的特点，作为航天飞机机体表面材料和燃烧室喷嘴材料将会得到应用。另外，高温功能梯度材料还有 TiB_2/Ti、TiB_2/Cu、W/Cu、SiC－AlN/Mo 等系列。作为耐高温材料，FGM 还可望用于高效燃气轮机涡轮叶片、大型钢铁厂轧辊、核反应容器热障层等。

（2）切削工具。功能梯度材料作为切削工具得到很好应用。为了提高切削工具的加工速度和延长工作寿命，通常对工具表面硬度进行梯度成分控制。日本住友电器工业公司研制出了两种具有不同硬度梯度分布的硬质合金刀具（商品名是 AC200 和 CN8000）。CN8000 的表面硬度达到 19GPa，大约在从表面到内部 200μm 的区域硬度从 19GPa 逐渐降到 14GPa 左右。AC2000 的表面硬度比较低，大约在 12GPa 左右，在表面到内部的 30μm 处，硬度升高到 14.7GPa，然后在 200μm 的厚度范围强度又降到 13.7GPa。AC2000 和 CN8000 分别适合于不同的切削条件，其切削性能明显超越一般硬质合金刀具。另一个比较成功的例子是金刚石－碳化硅超精密切削刀具。金刚石单晶片刀具广泛应用于一些像高分子、铝、铜一类软材料的镜面精密加工。传统的做法是将金刚石单晶片用银焊的方法连接在金属刀把上，但这种刀具的刚性不够。为了提高刀具的刚性和寿命，日本陶瓷技术公司选择碳化硅作为金刚石刀具的刀把，利用碳化硅的反应烧结研制出 Dia - SiC 系 FGM 刀具。FGM 层的金刚石颗粒的含量从 20% 变化到 80%。

（3）生物医用材料。功能梯度材料在生物医用材料领域有广阔的应用前景。利用生物陶瓷的生物活性和钛合金的强韧性，已经研制出 HAP/Ti 系人工牙根。人的骨头本身就具有梯度材料的特征，人们可以从中得到一些启示，用于 FGM 生物材料研究。除 FGM 人工牙根外，还有 FGM 人工骨头和人工关节等。

（4）光学材料。日本半导体专家 Nishizawa 发明的高传输效率光纤电缆里面含有折射率梯度的概念。Hirai 领导的研究室和一家公司合作研制出一种高性能的波长选择型滤波器。这种滤波器内的光学薄膜的折射率是成梯度变化的。

（5）介电和压电材料。单体介电材料的介电常数一般随温度而激烈变化，而利用不同成分组成的 FGM 介电材料的介电常数比较稳定，受温度影响较小。人们也把功能梯度材料的概念引入压电陶瓷驱动器的研发中。传统的单压电晶片或双压电晶片压电陶瓷驱动器中是利用有机物将压电陶瓷板和金属板黏结起来的，因此长时间使用后界面上容易发生剥离或滑移等劣化问题。用 FGM 层取代有机物黏结，可以得到可靠性好、寿命长的功能梯度型压电陶瓷驱动器。

（6）热电变换材料。热电变换功能梯度材料是继热应力缓和型高温功能梯度材料研究项目之后的日本第二项国家级功能梯度材料研究项目。出发点是希望通过对热电转换材料进行功能梯度化制备来提高热转化效率。

如图 6 - 17 所示，每一种热电材料只在一定温度范围内显示最高热电性能，如果将几种不同的热电材料组成梯度材料，就能适应更宽的温度范围，从整体上提高热电转换效率。除了采用不同的材质实现梯度分布来提高热效率外，还可以通过在同一材料内对载流子浓度进行梯度控制来进一步提高热电转换效率。

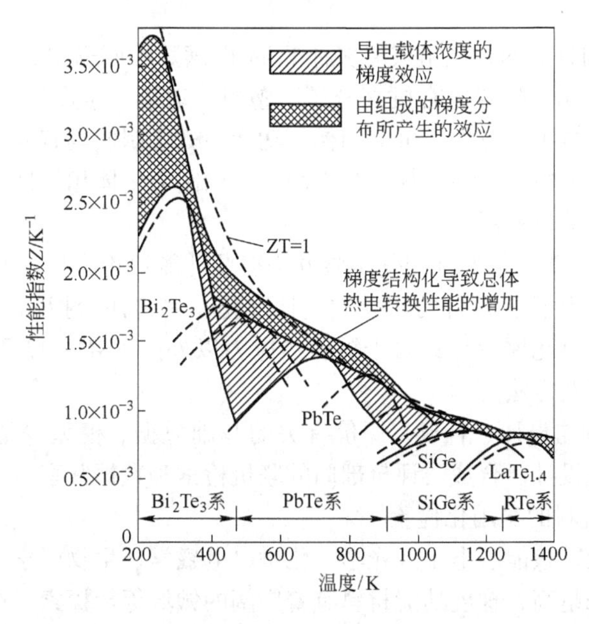

图 6 - 17 不同热电材料的性能指数和温度的关系

(7) 磁性材料。随着计算机技术的进步，要求作为外部记忆装置的磁盘容量进一步扩大。为提高磁性膜和光磁记录材料的特性，改善表面润滑性，使磁头和磁回路高性能化，可以通过在膜的厚度方向上 FGM 化和利用根据组成分布来控制磁性特性的铁氧体来达到上述目的。在高透磁率材料、高饱和磁力线密度等漏磁少的磁芯材料及由偏置磁场和变压器磁芯组成的材料中，在高磁力线密度部分，可用昂贵的稀土材料，而在其他部分采用 FGM 技术将廉价的磁性材料与马达的结构部分一体化。

6.6 FGM 的发展趋势与展望

梯度功能材料自 20 世纪 80 年代中期产生以来得到飞速发展，它已引起许多国家的关注。FGM 的研究正向着多学科交叉、多产业合作及国际化的方向发展，在制备手段和评价方面有的已取得了很大的进展。但目前仍基本处在基础性研究阶段，首先还没有一个统一的、准确的材料模型和力学模型；其次已制备的梯度功能材料样品的体积小、结构简单，还不具有较多的实用价值；另外，梯度功能材料特性评价研究的广度和深度还很不够，很多实际问题有待解决，在航空航天领域的应用模拟研究有待进一步提高，尤其是国内具有针对性应用目标的研究还不多。因此，梯度功能材料技术走向实用化还存在很多难题，但其总的发展趋势可概括如下：

(1) 为了提高设计精度，将致力于微观结构模型和热应力解析模型的建立以及计算机辅助 FGM 设计专家系统的研究。

(2) 开发更精确的梯度组成控制技术，如研究用计算机控制的梯度铺垫系统，深入研究制备工艺的机理，如 SHS 法的反应机理、粉末冶金法的成型及烧结机理、气相沉积机理等，尤其要加强非平衡系统的研究。

(3) 为使 FGM 最终实用化，需开发可合成大规格和复杂形状的梯度功能材料合成技术。

(4) 研制由不同种类的物质组成的多种 FGM 以满足不同需要，其概念可以引入更广范围的不同物质（金属、陶瓷、有机高分子、塑料、玻璃、水泥等）进行梯度复合，提高其使用性能。如在核工业方面，可应用梯度功能的概念制成具有耐放射性及耐热应力的第一壁材料及电绝缘材料等；在生物医学方面，可以制造生体相容性、可靠性高的人造高分子、人造骨及人造关节和器官等。

(5) 研究 FGM 性能评价的标准化实验方法以及性能评价指标。对于以热应力缓解为主的 FGM，应进一步使性能评价的实验方法标准化，完善评价指标，如长时间使用的性能劣化评价和耐高温氧化评价等；对于缓和热应力以外的 FGM，则要根据具体应用条件来研究确定评价指标及方法。

(6) 积累和整理与设计、合成、评价有关的基础数据、模型等情报信息，并使之数据库化，以便于材料设计、合成、评价部门的联机检索和数据共享。

(7) 梯度功能材料的实用化检验。

随着航空、航天、核能、电子、光学、化学、电磁学、生物医学乃至日常生活领域对材料性能的需要越来越高，梯度功能材料有着广阔的领域等待探索，巨大的潜力有待于开发。总之，随着人们对功能梯度材料研究的不断深入，FGM 将会极大地推动材料科学与技术的发展乃至在各个工业领域发挥巨大作用。在未来的高科技角逐中，梯度功能材料必将展示出它的魅力。

参 考 文 献

[1] 益小苏，杜善义，张立同．复合材料工程［M］．北京：化学工业出版社，2006.
[2] 鲁云，朱世杰，马鸣图，等．先进复合材料［M］．北京：机械工业出版社，2004.
[3] 王志，李宏林，史国普，等．钢基 Fe/Al_2O_3 梯度复合材料组织性能研究［J］．稀有金属材料与工程，2007，36（增刊）：629～631.
[4] 全仁夫，杨迪生，吴晓春，等．二氧化锆梯度复合羟基磷灰石生物材料的制备及其生物相容性［J］．复合材料学报，2006，23（3）：114～122.
[5] 曹顺华，邹仕民，李春香．粉浆浇注制备铁基梯度复合材料［J］．粉末冶金材料与工程，2007，12（5）：316～320.
[6] 黄旭涛，严密．功能梯度材料：回顾与展望［J］．材料科学与工程，1997，15（4）：35～38.
[7] 徐娜，李晨希，李荣德，等．功能梯度材料的制备、应用及发展趋势［J］．材料保护，2008，41（5）：54～58.
[8] 田云德．功能梯度材料力学性质与热应力计算研究［D］．成都：四川大学，2005.
[9] 仲政，吴林志，陈伟球．功能梯度材料与结构的若干力学问题研究进展［J］．力学进展，2010，40（5）：528～542.
[10] 黄继华，赵军，李敬峰．共沉降法制备金属/陶瓷连续梯度功能材料［J］．科学通报，1998，43（5）：550～554.
[11] 张光辉．金属－陶瓷梯度材料强度问题的理论研究［D］．武汉：武汉理工大学，2004.
[12] 陈聪聪．颗粒增强铝基梯度复合材料摩擦磨损性能研究［D］．长沙：湖南大学，2011.
[13] 赵志江，李晓东，修稚萌，等．离心成型法制备无宏观界面的 Al_2O_3/Ni 功能梯度材料［J］．功能材料，2007，38（10）：1690～1693.
[14] 高鲲．离心铸造 SiC 颗粒增强铝基骤变梯度功能复合材料筒状零件的组织及性能研究［D］．重庆：重庆大学，2009.
[15] 张卫文，朱苍山，魏兴钊，等．生产梯度材料的双流浇注连续铸造方法［J］．科学通报，1998，43（11）：1223～1225.
[16] 焦丽娟，李军．陶瓷－金属功能梯度复合材料在装甲防护中的应用［J］．四川兵工学报，2006，（4）：22～23.
[17] 许富民．梯度分布的 SiC 颗粒增强金属铝基复合材料的制备、组织和力学行为［D］．大连：大连理工大学，2003.
[18] 张永忠，石力开．梯度复合材料激光熔化沉积成型的研究进展［J］．中国材料进展，2010，29（11）：21～26.
[19] 袁秦鲁，胡锐，李金山，等．梯度复合材料制备技术研究进展［J］．兵器材料科学与工程，2003，26（6）：66～69.
[20] 尹涛．梯度功能材料的高耐腐蚀性对发动机耐久性的影响［D］．天津：天津大学，2003.
[21] 朱信华，孟中岩．梯度功能材料的研究现状与展望［J］．功能材料，1998，29（2）：121～127.
[22] 夏军．梯度功能材料的制备技术与应用前景［J］．化工新型材料，2001，29（6）：20～22.
[23] 唐新峰，张联盟，袁润章．梯度功能材料及其新的研究领域展望［J］．高技术通讯，1994，（4）：37～40.
[24] 李耀天．梯度功能材料研究与应用［J］．金属功能材料，2000，7（4）：15～24.

[25] 张幸红，韩杰才，董世运，等．梯度功能材料制备技术及其发展趋势［J］．宇航材料工艺，1999，(2)：1～5.

[26] 崔教林，周邦昌，赵新兵．梯度结构热电材料的设计与研究进展［J］．材料科学与工程，2001，19（3）：122～126.

[27] Jha D K，Tarun Kant，Singh R K. A critical review of recent research on functionally graded plates［J］. Composite Structures，2013，(96)：833～849.

[28] Kieback B，Neubrand A，Riedel H. Processing techniques for functionally graded materials［J］. Materials Science and Engineering A，2003，(362)：81～105.

[29] Jerzy J Sobczak，Ludmil Drenchev. Metallic functionally graded materials：a specific class of advanced composites［J］. J. Mater. Sci. Technol.，2013，29（4）：297～316.

[30] Put S，Vleugels J，Van Der Biest O. Gradient profile prediction in functionally graded materials processed by electrophoretic deposition［J］. Acta Materialia，2003，(51)：6303～6317.

7 智能复合材料

7.1 智能复合材料结构概述

智能材料与结构的概念由美国和日本科学家在20世纪80年代末期提出，经过近十年的概念演化与基本材料结构研究，在20世纪90年代后期逐渐开始了针对军事装备的应用与开发，在航空航天领域具有代表性的是NASA Aircraft Morphing计划、DARPA/NASA智能翼（smart wing）计划和Boeing公司的SPICES与SAMPSON计划等，其主要内容是利用智能结构与系统的新技术改进传统结构，达到降低操作费用，获得更大的气动力效率，提高未来飞行器的安全性与可靠性的目的。

智能复合材料结构是利用智能材料与结构技术对复合材料进行改进，其研究内容同智能材料与结构技术既有交叉又有区别，智能材料与结构技术是智能复合材料结构的技术支撑，而智能复合材料结构是智能材料与结构技术向工程应用发展的最佳途径之一（图7－1）。智能复合材料结构是一门多学科交叉形成的新兴学科。它是多种学科同复合材料相融合的产物，包括材料学、力学、机械学、电子学、光学、化学、信息论、控制论、仿生学等。它的应用前景非常广泛，涉及航空航天、土木工程、船舶舰艇、武器装备、海洋平台、交通运输、医疗体育等许多行业。

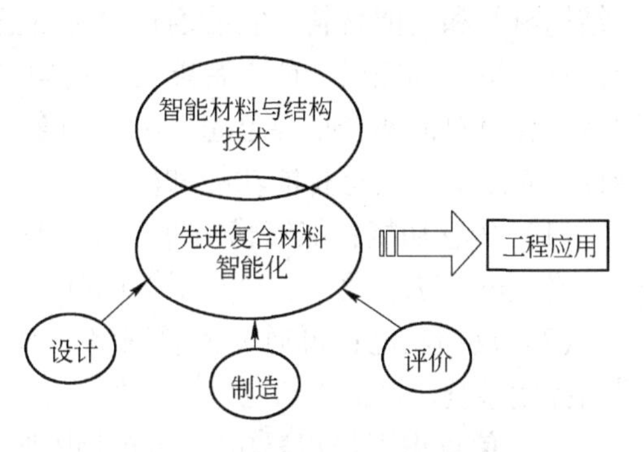

图7－1　智能复合材料与结构

复合材料智能结构分为被动控制式和主动控制式两类。被动控制式智能结构低级而简单（亦称为机敏结构），只传输传感器感受到的信息，如应变、位移、温度、压力和加速度等，结构与电子设备相互独立。主动控制式是一种智能化结构，具有先进而复杂的功能，能主动检测结构的静力、动力等特性，比较检测结果，进行筛选并确定适当的响应，控制不希望出现的动态特性，也可分为嵌入式智能材料结构和材料本身具有一定智能功能的非嵌入式智能材料结构两类。嵌入式智能结构就是在基体中嵌入具有传感、动作和控制处理功能的三种原始材料，传感元件采集和检测外界环境给予的信息，控制处理器指挥激励驱动元件执行相应的动作。非嵌入式智能结构就是某些材料微结构本身就具有随时间和环境改变自己的性能，例如自滤玻璃和受辐射时性能自衰减的InP半导体等。

总而言之，智能复合材料结构是指以传统的复合材料结构为基体，通过复合或附加一系列智能化元件，如传感器、驱动器与控制器等，而形成的新型复合材料结构，它不仅具有承受载荷的结构功能，而且也具备自感知、自适应、自修复等这些只有生命体才具有的能力，这样的复合材料结构，可以称之为智能复合材料结构。如果与人类比，基体结构可以对应于骨骼，起承受载荷的作用，传感器可以对应于人的神经末梢，起感知作用，驱动器可以对应于肌肉，起驱动作用，而控制器可以对应于大脑，起收集、处理信息并反馈控制作用。

7.1.1　智能复合材料结构的定义

智能材料的构想来源于仿生（仿生就是模仿大自然中生物的一些独特功能制造人类使用的工具，如模仿蜻蜓制造飞机等），它的目标就是想研制出一种材料，使它成为具有类似于生物的各种功能的“活”的材料。因此智能材料必须具备感知、驱动和控制这三个基本要素。但是现有的材料一般比较单一，难以满足智能材料的要求，所以智能材料一般由两种或两种以上的材料复合构成一个智能复合材料结构系统。这就使得智能复合材料结构的设计、制造、加工和性能结构特征均涉及材料学的最前沿领域，使智能复合材料代表了材料科学的最活跃方面和最先进的发展方向。也就是说，智能复合材料（Intelligent Or Smart Composite Materials，ICM Or SCM）结构是在复合材料基础上发展起来的一项高新技术，它是一种由传感器、信息处理器和功能驱动器等部分构成的新型复合材料。它不同于结构材料和功能材料，它能通过自身的感知，获取外界信息，作出判断和处理，发出指令，具有执行和完成功能。智能复合材料结构是信息科学融入材料科学的产物。因为设计智能复合材料的两个指导思想是材料的多功能复合和材料的仿生设计，所以智能材料复合结构具有或部分具有智能功能和生命特征：

（1）传感功能：能够感知外界或自身所处的环境条件，如负载、应力、应变、振动、热、光、电、磁、化学、核辐射等的强度及其变化。

（2）反馈功能：可通过传感网络，对系统输入与输出信息进行对比，并将其结果提供给控制系统。

（3）信息识别与积累功能：能够识别传感网络得到的各类信息并将其积累起来。

（4）响应功能：能够根据外界环境和内部条件变化，适时动态地作出相应的反应，并采取必要行动。

（5）自诊断能力：能通过分析比较系统目前的状况与过去的情况，对诸如系统故障与判断失误等问题进行自诊断并予以校正。

（6）自修复能力：能通过自繁殖、自生长、原位复合等再生机制，来修补某些局部损伤或破坏。

（7）自调节能力：对不断变化的外部环境和条件，能及时地自动调整自身结构和功能，并相应地改变自己的状态和行为，从而使材料系统始终以一种优化方式对外界变化作出恰如其分的响应。

7.1.2　智能复合材料结构的特点

智能复合材料结构的构想来源于仿生，其核心思想在于多种功能的集成与协调作用。其主要特点为：（1）智能材料的应用，即把具有感知与驱动属性的材料进行多功能复合材料及仿生设计，直接成为传感器和驱动器；（2）结构集成，即把传感器、驱动器与控制器集成在结构之中，因而更接近生物体结构；（3）高度分布的传感及驱动信息，特别是智能控制系统的发展，为将力学意义上“死”的结构，转变为具有某些智能功能或生命特征的“活”的结构创造了条件。

智能复合材料结构的内涵非常丰富，涉及的材料从无机到有机，结构层次从宏观到微观，它模糊了材料与结构之间的界限。它的重要性体现在两个方面：（1）与材料科学、信息科学、仿生学和生命科学等诸多前沿学科及高技术密切相关；（2）有可能把目前采用的结构离线、静态、被动检测，转变为在线、动态、实时检测与主动/半主动/复合控制，并引发结构设计、制造、维护和控制等观念的革新。

智能复合材料结构作为一门新兴的学科交叉的综合学科，它的学科多难度大，研究内容既相对独立又联系紧密，体现为一个有机的整体。如果仅从几个方面去研究，将难以发现其中特有的科学技术问题。因此，首先必须从它的概念、传感元件、驱动元件、信息处理和控制方法等方面进行全面、深入和系统的研究。其次是基础研究和应用研究、理论研究和实验研究紧密结合，在开拓理论研究新领域的同时，新的实验技术、装置和制备加工技术必须协调发展，配套研制。

智能复合材料结构的设计特点是材料设计、结构设计和功能设计的一体化。设计和制造密不可分。智能复合材料在功能结构上虽然可以分为传感元件、驱动元件、信息处理和控制方法这四大部分，但是它并不是这四部分的简单叠加，而是它们的有机结合。制取智能复合材料时在工艺上需要解决很多关键的技术问题，不仅要在宏观上进行尺寸和结构的设计与控制，而且更要在微观（至纳米级、分子乃至原子的尺寸）上进行结构设计与复合。智能复合材料结构设计的方法为：（1）根据智能复合材料的应用和目标，提出智能复合材料系统智能特性；（2）选择基体材料和传感器部分、处理器部分、驱动器部分的机敏材料；（3）从宏观上和微观上进行结构设计；（4）建立数学和力学模型，对智能复合材料系统进一步优化；（5）进行理化测试，检验材料的功能。随着计算机技术的日益发展和在生产实际中的广泛应用，智能复合材料的设计也可应用计算机进行模拟设计。

在研究中可以从实际结构件中抽象出典型的模块件，如杆、梁、板、壳等。根据模块件的用途，在其中集成传感/驱动元件、控制系统，通过规范化接口，将它们组成智能结构。智能复合材料结构不仅指硬件，还包括设计软件系统，包括基体/传感/驱动/控制元件设计与选择、集成方式软件、智能性运行软件、制造工艺软件、结构智能性综合评价软件等。图7－2和图7－3分别是智能复合材料结构软件包含的资料和设计步骤。

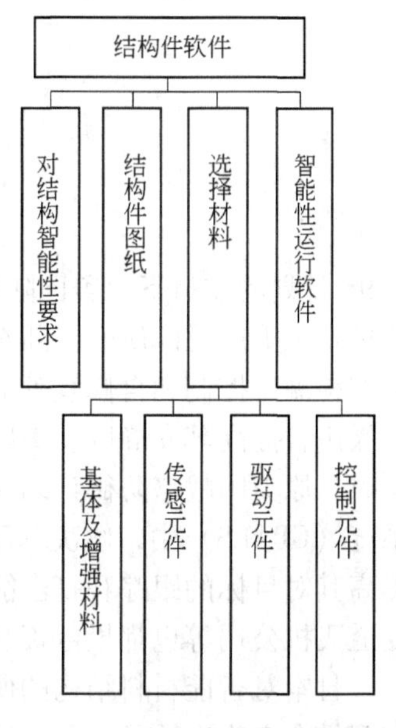

图7－2 智能复合材料结构软件包含的资料

7.1.3 智能复合材料结构的研究现状

智能材料结构概念一经提出，立即引起美国、日本及欧洲等发达国家的重视，并投入巨资成立专门机构开展这方面的研究。其中，美国将智能结构定位为在20世纪武器处于领先地位的关键技术之一。1984年美国陆军科研局首先对智能旋翼飞行器的研究给予赞助，要求研制出能自适应减小旋翼叶片振动和扭曲的结构。随后，在美国国防部FY92－

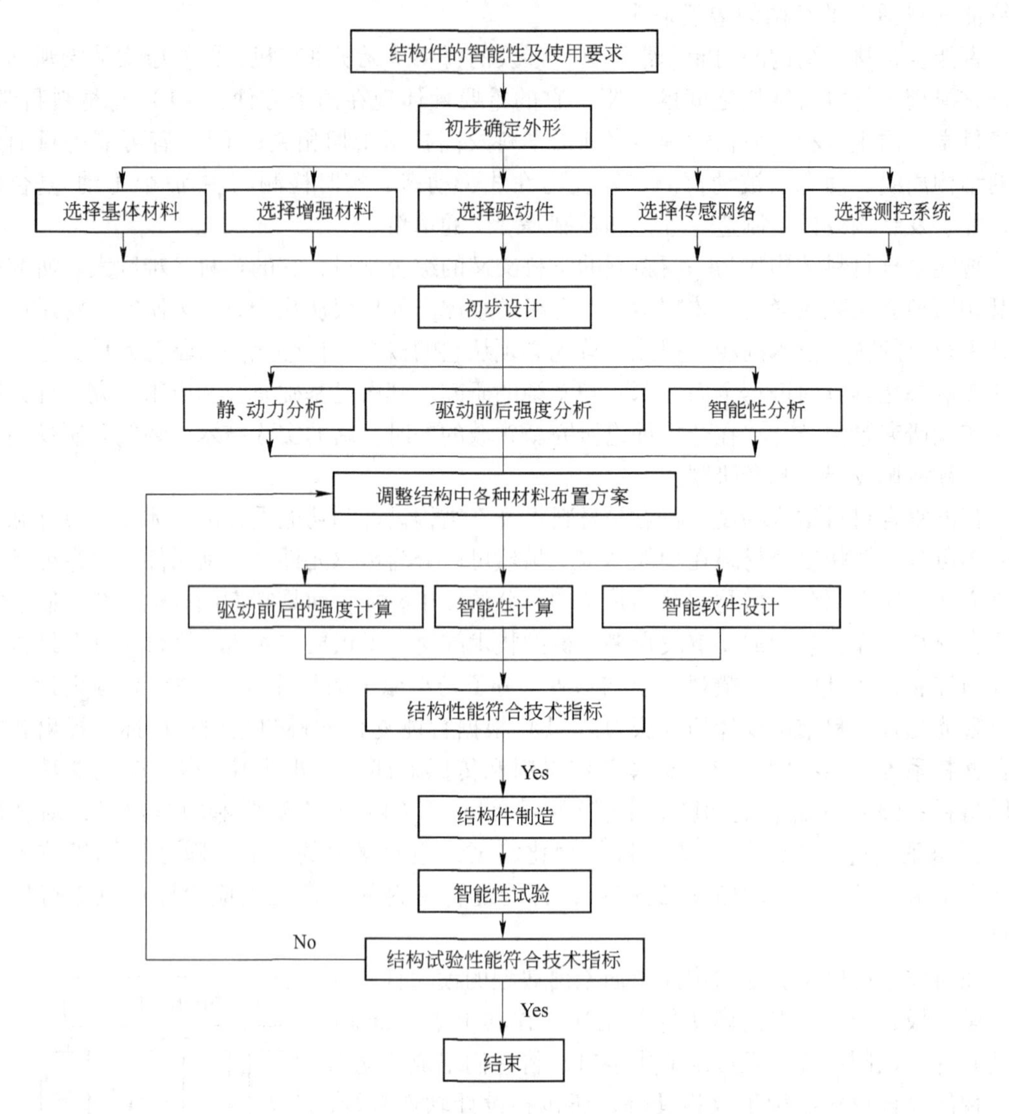

图 7－3　智能复合材料结构设计步骤

FY96 计划的支持下，美国陆军科研局和海军科研局对智能材料研究给予了更大资助，对其进行了更广泛的研究。陆军科研局侧重于旋翼飞行器和地面运输装置的结构部件振动、损伤检测、控制和自修复等的研究，而海军科研局则计划用智能材料减小鱼雷及潜艇的振动噪声，提高其安静度。美国空军也于 1989 年提出航空航天飞行器智能蒙皮的研究计划。同时，原美国战略防御计划局（SDIO）也提出将智能结构用于针对有限攻击的全球保护系统（GPALS）中，解决基于自主监视和防御系统难于维护及结构振动扰动等问题，以提高其对目标的跟踪和打击能力。与此同时，美国的一些大学和公司，如波音飞机公司、麦道飞机公司等也都投巨资从不同侧面就智能结构开展研究，并取得了一些关键性成果。

日本对智能材料结构的研究提出了将智能结构中的传感器、驱动器、处理器与结构的宏观结合变为在原子、分子层次上的微观/组装，从而得到更为均匀的物质材料的技术路线，其研究侧重于空间结构的形状控制和主动抗振控制。此外，在形状记忆合金和高分子聚合物压电材料的研究方面，日本也处于国际领先地位。2006 年，东京大学采用 SMA 箔与横向垂直的方式结合 FBG 传感器埋于碳纤维复合材料中进行试验。当 FBG 传感器监测反映的光谱出现明显变化时，通过对 SMA 箔进行加热的方式，使 SMA 产生驱动回复力，导致材料内部不均匀的应力分布再次趋向均匀，结构纵向拉力减小，最后达到抑制横向裂缝发展的目的。日本东京女子医院还推出了一种能根据血液中的葡萄糖浓度而扩张和收缩的聚合物。葡萄糖浓度低时，聚合物条带会缩成小球，葡萄糖浓度高时，小球会伸展成带。借助于这一特性，这种聚合物可制成人造胰细胞，这种人造胰细胞可根据病人血糖浓度的高低释放或密封胰岛素，使病人血糖浓度始终保持在正常水平。英国的研究涉及智能复合材料的损伤监测、结构健康监控、分布式传感器和新型驱动器及其位置优化策略、土木工程结构的安全监测等。德国宇航研究中心也制定了 ARES 计划，研究内容包括：自适应结构主动控制技术，传感器和驱动器优化布置，形状记忆合金的物理特性及其在智能结构中的应用等。加拿大在其雷达卫星的合成孔径雷达天线结构上采用智能材料，对其形状和振动进行监控。

我国对智能结构的研究也十分重视，1991 年国家自然基金会将智能结构列入国家高技术研究发展计划纲要的新概念、新构思探索课题，智能结构及其应用直接作为国家高技术研究发展计划（863 计划）项目课题。为此一些高等院校和科研机构紧跟国际步伐，纷纷开展了智能结构方面的研究。同年，南京航空航天大学率先成立了智能材料与结构研究所，迄今已在强度自诊断自适应结构、结构损伤检测评估、光纤传感技术在结构智能化中的应用，以及利用压电元件对结构进行减振降噪等方面取得了阶段性的研究成果，并在结构自修复方面也进行了一定的研究，且于 2001 年举办了第一届亚太地区智能材料结构会议。重庆大学从事具有分布式光纤传感系统的自适应结构研究，并使部分研究成果走出实验室，应用在桥梁、建筑等工程。西安交通大学在压电层合板、形状记忆合金智能结构等方面做了深入的理论研究工作。此外，上海交通大学、大连理工大学、哈尔滨工业大学、北京航空航天大学、西北工业大学等院校也都从不同角度进行了研究。

智能结构的研究难度较大，目前经过基础性研究与探索，已在基本原理、传感器研制、作动器研制、功能器件与复合材料之间的匹配技术、智能材料成型工艺技术、智能材料在特殊环境下的性能评价、主动控制智能器件等方面开展了许多工作，取得了较大的突破，并且，已经从基础性研究进入到预研和应用性研究阶段。但是，智能结构离实用化还有一定距离，这有赖于对其相关关键技术进行深入研究。

7.1.4 智能复合材料结构产生和发展的原因

智能复合材料结构产生和发展的原因如下：

（1）复合材料本身的发展及特点。近年来，先进复合材料的应用日益广泛。目前已出现了全复合材料的飞机和直升机。在大型民航客机上，复合材料也得到了大量应用，具有代表性的有空中客车 A380 与波音 7E7。另外在汽车工业、运动器械、自行车中，先进复合材料也发挥了重要作用。而复合材料在损伤及力学特性方面较为复杂，目前还没有可以有效地进行大面积在线检测的方法。另外复合材料的制作工艺特点很适合将主动元件与之组合，可以期望将带有传感器、驱动器、处理器连接网络的层片植入其中，从而实现材料的智能化。

（2）对材料特性的全面研究与利用。对某种材料的全面描述，应当包括材料的化学、力学、光学、电磁学、热学等物理特性。传统的研究仅侧重于材料的主要特性，比如对于结构材料，人们所感兴趣的只有它的力学特性，对于电子材料只关心它的电学特性。对材料全面特性的研究，使得材料的功能由单一趋向多样，比如能够实现机电、光电等多种不同物理量的转换等，这为智能复合材料结构实现感知和动作提供了多种途径。

（3）现代电子技术和人工智能的飞速发展为复合材料的智能化创造了条件。与“智能”有关的感知、决策与响应的核心最终都归结于信息处理和人工智能。随着超大规模集成电路制造技术的发展，从数字信号处理芯片到神经网络芯片，越来越高的集成技术使信息处理和人工智能器件直接集成在智能复合材料结构中成为可能。

总的来说，由复合材料、传感器、驱动器、控制器组成的智能复合材料结构，它的用途不仅在于完成设计者事先拟定的功能，而且还能对未知情况作出适应反应，对环境具有自适应性。正是因为智能复合材料结构所应实现的这些功能，毫无疑问它的发展将大大促进复合材料的进一步广泛应用。

7.1.5 智能复合材料结构的关键共性技术

7.1.5.1 新型传感技术

传感技术是实现智能复合材料结构实时、在线和动态检测的基础。而其中用于感受周围环境变化以实现传感的一类功能元件叫传感元件，它相当于人的神经系统。埋入或粘贴于主体材料内部或表面的传感元件能够有效地将所感受的物理量（如力、声、光、电、磁、热等）的变化转换成另一种物理量（如电、光）的变换，它是实现复合结构智能化的基础元件之一。因此，需要对相关元件的力学、光学、电学等耦合效应进行深入的分析，探索新型组合式传感元件的新原理，研究新型光纤、压电传感原理与技术；研究高性能、多用途表面声波传感器；研究分布式及准分布式传感、传感器网络及多传感器复用原理与方法；建立应变/温度复合传感原理与技术；研究新型加速度、速度、位移、变形、裂纹、损伤传感器技术；研究传感元件的配置优化，以达到优化传感元件和传感网络综合性能的目的。

智能结构中的传感元件应满足以下要求：厚度薄，尺寸小，不影响结构外形；与主体材料相容性好，埋入后对原结构强度影响小；性能稳定可靠，传感信号覆盖面宽，电磁兼容性好，抗干扰能力强。目前研究和采用的主要传感元件有：光导纤维、压电元件、电阻应变元件、疲劳寿命丝、半导体元件等。

（1）光导纤维。它是利用两种介质面上光的全反射原理制成的光导元件。通过分析光的传输特性（光强、位相等）可获得光纤周围的力、温度、位移、压强、密度、磁场、成分和 X 射线等参数的变化。光导纤维作为传感器具有反应灵敏、抗干扰能力强和耗能低等特点。嵌埋式光纤传感器还能实时监测材料固化过程中的状态变化，以便调整固化过程的参数，从而提高材料固化的成功率。而在材料固化后仍留在材料内部，继续充当敏感元件，实时监测敏感材料结构在使用过程中性能的变化，实现在线无损检测，因而广泛用作智能结构的传感元件。

（2）压电元件。在智能结构中，常用于声发射信号、应力波和压力测量的压电材料可分为两类：压电陶瓷和压电聚合物。压电材料的特点是有较宽的频响范围，控制精度高，可以加工成多种形式的传感器，易于小型化和集成化，可用作传感元件或驱动元件。压电材料的最新成果包括细晶粒聚合物陶瓷、大应变量单晶压电材料、压电纤维和压电复合材料等，它们的共同优点是具有较大的驱动应变和很强的可设计性。

（3）半导体元件。微小的半导体传感元件是未来智能结构中的主要传感元件，它能够制成与基体材料融为一体的半导体模块、薄片，用于测量温度、压力、辐射、加速度等，具有用途广、尺寸小、易集成和成本低等优势。目前的主要问题是使用温度的限制。不同的传感元件具有不同的传感特性，因此，需要对相关传感元件的力学、光学、电学等耦合效应进行深入的分析，探索新型组合式传感元件的新原理和技术。

7.1.5.2 新型驱动技术

驱动技术（包括启动器结构形式、激励和控制方式等）是智能复合材料结构实现形状或力学性能自适应变化的核心问题，也是困扰结构自适应的一个“瓶颈”。每种驱动元件都具有自身的特点，而理想的驱动元件能直接和高效地利用输入的电信号改变结构的状态和特性。需要重点研究的是复合材料式和混杂式驱动系统、微型驱动装置，驱动器驱动力/行程/程度的关系与功率/能量的要求，驱动系统的建模与优化，驱动系统的激励和控制，电/磁流变驱动器，压电驱动器，形状记忆合金驱动器，电/磁致伸缩驱动器等。

其中，驱动元件是使结构自身适应其环境的一类功能元件，它的作用就像人的肌肉，可以改变结构的形状、刚度、位置、固有频率、阻尼、摩擦阻力、流体流动速率、温度、电场及磁场等。驱动元件是自适应结构区别于普通结构的根本特征，也是自适应结构从初级形态走向高级形态的关键。对驱动元件的要求如下：与主体材料相容性好，具有较高的结合强度；本身具有较好的力学性能，如弹性模量大、静强度和疲劳强度高、抗冲击等；频率响应宽，响应速度快，激励后的变形量和驱动力大，且易于控制。

目前研究和采用的主要驱动元件有：压电元件、形状记忆合金、电致/磁致伸缩材料、电/磁流变体、压电复合材料、聚合物胶体等。

（1）压电元件。利用逆压电效应，压电元件可用作驱动元件。压电元件作为驱动元件的特点是：激励能量小，响应速度快，控制精度高，使用方便。主要问题是：驱动变形量和驱动力小，低于目前结构材料的许用应变值。

（2）形状记忆合金。形状记忆合金（Shape Memory Alloy，SMA）是智能结构中首先应用且问世不久的一种具有形状记忆效应的功能型金属材料，其作为驱动器元件最重要的特点是：可实现多种变形形式，变形量大，加热驱动时驱动力较大，可用于改变结构中的应力应变分布和结构的形状。存在的主要问题是功耗大、响应慢、多参数耦合效应复杂。

（3）电/磁流变体。电/磁流变体是在外加电场/磁场作用下能迅速实现液体-固体性质转变的一类智能材料，这类材料能感知环境（外加电场/磁场）的变化，并且根据环境的变化自动调节材料本身的性质，使其黏度、阻尼性能和剪切应力都发生相应的变化。这种液态和固态之间的转化是快速可逆的，并可保持黏度连续、无极变化，能耗极小，是智能结构中很好的驱动器。

（4）压电复合材料。压电复合材料是将压电相材料（如压电陶瓷）与非压电相材料（如聚合物）按照一定的连通方式复合而形成的一种具有压电效应的复合材料。它具有优良的压电性能，柔韧性好，质量轻。其最大的特点是可设计性强，通过选择不同的连通方式和复合方式，可使压电复合材料具有所需要的综合性能。压电复合材料能用于结构的减振降噪和形状控制，并能改善与结构材料之间的相容性。

（5）聚合物胶体。聚合物胶体是一种将化学能或电能转变为机械能的仿人体肌肉功能的作动器，特别适合于仿生飞行器。聚合物胶体能并联成仿肌肉的纤维束，稳定性好、柔度系数可调。需要研究的是如何提高力的集度，改善受载状况下的响应速度，提高能量转换效率。

7.1.5.3 信息处理与传输

先进的信号测试与信息分析技术是实现结构自诊断的关键，它对传感网络布置、损伤等信息最佳判据的提取至关重要。信息处理与传输的主要问题是：用于结构健康监测的小波分析理念及方法，经验模态分析同 hilbert 变化相结合的信号分析理论及其在结构自诊断和自适应中的应用方法，与结构健康相关的最佳特征参数和判据的提取方法，信号分析与快速算法，在线监测准确性和可靠性评估方法，数据融合、光纤传输、无线传输以及利用互联网实现远程监测等。

智能结构分布式的传感元件、驱动元件和控制元件，意味着需要有一个与其相适应的分布式的计算结构。这一结构主要包括数据总线、连接网络的布置和信息处理单元。信息处理单元应具有分布式且与中央处理方式相协调的特点，对于复杂的应变系统，还应具有一定的鲁棒性和在线学习功能。基于智能结构的多传感器体系，且传感网络信号具有高度非线性、大数量、并行等特点，使用传统的分析方法进行处理往往十分耗时、困难，甚至完全不可能。而现代模式识别方法（包括人工神经网络）、小波分析技术、时间有限元模型理论以及光时域反射计检测技术等就成为实现实时、在线、智能化处理分布式信号的理想工具。对多传感器数据与信息融合及多传感器的优化配置的研究也是智能结构信息处理研究的重要内容。

人工神经网络突破了以传统线性处理为基础的数字电子计算机的局限，是一个具有高度非线性的超大规模连续时间动力系统。其主要特征为连续时间非线性动力学、网络的全局作用、大规模并行分布处理能力、联想学习能力和具有很强的鲁棒性和容错性。目前，应用于智能结构的人工神经网络，主要有 BP 网络、RBF 网络、Kohnoen 自组织特征映射网络以及小波神经网络等。而传统的以 BP 网络为代表的前向神经网络都是基于经验风险最小化（Empirical Risk Minimization，ERM）原则，需要较大的样本数据，力求使样本点的训练误差最小化，因而不可避免地出现了过拟合现象，降低了模型的泛化能力，且容易陷入局部最优点。而近年来发展起来的支持向量机（Support Vector Machine，SVM）网络则是建立在 VC 维（Vapnik - Chervo nenic Dimension）理论基础之上的，采用结构风险最小化（Structure Risk Minimization，SRM）原则，在最小化样本点误差的同时，最小化模型的结构风险，从而提高了模型的泛化能力，这一优点在小样本学习中更为突出。因此支持向量机是目前模式识别及非线性回归的理想网络模型。有文献采用最小二乘支持向量机（Least Square Support Vector Machine，LS - SVM）网络对压电智能结构进行了损伤检测，并结合改进的遗传算法，构造了遗传神经网络方法，实现了对压电智能结构传感器的优化配置。

由于智能结构传感元件、驱动元件和控制元件大量地分布于结构之中，采用无线传输方式来实现材料内部与外界环境间的信号传输与能量供给是必需的，这就像将很多微型电子器件植入体内进行检测一样，采用有线传输是不切实际的。因此需采用无线传输方式，通过 GPS 全球卫星定位系统以及国际互联网来实现远程监测与控制。

7.1.5.4 结构建模与仿真

建立更加接近真实条件的强非线性（物理非线性和几何非线性）、多场耦合（力、热、电、磁、声、光等）的各种变分原理及相应的数值分析方法，建立传感方程、驱动方程和智能结构系统的运动方程，研究结构集成器件与材料本体间的相互作用和耦合机理及宏观力学性质。

7.1.5.5 控制方法

针对分布式、非线性、强耦合、多变量、随机性及时变性复杂机械结构系统，利用主动/半主动/被动/复合控制各自的优点，建立智能结构控制模型。非线性系统中控制与结构相互作用，系统辨识与状态估计。分布控制网络系统设计、结构控制的决策融合及多阶模态时频域控制方法研究。特别是仿人智能控制理论中，研究分层逆阶控制信息处理及决策机构，再现特征辨识及特征记忆，开闭环结构的多模态控制，启发式和直觉式推理逻辑的灵活应用，分布局部控制与中央全局控制，控制系统稳定性，系统评价等基础理论问题，以及控制器设计问题。

在智能复合材料结构中，控制系统也是一个重要的组成部分，它所起的作用相当于人的大脑。智能结构控制系统包括控制元件及控制策略与算法等。智能结构的控制元件集成于结构之中，其控制对象就是结构自身。由于智能结构本身是分布式、强耦合的非线性系统，且所处的环境具有不确定性和时变性，因此，要求控制元件能够自己形成控制规律，并能够快速完成优化过程，需有很强的随机性、实时性和在线性。而以频域为基础的经典控制理论和以时域为基础的现代控制理论均难以面对智能结构自身的特征和所处的环境。智能结构的控制打破了传统控制系统的研究模式，将对受控对象的研究转移到对控制器自身的研究上，通过提高控制器的智能水平减少对受控对象数学模型的依赖，从而增强结构系统的适应能力，使控制元件在受控对象性能发生变化、漂移、环境不确定和时变的情况下，始终获得满意的控制效果。

复合结构之所以具有智能主要源于它的自主辨识和分布控制功能。智能结构的控制策略分为 3 个层次，即局部控制（Local Control）、全局算法控制（Global Algorithm Control）和智能控制（ Intelligent Control）。局部控制的目标是增大阻尼和（或）吸收能量并减少残留位移或应变；全局算法控制的目标是稳定结构、控制形状和抑制扰动。这两个层次在目前的技术水平上是可以实现的。智能控制是未来重点研究的领域，通常应具备系统辨识、故障诊断和定位、故障元件的自主隔离、修复或功能重构、在线自适应学习等功能。

7.1.5.6 系统集成

智能复合材料结构具有与传统机械结构不同的性能特点，需要研究在多参数（如力、温度和电/磁场等）的影响下，系统综合性能（如力学性能、功能特性）的表征、模拟与优化方法，功能元件与结构材料之间的复合材料方法和综合评价理论，结构自诊断自适应系统集成技术，功能元器件的多功能化、集成化、标准化、模块化和微型化等。

7.2 智能复合材料结构及其工作原理

7.2.1 智能复合材料结构的基本组成

在智能复合材料中，基体复合材料的作用与一般复合材料相同，主要承受载荷，可以类比于人的骨骼。通过植入或粘贴于表面的方式呈网络式分布于整个结构的传感器系统中，类似于人的神经系统，起到感知外界环境与自身响应变化的作用，为结构对自身健康状况诊断与评价以及自适应控制与自修复提供信息，可用于这一目的的传感器主要有光纤传感器、压电传感器、电阻传感器等。驱动器系统可以使智能复合材料结构具备自适应能力，对环境及自身状况变化进行主动响应，通过改变形状、阻尼、刚度、温度、位置、固有频率、速度、电场、磁场及力场分布等手段提高结构对环境的适应性，改善结构效率和安全状况。常见智能化驱动元件主要有形状记忆合金、压电材料、电/磁变流体、电/磁致伸缩材料、pH 致伸缩材料等。在智能复合材料结构中，控制器也是一个重要组成部分，是智能复合材料的最核心部分，它所起的作用相当于生物体的大脑。随着高度集成的硅晶技术的发展，信息处理器也变得越来越小，目前超大规模集成电路制造技术，使得在很小的面积内能够集成具有强大处理功能的电路，不久的将来可将信息微处理控制器直接集成在复合材料中。另外在软件方面，可采用具有并行、高速、容错等特点的人工神经网络、多传感器信息融合技术及多种自适应快速算法实现软件控制器，应用于智能复合材料结构。由此可见，智能复合材料结构由主体复合材料、传感器、驱动器及控制器组成。智能复合材料结构的基本组成如图 7-4 所示。

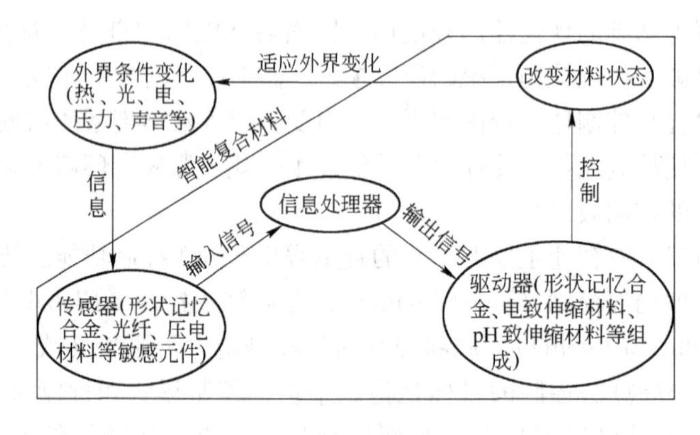

图 7-4 智能复合材料结构

（1）基体材料部分。基体材料担负着承载的作用，一般宜选用轻质材料。高分子材料由于具有质量轻、耐腐蚀，具有黏弹性的非线性特征等优点而成为首选，其次也可选用金属材料，以轻质有色合金为主。

（2）传感器部分（敏感材料）。传感器部分由具有感知能力的敏感材料构成。它的主要作用是感知环境的变化，如温度、压力、应力、电磁场等的变化，并将其转换为相应的信号。这种材料有形状记忆合金、压电材料、光纤、磁致伸缩材料、pH 致伸缩材料、电致变色材料、电致黏流体、磁致黏流体、液晶材料、功能梯度材料和功能塑料合金、半导体材料。

（3）驱动器部分。构成驱动器部分的驱动材料有形状记忆合金、磁致伸缩材料、pH致伸缩材料、电致伸缩材料等。在一定的条件下可产生较大的应变和应力，从而起到响应和控制的作用。可以根据温度、电（磁）场等的变化而改变其形状、尺寸、位置、刚性、自然频率、阻尼以及其他一些力学特征，因而可具有对环境的自适应功能。

（4）信息处理器部分。信息处理器部分是智能复合材料的最核心部分，它对传感器输出信号进行判断处理。随着高度集成硅晶技术的发展，信息处理器也变得越来越小，这就为将信息处理器复合进智能复合材料提供了良好的条件。

7.2.2　智能复合材料的主要种类和应用

智能复合材料是智能复合材料结构的重要组成元素，凡是导入特殊功能位元于复合材料的网格结构中，以感知或分析复合材料外在环境所产生的整体变化，都是智能复合材料的应用范围，为此智能复合材料可按图7－5进行分类。

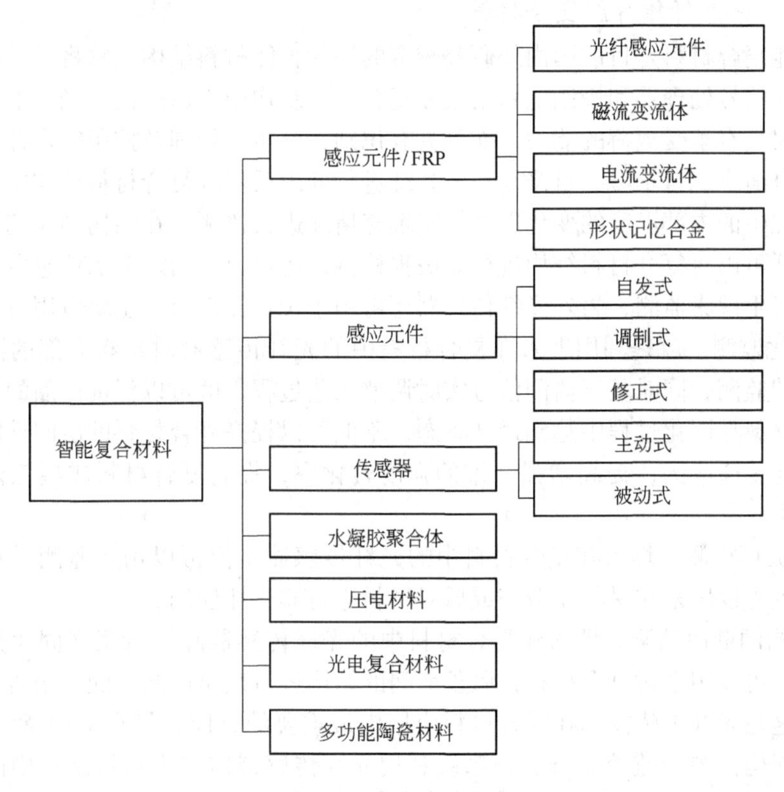

图7－5　智能复合材料

7.2.2.1　形状记忆合金纤维增强智能复合材料

SMA应用于智能复合材料主要是由于其具有形状记忆效应和超弹性。最典型的SMA是NiTi合金，它的感应灵敏度高，微应变大，可回复应力大，制动机理简单，有良好的感应和驱动性能。SMA从功能上概括主要有如下应用：

（1）材料的增强。埋有SMA的复合材料结构中的SMA被激励时将对整个结构的性能产生较大的压应变，如将 SMA 丝合理地布置于结构中可显著增强复合材料的强度；而且有资料表明在 SMA 丝的体积分数不变的情况下，将其适当排列，可提高复合材料的抗低速冲击性能。

（2）变形控制与结构损伤的探测、抑制与修复。美国应用 SMA 制成了夹心结构树脂基复合材料，用于“柔性机翼”，该机翼在各种飞行速度下自动保持最佳翼型，大幅度提高飞行效率，并可对出现的危险振动进行自行抑制；将适量 NiTi 合金纤维铺于环氧树脂基体中制成智能复合材料（SMC）。当 SMC 发生裂纹时，借助 NiTi 合金的电阻应力波的变化诊断材料的损伤，同时由于通电加热产生形状记忆收缩力，裂纹收缩，SMC 自动愈合。

（3）结构噪声与振动的主动控制。美国人在建筑物的合成梁中埋植形状记忆合金纤维，在热电控制下，能像人的肌肉纤维一样产生形状和张力的变化，从而可根据建筑物受到的振动改变梁的固有刚性和固有振动频率，减小振幅，使框架结构的寿命大大延长。

（4）生物仿生。例如，基于仿生复合材料的概念，利用 NiTi 材料在生物体中易与生物亲和的特性，将其埋入低硬度的硅基材料中，模仿生物组织结构。

7.2.2.2 光导纤维智能复合材料

光纤智能复合材料是目前国内外研究较多的一种智能材料结构，它将光纤传感器和驱动器以及有关信号处理器和控制电路集成在复合材料结构中，通过机、光、电、热等激励和控制，不仅具有承受载荷的能力，而且具有识别、分析、处理及控制等多种功能，能进行自诊断、自适应、自学习、自修复。将光纤进行处理后埋入复合材料结构中，可以对材料在制作过程中的内部温度的变化以及树脂填充情况进行监测，在结构制作完成后，埋置于其中的光纤可以对复合材料结构进行非破损检测，还可以作为永久的传感器实现对复合材料结构的终生健康监测，另外光纤传感器还可用于飞行器隐形。主要应用有以下几点：

（1）固化监测。就是利用埋入在复合材料中的光纤传感器对材料内部的固化情况进行全面有效的监测，同时基于监测信号实时调整工艺过程，就可以保证产品的质量。光纤监测使复合材料在固化过程中达到最佳状态，不但可以提高复合材料的层间性能，且基体还可以有效地传递应力，提高增强纤维的强度转化率，提高复合材料成型工艺过程的效率，降低成本。

（2）非破坏检测。埋入在复合材料中的光纤传感器不但可以用来监测材料内部的固化情况，而且可以用来在材料制造完成后对材料进行非破坏检测。

（3）结构的健康监测。埋入在复合材料中的光纤传感器除了可用来固化监测和非破坏检测外，还可以用来对复合材料在服役期间的结构进行健康监测，随时报告材料结构所处的状态，这是光纤传感技术在复合材料应用中最重要的方面。早在 1991 年美国波音集团就提出智能构件健康监控系统，该系统利用光纤传感器监测飞行器结构中的疲劳、裂纹、温升、开胶等情况，以保证飞行器以高安全性、低成本、低维修性飞行。随后波音公司建立了世界上首架含有光纤的机翼前缘。健康监测评估系统原型，冲击过载实验表明埋入光纤进行健康监测评估是可行的。麦道公司正在研究智能蒙皮由损伤和疲劳引起的降质方式，并将对带有智能蒙皮的飞机进行试飞，以验证其监视飞行载荷的能力。目前可用来进行结构健康监测的光纤传感器有：微弯光纤时域反射分布应变传感器、动态偏振光纤应变传感器、干涉应变传感器。

（4）光纤使飞行隐形。目前美国空军正在大力开发一种采用光纤传感器的隐形飞机灵巧蒙皮，其工作原理是将光纤埋入复合材料中，光纤端面位于材料表面，其中一部分为接收光纤，另一部分为发光光纤，发光光纤发射出不在红外探测器探测范围的光波，在远离材料的表面形成一道光波墙，达到隐形的目的，而接收光纤主要用来接收制导激光信号，便于及时采取干扰措施。

7.2.2.3 压电智能复合材料

压电复合材料的概念源于1978年由美国人R. E. Newnham首先提出的压电阻尼材料，它是由压电材料、聚合物基体和导电填料三部分组成的。高分子阻尼复合材料具有压电效应。将压电材料置入飞机机身内，当飞机遇到强气流而振动时，压电材料便产生电流，使舱壁发生和原来的振动方向相反的振动，抵消气流引起的振动噪声。将压电材料应用于滑雪板，滑雪板受振同时就产生减振反作用力，增强滑雪者的控制能力。利用压电陶瓷易于改性且易于与其他材料兼容的特点，可制成自适应结构。意大利Pisa大学制成的压电皮肤传感器，对环境温度和压力具有敏感性。有关压电复合材料的内容将在7.3.2节中予以详细介绍。

7.2.2.4 磁/电流变体智能复合材料

在机械传动和智能控制领域，磁性功能材料应用的沿革，经历了从磁粉到磁流变液的发展过程。磁粉至今仍在一些机械传动装置中使用，如磁粉制动器、磁粉离合器、磁粉刹车器等。磁流变液的发展拓宽了磁粉的应用范围，被广泛应用于车辆智能减振、建筑物智能抗震、高速列车减振、机载电子设备减振、舰炮后坐阻尼控制等重要领域。磁粉和磁流变液存在不稳定问题，磁胶是一种新型的磁流变功能材料，表观呈膏状、半流体态的胶体结构分散体系，它具有优良的零场稳定性和服役状态下的稳定特性，在各领域磁性功能器件中，可以广泛代替磁粉、磁流变液，并申请了中国发明专利。

电流变体（ER流体）是一种可控流体，是能在外加电场作用下迅速实现液体—固体性质转变的一类智能材料，它能感知环境（外加电场）的变化，并且根据环境的变化自动调节材料本身的性质，使其黏度、阻尼性能和剪切力都发生相应的变化，且这种转变连续、可逆、迅速、能耗小（一般能源功率小于25W）。将ER流体直接复合到材料结构的研究是当前电流变技术的一个研究热点。由于ER流体在电场作用下流变力学性能发生显著变化，含ER流体的复合材料结构的振动可以通过控制施加在流体上的电场强度的大小来进行控制。目前结构振动控制中用得比较广泛的被动阻尼材料，只能改变结构的阻尼，而将ER流体复合到结构中不仅可以改变结构的阻尼，也可以改变结构的刚度。而且ER流体的阻尼变化是连续可调的，响应时间也极短，适合于实时控制。

7.2.2.5 凝胶纤维智能复合材料

凝胶纤维智能复合材料包括：

（1）对pH值敏感的凝胶纤维。pH响应性凝胶纤维是随pH值的变化而产生体积或形态改变的凝胶纤维，即其在水中由于pH值的不同产生可逆的收缩和溶胀，使得化学能和机械能发生相互转换。因为凝胶纤维是软的，因此可不必破坏它而加工成精巧的机械部件，如制作机械手以操作非常容易损坏的东西。随着pH值的变化，对pH值敏感的凝胶纤维产生智能反应的凝胶纤维，这种智能反应是基于大分子或分子间水平的刺激而响应的。Tanaka等认为，凝胶纤维产生这种变化的力来自三个方面：一是聚合物分子的弹力，二是聚合物分子之间的亲和力，三是离子压力。

（2）对电场敏感的凝胶纤维。对电场敏感的凝胶纤维在电场力的作用下产生智能反应，电场变化使溶剂的离子浓度随之改变，相应地改变了含有聚电解质凝胶溶液的 pH 值，进而使纤维的体积发生一定的变化。如果凝胶溶液的 pH 值为 7，即显中性，是观察不到这种变化的。凝胶纤维首先在电场的作用下发生一定的弯曲，最终受到 pH 值梯度的控制，在 30V 电压的作用下凝胶纤维的弯曲很慢，时间为 25s，此时偏向阳极的幅度很小，为 4mm 左右，若把凝胶纤维放入 0.5mol/L 的 NaCl 溶液中，它的体积变化相当显著，在很短的时间内（5s）就能向阳极弯曲很大的幅度（10mm），但在 25s 后，又向阴极弯曲 7mm，在 pH 值梯度形成施加在凝胶上后，纤维又向阳极弯曲。

7.2.3　智能复合材料结构的工作原理

智能复合材料结构是按以下原理工作的：首先主体复合材料仍发挥自身作用，如承受载荷等。在此基础上，由智能复合材料结构中的传感器感受有关材料、结构以及环境的精确信息，如由于内部损伤所带来的结构应变分布的变化、有可能给材料带来损伤的结构振动、所遭受的冲击等，并将这些信息传递给控制器，控制器根据所获得的信息，自动产生决策，在需要自适应动作的情况下发出控制信号，控制驱动器动作。例如，用作飞机表层的强度自诊断自适应智能复合材料，当受到枪弹射击或鸟撞击发生损伤时，可由埋入的传感器在线检测到该损伤，通过控制器决策后，控制埋入的形状记忆合金动作，在损伤周围产生压应力，从而可防止损伤的继续扩展，使得飞机的安全性大为提高。智能复合材料的作用机理如图 7-6 所示，智能复合材料的功能实现是依靠信息的传递、转换和控制，因此其功能实现的关键是信息的采集与流向。

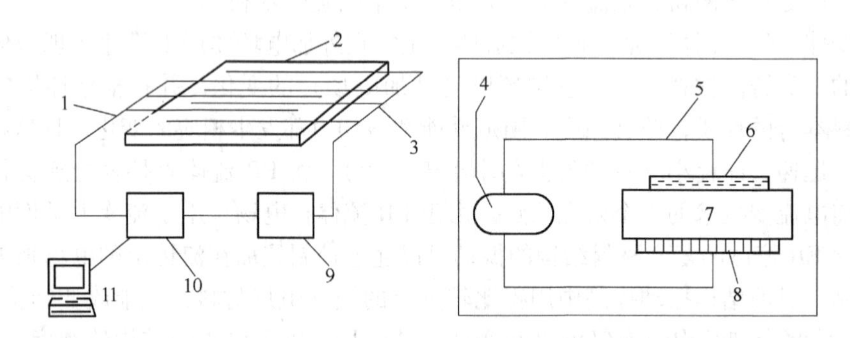

图 7-6　智能结构原理简图

1—传感器阵列；2—力学结构；3—制动器阵列；4—自适应控制；5—通讯；6—传感；7—结构；8—执行；9—控制和驱动网络；10—信息处理和数据整理；11—显示器

7.3　典型智能元件

7.3.1　光纤传感器

光纤是由光透射率高的电解质（如石英、玻璃、塑料）构成的光波导，它是由折射率较大的纤芯和折射率较小的包层构成的同心圆结构。光在光纤中传播时受到一些外界参数的调制，如温度、应力等，从而使传输光的强度、相位、频率或偏振等特性发生变化。光纤传感器就是通过对被调制过的光信号进行检测，根据其特性的变化测量相应的外界参数的传感器。光纤传感器在智能复合材料结构中有较多的应用，这主要是因为光纤传感器具备如下优点：

（1）灵敏度高。其灵敏度要比铂应变片高两个数量级。

（2）不受电磁场干扰。在建筑工程中，对于一些有较强的电磁场的场合，如水电站大坝，光纤传感器具有特殊优越性。

（3）不产生热、火花，也不产生电磁场。这一性质大大增加了结构的安全性。

（4）信息损耗小，可以远程监测。

（5）在一些特定条件下，还可以测量空间分布的量。

（6）测量范围广。可利用其光强、相位、极化、波长、频率、周期及模数的变化测量一系列环境参量，如温度、应力、应变、振动、化学浓度等。

（7）信息传送量大。其信息传递量要比电缆大好几个数量级。

（8）噪声小，由光纤传感器测得的信号在其真值附近几乎没有扰动。

（9）体积小、质量轻。传感器及传输线路的体积越小，对结构的整体性产生的影响越小。尤其是对于复合材料结构，埋入光纤传感器对复合材料结构本身的力学性能的影响较小。

在20世纪90年代，各种各样的光纤传感器被尝试用于智能复合材料结构，其中包括：迈克尔逊干涉型光纤应变计（Michelson fiber optic interferometer）、马赫-泽德干涉型光纤应变计（Mach-Zehnder fiber optic interferometer）、法布里-波罗光纤干涉应变计（Fabry-Perot fiber optic interferometer，FPI）、偏振型光纤传感器、微弯传感器以及目前使用效果与未来前景最好的布拉格光纤光栅传感器（Fiber Bragg Gratings FBG）。以上所述的多种传感器，各具有其独特的优势与缺点。迈克尔逊干涉型光纤应变计与马赫-泽德干涉型光纤应变计的测量精度极高，但对使用环境要求高，成本也较高，对于大多数工程场合均不适合。微弯传感器的灵敏度高，成本也低，但是，由于其信号是强度调制的，准确度无法保证。只有法布里-波罗光纤干涉应变计与光纤布拉格光栅这两种传感器在工程中实现了较为成功的应用，尤其是布拉格光纤光栅传感器，具有传统测量手段不可比拟的优势。目前，布拉格光纤光栅的制造已形成商业化，国内外均有较大规模的制造商，其成本也在逐渐降低，而其解调仪器的发展也正处于一个方兴未艾的阶段。

光纤传感器在制造技术上要考虑的内容有：

（1）光纤与复合材料的物理相容性。光纤的直径比碳纤维大很多，加上包覆层，直径可达100μm，光纤的植入，会在一定程度上损坏制件的完整性和连续性。应根据复合材料基体的种类和性能来选用光纤及光纤包覆材料，使之与复合材料有较好的相容性。

（2）光纤强度和模量。光纤的强度和模量直接影响检测效果，过高则有可能在周围的碳纤维断裂后检测不出来，过低则有可能先于构件破坏前断裂。光纤的强度和模量应与所用的碳纤维和基体材料相匹配，同时应保证光纤在成型及包装运输过程中能承受成型压力和各种操作动作。在服役中能承受载荷，不致在构件破坏前断裂。

（3）植入的方向和位置。光纤植入的方向不仅影响到复合材料的性能，还影响到检测效果。光纤植入方向主要有：

1）与增强纤维平行，这种铺放方式使光纤与周围的增强纤维有较好的相容性，尽管光纤周围也会形成富树脂区，但不会给层压板造成较严重的不均匀性。由于光纤比碳纤维粗得多，在一般冲击载荷下，光纤周围的碳纤维可能会先断裂，而光纤却完好无损，这样有可能使损伤检测不出来，这种铺放应着重考虑光纤的强度和模量与复合材料的匹配问题。

2）与增强纤维垂直，这种铺放方式可提高光纤检测的灵敏度，但粗大的光纤会使其上横跨的增强纤维不能完全贴合而形成架桥区，光纤周围会形成较严重的富脂区，影响到层压板的强度和层间性能，严重的可使层压板性能下降很多。

3）与增强纤维成一角度铺放这种方式综合了上述两种方案的优点，有资料报道，当光纤与增强纤维成45°时最容易断裂。

4）光纤与增强纤维成一角度，将层片一分为二，沿光纤两侧铺放，这样可避免出现架桥现象，但造成了层压板的不连续性，光纤周围也会形成富脂区。这种铺放在光纤密度较大时不适合。

7.3.2 压电元件

压电元件也是智能复合材料结构中的一个重要的传感器，压电材料具有正电压效应及逆电压效应。所谓正电压效应是指压电材料会产生与其所受应力成正比的电荷，而逆压电效应是指对压电材料施加电压时会引起其几何尺寸改变的现象。作为传感器使用时，利用的是压电材料的正压电效应。压电材料可以是陶瓷或聚合物，压电陶瓷可同时作传感器和驱动器，但脆性较大，不易于大面积使用，极限应变小。压电聚合物，如聚偏氟乙烯的压电耦合系数相当低，而压电系统则较大，因而其厚度可做到微米量级，可大面积使用，但其居里点温度较低，限制了使用温度，不能用作驱动器。压电复合材料是近年来发展起来的一种新型压电材料，它是由压电相材料和非压电相材料按一定的方式组合在一起而构成的一种具有压电效应的复合材料。它结合了压电陶瓷及压电薄膜两者的优点，具有良好的压电性能和综合力学性能，压电复合材料中压电相材料和非压电相材料的组合方式可以根据不同的使用要求加以选择，可设计性强，但这种材料目前尚处于发展阶段，不是很成熟。压电传感器具有较好的动态特性及较高的灵敏度，传感器输出信号只需要简单的调理电路，使用较为方便。目前采用压电传感器的智能复合材料结构主要是用来进行裂纹等损伤的诊断、监控，振动以及噪声的主动控制等方面的工作。下面从压电复合材料的研究概况、分类、压电方程、理论模型、制备、压电元件性能参数与测试等方面介绍压电复合材料结构。

7.3.2.1 压电复合材料概述

复合材料是由两种或两种以上异质、异形、异性的材料复合而成的新型材料。它既能保留原组成材料的主要特性，还能通过复合效应获得原组分所不具备的性能。现代复合材料可以通过设计使各组分的性能互相补充并彼此关联，从而获得新的优越性能，它与一般材料的简单混合有本质区别，具有单相材料所没有的新特性。如压电材料与磁致伸缩材料组成的复合材料就具有磁电效应。在有机聚合物基底材料中嵌入片状、棒状、杆状或粉末状压电材料可构成压电复合材料。PZT 或 $PbTiO_3$ 压电陶瓷和聚偏氟乙烯或环氧树脂聚合物组成的两相复合压电材料，这种材料兼有压电陶瓷和聚合材料的优点，与传统的压电陶瓷或压电单晶相比，它具有更好的柔顺性和机械加工性能，克服了易碎和不易加工的缺点，且密度ρ小，声速v低（声阻抗力ρv小），易与空气、水及生物组织实现声阻抗匹配。与聚合物压电材料相比，它具有较高的压电常数和机电耦合系数，因此灵敏度很高。采用压电复合材料制造水声换能器，不仅具有高的静水压响应速率，而且耐冲击不易受损且可用于不同的深度。

压电复合材料就是由压电相材料与非压电相材料按照一定的连通方式、一定的体积或质量比例和一定的空间几何分布组合在一起而构成的一种具有压电效应的复合材料。压电陶瓷材料由于具有响应速度快、测量精度高、性能稳定等优点而成为智能材料结构中广泛使用的传感材料和驱动材料。但是，陶瓷材料主要以共价键及离子键结合，同时晶体结构较为复杂，这使得陶瓷材料的断裂通常为脆性断裂，影响了其作为功能材料的广泛应用。由于存在明显的缺点，这些压电材料在实际应用中受到了很大的限制。例如，压电陶瓷的强压电性在水听器应用中未能得到有效的发挥，作为水听器应用的压电材料要求有较大的静水压压电常数，$g_h = d_h / e_{33} = (d_{33} + 2d_{31}) / e_{33}$。但是，压电瓷的$d_{31}$与$d_{33}$的符号相反，而且$d_{31}$近似为$d_{33}$的一半，加之$e_{33}$很大，这就使得压电陶瓷的$g_h$非常小；其次，水听器材料还要求柔软弯曲，耐机械冲击，其声阻抗易于和水匹配等优良的特性。为了满足这种需要，由压电陶瓷相和聚合物相组成的压电复合材料在20世纪70年代发展起来。

1972年，日本的北山一中村试制了PVDF - $BaTiO_3$的柔性复合材料，开创了压电复合材料的历史。1978年，美国宾州州立大学材料实验室的R. E. Newnham首次提出了压电复合材料的概念，并开始研究压电复合材料在水听器中的应用，研制成功了1-3型压电复合材料。1979年，日本的T. Furukawa、K. Ishida与E. Fukad研究了压电陶瓷PZT与聚偏二乙烯的氟化物（PVDF）、聚乙烯（PE）、聚乙烯醇（PVA）聚合物基体组成的压电复合材料的压电性能。R. E. Newnham研究了压电陶瓷与环氧树脂制备的压电复合材料在水听器中的应用。T. R. Shrout等人对由压电陶瓷与高分子聚合组成的压电复合材料制成的高频设备进行了研究。

两相压电复合材料连通性的概念是R. E. Newnham于1978年首次提出，所谓连通性就是压电复合材料组分自连通的维数。根据压电复合材料的不同用途，采用不同的耦合方式。耦合方式中的连通性是最重要的，因为连通性表示控制电通的路径、机械性质和应用分布形式，通常用两个数字来表示压电复合材料的连通形式。压电相可以是片状、棒状、杆状或粉末状。对于两相压电复合材料，按照压电相和非压电相在复合材料中的分布状态，压电相和聚合物相两个分量相组成的复合材料有十种基本的连通性，即0-0、0-1、0-2、0-3、1-1、1-2、1-3、2-2、2-3和3-3。每一个相可以以0、1、2、3维方式自我连通，上述连通性符号中的第一个数字代表压电相的连通维数，第二个数字代表聚合物相的连通维数。压电复合材料的10种连通类型如图7-7所示。

7.3.2.2 压电复合材料的分类

按照这种连通性的设计思路，目前国际上已发展了多种结构的压电复合材料，如图7-8所示。

（1）0-3型压电复合材料。0-3型压电复合材料是最简单的形式，它是由不连续的陶瓷颗粒分散于三维连通的聚合物基体中形成的。0-3型压电复合材料的柔性好，易于加工成各种形状，但其较难极化，且其性能易受压电填充相的选择及制备方法和工艺的影响。

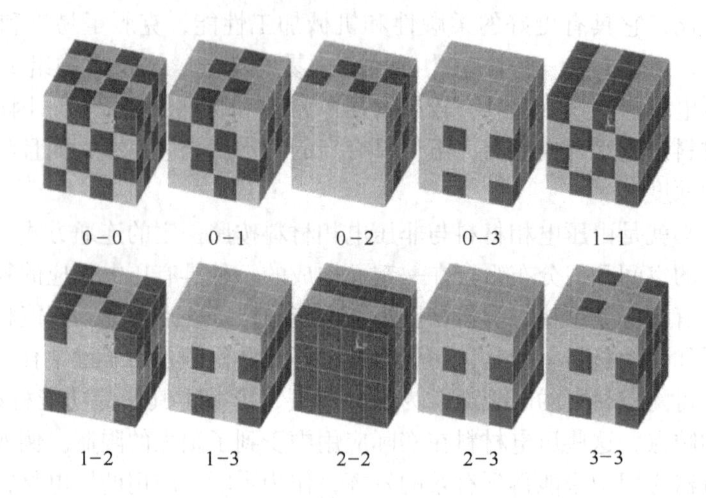

图7-7 压电复合材料10种连通类型示意图

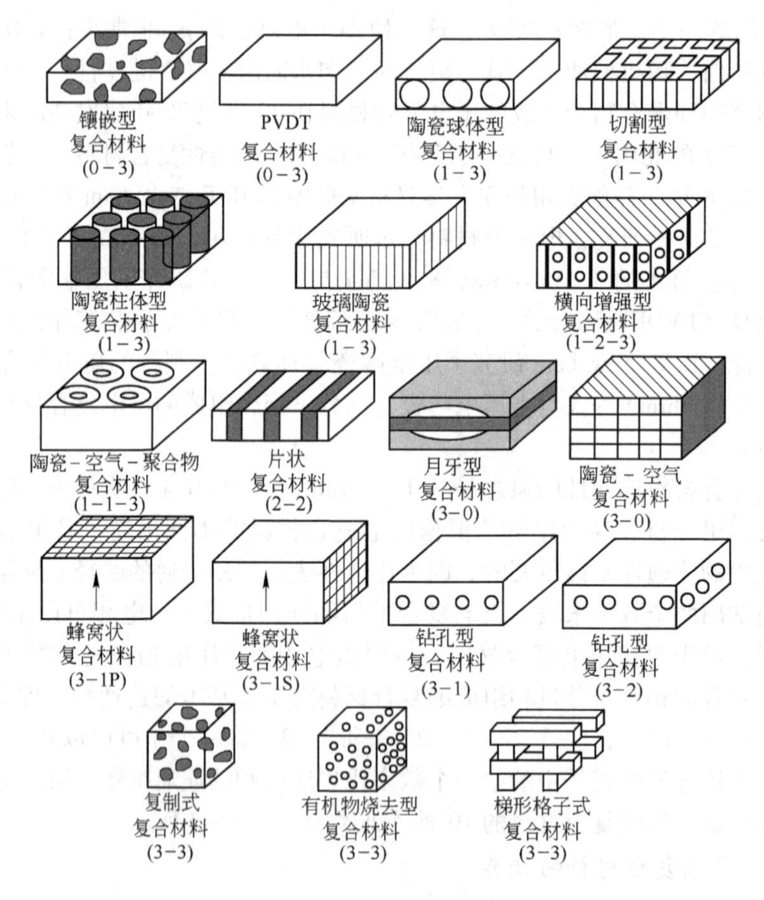

图7-8 各种压电复合材料示意图

1）对于散布于聚合物基体中的球形颗粒，当外加极化电场 E_0 时，由于球形压电颗粒与聚合物基体的介电常数相差很大，所以，实际上加在压电相上的极化电场强度 E_1 远小于 E_0。为了改善极化性能，一是在复合材料中加入导电相（如少量碳、锗等物质），提高聚合物基体的导电率；二是提高压电陶瓷相的电阻率。A. Safari 采用 UO_2 掺杂于 $PbTiO_3$ 中，发现1% ~2%的 UO_2 可把 $PbTiO_3$ 的电阻率提高两个数量级，用掺杂的 $PbTiO_3$ 制成的复合材料的耐压值可达150kV/cm，介电损耗只有3%，不像加入导电相的复合材料的介电损耗那样大。另外，采用电晕极化的方法也可得到很好的极化性能。

2）选择压电填充相需考虑的一个最重要的参数是材料轴率 c/a 比值的大小。采用 c/a 大的压电相，可以获得大的自发应变，从而在淬冷过程中获得非常细的粉末。在这方面，采用的填充相的体系有 PZT、$PbTiO_3$（$c/a=1.06$）、（Pb，Bi）（Ti，Fe）O_3（$c/a=1.18$）、PZN－PT 等。另外，材料性能还与填充相的制备方法有密切关系。用化学法制备的高纯、均匀的填充相对于改善复合材料的性能有显著作用。

3）大部分0－3型压电复合材料是通过热轧法和烧结法制得的。美国 Rutgers 大学采用了胶体工艺来制备0－3型微结构相当均匀的压电复合材料，性能也有了明显改观。

（2）1－3型压电复合材料。1－3型压电复合材料是指由一维连通的压电相平行地排列于三维连通的聚合物中而构成的两相压电复合材料。设计该构型的初衷是考虑到聚合物相比陶瓷相柔软，可以有效传输应力，应力的放大作用外加整体介电常数的减小，从而实现压电电压常数 g_h 的增加。但在几乎所有的1－3型压电复合材料中，由于聚合物相的高泊松比产生的内应力减小了应力放大系数，所以复合材料的压电系数并不像预测得那样高。为了减小泊松比，增强压电性能，可通过加入发泡剂或玻璃球而在聚合物相引入气孔，所制得的复合材料（为1－3－0型，其中0指第三相的连通性）的水声性能有所改观；另一种减小泊松比影响的设计如图7－8中的1－1－3模型所示，陶瓷柱与周围聚合物相不直接接触，应力的传输是通过兼作电极的两块金属板实现的。该类型复合材料的 d_{33} 值在250 ~400pC/N 范围，水声品质因子可以达到30000mZ/N。通过横向增强的方法也可增加应力放大系数，起到减小 d_{31} 而不影响 d_{33} 的作用，从而使材料的静水压压电系数得以提高。

（3）3－0型压电复合材料。在3－0型压电复合材料中，PZT 陶瓷相是三维方向上导通的，而第二相（聚合物或孔隙）互相之间不连通。这种复合材料最先由 Kahn 采用流延技术制备，通过在未烧成的 PZT 生坯上用网板印刷引入烧成时易逃逸的墨滴或黏结剂来引入规则排列的第二相。之后，Pilgrim 通过热压聚乙烯球粒和 PZT 粉末的混合物也制备了3－0型复合材料，得到了低介电常数的聚合物“晶粒”被高介电常数的 PZT 晶界环绕的无规则结构。这种复合物的声阻抗非常低。另一种3－0型压电复合材料称为 moonie，由于该复合材料中压电陶瓷与金属帽之间的空隙呈月牙形而得名。它是通过把压电陶瓷的平面振动转换成金属帽中的弯曲扩张振动模式，从而克服了由 d_{33} 和 d_{31} 异号而引起的相抵消，因此获得了很大的静水电荷系数 d_h 值。

（4）3－1和3－2型压电复合材料。在这类复合材料中，压电陶瓷相是三维连通的，而聚合物相只在一维或二维连通。T. R. Shrout 等在1980年采用挤出工艺，做出了蜂窝状的压电陶瓷，然后回填聚合物，在他们的研究中，聚合物在极化方向连续，称为3－1P 型；A. Safari 研究了结构类似，但极化方向垂直于挤出方向的3－1 S 型复合材料。同时他还采用钻孔技术制得了3－1型和3－2型复合材料。

（5）3－3型压电复合材料。在3－3型复合材料中，两相材料在三维方向均是自连通的。到目前为止，按照制备工艺的不同，3－3型复合材料可分为珊瑚复合制式、有机物烧去型（BURPS）、夹心式、梯形格子式及光蚀造孔型等几种类型。中国科学院声学所庄泳谬等制备了致密－多孔－致密夹心的压电复合材料，也获得了很好的静水压电性能。

7.3.2.3　压电方程

建立压电材料电行为和力学行为之间的联系即为压电方程。压电方程是研究和应用压电材料的基础，是反映压电材料压电效应的本构方程，用来描述压电效应各物理量之间的联系。压电材料既是弹性体，又是介电体，除了具有一般弹性体的弹性性质外，还具有正、负压电效应。因此，它同时具有力学和电学性质，也就是说，压电弹性体的机械效应与电效应是互相耦合的。处于某个确定的相的电介质，不同热力学变量之间有固定的联系。描述电介质的变量共有6个：应力、应变、电场强度、电位移、温度和熵。对压电体一般不考虑磁学效应，并认为在压电效应过程中无热交换，只考虑力学和电学效应及其相互作用，即同时只存在应力 T、应变 S、电场强度 E、电位移 D 四种物理量。不同的边界条件下压电方程的形式有所不同。

A　压电方程

由于压电元件应用状态或者测试条件的不同，它们可以处于不同的电学边界条件和机械边界条件下。为适应不同的边界条件，就出现了不同自变量的压电方程表达式，常用下列四组表达式。

（1）第一类压电方程。当压电体处于第一类边界条件时，选应力 T 和电场强度 E 为自变量，应变 S 和电位移 D 为因变量，即机械自由和电学短路（$T=0$，C；$E=0$，C）。相应的第一类压电方程为：

$$S_i = s_{ij}^E T_j + d_{ni} E_n \quad (i,j=1,2,3,4,5,6) \tag{7-1}$$

$$D_m = d_{mj} T_j + \varepsilon_{mn}^T E_n \quad (m,n=1,2,3) \tag{7-2}$$

式中，s_{ij}^E 为弹性柔顺系数（短路柔顺系数）；ε_{mn}^T 为自由介电常数；d_{ni} 与 d_{mj} 为压电应变常数，它联系着应变与电场强度，d_{ni} 与 d_{mj} 互为转置。

（2）第二类压电方程。当压电体处于第二类边界条件时，选应变 S 和电场强度 E 为自变量，应力 T 和电位移 D 为因变量，即机械夹持和电学短路（$S=0$，C；$E=0$，C）。相应的第二类压电方程为：

$$T_j = c_{ij}^E S_i - e_{nj} E_n \quad (i,j=1,2,3,4,5,6) \tag{7-3}$$

$$D_m = e_{mi} S_i + \varepsilon_{mn}^S E_n \quad (m,n=1,2,3) \tag{7-4}$$

式中，c_{ij}^E 为弹性刚度系数（短路刚度系数）；ε_{mn}^S 为夹持介电常数；e_{nj}、e_{mi} 为压电应力常数，联系着应力与电场强度，e_{nj} 与 e_{mi} 互为转置。

（3）第三类压电方程。当压电体处于第三类边界条件时，选应力 T 和电位移 D 为自变量，应变 S 和电场强度 E 为因变量，即机械自由和电学开路（$T=0$，C；$D=0$，C）。相应的第三类压电方程为：

$$S_i = s_{ij}^D T_j + g_{mi} D_m \quad (i,j=1,2,3,4,5,6) \tag{7-5}$$

$$E_n = -g_{nj} T_j + \beta_{mn}^T D_m \quad (m,n=1,2,3) \tag{7-6}$$

式中，s_{ij}^D 为弹性柔顺系数（开路柔顺系数）；β_{mn}^T 为自由介电隔离率；g_{mi}、g_{nj} 为压电电压常数，g_{mi} 与 g_{nj} 也互为转置。

（4）第四类压电方程。当压电体处于第四类边界条件时，选应变 S 和电位移 D 为自变量，应力 T 和电场强度 E 为因变量，即机械夹持和电学开路（$S=0$，C；$D=0$，C）。相应的第四类压电方程为：

$$T_j = c_{ij}^D S_i - h_{mj} D_m \quad (i,j=1,2,3,4,5,6) \tag{7-7}$$

$$E_n = -h_{ni} S_i + \beta_{nm}^S D_m \quad (m,n=1,2,3) \tag{7-8}$$

式中，c_{ij}^D 为弹性刚度系数（开路刚度系数）；β_{nm}^S 为夹持介电隔离率；h_{mj}、h_{ni} 为压电刚度常数，h_{mj} 与 h_{ni} 互为转置。

四类压电方程都与晶体的压电常数、弹性常数、介电常数有关。对于不同点群的压电晶体，由于点群对称性不同，这些物理常数的独立分量的数目及形式都不同，因此它们的压电方程的具体表示也不同。如果考虑到压电晶体的形状和边界条件，压电方程可以进一步简化，不仅每个方程的项数大大减少，而且方程组的个数也大大减少。

B 压电方程的边界条件和主要压电常数

不同的边界条件下压电方程的形式有所不同，上述 4 种压电方程适用的边界条件和特点详见表 7-1。

表 7-1 四种压电方程适用的边界条件和特点

类 型	边界条件	自变量	因变量	主要压电常数
1（d 型）	机械自由 $T=0$，C； 电学短路 $E=0$，C	应力 T_j 电场强度 E_n	应变 S_i 电位移 D_m	d_{mj}
2（e 型）	机械夹持 $S=0$，C； 电学短路 $E=0$，C	应变 S_i 电场强度 E_n	应力 T_j 电位移 D_m	e_{nj}
3（g 型）	机械自由 $T=0$，C； 电学开路 $D=0$，C	应力 T_j 电位移 D_m	应变 S_i 电场强度 E_n	g_{nj}
4（h 型）	机械夹持 $S=0$，C； 电学开路 $D=0$，C	应变 S_i 电位移 D_m	应力 T_j 电场强度 E_n	h_{nj}

C 压电复合材料的理论模型

a 0-3 型压电复合材料的理论模型

Furukawa 最早提出了球状压电颗粒由聚合物包裹的结构，并通过实验给出了压电常数的关系式。Yamada 将 0-3 型复合材料中陶瓷颗粒的形状假设为椭球形，引入了形状因子。分析了电场分布情况，并给出了压电常数的计算公式。以上两种模型均通过分析作用在压电颗粒的局部与外场的关系，求解复合材料的压电性能。但模型仅对局部场作了粗略的分析，不能给出局部场随复合结构变化的细节，因此只能局部半定量地预测压电复合材料的性能。Banno 提出了更加符合实际的改进立方模型（图 7-9）。此模型是将串联、并联及方块模型结合在一起，把 0-3 型复合材料分成许多单位单元，对于每一个

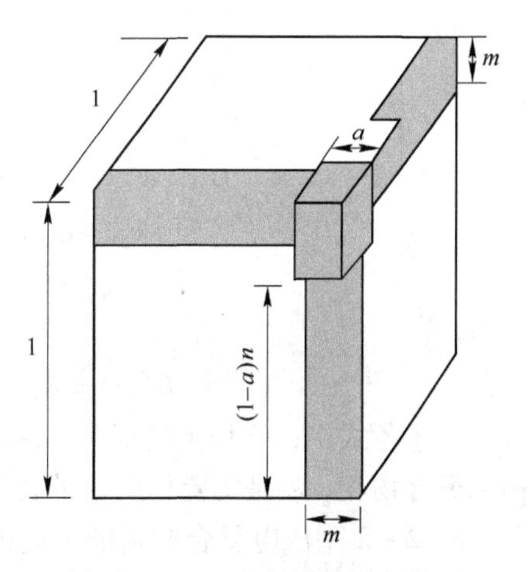

图 7-9 Banno 的改进立方模型

单位单元有如下关系：

$$[a+(1-a)l][a+(1-a)m][a+(1-a)n]=1 \tag{7-9}$$

当 $n=0$、$m=0$ 和 $m=n=1$ 时分别对应着并联、串联和方块模型。根据几何形状，联合使用串、并联模型，即可得到改进方块模型的压电和介电系数的理论公式：

$$\bar{\varepsilon}=\frac{a^2[a+(1-a)n]^2\varepsilon_1\varepsilon_2}{a\varepsilon_2+(1-a)n\varepsilon_1}+\{1-a^2[a+(1-a)n]\}\varepsilon_2 \tag{7-10}$$

$$\bar{d}_h=\frac{d_{h1}}{1-2a_1}\cdot\frac{a^3[a+(1-a)n]}{a-(1-a)n\cdot\varepsilon_1/\varepsilon_2}\cdot\left\{\frac{1}{(1-a)n/[a+(1-a)n]+a^3}-2a_2\frac{a+(1-a)n}{a}\right\} \tag{7-11}$$

式中，$\bar{\varepsilon}$ 为复合材料的介电常数；$\bar{d}_h$ 为复合材料静水压应变常数；ε_1 和 ε_2 分别为聚合物及陶瓷的介电常数；a 为立方陶瓷相的边长（a_1 和 a_2 分别为聚合物及陶瓷的边长）。

b 1－3 型压电复合材料的理论模型

图 7－10 为埋在连接基体中的杆状 1－3 型压电陶瓷聚合物复合材料。下面是应用较广泛的 W. A. Smith 复合理论。

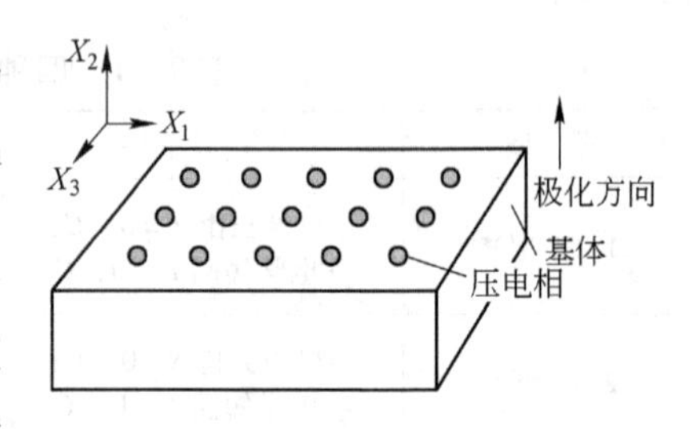

图 7－10 1－3 型压电陶瓷聚合物复合材料

取极化方向（即陶瓷柱的方向）为 X_2 轴，记为 3；与 X_2 垂直的 X_1-X_3 平面，分别记为 1 和 2。假定材料是横向各向同性的，根据压电方程和弹性理论得到陶瓷相和聚合物相各自的本构方程。假设：（1）沿着 X_2 轴，两相材料的应变和电场强度是相同的；（2）两相材料的横向应力相等，横向应变为零。由两相材料的复合关系：

$$\bar{T}_3=\varphi T_3^{C}+(1-\varphi)T_3^{P} \tag{7-12}$$

$$\bar{D}_3=\varphi D_3^{C}+(1-\varphi)D_3^{P} \tag{7-13}$$

得到 1－3 型压电复合材料的本构关系：

$$\bar{T}_3=\bar{C}_{33}^{E}-\bar{e}_{33}\bar{E}_3 \tag{7-14}$$

$$\bar{D}_3=\bar{e}_{33}\bar{S}_3+\bar{\varepsilon}_{33}^{g}\bar{E}_3 \tag{7-15}$$

其中

$$\bar{C}_{33}^{E}=\varphi[C_{33}^{E}-2(C_{11}^{E}-C_{12})^2/C(\varphi)]+(1-\varphi)C_{11} \tag{7-16}$$

$$\bar{e}_{33}=\varphi[e_{33}-2e_{31}(C_{13}^{E}-C_{12})/C(\varphi)] \tag{7-17}$$

$$\bar{\varepsilon}_{33}^{g}=\varphi[\varepsilon_{33}^{g}+2(e_{31})^2/C(\varphi)]+(1-\varphi)\varepsilon_{11} \tag{7-18}$$

式中：

$$C(\varphi)=C_{11}^{E}+C_{12}^{E}+(C_{11}+C_{12})\varphi/(1-\varphi) \tag{7-19}$$

上述各式中，字母上的标号“－”和上标“C”、“P”分别代表压电复合材料、陶瓷相和聚合物相，φ 是陶瓷相所占的百分比。

c 2－2 型压电复合材料的理论模型

南京大学声学研究所的水永安等提出了一种动态模型，以求解沿界面传播的平面波，获得其传播的色散曲线。取换能器厚度为半波长或其奇数倍，换能器的谐振、反谐振频率及高次谐振频率的实验值与理论色散曲线相吻合。由动态模型可求得压电复合材料的压电、介电常数及厚度振动的机电耦合系数随两相材料的宽厚比和体积比的变化。具体的理论模型见参考文献。

7.3.2.4 影响压电复合材料性能的因素

对于两相压电复合材料，两相材料之间的相容性和匹配性、陶瓷相的空间尺寸和含量以及两相的界面结合和极化工艺等都会影响复合材料的压电性能，因此在材料复合的过程中应该充分考虑各种影响因素。

A 组元匹配性

压电复合材料理论模型研究表明：各组元的压电性能、介电性能和力学性能等对整体材料的压电性能均有一定的作用。组元的强压电性通常带来复合材料的高压电性，但这并不是组合的全部。由于有机相和无机相的压电常数具有相反的符号，有机相的压电能力越强，复合材料的压电性能越差。因此要考虑复合材料中两种组元的极化方向，如果不能设法使得两种组元各自按自己的极化方式取得一致极化方向时，使用压电常数绝对值趋于零的聚合物对提高复合材料压电性能是有益的。

由于在交变场作用下，电势差基本按组元的介电性进行分配，高介电组分所分配的电位移相对较少，导致复合材料整体的压电能力下降。因此应设法降低具有较好压电能力的陶瓷相组元的介电常数，以及选用具有较高介电常数的高分子作为有机组元。使用第三相组元也可在一定程度上改善材料的介电匹配，增强材料性能。

弹性模量的差异使不同组元间的结合受到影响。对于0－3型复合材料而言，大的弹性模量差异延迟了材料内部应力的传递，起主要作用的压电陶瓷相因所受到应力小而减弱了其压电能力的发挥，最终表现为复合材料压电能力的下降。而1－3型复合材料的传感性能与两相弹性模量的差值成正比。选用高弹性模量的压电陶瓷相能提高压电复合材料的传感性能。

B 压电陶瓷相的空间尺寸和含量

压电陶瓷相的空间尺寸是指陶瓷相的空间分布、取向。对于以纤维和单晶作为陶瓷相的复合材料，纤维和单晶的尺寸、在基体中的排布方向等都是复合材料综合性能的决定因素。

对于0－3型压电复合材料，压电陶瓷相含量的提高有助于复合材料整体性能的提高，可以采用不同粒度的粉体进行级配，使较小尺寸的颗粒能够填充到大尺寸颗粒堆积所形成的间隙中，实现非等径球体堆积的间隙填充。对于压电陶瓷颗粒大小对复合材料性能的影响，实验与理论均表明：0－3型复合材料的介电常数和压电常数均随陶瓷颗粒大小的增大而增加，有一个上限。影响0－3型压电复合材料性能的重要参数之一是压电陶瓷的体积分数φ。研究表明，当$\varphi<60\%$时，复合材料的压电常数很低，只有当φ超过60%时，复合材料的压电常数才会迅速增长，但是如果φ过大，材料则难以成型。因此，理想的φ值为60%～70%。压电功能组元的粒径也是影响0－3型压电复合材料的另一个重要参数。随着压电陶瓷粒径的增大，复合材料的压电常数也逐渐增大，但当压电陶瓷的粒径超过100μm时，复合材料的压电常数与粒径大小无关。

对于1－3和1－3－2型压电复合材料（图7－11和图7－12），实现复合材料整体性能的提高有一个临界的体积分数和一个临界陶瓷柱纵横比。在1－3型压电复合材料的影响因素中，除了工艺参数外，复合材料中陶瓷相的体积分数φ和陶瓷柱（设截面为正方形）的形状参数w/t（宽度与高度之比）以及陶瓷柱排列的周期性在一定程度上也决定着压电复合材料的其他一些参数和振动模式。随着陶瓷相体积分数φ的增加，压电复合材料的介电常数和压电常数都几乎线性增加，当$\varphi>40\%$时，逐渐趋于陶瓷相的压电常数。

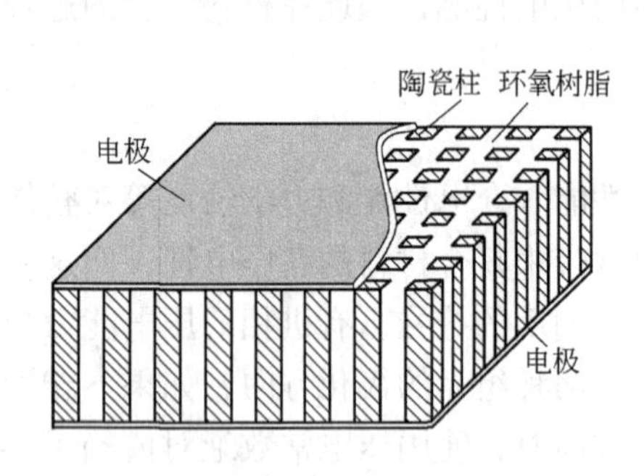

图7－11 1－3型压电复合材料结构

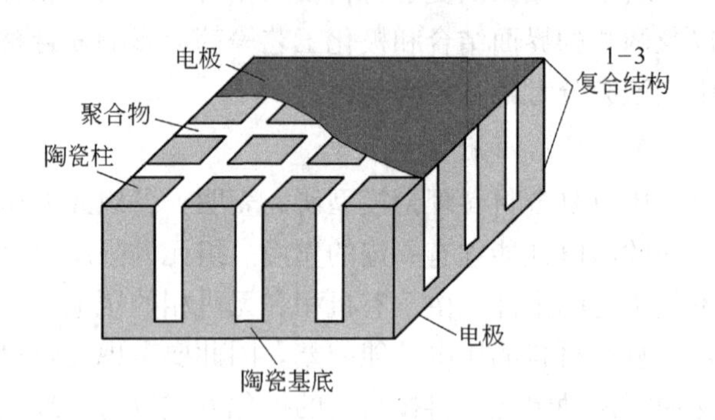

图7－12 1－3－2型压电复合材料结构

C 压电复合材料界面

复合材料界面的结构与性能对复合材料整体的性能影响很大，由于压电复合材料中存在力从聚合物到压电陶瓷的转移，所以陶瓷相与聚合物相的界面结合不能是刚性结合，这不利于力的转移。选择较合适的聚合物相能保证有较好的界面结合，当压电相与聚合物相不互相浸润时，可以对压电相和聚合物进行预处理，比如用偶联剂。同时采用原位复合的方法，也能达到较为理想的界面结合。

7.3.2.5 压电复合材料的制备

A 不同型压电复合材料的制备工艺

压电复合材料的制备可分两步：坯体成型和上电极极化。其中，0－3型压电复合材料的制备最为简单，成本较低，适合大面积成型，但性能也较低；1－3、2－2型压电复合材料的可设计性强，可根据器件的性能需求制备，但工艺复杂，成本很高；3－3型压电复合材料被认为是最有前景的压电复合材料，其性能优异和力学性能好，但难点是孔状功能相的制备。下面简要介绍不同连接型压电复合材料的制备工艺。

0－3型连接是在三维互连的聚合物基体中填充压电陶瓷颗粒。与其他连接型相比，流体静水压灵敏度不大，然而其易于加工成各种形状，适宜批量生产。制作工艺过程为：将压电陶瓷粉末与聚合物相混合，加入适量溶剂后搅拌均匀。待有机溶剂完全挥发后，在几万帕的压力下压模成型，并在80℃左右固化约10h。成型的复合体切割后，用SiC纸抛光。

0－3型压电复合材料是将粉末分散于连续的聚合物基体中形成的，其制备方法还有热轧、涂覆、挤出、注射、模压、浇注等。邹小平等用热轧法制备出具有较好压电性能的$PbTiO_3$/P(VDF－TeFE)压电复合材料。研究表明，当陶瓷质量分数为86%时，压电复合材料的性能为：$\varepsilon=50.7$，$\tan\delta=0.02$，$d_{33}=35pC/N$，$g_h=58.4mV\cdot m/N$，静水压压电优值也很大，达 $1530.1\times10^{-15}m^2/N$，是纯压电陶瓷 PZT 最大优值（约 $200\times10^{-15}m^2/N$）的 7 倍。但热轧法的成型较为困难，易造成成分偏析。王树彬等则采用模压法制备了 PZT/PVDF 复合材料。研究表明，当陶瓷的体积分数为 60% 时，其性能为：$\varepsilon=58$，$\tan\delta=0.007$，$d_{33}=30pC/N$，且随着 PZT 体积分数的增加，复合材料的压电性能呈非线性增大，当 PZT 的体积分数超过 70% 时，介电常数和压电系数迅速增加。模压工艺比较简单，其复合材料结构的均匀性和压电陶瓷的分散性能能否保证还是一个问题。

近来国外学者探讨了制备 0－3 型压电复合材料的新工艺。水解－聚合法是选择适当的金属有机化合物（含有共轭双键）与金属醇盐，使之在溶剂中相互反应，再水解生成压电陶瓷粒子。然后除去水，加入适量的引发剂引发共轭单体聚合，利用所得的粉末热压成膜，上电极极化，从而制得 0－3 型压电陶瓷/聚合物复合材料。另外，美国 Ruger 大学采用凝胶－胶体法制备了 0－3 型 PTBF/环氧树脂压电复合材料。这种加工方法的步骤为：（1）将陶瓷粉末分散于稀释了的聚合物溶液中，使聚合物吸附在陶瓷粒子的表面；（2）加入一种聚合物的不良溶剂，使聚合物陶瓷粉末凝聚体从悬浮液中分离出来；（3）聚合物－陶瓷粉末凝聚体的胶体过滤；（4）冷压。

1－3 型是指聚合物相三维连接，而压电陶瓷相一维相连，陶瓷棒沿极化轴方向平行排列，如图 7－11 所示。在理想情况下聚合物的柔软性远比陶瓷的好，因此作用于聚合物相的应力将转移到陶瓷棒上，导致 1－3 型复合材料的 d_h 和 g_h 值较大。1－3 型复合体制作起来比较困难，这是因为要保持陶瓷棒平行排列十分困难。制作 1－3 型复合体的可行方法是采用切割－填充工艺。具体步骤是沿与陶瓷块极化轴相垂直的两个水平方向上，通过准确的锯切，在陶瓷块上刻出许多深槽，在槽内填充聚合物，然后将剩余陶瓷基底切除掉，从而形成 1－3 型复合体。除了最初的方法有排列－浇注法和割模－浇注法外，随着材料制备技术的发展，出现了注射法、脱模法、流延－层叠法、电介质法、激光超声波切割法和挤压法。这些制备工艺的优缺点见表 7－2。其制备的基本步骤如图 7－13～图 7－19 所示。

表 7－2　1－3 型压电复合材料制备工艺优、缺点比较

制备方法	优　点	缺　点
排列－浇注法	排列压电陶瓷相的分布比较灵活	制备工序复杂，压电陶瓷相的脆性引起的损失率高
割模－浇注法	可以较为灵活地控制压电柱的大小、压电纤维的粗细	不适于小尺寸压电柱、纤维复合材料的制备
脱模法	工序较为简单，较为合适大规模地制备压电复合材料，模具的制作也较为低廉	不适于多压电陶瓷成分复合材料的制备
注射法	压电柱、纤维的尺寸控制容易	生产模具复杂、成本高且制备的压电柱纤维的长度受限制
流延－层叠法	适合于低体积比只含单一压电陶瓷成分的复合材料	损失率较高
电介质法	适合于低体积比只含单一压电陶瓷成分的复合材料	对于多压电陶瓷成分复合材料，有周期、有规律地控制压电相困难相当大
挤压法	生产设备技术简单	对于周期性、有规律的控制纤维的分布难度较大
激光超声波切割法	可以得到较小尺寸的压电纤维	周期、规律性地控制纤维的分布难度较大，且制备设备较贵

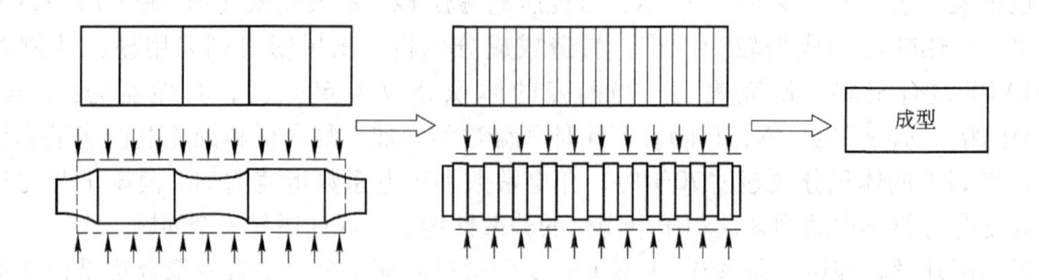

图 7-13 排列-浇注法制备的基本步骤

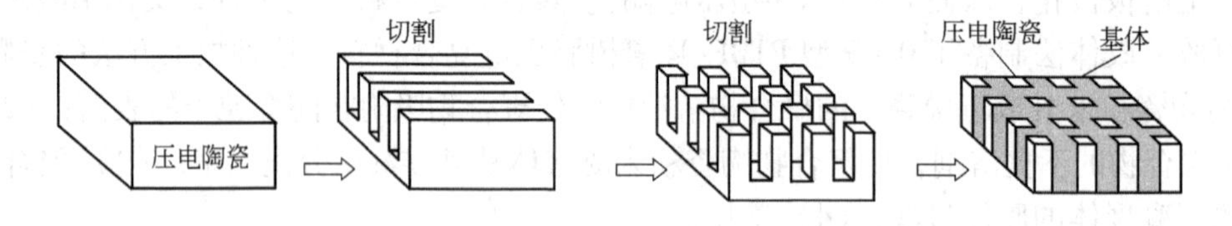

图 7-14 割模-浇注法制备的基本步骤

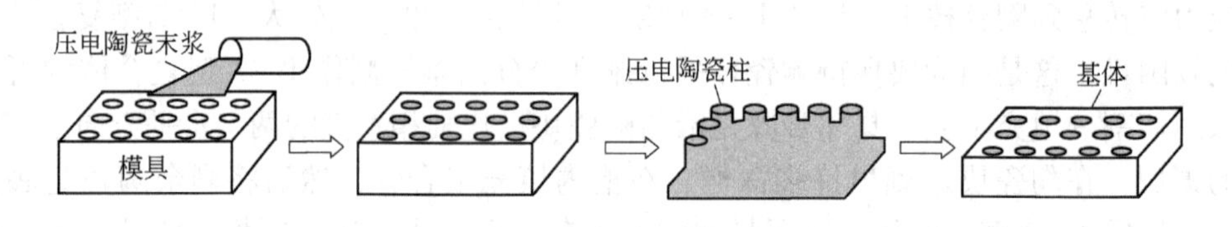

图 7-15 脱模法制备的基本步骤

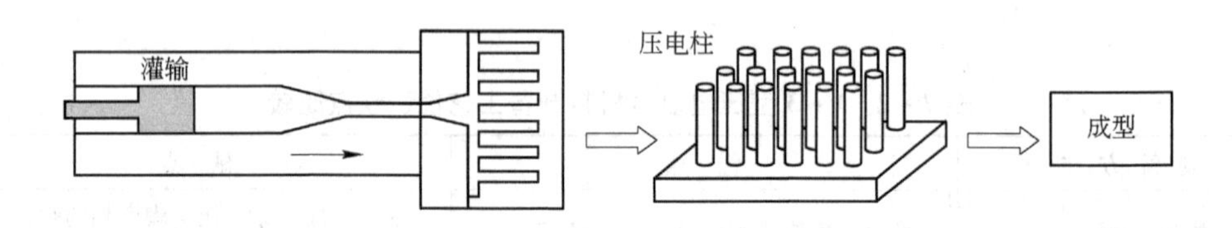

图 7-16 注射法制备的基本步骤

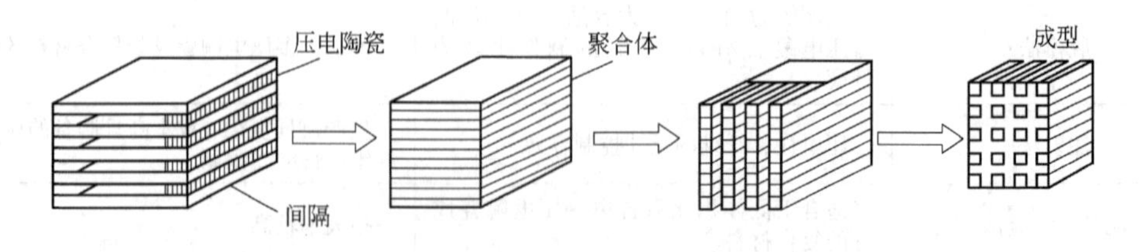

图 7-17 流延-层叠法制备的基本步骤

2-2 型是指陶瓷相二维连接，聚合物相二维相连，即一层压电材料和一层聚合物材料组成多层的压电层板。较早也采用排列填充法，目前常用流延和层压法制造，有串联和

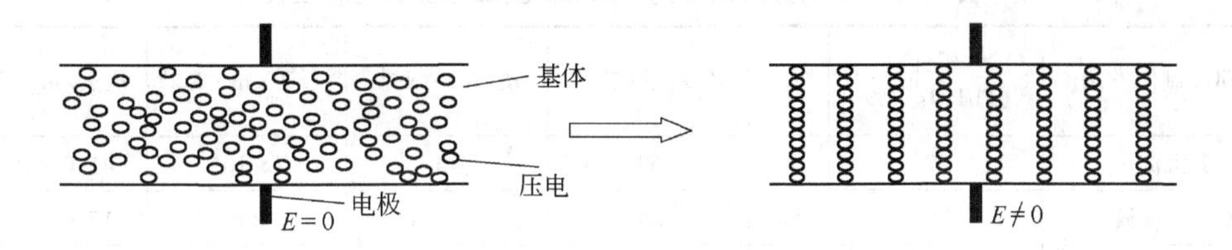

图 7-18 电介质法制备的基本步骤

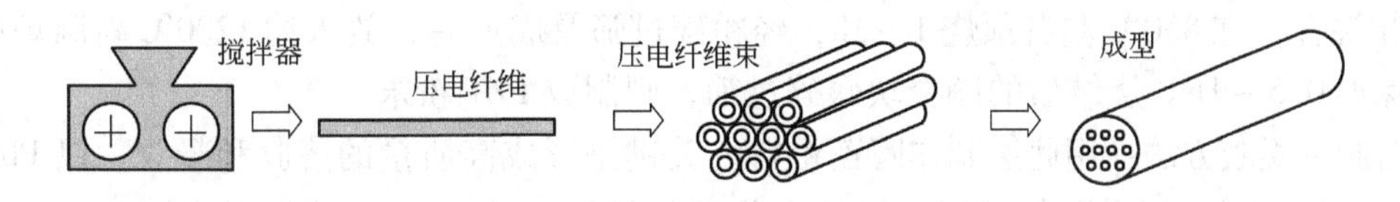

图 7-19 挤压法制备的基本步骤

并联两种工作模式。严继康等采用热压法制备了 2-2 型 PZT/PVDF 压电复合材料。实验中，以 PZT 陶瓷片为陶瓷相，PVDF 以粉末填入作为聚合物相，在镶嵌机内逐层排列，达到要求的厚度后，加热到 180℃左右，加压成型，然后自然冷却至室温，取出，上电极极化。影响 2-2 型压电复合材料性能的主要是功能相与基体相的层叠方式以及相界损耗等。人们正在研究用它作为能进行自适应动作的智能复合结构。

3-1 型是指陶瓷相三维连接，聚合物相一维相连，如图 7-8 所示。一维聚合物“棒”在横向方向的加入，使得在与极化轴方向相垂直的平面中的应力耦合减小，从而导致 g_{31} 和 g_{32} 减小，使 $d_h g_h$ 增加。但由于聚合物相存在，复合材料对压力依赖性增大。3-1 型的制作方法是在与陶瓷块的极化轴相垂直的一个横向方向打孔，然后再填充聚合物。

3-2 型类似于 3-1 型。不同之处是与极化轴相垂直的两个横向方向上都含有聚合物“棒”，如图 7-8 所示。与 3-1 型相比，其压电性能对压力的依赖性更强。

3-3 型是指聚合物相和陶瓷相互相交织、互相包络各自形成空间网络结构。3-3 型采用 BURPS（Burned out Plastic Spheres）工艺步骤：将塑料球和陶瓷粉末在有机黏结剂中混合，烧结后形成多孔陶瓷框架网络。然后再填充聚合物，使其形成 3-3 复合体。3-3 型复合可由珊瑚复合法获得，选一个具有三维空隙的物质为母模，灌入熔蜡后用酸将母体除去，再将陶瓷溶液灌入蜡模并将蜡模烧去再灌入聚合物即得。由于陶瓷贯穿复合物整体，在较低的陶瓷体积分数下也可有效极化。因此，可得到低密度和低电容率的复合材料。影响 3-3 型压电复合材料性能的主要参数是压电陶瓷的体积分数和气孔率，一般需要控制气孔率低于 0.64。

B 陶瓷粉的工艺

表 7-3 比较了采用固相反应、溶胶-凝胶、共沉淀等不同方法制备的 $PbTiO_3$ 基压电复合材料的性能。

表 7-3 不同方法制备的 $PbTiO_3$ 基压电复合材料性能

$PbTiO_3$ 制作方法	体积分数（$PbTiO_3$）/%	ε	d_{33}/pC·N^{-1}	d_h/pC·N^{-1}	g_h/V·m·N^{-1}	$d_h g_h$/m^2·N^{-1}
共沉淀	67	50	60	43	97×10^{-3}	4170×10^{-15}
溶胶-凝胶	70	50	35	26	57×10^{-3}	1530×10^{-15}
混合氧化物反应法	70	45	25	13	33×10^{-3}	430×10^{-15}

传统的混合氧化物固相反应：以 PZT 的制作为例说明其工艺过程。将 PbO、ZrO_2 和 TiO_2 相混合，在 850℃左右预烧 1~3h，经粉碎过筛及成型后，放入约 1200℃高温炉中烧结，保温 0.5~1h。烧结后的陶瓷块碾碎过筛，则制成 PZT 粉末。

溶胶-凝胶方法：用此法制作陶瓷粉料的关键是形成高质量的溶胶和凝胶。以 $PbTiO_3$ 的凝胶制备过程为例说明其过程。将符合化学剂量比的 $Pb(Ac)_2$ 溶于有机溶剂中，再加入所要求的 $Ti(OC_4H_9)_4$ 和少量 HAc，搅拌均匀，形成清晰的溶胶。将溶胶放置于空气中，使其缓慢吸收空气中的水分（或加水）。经水解、缩聚合等反应，逐渐形成具有网络结构的凝胶。凝胶在室温下干燥 3~4 天，过筛后，在约 600℃下预烧 4~8h，然后碾成粉并干压成块，在 1150~1250℃下烧结。烧结后的陶瓷块，经球磨过筛，制成 $PbTiO_3$ 粉体。

共沉淀法：以 $PbTiO_3$ 制作为例说明其工艺过程。原料为 $Pb(NO_3)_2$、$TiCl_4$ 和 NH_4OH 的水溶液按下列顺序混合：将盛有去离子水的容器加热到 45℃左右，加入 $TiC1_4$ 溶液；混合后，再加入 $Pb(NO_3)_2$ 溶液；然后加入 H_2O_2 溶液；最后通过加入 NH_4OH 将最终水溶液的 pH 值调到 8.95~9.25。沉淀水溶液用去离子水洗涤，在 100℃下烘干获得粉料。粉料压成块后，在 850~900℃下烧结，保温 1h，从而得到高度晶化并具有很窄粒径分布的 $PbTiO_3$。烧结后的 $PbTiO_3$ 经碾碎、球磨和过筛，即制成 $PbTiO_3$ 粉体。

7.3.2.6 压电元件性能参数与测试

A 压电元件主要性能参数

在智能结构中，压电元件是理想的驱动元件。通常在压电元件某方向上加电场，如果加的是直流电压，则压电元件产生静应变；如果加的是交流电压，则压电元件产生振动。对于经过极化处理的压电陶瓷，一共有三个非零的压电系数，若沿着极化轴的 3 个方向加电场，则通过 d_{33} 的耦合在 3 个方向上激发纵向振动，并通过 d_{31} 和 d_{32} 在垂直于极化方向的 1 轴和 2 轴上激发横向振动。而在垂直于极化方向的 1 轴和 2 轴上加电场，则通过 d_{15} 和 d_{24} 激发起绕 2 轴和 1 轴的剪切振动。

通常将压电效应激发的弹性波分为纵波和横波。纵波是粒子振动的方向和弹性波传播的方向平行，横波是粒子振动的方向和弹性波传播的方向垂直。当外加交流电压的频率与弹性波在压电体中传播时的机械谐振频率一致时，压电体便进入机械谐振状态而成为压电振子。压电振子是最基本的压电元件。表征压电效应的主要物理参数除了弹性常数、压电常数和介电常数外，还有表征压电元件性能的参数，如介质损耗、机械品质因数、机电耦合系数、居里温度及频率常数等。

a 介质损耗

介电体在电场作用下，由发热而导致的能量损耗称为介质损耗（又称介电损耗或损耗因素)，是所有电介质的重要品质指标之一，通常用损耗角的正切值 $\tan\delta$ 来表示：

$$\tan\delta = \frac{1}{\omega CR} \tag{7-20}$$

式中，ω 为交变电场的角频率；R 为损耗电阻；C 为介质电容；$\tan\delta$ 是无量纲的物理量，其值越大，材料性能就越差。所以介质损耗是衡量材料性能、选择材料和制作器件的重要依据之一。

b 机电耦合系数的测量

机电耦合系数 k 是表征压电体中机械能和电能相互转换强弱的一个参数，其定义为输出的电能（或机械能）与输入的总机械能（总电能）之比，即：

k^2 = 通过逆压电效应转换的机械能/输入的电能 （逆压电效应）

k^2 = 通过正压电效应转换的电能/输入的机械能 （压电效应）

压电元件的机电耦合系数和它的振动模式有关，对于同一压电元件，不同的振动模式下的 k 值不一样，因此 k 值应标明相应的下标。常用的机电耦合系数有平面机电耦合系数 k_p、横向机电耦合系数 k_{31}、纵向机电耦合系数 k_{33}、厚度伸缩振动机电耦合系数 k_t、厚度切变振动机电耦合系数 k_{15} 和有效机电耦合系数 k_{eff}。其中 k_p 是反映薄圆片做径向伸缩振动时的机电转换参数；k_{33} 是反映细棒沿长度方向极化和电激励，做长度伸缩振动时的机电转换参数；k_t 是反映薄片沿厚度方向极化和电激励，做厚度伸缩振动时的机电转换参数；k_{31} 是反映长片沿厚度方向极化和电激励，做长度伸缩振动时的机电转换参数；k_{15} 是反映矩形板沿长度方向极化，激励电场的方向垂直于极化方向，做厚度切变振动时的机电转换参数；有效机电耦合系数 k_{eff} 为无损耗无负载的压电振子在机械共振时储存的机械能与储存的全部能量之比的平方根。

压电复合材料通常利用厚度振动模，与其相关的机电耦合系数有厚度机电耦合系数 k_t 和有效机电耦合系数 k_{eff}。压电复合材料的厚度机电耦合系数可通过测量复合材料的串联谐振频率和并联谐振频率，并结合复合材料的密度和相关的尺寸计算得到。

（1）薄片形状样品厚度伸缩振动的机电耦合系数 k_t 的计算公式为：

$$k_t^2 = \frac{\pi}{2} \cdot \frac{f_s}{f_p} \cdot \tan\left(\frac{\pi}{2} \cdot \frac{\Delta f}{f_p}\right) \tag{7-21}$$

（2）常用于表示任意谐振器的有效耦合系数 k_{eff}，工作在基频或任意谐波频率的 k_{eff} 表示为：

$$k_{eff} = \sqrt{1 - \left(\frac{f_s}{f_p}\right)} \tag{7-22}$$

c 机械品质因数

机械品质因数表示压电体谐振时，因克服摩擦而消耗的能量，它等于压电振子谐振时存储的机械能 W_1 与一个周期内损耗的机械能 W_2 之比，即 $Q_m = \frac{2\pi W_1}{W_2}$。机械品质越大，能量的损耗越小。机械品质因数可根据等效电路来计算。当 Δf 很小时，可近似按下式计算：

$$Q_m \approx \frac{1}{2\pi C^T R_1 \Delta f} \tag{7-23}$$

式中 R_1——动态电阻（串联谐振电阻）；

C^T——测试频率远低于谐振频率 f_r 时，压电振子实测的自由电容，$C^T = C_0 + C_1$；

C_0——静电容（并联电容）；

C_1——动态电容；

Δf——压电振子反谐振频率 f_a 与谐振频率 f_r 之差。

不同的压电器件对压电陶瓷材料的 Q_m 值有不同的要求，多数陶瓷滤波器要求压电陶瓷的 Q_m 值要高，而音响器件及接收型换能器则要求 Q_m 值低。

d 居里温度

居里温度是指材料可以在铁磁体和顺磁体之间改变的温度，低于居里温度时，该物质为铁磁体，材料具有自发极化性质。而当温度高于居里温度时，该物质为顺磁体，自发极化矢量为零。对于压电体，当温度高于居里温度时，就失去了压电效应。

e 复合材料的声速、特性阻抗及频率常数的计算

将测量到的复合材料样品的谐振频率和反谐振频率代入下列计算公式，可求得压电复合材料的厚度振动模频率常数、声速和特性阻抗：

$$N_t = f_p t \tag{7-24}$$

$$v^D = 2f_p t \tag{7-25}$$

$$Z = \rho v_t^D \tag{7-26}$$

以上三式中，N_t 为厚度振动频率常数，Hz · m；f_p 为并联谐振频率，Hz；t 为复合材料的厚度，m；v^D 为复合材料的声速，m/s；Z 为复合材料的特性阻抗，kg/(S · m^2)；ρ 为复合材料的密度，kg/m^3。

B 压电元件性能测试

a 纵向压电应变常数 d_{33} 的测量

纵向压电应变常数 d_{33} 是压电材料在纵向应力作用下，在纵向产生电荷强弱的描述。压电复合材料样品的 d_{33} 采用准静态法测量，测量原理依据正压电效应。在压电振子上施加一个频率远低于振子谐振频率的低频交变力，一般频率为100Hz，由此产生交变电荷。当没有外电场作用时，满足电学短路边界条件，压电振子只沿平行于电极化方向受力时，压电方程可简化为：

$$D_3 = d_{33} T_3$$

即

$$d_{33} = D_3/T_3 = Q/F \tag{7-27}$$

式中，D_3 为纵向电位移分量，C/m^2；d_{33} 为纵向压电应变常数，C/N；T_3 为纵向应力，N/m^2；Q 为与极化方向垂直的面上释放的电荷，C；F 为纵向低频交变力，N。

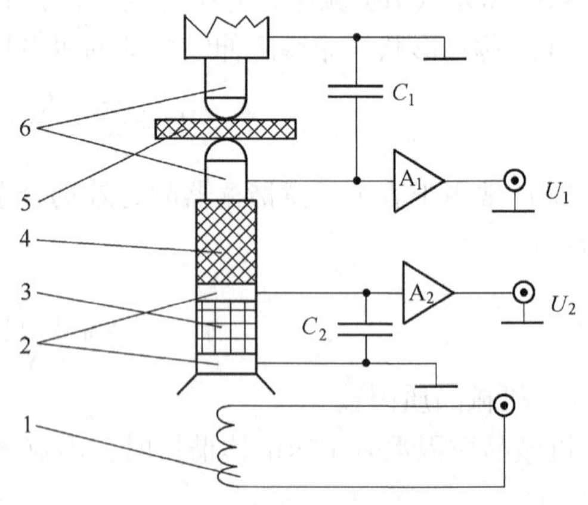

图 7-20 准静态法测量 d_{33} 的装置

1—电磁驱动线圈；2—比较试样的上下电极；3—比较试样；4—绝缘柱；5—被测试样；6—上下探头；C_1—被测试样并联电容；C_2—比较样品并联电容；U_1—被测试样输出电压；U_2—比较样品输出电压；A_1—被测试样前放；A_2—比较样品前放

准静态法测量复合材料 d_{33} 的装置如图 7-20 所示。将被测振子与一个已知的

比较振子在力学上串联，通过电磁驱动器产生低频交变力并施加到被测振子上，则被测振子在力施加方向上所释放的压电电荷 Q_1 使其并联电容器 C_1 上产生电压 U_1，而比较振子所释放的压电电荷 Q_2 则必使 C_2 上产生电压 U_2。

由式（7-27）可知：

$$\begin{cases} d_{33}^{1} = \dfrac{C_1 U_1}{F} \\ d_{33}^{2} = \dfrac{C_2 U_2}{F} \end{cases} \tag{7-28}$$

式中，并联电容 C_1 和 C_2 数值相同，且大于100倍的 C_T（被测振子的自由电容），标注1和2分别代表被测振子和比较振子，则经过变换可得到：

$$d_{33}^{1} = \frac{U_1}{U_2} d_{33}^{2} \tag{7-29}$$

式中，d_{33}^{2}为已知量；U_1 和 U_2 可测定，将已知量和测量值代入式（7-29）便可计算出 d_{33}^{1}。测量时样品需被覆电极，极化方向为厚度方向。

b 横向压电应变常数 d_{31}

横向压电应变常数 d_{31}是压电材料在纵向应力作用下，在其横向产生电荷强弱的描述。测量原理同样基于正压电效应，压电方程为：

$$D_3 = d_{31} T_1 \tag{7-30}$$

$$d_{31} = \frac{D_3}{T_1} = \frac{Q/B}{F/A} = \frac{QA}{FB} = \frac{CUA}{FB} \tag{7-31}$$

式中，T_1 为与极化方向相垂直的应力；A 为施加应力的面积；Q 为与极化方向垂直的面上释放的电荷；B 为产生电荷的面积；C 为与样品并联的电容。

准静态法测量复合材料 d_{31} 的装置如图7-21所示。与 d_{33}测量原理相同，将式（7-31）和式（7-28）联立变换后，可得：

$$d_{31}^{1} = \frac{AU_1}{BU_2} d_{33}^{2} \tag{7-32}$$

式中，d_{31}为被测振子的横向压电应变常数，其他变量含义与上述相同。

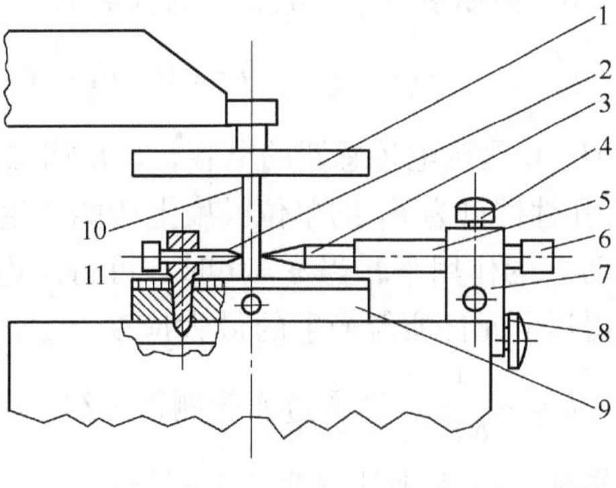

图7-21 准静态法测量 d_{31} 的装置

1—顶盘；2—调节螺丝；3—针；4—固定螺丝；5—调节杆；6—调节钮；7—鞍形附件；8—固定螺丝；9—底盘；10—被测样品；11—插件

c 压电电压常数的测定

压电电压常数 g 的测定是基于压电方程。若待测常数为 g_{33}，令试样处于电学开路状态（$D_j=0$，$j=1$，2，3），且应力分量 $T_j=0$，$j=1$，2，方程可简化为：

$$g_{33} = -\frac{UA}{F_3 t} \tag{7-33}$$

式中 U——试样两端的开路电压，V；

A——试样的全电极面积，m^2；

F_3——平行于极化方向的力，N；

t——试样的厚度，m。

通过测量 F_3 所产生的电压 U，可计算出压电常数 g_{33}。g_{33} 的测量装置与静态法测量 d_{33} 的装置类似，不同的是 g_{33} 的测量电路中并不并联旁路电容而使试样处于电学开路状态，试样中的电荷不能释放，从而在试样的两电极面上产生电压 U，通过电压表测出，即可计算出 g_{33} 值。但是在实际的测量中，为减少漏电流的影响，要求试样的绝缘电阻好而测试线路的输入阻抗非常大，同时测试线路的杂散电容必须远小于试样的电容，一般只有铁电材料才能满足这一要求，从而导致低介电常数材料的测试结果不准确。因此压电电压常数都不直接测量，而是在测出压电应变 d 和自由介电常数 ε^{T} 后，通过计算求得。

对于纵向伸缩振动的样品，g_{33} 可表示为：

$$g_{33}=\frac{d_{33}}{\varepsilon_{33}^{\mathrm{T}}} \tag{7-34}$$

对于长度横向伸缩振动的样品，g_{31} 可表示为：

$$g_{31}=\frac{d_{31}}{\varepsilon_{33}^{\mathrm{T}}} \tag{7-35}$$

式中，自由介电常数 ε^{T} 是通过测量试样的低频电容后根据公式 $\varepsilon^{\mathrm{T}}=\frac{C^{\mathrm{T}}t}{A}$ 计算求得的。其中，C^{T} 为试样低频电容，F；t 为试样厚度，m；A 为试样的全电极面积，m^2。

d　实际结构中压电驱动器性能的实验测定

$$Q=CU+d_{31}\frac{l}{t}F \quad \varepsilon=\frac{\Delta l}{l}=d_{31}\frac{1}{t}U+\frac{1}{btE_{\mathrm{p}}}F \tag{7-36}$$

式中，C 是压电传感器的电容；U 是加在压电元件上的电压；Q 是产生的电荷；F 是宽为 b、弹性模量为 E_{P} 的单位长度上所能产生的力；ε 是应变；d_{31} 是压电常数。在一定的电压驱动 U 的作用下，当 $\varepsilon=0$ 时，可得压电元件所能产生的最大作用力 $F_{\max}$；当 $F=0$ 时，可得压电元件所能产生的最大应变 $\varepsilon_{\max}$，而直线的斜率 k 则反映了压电材料的弹性模量 E_{P}。$k=-\frac{1}{btE_{\mathrm{P}}}$，若通过实验测得一组 $\varepsilon-F$ 曲线，则可从此曲线上全面了解压电元件的性能指标。$\varepsilon-F$ 曲线分两个步骤测定：

（1）测量压电元件的 $\varepsilon_{\max}-U$ 特性。通过测量 $F=0$ 的自由元件的 $\varepsilon-U$ 特性，可得 $\varepsilon_{\max}-U$ 关系。

（2）实际结构中压电驱动器 $\varepsilon-F$ 的测量。把压电驱动器粘在和实际基体结构相同的矩形截面的试样杆上，当给压电元件加一个电压 U 时，元件将产生一个力 F，在杆的最低端产生一个挠度 w，通过测量挠度 w，可以推知压电元件引起的应变 ε 和作用力 F，即：

$$\varepsilon=\frac{e}{l^2}w \quad F=\frac{E_{\mathrm{b}}I_{\mathrm{b}}}{e^2}\varepsilon \tag{7-37}$$

式中，E_{b} 和 I_{b} 分别是杆的弹性模量和弯曲惯性矩。

将步骤（1）和（2）的测量结果绘制在同一个 $\varepsilon-F$ 图中，连接同一个 U 值的两个对应点，即可得该电压下压电驱动元件的 $\varepsilon-F$ 曲线。各曲线与 F 轴的交点就是压电元件所能产生的最大作用力 $F_{\max}(U)$，与 ε 轴的交点就是压电元件所能产生的最大应变 $\varepsilon_{\max}(U)$，进而可知压电材料的压电常数 d_{31} 和弹性模量 E_{P}。

$$d_{31}=\frac{\varepsilon_{\max}(U)}{U}d \quad E_{\mathrm{P}}=\frac{1}{bt}\cdot\frac{F_{\max}(U)}{\varepsilon_{\max}(U)} \tag{7-38}$$

在理想情况下，不同的电压 U 对应的 d_{31} 和 E_{P} 应是一致的。

7.3.3 电阻应变材料

7.3.3.1 电阻应变计工作原理

电阻应变计是一种用途广泛的高精度力学量传感元件，其基本任务就是把构件表面的变形量转变为电信号，输入相关的仪器仪表进行分析。在自然界中，除超导外的所有物体都有电阻，不同的物体导电能力不同。物体电阻的大小与物体的材料性能和几何形状有关，电阻应变计正是利用了导体电阻的这一特点。这种传感器具有性能稳定，价格便宜，技术成熟，便于使用，易与复合材料进行耦合而不影响复合材料原有特点的优点，与光纤传感器相比，有其自身的优势。应用这种传感器的智能复合材料结构具有较好的实用化前景，但这种传感器的灵敏度偏低。

电阻应变计的最主要组成部分是敏感栅。敏感栅可以看成为一根电阻丝，其材料性能和几何形状的改变会引起栅丝的阻值变化。设一根金属电阻丝材料的电阻率为 ρ，原始长度为 L。不失一般性，假设其横截面是直径为 D 的圆形，面积为 A，初始时该电阻丝的电阻值为 R，则：

$$R=\rho\frac{L}{A} \tag{7-39}$$

在外力作用下，电阻丝会产生变形。假设电阻丝沿轴向伸长，其横向尺寸会相应缩小，横截面的半径减少导致横截面面积发生变化。导线的横截面原面积为 $A=\frac{\pi D^2}{4}$，其相对变化为：

$$\frac{\mathrm{d}A}{A}=\frac{2\mathrm{d}D}{D}=-2\mu\frac{\mathrm{d}L}{L} \tag{7-40}$$

式中，μ 为金属丝材料的泊松比；$\mathrm{d}L/L$ 为金属导线长度的相对变化，用应变表示，即：

$$\varepsilon=\frac{\mathrm{d}L}{L} \tag{7-41}$$

在电阻丝伸长的过程中所产生的电阻值的变化为：

$$\frac{\mathrm{d}R}{R}=\frac{\mathrm{d}\rho}{\rho}+\frac{\mathrm{d}L}{L}-\frac{\mathrm{d}A}{A}=\frac{\mathrm{d}\rho}{\rho}+(1+2\mu)\varepsilon \tag{7-42}$$

在上式中，前一项是由金属丝变形后电阻率发生变化所引起的；后一项是由金属丝变形后几何尺寸发生变化所引起的。在常温下，许多金属材料在一定的应变范围内，电阻丝的相对电阻变化与丝的轴向长度的相对变化成正比。即：

$$\frac{\mathrm{d}R}{R}=K_{\mathrm{s}}\varepsilon \tag{7-43}$$

其中

$$K_{\mathrm{s}}=\frac{\mathrm{d}\rho}{\varepsilon\rho}+(1+2\mu) \tag{7-44}$$

式中，K_{s} 为单根金属丝的灵敏系数，表示金属丝的电阻变化率与它的轴向应变成线性关系。根据这一规律，采用能够较好地在变形过程中产生电阻变化的材料，制造将应变信号转换为电信号的电阻应变计。

电阻应变计主要由敏感栅、基底、覆盖层及引出线所组成，敏感栅用黏合剂粘在基底和覆盖层之间。敏感栅是用合金丝或合金箔制成的栅。它能将被测构件表面的应变转换为电阻相对变化。由于它非常灵敏，故称为敏感栅。目前常用的金属电阻应变丝敏感栅材料主要有铜镍合金、镍铬合金、镍钼合金、铁基合金、铂基合金、钯基合金等。以金属材料为敏感栅的电阻应变计的灵敏系数大都在 2.0 ~ 4.0 之间。应变计常用金属电阻应变材料的物理性能见表 7 - 4。表中的电阻温度系数为 20℃以下，温度升高 1℃时材料的电阻变化率。

表 7 - 4 常用金属电阻应变材料的物理性能

材料名称	牌号或名称	成分		灵敏系数 K_s	电阻率/Ω · mm	电阻温度系数/℃
		元素	%			
铜镍合金	康铜	Cu Ni	55 45	1.9 ~ 2.1	$(0.45 \sim 0.52) \times 10^{-3}$	20×10^{-6}
铁镍铬合金		Fe Ni Cr Mo	55.5 36 8 0.5	3.6	0.84×10^{-3}	300×10^{-6}
镍铬合金		Ni Cr	80 20	2.1 ~ 2.3	$(1.0 \sim 1.1) \times 10^{-3}$	$(110 \sim 130) \times 10^{-6}$
	6J22 （卡玛）	Ni Cr Al Fe	74 20 3 3	2.4 ~ 2.6	$(1.24 \sim 1.42) \times 10^{-3}$	20×10^{-6}
	6J23	Ni Cr Al Cu	75 20 3 2	2.4 ~ 2.6	$(1.24 \sim 1.42) \times 10^{-3}$	$(30 \sim 40) \times 10^{-6}$
铁铬铝合金		Fe Cr Al	70 25 5	2.8	$(1.3 \sim 1.5) \times 10^{-3}$	$(30 \sim 40) \times 10^{-6}$
贵金属合金	铂	Pt	100	4 ~ 6	$(0.09 \sim 0.11) \times 10^{-3}$	3900×10^{-6}
	铂 铱	Pt Ir	80 20	6.0	0.32×10^{-3}	850×10^{-6}
	铂 钨	Pt W	92 8	3.5	0.68×10^{-3}	227×10^{-6}

金属丝式应变计的敏感栅一般用直径 0.01 ~ 0.05mm 的铜镍合金或镍铬合金的金属丝制成。可分为丝绕式和短接式两种。丝绕式应变计用一根金属丝绕制而成（见图 7 - 22）。短接式应变计是用数根金属丝按一定间距平行拉紧，然后按栅长大小在横向焊以较粗的镀银铜线，再将铜导线相间地切割开来而成（见图 7 - 23）。

丝绕式应变计的疲劳寿命和应变极限较高，可作为动态测试用传感器的应变转换元件。丝式应变计多用纸基底和纸盖层，其造价低，容易安装。但由于这种应变计敏感栅的

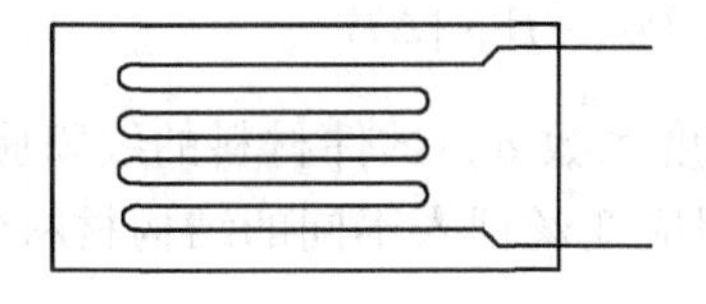

图7－22 丝绕式应变计

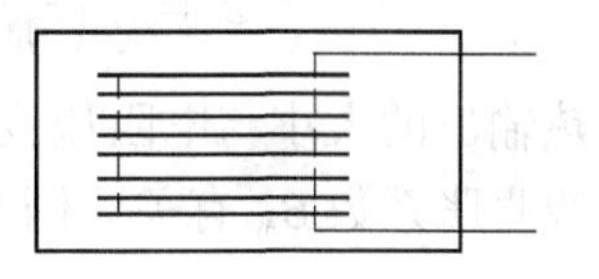

图7－23 短接式应变计

横向部分是圆弧形，其横向效应较大，测量精度较差，而且其端部圆弧部分制造困难，形状不易保证相同，使应变计性能分散，故在常温应变测量中正逐步被其他片种代替。短接式应变计也有纸基和胶基等种类。短接式应变计由于在横向用粗铜导线短接，因而横向效应系数很小（$<0.1\%$），这是短接式应变计的最大优点。另外，在制造过程中敏感栅的形状较易保证，故测量精度高。但由于它的焊点多，焊点处截面变化剧烈，因而这种应变计的疲劳寿命短。

在智能结构中应用电阻应变丝测量应变的优点有：(1) 电阻应变丝的性能稳定，而且很容易研制成与结构材料相配合的丝材，这种丝材仅受应变的影响而不受温度的影响；(2) 电阻应变丝埋入材料对原材料的强度影响很小；(3) 相配合的仪表很成熟，很容易与计算机及其他设备兼容。其存在的问题有：(1) 电阻应变丝的输出信号小，容易受干扰，因此必须采取防干扰措施；(2) 为了提高检测灵敏度，需要研究最佳的布置方案。

7.3.3.2 对埋入结构中的电阻应变丝的要求

埋入结构中的电阻应变丝的性能必须稳定，并且不受外界环境变化的影响，主要性能要求如下。

A 热输出要小，且接近于零

电阻应变丝安装在可以自由膨胀的试件上，且试件不受外力作用。若环境温度不变，则电阻应变丝的应变为零。若环境温度变化，则电阻应变丝产生应变输出。这种由温度变化而引起的应变输出，称为电阻应变丝的热输出。应变计的热输出一般用温度每变化1℃时的输出应变值来表示。

影响应变丝热输出的原因主要是：(1) 应变计敏感栅材料本身的电阻温度系数；(2) 敏感栅材料与试件材料的线膨胀系数不同，以及基底、黏结剂材料的温度性能变化，使敏感栅产生了附加变形。如果不考虑基底和黏结剂材料的影响，热输出的原因可做如下定性分析：

设 α 为敏感栅材料的电阻温度系数（1/℃），K_s 为敏感栅丝的灵敏系数，R 为应变计的电阻值（Ω）。当环境温度变化 ΔT 时，则产生的应变计的电阻相对变化量为 $\frac{\Delta R}{R}=\alpha\Delta T$，用指示应变表示为 $\varepsilon_t'=\frac{1}{K_s}\alpha\Delta T$。

设 β_m 为试件材料的线膨胀系数（1/℃），β_s 为敏感栅材料的线膨胀系数（1/℃）；由于 $\beta_m\neq\beta_s$，当环境温度变化 ΔT 时，敏感栅丝就会受到拉伸或压缩变形，由此产生的指示应变表示为 $\varepsilon_t''=(\beta_m-\beta_s)\Delta T$。

将 $\varepsilon_t'=\frac{1}{K_s}\alpha\Delta T$ 和 $\varepsilon_t''=(\beta_m-\beta_s)\Delta T$ 相加，即得应变热输出的表达式为：

$$\varepsilon_t = \frac{1}{K_s}\left(\frac{\Delta R}{R}\right) = \frac{1}{K_s}[\alpha + K_s(\beta_m - \beta_s)]\Delta T \quad (7-45)$$

上式表明，热输出的大小与电阻应变丝的电阻温度系数 α、试件材料的线膨胀系数 β_s 和结构材料的线膨胀系数 β_m 有关。因此不同的电阻应变丝埋入不同的结构材料中的热输出不相同。

在合金电阻应变丝的成分确定的情况下，还可以由热处理工艺改变电阻温度系数 α，其原因是热处理会使合金在回复过程中改变位错等缺陷的密度。选择合适的电阻温度系数 α 的电阻应变丝，埋入具有一定线膨胀系数 β_m 的复合材料结构中，可使得应变热输出的 ε_t 为零。

B 零点漂移和蠕变要小

在温度恒定的条件下，即使被测构件未承受应力，电阻应变丝的指示应变也会随时间的延长而逐渐变化，这一变化即称为零点漂移，或简称零漂。如果温度恒定，且电阻应变丝承受恒定的机械应变，这时指示应变随时间的变化则称为蠕变。零漂和蠕变所反映的是电阻应变丝的性能随时间的变化规律，只有当电阻应变丝用于较长时间测量时才起作用。实际上，零漂和蠕变是同时存在的，在蠕变值中包含着同一时间内的零漂值。

应变计在常温下使用时，产生零漂的主要原因有：（1）在制造和安装应变丝的过程中电阻应变丝和基体材料之间所产生的内应力；（2）基体材料固化不充分，敏感栅电阻应变丝通以工作电流之后产生温度效应，随着工作温度的增加，电阻应变丝逐渐氧化，电阻率发生变化，黏结剂和基底材料性能的变化等因素会使应变计产生很大的零漂；（3）电阻应变丝的埋入工艺及基体材料的固化工艺是造成零漂的关键。

蠕变的产生的主要原因有：（1）电阻应变丝与基体材料的结合不好，在传递应变的开始阶段出现“滑动”；（2）基体材料的弹性模量越小，机械应变量越大，“滑动”现象就越明显，产生的蠕变也越大。

C 机械滞后要小

电阻应变丝埋入复合材料中，在恒定温度下，对安装应变计的构件进行加载和卸载，其加载曲线和卸载曲线不重合，这种现象称为电阻应变丝的机械滞后。机械应变是指在机械载荷作用下构件产生的应变；指示应变是指从电阻应变仪读出的应变计的应变。电阻应变丝的机械滞后量，用在加载和卸载两过程中指示应变值之差的最大值 Z_j 来表示（图 7-24）。通常软的基体材料的机械滞后大，硬的基体材料的机械滞后小；电阻应变丝在较高的温度下工作时，机械滞后也会显著增大；机械滞后的大小与应变计所承受的应变量有关，加载时的机械应变越大，卸载过程中的机械滞后就越大。

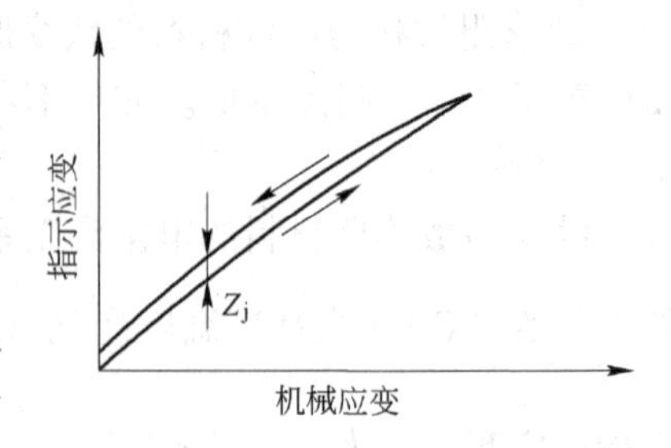

图 7-24 应变计机械滞后

造成电阻应变丝机械滞后的主要原因有：（1）黏合剂受潮变质或过期失效，或固化处理不良；（2）粘贴技术不佳，比如部分脱落或黏合层太厚；（3）基底材料性能差；（4）构件的残余应力以及应变计敏感栅在制造和粘贴过程中产生的残余应力。

D 疲劳寿命要高

电阻应变丝的疲劳寿命是指在恒定幅值的交变应力作用下，电阻应变丝连续工作，直至产生疲劳损坏时的循环次数。当应变信号出现以下三种情形之一者，即可认为是疲劳损坏：（1）敏感栅与引线发生断路；（2）应变计输出幅值变化10%；（3）应变计输出波形上出现穗状尖峰。

疲劳损坏的原因是：在动态应力测量时，应变计在交变应变的作用下，经过若干循环次数之后，其灵敏系数将随应变循环次数的增加而有所改变。这主要是由敏感栅的缺陷（栅条上的针孔和裂隙）、内焊点接触电阻的变化、黏结剂强度下降以及应变计安装质量不好等造成的。要提高应变计的疲劳寿命，须特别注意引线与敏感栅之间的连接方式和焊点质量。

7.3.3.3 变换电路

近年来，随着低漂移集成运算放大器的发展，直流电桥得到了广泛应用。在此，先分析直流电桥，其结果可推广到交流电桥。一般情况下采用的变换电路有恒压电桥电路、恒流电桥电路、双恒流源电路。

A 恒压电桥电路

直流电桥的桥臂为纯电阻，如图7-25所示。

图中 U_0 为供桥电源电压，在 U_0 的作用下，若存在 $R_1R_3=R_2R_4$，则电桥输出电压或电流为零，这时电桥处于平衡状态。因此，电桥电路的平衡条件为：

$$R_1R_3=R_2R_4 \quad 或 \quad \frac{R_1}{R_2}=\frac{R_4}{R_3}$$

按负载的不同要求，输出电压或者电流，应变电桥还可分为电压输出桥和功率输出桥。

电阻应变片因随构件变形而发生的电阻变化 ΔR，通常用四臂电桥（惠斯顿电桥）来测量，现以图7-25中的直流电桥为例来说明，图中四个桥臂DA、AC、CB和BD的电阻分别为 R_1、R_2、R_3 和 R_4。若它们均为电阻应变片，则称为全桥接法；若 R_1、R_2 为电阻应变片，而 R_3、R_4 为两个相同的精密无感电阻，则为半桥接法。下面分析一下电桥为全桥接法时的一般情况。根据电工学原理，电桥输出的电压为：

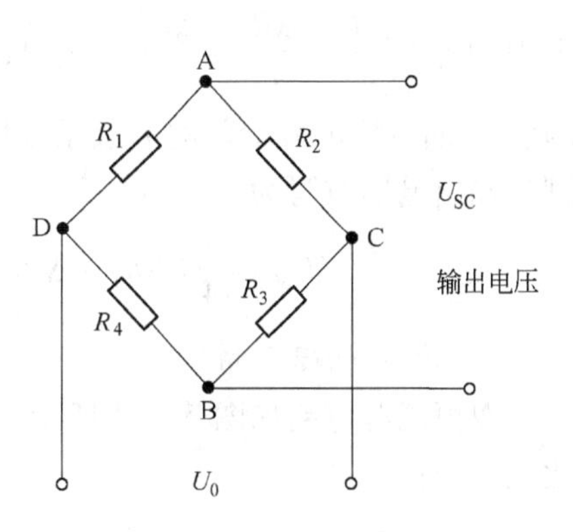

图7-25 电桥电路

$$U_{SC}=\frac{R_1R_3-R_2R_4}{(R_1+R_2)(R_3+R_4)}U_0 \tag{7-46}$$

如果 $R_1R_3=R_2R_4$，则 $U_{SC}=0$，电桥处于平衡状态。在应变测量前，应先将电桥预调平衡，使电桥没有输出。因此，当试件受力变形时，贴在其上的应变片 R_1、R_2、R_3、R_4 感受到的应变是 ε_1、ε_2、ε_3、ε_4，各片的电阻值相应发生变化，其变化量分别为 ΔR_1、ΔR_2、ΔR_3、ΔR_4，由式（7-46）可求得此时电桥的输出电压为：

$$U_{SC}=\frac{U_0}{4}\left(\frac{\Delta R_1}{R_1}-\frac{\Delta R_2}{R_2}+\frac{\Delta R_3}{R_3}-\frac{\Delta R_4}{R_4}\right) \tag{7-47}$$

对于电阻应变片 R_i（$i=1,2,3,4$）有：

$$\frac{\Delta R_i}{R_i}=K_i\varepsilon_i \tag{7-48}$$

式中，K_i 为应变片的灵敏系数；ε_i 为应变片纵向、轴向（即敏感栅栅长方向）的应变值。若组成统一电桥的应变片的灵敏系数均为 K，则可将式（7－47）改写成：

$$U_{SC}=\frac{U_0}{4}K(\varepsilon_1-\varepsilon_2+\varepsilon_3-\varepsilon_4) \tag{7-49}$$

由上式表明，由应变片感受到的（$\varepsilon_1-\varepsilon_2+\varepsilon_3-\varepsilon_4$）应变通过电桥可以线性地转变为电压的变化 U_{SC}，只要对这个电压的变化量进行标定，就可用仪表指示出所测量的（$\varepsilon_1-\varepsilon_2+\varepsilon_3-\varepsilon_4$），公式（7－49）还表明，相邻桥臂的应变相减，相对桥臂的应变相加，这一特性称为电桥的加减特性。

B 恒流电桥电路

恒流电桥电路如图 7－26 所示。设恒流源的电流值为 I，四个桥臂的电阻值为 R，输出电压与电阻应变丝电阻值变化关系为 $U_{SC}=\frac{IR}{4}\frac{\frac{\Delta R_1}{R}-\frac{\Delta R_2}{R}-\frac{\Delta R_3}{R}+\frac{\Delta R_4}{R}}{1+\frac{1}{4}\left(\frac{\Delta R_1}{R}+\frac{\Delta R_2}{R}+\frac{\Delta R_3}{R}+\frac{\Delta R_4}{R}\right)}$；忽略分母中的 $\frac{1}{4}\left(\frac{\Delta R_1}{R}+\frac{\Delta R_2}{R}+\frac{\Delta R_3}{R}+\frac{\Delta R_4}{R}\right)$，则输出电压简化为 $U_{SC}=\frac{I}{4}$（$\Delta R_1-\Delta R_2-\Delta R_3+\Delta R_4$）。如电桥的应变丝的灵敏系数均为 K，以电阻应变丝通过处构件上的平均应变表示，则将输出电压改写为：

$$U_{SC}=\frac{I}{4}(\Delta R_1-\Delta R_2-\Delta R_3+\Delta R_4)=\frac{IRK}{4}(\varepsilon_1-\varepsilon_2-\varepsilon_3+\varepsilon_4) \tag{7-50}$$

C 双恒流源电路

双恒流源电路如图 7－27 所示。对于双恒流源电路，输出电压与电阻应变丝电阻值变化关系为：

$$U_{BD}=I_0(\Delta R_1-\Delta R_2-\Delta R_3+\Delta R_4) \tag{7-51}$$

改用电阻应变丝通过处构件上的平均应变表示，则将输出电压改写为：

$$U_{BD}=I_0RK(\varepsilon_1-\varepsilon_2-\varepsilon_3+\varepsilon_4) \tag{7-52}$$

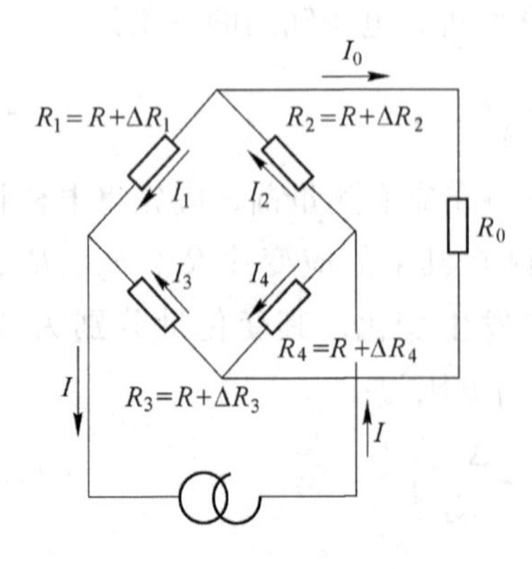

图 7－26 恒流电桥电路

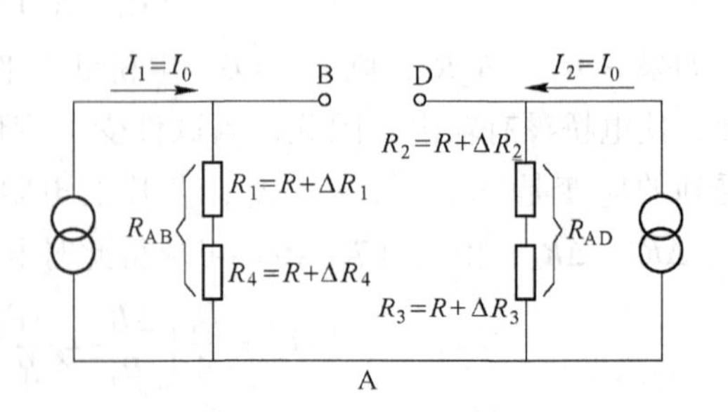

图 7－27 双恒流源电路

7.3.3.4 疲劳寿命元件

疲劳寿命元件主要是疲劳寿命丝和箔，它和电阻应变丝（箔）具有相似的外形，但合金成分与热处理规范都不相同。疲劳寿命元件具有独特的疲劳响应特性，即当其安装在承受交变载荷的结构上并经历一定循环次数后，其电阻值随循环次数的增加而单调增加，载荷卸除后，电阻值的增量保持不变。这种元件主要被用于研制预报结构件剩余疲劳寿命的智能复合材料结构。

A 疲劳寿命计工作原理

疲劳寿命丝（箔）与电阻应变丝相似，其生产工艺也基本相同，但其敏感栅合金成分和热处理工艺不同，一般由43% Cu（铜）、55% Ni（镍）、2% Mn（锰）及少量的C（碳）、S（硫）、Si（硅）经过特殊的热处理工艺而成。研究发现箔材基体中Ni原子以片状或杆状的集聚体形态存在于基体中，集聚体在常温下是稳定结构，它的电阻率小。在交变应变作用下，循环载荷造成的滑移或剪切破坏了集聚体结构，对电子的散射作用增强，从而使得疲劳寿命丝（箔）的电阻率增加。疲劳寿命丝（箔）电阻率的增加主要由位错、点缺陷、溶质原子排列结构变化三因素造成。其中溶质原子排列结构变化引起的电阻率的变化占总电阻率变化的80%以上，并且卸载后，电阻增加量保持不变。这一效应的大小由所加交变应变值和循环次数决定。疲劳寿命丝（箔）在交变的应力作用下，其电阻变化的关系式表示如下：

$$\Delta R/R = K(\varepsilon_a - \varepsilon_0)N^h \tag{7-53}$$

式中，$\Delta R/R$为百分比电阻变化率（产生永久的、不可逆的电阻增量）；R为电阻；ΔR为电阻变化值；ε_a为交变应变幅值；ε_0为电阻变化的应变阈值，小于此值不发生永久性电阻变化；K、h为常数；N为循环次数。

B 疲劳寿命计与普通电阻应变计的比较

疲劳寿命计与普通电阻应变计在工作原理、元件性质、检测方法、性能指标等方面的区别见表7－5。

表7－5 疲劳寿命计与普通电阻应变计的区别

项 目	疲劳寿命计	普通电阻应变计
工作机理	在交变应变幅值ε下，随着交变应变循环数N的增加，敏感栅电阻有累积功能（$\Delta R/R$）$=K$（$\varepsilon \cdot \varepsilon_0$）$N^h$，卸载后电阻增加值$\Delta R$保留。累积电阻变化值$\Delta R \approx 8 \sim 10\Omega$（$R=100\Omega$）	在应变作用下，敏感栅伸长或者缩短，电阻值变化，电阻变化量与应变的关系为（$\Delta R/R$）$=K\varepsilon$（$K \approx 2$），卸载后电阻变化消失
元件性质	记忆元件	检测应变元件
敏感栅	具有记忆性能的康铜箔，有较多的Ni集聚体，在一定应变与循环次数下集聚体分解	一般康铜箔材，加载后材料性质不变
功 用	检测材料的疲劳寿命	检测构件在受载后的应变值
测量方法	测量疲劳寿命计的电阻变化	仪器跟踪测量
性能指标	一定电阻变化值下，应变幅值与循环次数的关系曲线	灵敏系数K

普通应变计是实时应变检测元件，载荷卸除后，电阻变化恢复。疲劳寿命计在循环加载下电阻值发生不可逆的改变。最终的电阻变化量是各个循环加载下电阻累积变化量之和，具有电阻累积记忆功能，载荷卸除后，电阻变化值保留（图 7－28）。

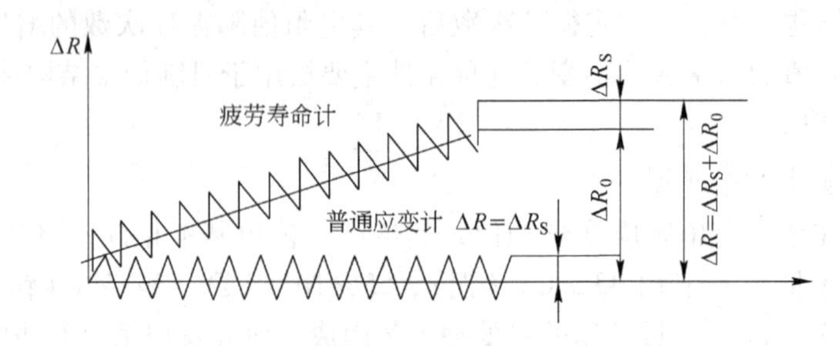

图 7－28　普通应变计与疲劳寿命计的电阻变化比较

图 7－28 中 ΔR_S 为试件受载后的电阻应变效应，ΔR 是由循环应变引起的电阻累积效应。疲劳寿命计的电阻值能够根据累积循环应变历程产生相应的变化。实验研究表明，在等幅应变条件下，疲劳寿命计的标定曲线直接指示了材料的损伤累积，反映了结构的损伤状态，表明了疲劳损伤的累积过程。若将它粘贴在各种构件上，能记忆和存储该结构件在使用过程中的累积应变历程。再结合疲劳寿命计的关系曲线与结构材料在承受交变应变的过程中裂纹开始产生的疲劳寿命曲线相匹配的关系，通过测量其电阻变化量就可判断该结构的使用寿命和剩余寿命，从而达到结构疲劳状态的诊断、评估和预测的目的。

C　疲劳寿命计的应用

构件材料的疲劳寿命包括裂纹形成寿命和裂纹扩展寿命。对于大多数工程结构，截面损伤是大面积损伤，裂纹形成寿命占据绝大部分，这部分的寿命检测具有实际工程意义。结构件材料的裂纹形成寿命可用 Mason－Coffin 公式描述：

$$\varepsilon_p = 1.75 \times 10^6 \times \left(\frac{\sigma_b}{E}\right) N_f^{-0.12} + 5 \times 10^5 \times P^{-0.6}$$

其中

$$P = \ln\left(\frac{1}{1-\psi}\right) \qquad (7-54)$$

式中　ε_p——对称循环下交变应变的单向幅值；

ψ——单位面积上的面积收缩量；

P——断面收缩率；

σ_b——强度极限；

N_f——达到完全断裂经过的交变循环次数。

（1）预测使用寿命和剩余寿命。图 7－29 是疲劳寿命特性曲线图。图 7－30 是由图 7－29 改绘成的疲劳寿命计产生一定数值的电阻变化量时，所加的交变应变量和循环次数的关系曲线。将材料（如 45 号钢）试验数据按式（7－54）拟合后也绘制在疲劳寿命计产生额定电阻变化量的曲线族图 7－30 上，如果材料的疲劳寿命曲线恰好与疲劳寿命计产生某值的电阻变化曲线重合，则可根据产生该值的电阻变化预测构件的使用寿命和剩余寿命。一般情况下这种关系是近似吻合的，需要使用应变倍增器或倍减器方能获得两者间较好的拟合关系。

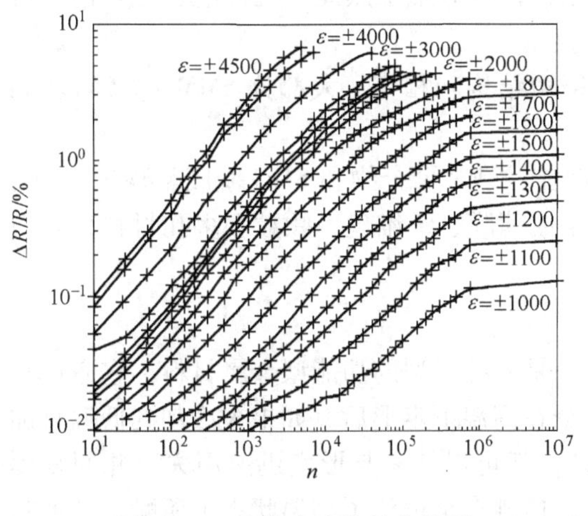

图 7－29 疲劳寿命特性曲线图

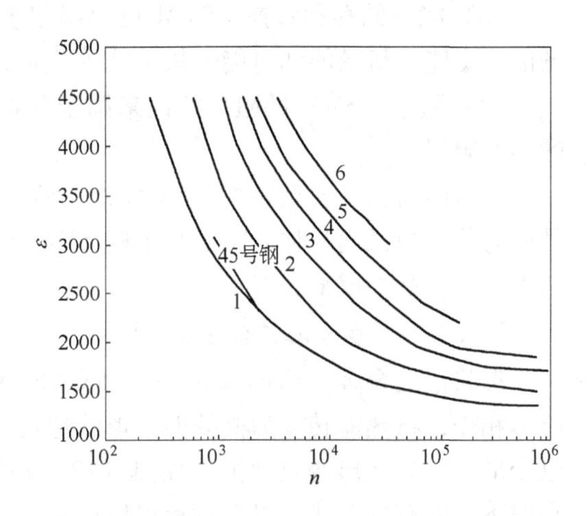

图 7－30 交变应变量和循环次数的关系曲线

（2）比较零构件的设计优劣。对于同一构件的不同设计，可在相同位置上贴上疲劳寿命计进行试验，比较在相同环境下相同使用周期内电阻值变化的大小，电阻变化大者，说明该设计构件的疲劳寿命较短和设计较差。

（3）比较构件使用的剧烈程度和监视载荷的变化。将疲劳寿命计粘贴在同一类构件上，在同一使用期限内，电阻值变化的大小说明使用的剧烈程度。在交变载荷历程规律不变时，粘贴在构件上的疲劳寿命计将沿图 7－29 的某一相当交变应变量水平发生电阻变化。如果交变载荷发生变化或结构出现裂纹将引起内力重分布，疲劳寿命计电阻变化的斜率也就发生变化。

7.3.4 形状记忆材料

形状记忆材料（shape memory materials，SMM）是智能复合材料的主要组成部分之一。由于材料内部的可逆相变，SMM 具有某些特殊的性质，例如形状记忆效应、准确性或较大的可恢复冲击应变、高阻尼性和自适应性。SMM 中的相变伴随着材料性质的显著变化，例如，应力、弹性模量、阻尼、形状恢复能力、热导率、线膨胀系数、电阻率、磁导率、柔韧率、蒸汽渗透性、介电常数等，因此，SMM 可以自适应外部环境（如温度、应力、磁场和电场）的变化。一般来说，SMM 的应用范围可概括如下：

（1）传感：SMM 对外部环境的变化非常敏感，因此可用于传感应用。

（2）自适应应用：由于 SMM 的相变引起其各种性质的显著变化，可广泛应用于智能自适应系统。

（3）开关和控制应用：环境对 SMM 的刺激必须达到临界值才使其动作，故可用于开关和控制应用。

（4）执行器：SMM 的超弹性或准弹性可提供极大位移并为执行器提供巨大动作力，适于执行器应用。

（5）记忆和恢复应用：SMM 的形状或其他变化是可逆的，因此可应用于需要记忆和恢复的各种领域。

（6）能量储存和转换：SMM 可存储很多能量，可应用于热能—机械能、化学能—机械能、磁能—机械能和电能—机械能等能量转换。

（7）阻尼：SMM 的阻尼特性来源于其特征微结构和相变，大部分 SMM 都具有较高的固有阻尼性。

到目前为止已发现各种 SMA 合金、SMC 陶瓷、SMP 聚合物和 SMG 凝胶呈现出 SME，其中有些材料已商品化，特别是某些 SMM 易制成薄膜、纤维丝、颗粒和多孔材料，可与其他材料一起形成复合材料。

7.3.4.1 形状记忆合金 SMA

形状记忆合金（shape memory alloy，SMA）是一种新型的功能型金属材料，它通过马氏体相变，将热能转换为机械能。形状记忆合金在高温下定形后，如果被冷却到低温且加以变形中，要从形变温度稍许加热（12～20K），就可以使参与形变迅速消失，并回复到高温下所固有的形状。以上过程可以周而复始，仿佛合金记住了高温状态下所赋予的形状一样，成为单程形状记忆。

如果材料在随后的加热和冷却循环中，能重复地记住高温状态和低温状态的两种形状，则称为双程形状记忆。形状记忆合金可以使高达 8% 的应变得到恢复。形状记忆合金的电阻率大，所以可采用电流进行加热，目前也有采用光激励、热空气加热形状记忆合金的研究。在恢复其记忆的形状过程中，SMA 能发出很大的力，适合用作驱动器。

目前已发现的 SMA 有 5000 多种，在不同应用领域已申请专利达 4500 件以上。因形状记忆合金既可作驱动器，又可传感元件，将其与其他材料复合便可制得智能复合材料结构。形状记忆合金的特性如图 7－31 所示。

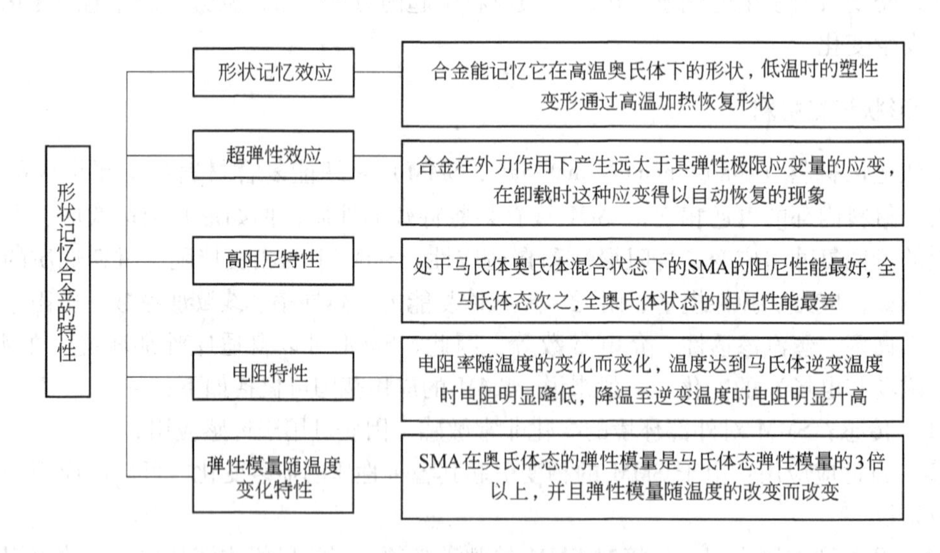

图 7－31 形状记忆合金的特性图

A Ti－Ni 系统合金

SME 发现于 19 世纪 50 年代，而 SMA 的工程重要性直到在 Ti－Ni 合金中发现了 SME 才受到重视。过去 30 年人们对二元 Ti－Ni 系统合金做了广泛的研究，由于其独特的形状记忆特性、良好的加工性能和机械性质已成为目前最重要的商用 SMA。二元合金 Ti－Ni

的典型特征参数见表7-6。此外，SMA具有非常好的抗腐蚀性和生物相容性，在生物医学领域得到广泛应用。如Ti-Ni合金易于制成各种形状和大小，可以复合材料的形式制成各种有源元件，尤其是Ti-Ni薄膜、纤维、颗粒和孔体在MEMS、医用植入器、智能材料和结构系统领域具有广泛的应用前景。为了满足某些特殊需要，又在Ti-Ni合金基础上研发了三元合金。

表7-6 二元合金Ti-Ni的典型特征参数

熔 点	约1573K
密 度	6.4~6.5g/cm^3
相变温度	173~390K
相变焓	1.46~1.88J/mol
相变磁畴	20~50
恢复应变率	<8%（单路效应）；<5%（双路效应）
恢复应力	<500MPa
阻尼系数（Q^{-1}）	约10^{-2}
抗拉强度	800~1100MPa
弯曲强度	200~800MPa（原始相）；70~200MPa（马丁相）
杨氏模量	50~90GPa（原始相）；10~35GPa（马丁相）
场变模量	15~20GPa（原始相）；3.5~5GPa（马丁相）
线膨胀系数	(10.0~11.0)×10^{-6}/K（原始相）；(5.8~8.6)×10^{-6}/K（马丁相）
热导率	0.18W/(cm·K)（原始相）；0.086W/(cm·K)（马丁相）
电阻率	70~110μΩ·cm（原始相）；40~70μΩ·cm（马丁相）
磁导率	(2.7~3.0)×10^{-6}H/m（原始相）；(1.9~2.1)×10^{-6}H/m（马丁相）

（1）窄磁滞SMA：在几乎等原子数Ti-Ni合金中，用Cu取代Ni对其相变特性、形状记忆特性和其他性质影响很大，在二元合金中，由立方晶系到单斜晶系［B19′］的一级相变改变为由立方晶系［B2］到斜方晶体系［B19］以及由B19到B19′（Cu取代Ni大于7.5%（原子分数））的二级相变，其合金的基本形状记忆能力和可加工性没有明显变化。当Cu取代Ni超过10%（原子分数）时，合金出现由B2到B19′的一级相变，而形状记忆速率略微减少，合金变得太脆不易加工。此外，三元合金Ti-Ni-Cu的马丁相变起始温度灵敏度M_s变低；相变磁滞温度由大于30K减小到小于10K，阻尼能力tanδ增加到大于0.1，起始相与马丁相的刚度差异很大。具有上述特点的三元合金$Ti_{50}Ni_{50-x}Cu_x$（原子分数）特别适于智能系统的执行元件。

（2）宽磁滞SMA：将Nb加到二元合金Ti-Ni时，合金的M_s将降低，使反向马丁相的起始温度灵敏度A_s与M_s相差150K。这种宽磁滞SMA非常适于耦合和固定应用，$Ti_{43}Ni_{47}Nb_9$（原子分数）合金是最典型的商用合金。在三元合金中只有少量的Nb分解的B2晶体，大部分以富Nb第二相的形式出现，就是该第二相导致了相变磁滞的加宽。

（3）高温SMA：用50%（原子分数）的Pd、Pt和Au取代Ti-Ni SMA中的Ni和用

20%（原子分数）的 Hf 和 Zr 取代 Ti－Ni 合金中的 Ti 时，马丁相变温度可高达 873K，而基本形状记忆特性依然存在，这些 SMA 适于在大于 393K 高温下应用。由于 Ti－Ni－Hf 合金的加工性能和形状记忆能力接近于二元合金 Ti－Ni，也比较经济，所以，Ti－Ni－Hf 合金也是很有发展前景的。

B 铜基合金

铜基 SMA 的优点是低耗和生产方法简单。三元合金 Cu－Zn－Al 和 Cu－Al－Ni 已商品化，其他商用合金还包括 Cu－Al－Mn 和 Cu－Al－Be。不过，这些合金的广泛应用还受到多种限制，如延展性和可塑性差及高弹各向异性，合金的原始相（B2、DO3 和 L21）和马丁相（9R 和 18R）的亚稳性，因此导致复杂的老化效应，影响合金的可靠性。由于三元合金 Cu－Al－Ni 比 Cu－Zn－Al 的工作温度高、热稳定性好，基于 Cu－Al－Ni 的四元和五元合金 Cu－Al－Ni－Mn 和 Cu－Al－Mn－Ti（B）的 M_s 点大于 423K。Cu－Al－Ni 合金中加入少量的合金元素可显著改进其可加工性能，而且可生产出冷拉合金丝。

C 铁基合金

由于铁基合金 Fe－Mn－Si、Fe－Cr－Ni－Mn－Si－Co、Fe－ Ni－Mn 和 Fe－Ni－C 的造价低，已经得到广泛应用。经过复杂的热－机械处理后，这些合金呈现出理想的 SME。在 Fe－Ni－Mn－Co－Ti 合金中由面心立方奥氏晶体到体心四方晶格或六角形密集，马丁相变是热弹性的，而恢复应力极高（ >1GPa），热磁滞温度较低（20～40K），相变温度趋于环境温度。而对 Fe－Pt 和 Fe－Pd 的实验研究证明：磁场可以感应这些合金的马丁相变，因此可以研发一种磁铁 SMA。

D 合金间化合物

在 Ni 含量为 62%～69%（原子分数）的 β－NiAl 合金中，淬火时出现从 B2 到 L10（3R）的马丁相变。M_s 温度明显地依赖于 Ni 含量和处理溶液的温度，且高达 503K，表明这种合金可用作高温 SMA。为了克服这种合金的脆弱性，可用旋转溶解快速固化技术加入第三或第四种诸如 Fe、B 等元素以形成延展性第二相。尽管如此，Ni－Al 合金仍具有亚稳相，当温度大于 523K 时可观察到 Ni_5Al_3、Ni_2Al 和类 Ω 相，有损这种 SMA 的特性。某些其他 β 相金属间化合物，如 Ni－Mn、Ni－Mn－Ga、Zr－Cu、Zr－Co、Zr－Rh、Zr－Ni、Zr－Co－Ni、Ti－V－Al、Gd－Cu、Tb－Cu 和 Y－Cu 也呈现 SME。

E 薄膜 SMA

整体大块合金可承受较大的冲击和应力作用，但响应速度慢。这种 SMA 合金通常是热激励变形，但在变形—恢复原状的循环期间必须除去热，冷却通常导致循环周期变长。与大块合金相比，SMA 薄膜需要冷却的热量较少，循环周期较短，SMA 薄膜近年来受到极大的关注。在通常晶体管－晶体管逻辑（TTL）电压下的容限应变大于 3%，形变—恢复循环周期可达百万次而不损坏。如果在热导率较高的基片上制作 SMA 薄膜，运转率可高达 100Hz 或更高。更重要的是这种材料的复合多金属层在工程上可做成微型高纯度材料，因此可在一个功能芯片上进行各种电子集成，利用光刻技术进行布样，这种 MEMS 的 SMA 薄膜产品可以大批量生产。SMA 薄膜与铁电或磁电材料相结合可以形成智能复合材料，用电或磁场进行动作控制，应用前景十分可观。

合金薄膜的初始淀积技术是溅射镀膜，例如将 Cu－Al－Ni 膜溅射在热铝箔上，这样生产的 SMA 膜呈现出较好的 SME。目前，在各种基片上利用直流和射频磁控管溅射法、等离子体溅射法和激光烧蚀处理法可生产的 SMA 薄膜有 Ti－Ni、Ti－Ni－Cu、Ti－Ni－Pd、Ti－Ni－Hf 和 Cu－Al－Ni，膜厚 20μm。制约 SMA 薄膜质量和性能的因素主要有：

（1）薄膜成分控制。二元合金 Ti－Ni 对组成成分非常灵敏，Ti 或 Ni 的含量与化学计算等原子比 Ti：Ni 相差小于 1% 时，可导致相变温度的极大变化。传统的真空蒸镀法很难控制合金成分的比例，激光烧蚀处理技术严格控制且环境污染最小，但淀积速率太慢（<0.02μm/h），淀积面积也受到限制。采取某些措施有助于控制合金膜的成分，如操作方法适当、最佳化淀积参数、预溅射、待镀层上加覆 Ti 涂膜或在待镀层表面放置小块 Ti 板以减少对待镀膜材料的腐蚀，也可采用多源溅射法。三元合金膜 Ti－Ni－Cu 对组成成分要求不太严格，而相变磁滞窄，更适于用作薄膜 SMA 执行材料。

（2）基片温度。淀积非晶膜的基片温度是环境温度，但紧接着必须在高于 723K 的温度下退火以使非晶膜结晶。淀积晶体薄膜的基片温度必须约为 703K。热基片淀积法的缺点是所生产的薄膜容易产生多孔或柱状微结构，导致薄膜表面粗糙。解决办法是在 Si 片上进行 573K 高温淀积，使淀积薄膜处于密集非晶态或部分结晶态，然后进行 803K 高温退火，以促进颗粒生长和再结晶。这样生产的 SMA 薄膜性能好，而且表面光滑。

（3）溅射气压。溅射气压对 SMA 薄膜的特性影响很大，一般说来，要求超高纯净氩气的工作压力为 0.1～0.93Pa。工作气压太低无法淀积，但气压太高（6.3～13.3Pa）会产生多孔结构，而且延展性太差。

（4）环境污染。淀积室内的环境条件也是影响 SMA 薄膜质量的关键因素。诸如少量氧、氮和碳杂质将使薄膜性能严重变坏，因此，应当排除淀积室内的这些杂质。另一个问题是淀积和热处理过程中与基片的化学反应。例如，Si 有向 Ti－Ni 膜扩散的倾向，形成 Ni 和 Ti 硅化物。减少与 Si 基片化学反应的办法是在 Si 基片上加涂一适当的缓冲层和使退火温度尽可能的低。与基片化学反应的问题对 SMA 混合多层复合材料的制造的影响更加严重。

（5）热处理。在环境温度下基片上淀积的非晶膜必须进行退火使其晶体化，才能呈现 SME。在非晶膜的热处理晶体化过程中必须进行严密监测以避免或减少与基片的化学反应和抵制 SME 变坏的第二相。Ti－Ni 合金膜的结晶温度为 723～793K，在这个温度范围内进行真空热处理可获得好的 SME，但延长退火时间或热处理温度高于 823K 时将导致 Ti_2Ni、Ti_3Ni_4 和 $Ti_{11}Ni_{14}$ 的形成，因此，SMA 薄膜对退火条件是非常灵敏的。考虑到 SMA 薄膜可与不类似材料组合形成混合复合材料，结晶温度应尽可能的低。

（6）残余应力和黏结。SMA 薄膜中的残余应力影响其力学性能和与基片或其他非类似材料的相容性。一般说来，在低工作气压下淀积的 SMA 薄膜具有较大的固有压缩应力，加热时应力大小随温度的增加而增加。对于在（100）Si 基片上淀积的 Ti－Ni 薄膜，应力变化率约为 －1.5MPa/K。趋于结晶温度时压缩应力趋于零，然后由于膜的致密化变为 50～100MPa 的拉伸应力。高拉伸应力的进一步发展可导致膜的断裂和分离成层。冷却时由于应力感应，马丁相变应力衰减，加热时产生恢复应力，是形成 SMA/Si 复合材料的可逆循环动作的基础，这种复合材料可用于 MEMS。

F　SMA、PZT 和磁致伸缩材料比较

表 7－7 比较了 SMA（Ti－Ni）、PZT 压电陶瓷 Terfenol－D 和磁致伸缩材料的某些特

征性质参数。在智能材料结构中，SMA 的输出能量密度最大，位移最大。

表 7－7 SMA(Ti－Ni)、PZT 和磁致伸缩材料特征参数比较

性 质	SMA（Ti－Ni）	PZT	磁致伸缩材料
压缩应力/MPa	约 800	60	700
拉伸强度/MPa	800～1000	30～55	28～35
杨氏模量/GPa	50～90	60～90	25～35
最大应变	约 0.1	约 0.001	约 0.01
频率/Hz	0～100	1～20000	1～10000
耦合系统		0.75	0.75
效率/%	3～5	50	80
能量密度/kJ·m^{-3}	300～600	约 1.0	14～25

7.3.4.2 形状记忆陶瓷 SMC

A 黏弹形状记忆陶瓷

某些云母玻璃－陶瓷呈现出清晰的形状记忆现象，即高温塑性形变之后在加负荷条件下冷却到室温，然后再加热，可恢复 0.5% 的预应变。将云母作为主晶相掺杂在连续玻璃相所形成的材料中，体积异质结构比为 0.4～0.6。与 SMA 不同，异质结构中的形状记忆现象起源于弹性能进入刚性网格产生黏滞塑性应变，再加热时又恢复原状。温度高于 573K 时，云母由于滑移发生塑性形变；而掺杂晶体中的塑性应变由包围它的刚性玻璃进行弹性调节。因为云母中的位错滑移不可能出现在低温，所以材料在高温时的形状在冷却到环境温度之后除去负荷也能保持不变。因此，储存在玻璃相中的弹性应变能可为恢复到原来形状提供驱动力。如果将形变后的云母重新加热到高温，这时所储存的弹性应变能足以激活位错滑移，使其恢复原来的塑性形变。黏弹性形状记忆效应不仅限于云母玻璃－陶瓷或玻璃陶瓷，β－锂辉石玻璃陶瓷和 2ZnO－B_2O_3 玻璃陶瓷以及各种包含极少玻璃相的烧结陶瓷，如云母（$KMg_3AlSi_3O_{10}F_2$）、Si_3N_4、ZrO_2 和 Al_2O_3 也呈现出 SME，但陶瓷的可恢复形变只有 0.1%，与形状恢复过程相对应的是应力弛豫。

B 马丁形状记忆陶瓷

某些无机或陶瓷化合物通过应力或热激活经历马丁或位移变换，导致形变塑性或形变韧性，因此马丁相变韧性是改进工程陶瓷可靠性和结构完整性的最有效方法之一。如果某些陶瓷中的形变是热弹性和铁弹性的，这些陶瓷可呈现 SME。例如，在某些含 ZrO_2 的陶瓷中，四方晶体结构与单斜结构之间的变换是热弹性的。部分镁稳定化氧化锆（Mg－PSZ）和氧化铈四方二氧化锆多晶体（CeO_2－TZP）也具有 SME。CeO_2－TZP 冷却时在特征温度 M_b 出现 t－m 韧性－马丁变换。温度高于 M_b 时应力也可感应 t－m 变换。再加热时出现 m－t 变换，应变恢复。诸如 $LnNbO_4$(Ln＝La，Nd）离子晶体和某些超导体 V－Si、Zr－Hf－V、Y－Ba－Cu－O、Bi－(Pb)－Si－Ca－Cu－O 和 Ti－Ba－Ca－Cu－O，由于一阶马丁相变或材料中铁弹畴区重排也呈现出 SME 和准弹性。利用陶瓷可设计出某些新的高温形状记忆元件，这是 SMA 无法实现的。

C 铁电形状记忆陶瓷

在顺电、铁电和逆铁电氧化物陶瓷中，不同结构间的相变如顺电—铁电（PE—FE）相变、逆铁电—铁电（AFE－FE）相变伴随着显著的应变，特别是足够高的电场可以感应AFE—FE相变。陶瓷中由极化畴区变换或再取向引起的相变伴随着晶格畸变，导致线性位移和体胀。由于相变引起的总应变（包括自激应变和畴区准直应变）高达0.6%，除去外加电场后电子陶瓷又恢复到它原来的状态，这是一种典型的铁电特性。某些陶瓷在0场强时的铁电或逆铁电态是亚稳的，在除去外加电场后将保持铁电态，为恢复到原来的状态，可迅速改变外加电场的极性，也可缓慢加热产生反向FE－AFE相变，因此而产生的SME类似于SMA。图7－32表示铁电和逆铁电材料的场感应应变。虽然SMC的应变小于SMA，但对某些应用，SMC更适宜。例如，陶瓷的场感应形变速率远大于热感应，因此SMC的工作带较宽，最大响应速度为微米量级。SMC还可用于自适应结构。

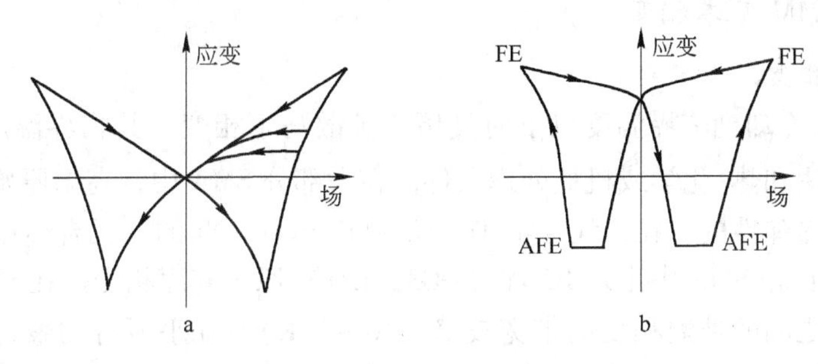

图7－32 铁电与逆铁电材料的场感应应变比较

a—FE中由极化引起的自发应变；b—由AFE到FE态的场感应相变应变

D 铁磁形状记忆陶瓷

某些过渡金属氧化物经历顺磁—铁磁、顺磁—逆铁磁相变或有序—无序相变和可逆相变时，常伴随着可恢复点阵畸变。在$Mn_x(Zn, Cd)_{1-x}Mn_2O_4RMnO_{3+x}$（R—Nd，Sm，Eu，Gd，Tb，Dy）铁磁形状记忆陶瓷中，轨道有序和无序相共存于一宽阔的温度范围内，可出现短程铁磁（逆铁磁）有序或Jahn－Teller相变，导致出现SME。因为大部分水锰矿是逆铁磁性的，其Neel温度特别低，所以只能在极低的温度出现自激磁化，因此对这种化合物的磁场感应相变和SME的研究较少。

7.3.4.3 形状记忆聚合物SMP和形状记忆凝胶SMG

聚合物在高温时处于橡胶态，在低温时处于玻璃态。由于橡胶的模量较低，在高温时可以经历较大的形变。玻璃模量至少比橡胶模量大2倍，它所储存的弹性形变能不足以恢复负荷除去后的形变，因此，在负荷作用下玻璃态淬火到低温时形变保持不变。再加热到橡胶态普通聚合物不可能完全恢复其残余非弹性形变。相反地，SMP几乎可以完全恢复残余形变，这种聚合物由固定相和可逆相组成。早期的SMP由于玻璃相变温度范围窄和可加工性差，可实用的很少。最近，聚氨酯热弹聚合物引起极大关注，它是由软链段和硬链段组成的共聚物，其软链段畴区形成可逆相，软链段的分子运动导致SME。形状恢复温度可控制在室温±50K的范围内以满足各种应用需要。聚氨酯不溶于任何酸，且具有优秀的生物相容性。聚氨酯的玻璃态弹性模量约为827MPa，橡胶态的弹性模量约为2MPa。

在某些 SMP 中，玻璃态与橡胶态的弹性模量之比可大于 500，应变恢复率大于 40%。SMP 还具有黏弹性，在玻璃相温度时的内损失因子高达 0.5 ~ 1.0，其应力 - 应变曲线受应变速率的影响。对聚氨酯加上小于 4MPa 的应力时，其形状恢复特性消失。但 SMP 具有低密度 $(1.0 \sim 1.3) \times 10^3 kg/m^3$、高形状恢复能力（最大应变恢复率大于 40%）、易于加工、透明和经济等优点。

过去十几年有多种智能 SMG 凝胶被研发出来，这些凝胶由弹性交链网络和充满网隙的流体组成，因此外界环境（如温度、光、离子、pH 值、溶剂、浓度、生物化学元素、小的电场和应力等）的微小变化可导致其大小和形状的变化。SMG 凝胶是一种独特的化学机械系统，其化学能和机械功之间可以相互转换。凝胶相变时伴随着三个大小量级的可逆连续或分立的体积变化。凝胶的动作能力可与人的肌肉相比。通过对凝胶化学性质的立体调制可合成具有 SME 的单体凝胶和复合凝胶。

7.3.4.4 SMM 基本相变

A 热感应相变

SMA 和 SMC 冷却到临界温度以下时经历非扩散马丁相变，其临界温度 M_s 取决于合金成分、处理方法和热/化学或机械处理条件。在大部分 SMA 中，高温原始相和低温马丁相之间的相变是热弹性的。在二元合金 Ti - Ni 和基于 Ti - Ni 的三元合金中出现二阶类 R 相变。而在其他 β 相 SMA 中出现 B2 和（DO3、L21）原子有序相变。在 SMP 中，高温橡胶态与低温固态之间的玻璃相变的带宽较窄（10 ~ 30K）。几乎所有的聚合凝胶的相变对温度的依赖性都极强，某些凝胶中的所谓光感应相变实际上是热感应相变。

铁电和铁磁形状记忆陶瓷通过居里温度冷却时经历顺电—铁电（或逆铁电）和顺磁—铁磁（或逆铁磁）相变。材料中的长程和短程化学或磁原子有序对其特性影响极大。因为 SMM 中的马丁相变是一阶相变，正向和逆向相变出现相变焓，因此取决于材料成分和微结构的热磁滞存在于正向和逆向相变之中。在材料设计和工程应用中所关心的两个重要因素是相变焓和热磁滞。例如，具有窄磁滞的 SMA Ti - Ni - Cu 和 Mn - Cu 的动作易于精确控制；而具有较大相变焓和宽磁滞的 SMA Ti - Ni - Nb 和某些铁基合金适于耦合快速动作应用。

目前，应用最广泛的智能材料是压电陶瓷、电致伸缩陶瓷、磁致伸缩材料和铁弹 SMA，这些材料具有许多共同特点：高温时具有立方点阵结构，经历化学或铁磁轨道有序相变；冷却到环境温度时保持在非晶相附近，其特征是位移相变伴随着原子位移和电子机械耦合；更重要的是它们都具有可用应力或场触发的激活畴壁。

B 应力和压力感应相变

SMA 和 SMC 中的马丁相变可用应力激发。实验表明不论什么合金和应力方向如何，单轴拉伸和压缩应力可增加马丁相变温度 M_s。在给定温度下感应马丁相变的临界应力 σ_τ 由下述方程给出：

$$\frac{d\sigma_\tau}{dT} = \frac{\Delta H}{V T_0 \Delta \varepsilon} \tag{7-55}$$

式中，ΔH 为相变焓；$\Delta \varepsilon$ 为相变应变；V 为摩尔体积；T_0 为应力为零时原始相与马丁相处于平衡状态的温度。

一般来说，σ_τ 随温度的增加而增加。大部分 SMA 中应力感应相变是可逆的，更重要的是大部分多晶 SMA 的相变应变恢复率高达 8%，单晶的相变应变恢复率大于 10%。根据热力学的观点，压力类似于温度，是一个可以改变材料自由能和相态的独立变量。Gibbs 化学自由能的定义为：

$$G = H - TS \tag{7-56}$$

式中，T 为温度；H 为系统的焓；S 为系统熵。

按照热力学第一和第二定律，由式（7－56）可得：

$$\mathrm{d}G = V\mathrm{d}P - S\mathrm{d}T \tag{7-57}$$

式中，P 为压力；V 为体积。显然，通过改变压力或温度可以改变自由能，因此系统将变换到低自由能的相。例如，在 300K 时压力增加到 15GPa 以上，多晶和单晶 $AlPO_4$ 变成非晶体；非晶压力减少到 5GPa 以下时，它们由玻璃态又恢复到与原来晶体具有相同取向的晶体。在 $GaAsO_4$ 和其他类似石英结构中也观察到类似的相变。流体静压力和强冲击波产生的动态压力也可感应 SMA 中的马丁相变，例如 SMA Cu－Al－Ni、Ti－Ni、Fe－Ni 和 Fe－Ni－C 等。

C 磁场感应相变

在某些 β 相和离子基 SMA 中，顺磁—铁磁相变或磁有序相变出现在温度高于马丁相变起点以上，在这些合金中外加磁场可以感应马丁相变，临界磁场和相变起始温度服从下述方程：

$$\Delta G(M_s) - \Delta G(T) = -\Delta M(T)H - \frac{1}{2}X_{hp}H^2 + \varepsilon\frac{\partial\omega}{\partial H}HB \tag{7-58}$$

式中，$\Delta G(M_s)$ 为在 M_s 时奥氏相和马氏相之间的 Gibbs 自由能之差；$\Delta G(T)$ 为温度为 T 时奥氏相和马氏相之间的 Gibbs 自由能之差；$\Delta M(T)$ 为温度为 T 时奥氏相和马氏相间的自发磁化；H 为磁场；ε 为相变应变；X_{hp} 为奥氏相的高磁场的磁导率；ω 为受力时体积的磁致伸缩；B 为奥氏相的体积模量。

相变服从式（7－58）的 SMA（如 Fe－Ni－Co－Ti）可用作磁敏和热敏元件。

D 电场感应相变

与电场感应顺电—铁电（PE—FE）相变有关的自发应变可用下述方程描述：

$$\varepsilon_{P-F} = QP_1^2 \tag{7-59}$$

式中，P_1 为场感应磁化矢量的大小；Q 为顺电—铁电电致伸缩系数。

而逆铁电态中的自发应变 ε_{AFE} 和场感应铁电态应变 ε_{FE} 可分别用下述方程表示：

$$\varepsilon_{AFE} = Q(1-\eta)P_A^2 \tag{7-60}$$

$$\varepsilon_{FE} = Q(1+\eta)P_F^2 \tag{7-61}$$

式中，P_A 和 P_F 为双子晶格磁化矢量的大小；η 为逆铁电态电致伸缩系数。

因为 $P_A^2 = P_F^2$，所以逆铁电晶体中总的场感应应变为：

$$\varepsilon_{A-F} = \varepsilon_{FE} - \varepsilon_{AFE} = 2Q\eta P_A^2 = 2Q\eta P_F^2 \tag{7-62}$$

场感应应变除了与晶体成分和电场强度有关外，还强烈地依赖于温度：

$$\frac{\mathrm{d}E}{\mathrm{d}T} = -\frac{\Delta H}{T\Delta P} \tag{7-63}$$

式中，E 为场强；T 为温度；ΔH 为焓；ΔP 为极化矢量的大小改变量。

7.3.5 磁致伸缩材料

磁致伸缩材料与压电材料类似，但是这种材料是对磁场的响应而不是对电场的响应。当磁致伸缩材料处于磁场中时，其内部的磁畴发生翻转直至与磁场方向处于一致时为止，从而引起材料膨胀。磁致伸缩智能材料的主流是稀土超磁致伸缩材料，稀土超磁致伸缩材料是近期发展起来的一种新型功能材料。稀土类磁致伸缩材料作为智能结构中的驱动器和压电陶瓷相比具有应变量大，机电耦合系数大，不存在时效引起的性能老化衰减现象，使用温度超过居里点仍可恢复使用等优点。如磁致伸缩材料 Terfecnol - D 含有稀土元素 Tb，由于磁畴的旋转而膨胀，可引起超过 1400 微应变的变形，它与 SMA 相比具有较快的响应速度，也没有压电陶瓷由时效所引起的衰减，其缺点是需要外加线圈造成磁场和存在磁滞现象。目前正在研究将这种材料用于主动阻尼系统。

由于产生磁致伸缩的 RFe_2 相为 Laves 相金属间化合物，其本征脆性使材料无法在拉伸应力下服役；另外，由于电阻率低，在交变磁场中容易形成大的涡流损耗，不能满足高频磁场的使用需求。为解决上述两个关键问题，人们通常制备磁致伸缩黏结材料。采用树脂黏结磁致伸缩合金颗粒的方法制备的树脂基磁致伸缩复合材料，与超磁致伸缩合金相比，具有抗拉强度高、电阻率高、涡流损耗小、适用频率宽、易成型、成本低等优点。在制备磁致伸缩复合材料时，在树脂体系凝胶过程中沿试样轴向施加一定的取向磁场可以使磁致伸缩合金颗粒的易磁化方向趋向磁场方向旋转并形成链状的伪 1 - 3 型构型。Yang 等制备了黏结 $Sm_{1-x}Nd_xFe_{1.55}$（$0 \leqslant x \leqslant 0.56$）磁致伸缩颗粒复合材料，Nd 元素含量为 0.08 时，黏结 $Sm_{1-x}Nd_xFe_{1.55}$的负磁致伸缩系数最大，其磁致伸缩系数在 0.63T 磁场下为 -530×10^{-6}，其压磁系数在 0.13T 磁场下为 -2nm/A。已有研究表明施加取向磁场可以有效地提高磁致伸缩复合材料的综合性能。

树脂黏结磁致伸缩复合材料的磁致伸缩的贡献来源是磁致伸缩合金颗粒，磁致伸缩系数随其体积分数的增大而增大。施加沿试样轴向的固化磁场后，颗粒在树脂基体凝胶成型过程中被磁场磁化，每个颗粒可视为小磁针。每个颗粒的“易磁化”方向趋向外磁场方向，且颗粒与颗粒之间相互吸引，从而形成呈链状结构排布的伪 1 - 3 型构型，如同被磁化的小磁针在磁场中相互吸引沿磁力线排成一列，如图 7 - 33 所示。对于树脂黏结磁致伸缩颗粒复合材料来说，伪 1 - 3 型构型（磁致伸缩颗粒在树脂基体中呈链状结构排列）的复合材料与 0 - 3 型构型（颗粒分散于基体中）的相比普遍具有更好的综合性能。

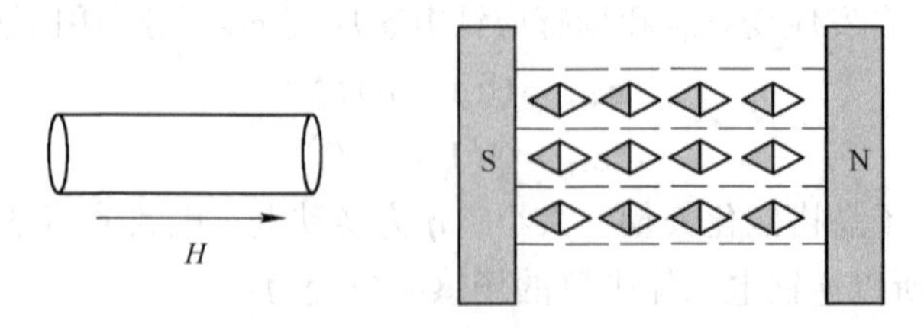

图 7 - 33 合金颗粒沿磁场方向排列示意图

7.3.6 电/磁流变材料

电流变液（ER - Electrorheological）是一种新型的智能材料，由极性的且易于极化的介质均匀分散在绝缘连续介质中形成，其流变性和物理状态随外加电场的变化而变化。磁流变液（MR－Magnatorheological）是具有磁流变体效应的智能材料，即外加磁场强度变化，其流变特性改变，磁流变液在无外磁场作用下表现为流动良好的液体状态，而在强磁场作用下，可在短时间内黏度增加两个数量级以上，并呈现出类似固体的力学特性，一旦去掉磁场后，又变成可以流动的液体。

电流变体和磁流变在智能复合材料结构中起到驱动器的作用。当分别经受电场和磁场作用时，这种材料的流变性质会发生可逆变化，如黏性、塑性和弹性等。这些流体中含有微米大小的颗粒，当它们放在电场或磁场中时，将导致母体材料的黏性增大几个数量级。当电流变体材料处于电场中时，其所需电压与其电极之间的距离成正比，响应速度很快，但所需电压高达 4kV/mm，具有一定危险性。同电流变体相比，磁流变体的响应速度较慢，但响应出的力要大得多，目前已有达几十吨的磁流变体减振器，使用也较为安全。因而磁流体在汽车、桥梁等场合得到了较多的应用。

7.3.6.1 电流变液的性能

A 电流变液的力学性能

静屈服应力 τ_s 是电流变液在流动前所能承受的最大静态剪切应力，它随电场强度增大而急剧增大，且质量比越大，增大得越快，当电场强度达到某一临界值时趋于饱和。实验表明，在较低电场强度下，$\tau_s \propto E^2$；反之，$\tau_s \propto E$。添加剂是影响 τ_s 的一个重要因素。在一定范围内使用较高介电常数和较低漏电流的添加剂可以有效提高电流变液的性能。无添加剂时，电流变液的 τ_s 与 E 呈近似线性关系，而有添加剂时呈非线性关系，可近似用二次多项式进行拟合。电流变液开始流动后，维持使其继续变形的是一个比静态屈服应力小的力——动态屈服应力 τ_1，对于同一体积比的电流变液，动屈服应力较静态屈服应力约小 25%。τ_1 随质量比或电场强度的增大而增大。目前对电流变液动态特性的研究只限于低电场强度。茅海荣等对电流变液准静态挤压过程中的力学行为进行了研究，发现在外加电场作用下，电流变液有一定的压缩应力，而且随电压的升高和压缩量的增大而增强。

电流变液的拉伸可分为三个阶段：第一阶段，拉伸应力随应变的微小变化呈线性急剧增加，应变值小于 0.05；第二阶段，拉伸应力增加减缓，拉伸应变增加较快，并很快达到一个最大值，称为电流变液的屈服阶段；第三阶段，拉伸应变继续增加，拉伸应力的增加也缓慢降低到零，称为屈服后电流变液的黏连阶段。各力学特征量之间的关系为：压应力约为相同电场作用下静态屈服应力的 10 倍，是拉应力的 2～3 倍，拉应力是相同电场作用下静态屈服应力的 3～4 倍。应用上述力学性能可开发出各种工程应用器件。例如利用电流变液屈服应力特性制造电流变液光栅、艺术印刷中的 ER 油滴等。基于电流变液的压缩效应，则可制造减振器件，有研究者将电流变阻尼绞应用于机翼操纵面，并进行了风洞实验，结果证明通过控制增加电流变液阻尼绞的阻尼可提高机翼操纵面的颤振临界速度，从而达到颤振目的。

B 电流变液的光学特性

未加电场时，电流变液内固体颗粒分布杂乱无章，因此，在光入射时，经颗粒多次吸收和散射，透光率不高。施加电场后，在电场作用下，自由态固体颗粒沿电场方向首尾相接成链，并与两极板相连接，链与链之间的区域成为光的主要通道，使得透光率上升。在一定的电场作用下，透光率开始时迅速增加，继而趋于稳定值。电场强度越大，透光率增加得越快，稳定值也越大；而在一定的场强下，体积比越大，透光率增加得越快。应用电流变液的这种光学特性可以制造可调节光开关、红外光学材料、光栅常数可调节光栅以及光电流计等仪器。

7.3.6.2　电流变效应的机理模型

提高电流变液性能是电流变液研究的核心问题，而研究电流变机理对人们理解电流变效应以及提高电流变液性能、改善电流变液体系具有重要的指导作用。对于电流变机理，普遍认同的事实是由于电场作用，液体的分散颗粒间的相互作用使得液体的宏观性质发生变化。据此建立起的多种模型是侧重在电场下电流变液中的介电颗粒的相互作用上的。

(1) 双电层理论（Double Layer Theory）。对于固液两相体系组成的电流变液，固体粒子与液体接触时，固体表面的带电现象和体系的热运动对固体粒子表面附近的液体介质中的正负离子产生相反趋势的综合作用，使得过剩的异号离子以扩散形式分散在带电粒子表面的液体介质中，形成双电层。Klass 和 Martinek 认为电流变体的响应时间极短，不足以使微粒排列成纤维状结构，提出了双电层理论模型，也称界面极化理论。该理论认为在无电场作用时，由于电离或离子吸附等原因，分散相粒子的表面带有电荷，这些电荷与周围介质中的异号电荷在静电作用下相互吸引，构成双电层。在电场作用下，带电粒子向某一电极运动，而其吸附的异号电荷则向相反的方向运动。双电层发生变形，产生非对称分布，导致非平衡电荷的分布，使电流变液在受到垂直于电场方向的剪切时要消耗更多的能量，从而产生 ER 效应。这一理论的主要缺点是没有说明为什么双层的相互作用和交叠导致电流变体的流变性质发生几个数量级的突变。

(2) “水桥”理论（Water Bridge Theory）。早期的电流变体的分散相中都含有水，水是引发电流变效应不可缺少的条件，水的含量对电流变效应有着显著的影响。Stangroom 等人提出了“水桥”理论模型。在由疏水的基础液和亲水且多孔的颗粒组成的电流变液中，固体颗粒的孔道中含有可移动的离子，并吸附、蓄留有一定量的水。离子通过水的溶解，变得更易发生运动。在电场作用下，离子带动水向电极上带相反电荷的方向运动，这样，水聚集在离子端部，并与附近粒子相连，可见水在离子与粒子间的连接中起了“桥”的作用，使固体粒子连接成链，电流变液宏观上呈凝胶态；换言之，“水桥”的表面力作用导致了电流变效应。撤去电场后，水分子同离子重新进入粒子孔道内，“水桥”消失，悬浮液恢复流动性。Stangroom 用该机理定性地解释了水的含量、固体微粒的多孔性和电子结构等对电流变效应的影响。但该理论对于后来发展起来的疏水性粒子的电流变体系 ER 效应的解释则存在一定困难。

(3) 粒子极化理论（Particle Polarization Theory）。这种理论认为产生电流变效应的主要原因是电流中固体颗粒的极化。主要内容为：在高电压作用下，电流变体中的粒子由于极化发生电荷分离，正电荷向靠近负电极的一端移动，负电荷向靠近正电极的一端移动，结果粒子两端富含正、负电荷，相邻粒子由于静电吸引相互连接即形成链状结构，进而粗化形成粒子柱。根据极化产生的机理不同，极化又包括电子位移极化、离子位移极化、偶极子转向极化、游离极化、界面极化等。虽然这几种极化在极化速度和强度上有差异，但从宏观上看很难将它们区分开来，所以通常采用综合的方法进行分析。由于是建立在极化作用之上，静电极化模型首先强调的是粒子与连续相介质之间存在介电不平衡，而水对电流变效应的产生不是必需的。极化大小除与介电不匹配性有关外，还与场强、粒子间距离等其他参数有关。

(4)“纤维”理论（Fibrillation Theory）。该理论认为电流变过程是在电场作用下悬浮颗粒沿电场方向排列成链状。在电场作用下，原本杂乱无章分布于基液的固体颗粒在很短时间内沿电场方向排列有序化，形成链状结构。此为一动态平衡的状态。在质量比较小，固体颗粒较少时，能观察到粒子在电场方向上是不断运动的。研究发现，链长随电场强度和悬浮颗粒浓度的增加而增大，随电场变化频率的提高而变短。一般认为链长随频率提高而变小是由颗粒无足够时间极化所致。当电场强度加大或电流变液悬浮颗粒浓度增大时，链会逐渐形成柱状结构，并出现侧链，最终形成一个网状结构，电流变液的抗剪切强度增大。该理论还认为，流体电流变效应的程度（即流体黏度变化的程度）是由链结构的强度决定的，而后者又取决于悬浮颗粒间的相互作用力（静态时主要表现为颗粒间的极化力）的大小。但是运用此理论得出的电流变效应的大小远远小于实验值，不能很好地解释电流变现象。

7.3.6.3 电流变液的制备

电流变液一般为两相悬浮液体，由分散相粒子和连续相介质组成。根据分散相是否含有水又可将其分为含水型和非水型。在电流变液的制备过程中，电流变液的分散相粒子的制备技术是决定电流变液性能的主要因素，因此，对于不同体系的电流变液的分散相粒子就有着不同的制备方法。

A 含水型电流变液

对于含水型电流变液体系中的分散相粒子的制备一般采用插层复合法。以 TiO_2 插层蒙脱土的电流变液制备工艺为：在较低温度下，使蒙脱土在二次去离子水中充分溶胀，然后逐滴加入 TiO_2 溶胶，升高温度至60℃，反应约4h。钛离子与蒙脱土硅酸盐层之间的中和层间正电荷的阳离子进行交换，TiO_2像柱子一样嵌在蒙脱土结构层间，连接并撑开两邻近硅酸盐层，即为 TiO_2 插层蒙脱土的无机/蒙脱土复合颗粒。路军等利用乳液共混插层法制备聚苯胺/蒙脱土纳米复合粒子，将产物与甲基硅油按照30%的质量比混合，配制成电流变液，其ER效应较纯聚苯胺、蒙脱土及机械共混的聚苯胺/蒙脱土ERF有较大提高，具有较好的温度稳定性和优异的抗沉淀性。聚苯胺插入蒙脱土层间后，介电损耗有一定提高。随着温度升高，其漏电密度增大，导致材料在60℃以上ER效应减弱。以二甲基亚砜为前驱体，先使其插入高岭土层间形成高岭土/二甲基亚砜复合物并充分溶胀，之后进行加热并滴加羧甲基淀粉CMS，反应约8h，将产物抽滤、洗涤、干燥后得到淡灰色颗粒——高岭土/羧甲基淀粉剥离型纳米复合粒子。将制得的复合颗粒放入玛瑙研钵中，研磨3h，研成细小均匀的颗粒，硅油在100℃下干燥1h后，按体积比硅油：复合颗粒 = 100：31 混合均匀，即可得以高岭土/羧甲基淀粉纳米复合物为分散相颗粒的电流变液。

B 非水型电流变液

含水型电流变液体系由于水分的存在，使电流变液的工作温度范围较窄（只能在0～100℃之间），且电流变液设备易遭腐蚀，电流变效应的稳定性差等。因此，非水型电流变液体系的研究日益受到重视。非水型电流变液体系的工作温度范围较宽，克服了含水型电流变液体系工作温度窄的缺点，而且在体系中电流变效应的稳定性好，因而具有较远的发展前景。非水型电流变体系中分散相粒子的制备主要有一般液相法、自组装法和溶胶－凝胶法。

一般液相法：非水型电流变体系中分散相粒子材料主要有硅酸铝盐粒子材料、半导体粒子材料、复合粒子材料等。其中，复合粒子材料是近来研究的热点。研究者通过不同方法设计出了不同结构的复合粒子，如核/壳复合型粒子、无机分子－小分子有机物复合粒子等。以 $BaTiO_x$－小分子有机物复合电流变液的制备为例，醋酸钡、钛酸正丁酯、十二胺、乙醇在 40～60℃进行液相反应得到 $BaTiO_x$，所得 $BaTiO_x$ 再与二甲基亚砜、甲酰胺、乙二醇、正戊醇等小分子有机物进行液相反应，最终得到 $BaTiO_x$ 与各小分子有机物的复合颗粒，在干燥 4～8h 后，与 15℃/2h 处理的二甲基硅油快速配制成颗粒/硅油质量比为 0.37 的电流变液，并研磨 1～2h 得到电流变液。目前大多数电流变液的稳定性较差，悬浮颗粒在短时间内会发生沉淀，使 ER 效应变弱甚至消失。其原因在于电流变液中分散相颗粒的密度一般较绝缘油的密度大，两相密度悬殊导致电流变液稳定性变差。如果在颗粒表面直接聚合一层低密度材料，生成微囊复合颗粒，即可有效改善电流变液的稳定性，如 SiO_2/P 复合颗粒电流变液的制备。甲基丙烯酸甲酯（MMA）和甲基丙烯酸（MAA）于 60℃、空气气氛下，以亚硫酸氢钠为引发剂，在 SiO_2 纳米粉水悬浮液中进行自由基共聚反应。反应后，颗粒平均粒度为几微米，且颗粒均匀。通过反应在 SiO_2 上包裹一层低密度有机共聚物，形成的微囊复合颗粒解决了 SiO_2 与绝缘油由于密度悬殊而稳定性差的问题。

自组装法：自组装方法具有结构明确、易于设计；由主－客体相互识别得到的自组装材料，可通过不同客体的选择，实现介电调控；制备方法简便、成本低等优点。自组装法配合以液相法可制备出多种电流变液的分散相粒子。HMS－DMS 分子筛电流变液的制备过程为：低温液相法制得 HMS 颗粒，洗涤、晾干后，与一定质量的二甲基亚砜 DMS 作用，使分子筛的孔道内有效地组装进小分子有机物 DMS，得到 HMS－DMS 颗粒，将所得到的颗粒和硅油按一定质量比混合即得 HMS－DMS 电流变液。

溶胶－凝胶法：溶胶－凝胶法是电流变液分散相粒子制备的一种重要方法。它可以在固体颗粒表面包裹其他材料，形成具有特殊性能的分散相粒子并以此改善 ER 效应。许素娟等人在进行 TiO_2 包覆石墨颗粒/硅油电流变液的研究中采用溶胶－凝胶法，在尺度为 5～10μm 的石墨颗粒上成功地包覆了 TiO_2，制成了内部颗粒为导体，外部为绝缘体的低密度复合分散相粒子。对粒子进行 XRD 分析，结果表明 TiO_2 的包覆是完全的。将分散相颗粒与硅油混合并搅拌均匀，即配制成电流变液，其剪切应力较纯 TiO_2/硅油电流变液提高了一个数量级。在制备分散相颗粒过程中为了增厚包覆层，可进行多次重复包覆。用溶胶－凝胶法包覆颗粒时，内核不仅可以是金属，也可以是电导率很大的半金属（如石墨等）甚至半导体。

7.3.6.4 电流变液与磁流变液间的关系

图 7－34 是电流变液与磁流变液的特点。图 7－35 是电场和磁场与液体浓度的关系。

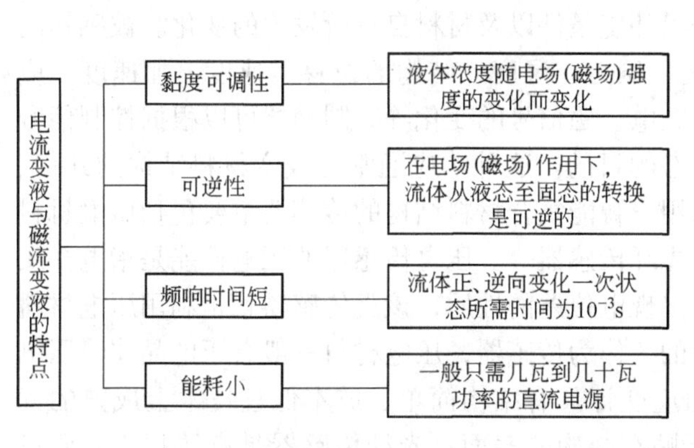

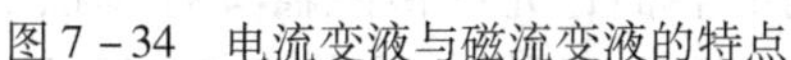
图 7-34 电流变液与磁流变液的特点

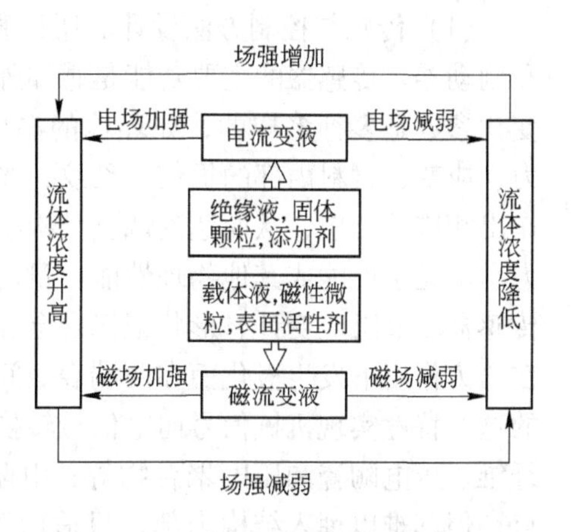

图 7-35 电场和磁场与液体浓度的关系

7.4 智能复合材料结构的设计

7.4.1 智能复合材料结构的设计方法

智能复合材料的功能实现是依靠信息的传递、转换和控制。因此信息的采集、流向对智能复合材料的功能有着极为重要的影响。智能复合材料的作用机制（图 7-36）是智能复合材料结构设计的前提基础。智能复合材料结构的设计方法是首先根据智能复合材料的应用和目标，提出智能复合材料的系统智能特性；选择基体材料和传感器部分、处理器部分、驱动器部分的传感材料；其次从宏观上和微观上进行结构设计；随后建立数学和力学模型，对智能复合材料系统进行进一步优化；最后，进行理化测试，检验复合材料结构的功能。随着计算机技术的日益发展和在生产实际中的广泛应用，智能复合材料的设计也可应用计算机进行模拟设计。

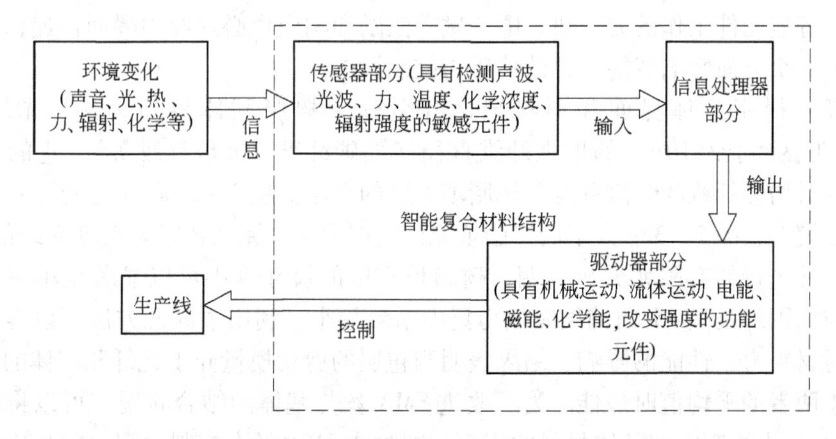

图 7-36 智能复合材料的作用机制

7.4.2 智能复合材料结构的设计内容

设计是智能复合材料结构研究的核心，可以概括为三个方面：

（1）传感与控制方法设计。所谓智能复合材料结构的材料基础是母体材料、传感器和制动器。传感器的主要功能是感知外界环境条件以及材料自身所发生的变化。被感知的变化参数是多种多样的，如环境的温度、压力、湿度、结构的位移、速度、加速度、应力、应变、材料内部的损伤、裂纹，光、电、磁信号的变化等。制动器可以根据控制信号作出相应的响应，从而达到调整结构状态的目的。这种响应通常是改变材料结构的几何、力学、光学性能或其他物理性能。目前用于智能复合材料结构的传感器主要包括压电材料传感器、电阻应变计、形状记忆合金和光纤传感器等。压电传感器的压电性能是指电介质在压力作用下发生极化而在两端表面间出现电位差的性质，该类传感器就是利用压电材料的这一特性实现机械信号向电信号转换的。作为传感器，压电材料一般有压电晶体、压电纤维、压电陶瓷和压电聚合物等；电阻应变计具有结构简单、成本低且技术上成熟的优点，但其难以埋入结构内部，只适用于贴在结构的表面；光纤传感器具有体积小、质量轻、灵敏度高、测量范围宽、动态范围大的特点，可用于易燃、易爆、高电场及强磁场等恶劣环境中，并且由于其与复合材料结构的良好兼容性，其可以方便地埋入复合材料中。目前应用的制动器主要包括压电材料、形状记忆合金、电致伸缩材料、磁致伸缩材料、电流变流体材料、磁流变流体材料、电致主动聚合物等。这些材料在驱动力、响应速度、位移量、基体相容性等方面各有优缺点，比如压电材料、电（磁）致伸缩材料产生的作动力较小，形状记忆合金存在滞后响应的问题。

传感与控制方法设计首先应根据应用环境对智能复合材料的性能要求，对传感器与制动器进行选材，然后针对传感器确定其传感精度与测量范围，针对制动器确定其控制方法及预期响应，最后优化传感器与制动器的铺设方式，对传感与控制的有效性进行基本的分析与设计。

（2）细观界面设计。复合材料各组分之间只有尽量彼此相容（包括物理、化学、力学等方面），才能真正复合成为一个整体，形成一种新材料。智能复合材料中材料组分更多，可能包括无机、有机、金属等不同种类和纤维、薄带、夹层等不同形状。其细观复合界面与通常的纤维增强复合材料相比不确定因素更多，造成材料宏观性能退化的可能性更大，同时，智能元件工作的力、热、电、磁等激励和响应也必须经由界面传递，因此界面能还会在另一个方面影响智能元件的传感与控制性能。

以光纤-树脂基体界面和形状记忆合金丝-树脂基体界面为例，光纤的直径（125μm）明显大于约10μm的增强纤维直径（如碳纤维、玻璃纤维等），它的直径和取向将决定其对增强纤维的分散程度和树脂填充区的大小。图7-37a~f为光纤-树脂填充尺寸的计算模型，图7-37g为不同树脂填充区的应力集中系数比较。对埋光纤的碳/环氧复合材料试件进行的有限元分析表明，树脂填充区的尺寸减小可以显著减小应力集中系数；光纤与周围纤维呈45°角铺层时应力集中系数最小。利用边界元方法可以准确地研究包层模量对材料力学性能的影响，结果表明当包层的剪切模量介于光纤和基体的剪切模量之间约等于两者的平均值时最佳。为了改进SMA丝与基体的结合状况，可以将经过表面处理的SMA丝直接固定在基体材料的表面，同时使SMA丝在控制过程中较易冷却，或将SMA丝包裹在硬化橡胶细管内，再埋入复合材料基体中，避免了SMA丝与基体的直接接触，使其形状记忆效应可以充分发挥，但这种方法显然在基体内部引入了较大的夹杂，会对材料宏观性能产生不利影响。采用热压罐法阶段式熟化处理可以使SMA丝/碳/环氧树脂复合材料界面间的孔隙率从常规工艺处理条件下的10%减小到1.5%，有效增强界面结合强度。

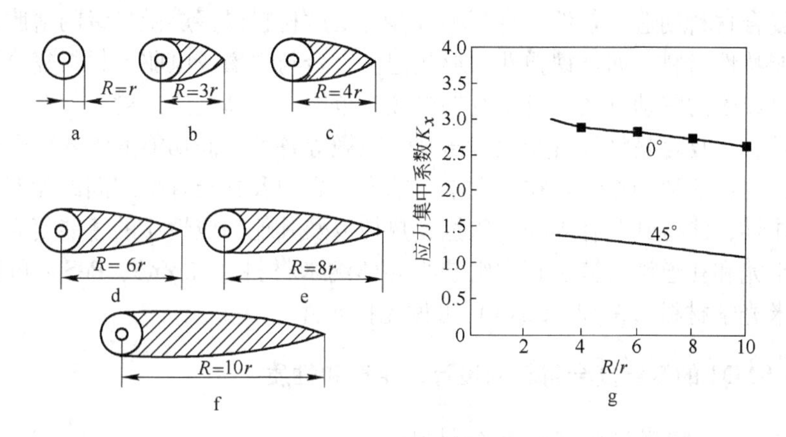

图7－37　光纤－树脂填充尺寸的计算模型和不同树脂填充区的应力集中系数比较

（3）宏观性能设计。智能复合材料的宏观性能包括作为结构材料的常规力学性能、对环境载荷和内部响应的感知能力以及可以控制的作动性能。常规力学性能的设计除了要考虑各组分材料的性能外，还必须研究界面层对材料结构性能的影响。已有的研究表明，界面结合强度最多为树脂基体剪切强度的75%，横向拉伸性能和剪切性能对界面结合强度最为敏感。三相串联模型和动态黏弹混合模型描述了界面相模量、厚度及动态黏弹参数对复合材料性能的影响，通过界面参数优选可以实现韧性及有效应力传递的优化设计。在传感方法研究基础上的感知能力设计，主要给出了测量类型、传感精度、传感测量的空间和时间分布及动态范围。制动性能设计包括对材料宏观性能的改变，如：模量、强度、韧性、阻尼、振动、形状等。宏观性能设计应充分体现对服役环境、组分材料、结合界面、传感与控制方法的综合考虑，着重解决不同层面上的环境－材料耦合和约束－作动耦合。

7.5　智能复合材料结构的制备

7.5.1　智能复合材料的合成方法

目前，智能复合材料结构的合成方法有粒子复合、薄膜复合、纳米级及分子复合几种。

粒子复合是将具有不同功能的材料颗粒按特定的方式进行组装，可构制出具有多种功能特性的智能复合材料。如在特定的衬底上，通过电子束扫描产生电子气化花样，在电子静电引力的作用下，带电的颗粒就会排列成设计的花样，如在$CaTiO_3$的衬底上，用电子束扫描法可将SiO_2粉末粒子组成各种花样。这一技术可使微粒组装成多功能式的智能复合材料。将一种机敏材料的颗粒复合在异质基体中也可获得优化的智能复合材料。例如压电陶瓷和压电高分子以不同连接度复合，可获得性能优异的压电智能复合材料；将压电陶瓷颗粒弥散分布在压电聚合物中可制得大面积的各种形状的压电薄膜。

薄膜生长及合成技术近年来发展很快，制备超晶格量子阱超薄层材料已成为可能。如分子束外延（MBE）、金属有机化合物分解、化学气相沉积（MOCVD）、原子层外延（ALE）、化学束外延（CBE）和迁移增强层外延（MEE）等多种技术，为制备纳米级的多层功能智能复合材料创造了条件。将两种或多种机敏材料以多层微米级的薄膜复合可获得优化的多功能特性材料，如将铁弹性的形状记忆合金与铁磁或电驱动材料复合，可把热驱动方式变成电或磁的驱动方式，可拓宽响应频率范围，提高响应速度。

纳米级及分子复合是将具有光敏、压敏、热敏等各种不同功能的纳米粒子复合在多孔道的骨架内，可灵活地调控纳米粒的大小、纳米粒之间及其与骨架之间的相互作用，具有很好的可操作性，能得到兼有光控、压控、热控以及其他响应性质的智能复合材料：如在具有纳米级空笼和孔道沸石分子筛中组装半导体纳米材料（如 ZnS、PdS）可做光电控元件，组装纳米光学材料（AgCl、AgBr）可做光控元件。

7.5.2 基于 SMM 的智能复合材料的设计、生产和性质

7.5.2.1 纤维增强形状记忆复合材料

A SMA 纤维/金属网格复合材料

材料设计：由于金属网格与填充纤维之间的线膨胀系数（Coefficient of Thermal Expansion，CTE）不相匹配，这种复合材料在高温制造然后冷却到室温时，拉伸或压缩残余热应力有助于材料特性的提高。当填充纤维的线膨胀系数 CTE 大于金属网格的线膨胀系数 CTE 时，压缩残余热应力可增强复合材料的应力强度和断裂韧性。考虑到 SMA 易于生产并具有高强度、优秀的延伸性、高阻尼和抗失效能力，已成为优选 SMA 纤维。将这种 SMA 纤维与金属相结合可形成金属网格复合材料（MMC），网格中的压缩残余应力可增强 MMC 的拉伸流变应力。此时，新材料不具有自适应智能效应，例如损伤自愈合和抑制断裂裂纹的传播，因此可改进复合材料的断裂韧性和抗失效能力。基于这种机理设计了 Ti - Ni 纤维增强铝网格复合材料，这种复合材料的设计流程包括：SMA 复合材料的制备、热处理、冷却到较低的温度（马丁相变起始温度 M_s、预应变、加热到奥氏相变结束温度 A_f）。这种设计流程也可应用于包含 SMA 纤维的聚合物网格复合材料或包含 SMA 颗粒的金属网格复合材料。

生产方法：利用传统的加工方法很容易生产出直径为几百微米的 Ti - Ni SMA 纤维。具体生产工艺流程如下：（1）将 Ti - Ni 纤维放置在固定的模子内，然后将熔融铝（970K）注入模中，随之加压 65MPa。尽管由于扩散相互作用 Ti - Ni 表面形成约 3μm 厚的铝薄膜，但 Ti - Ni 的性能不受影响。然后在 773K 温度下热处理 3min，再在水中淬火以感应马丁相变，进行拉伸预应变，再将复合材料加热到大于 A_f 的温度。（2）将铝粉和 Ti - Ni 纤维放在模子内在空气和室温下加压 200MPa 以形成软片，然后放在真空炉中在 843K 温度下烧结 1h。在烧结过程中同时进行形状记忆处理。所得产品的孔隙率为 8%，在室温下铝网格加长约 12%，使 Ti - Ni 纤维受到 4% ~5% 的预应变。（3）将 Ti - Ni 纤维埋入铝片中，其方法是将 Ti - Ni 纤维与铝片分层堆放在一起，放入一对热压模中，在适当的温度和压力下进行热压。Al - 6061 网格和 Ti - Ni 纤维的最佳真空热压条件是在 773K 于 54MPa 的压力下热压 30 min，然后可以用水直接淬火再老化，在有负荷和无负荷的条件下于室温进行预应变处理，这样生产的智能复合材料具有优秀的宏观均匀性，而且几乎无内孔。

材料性质：利用Eshelby公式计算结果表明：按照SMA纤维的预处理和它在金属网格中的分布以及边界条件，在加热过程中，SMA复合材料中压缩残余应力是可变的，导致较大的负热膨胀。对于给定的增强SMA纤维，金属网格中的压缩残余应力随SMA纤维在复合材料中的体积比和预应变的增加而增加。此外，内残余应力的大小还受SMA纤维和网格材料的流变强度的限制，一旦确定了SMA纤维和网格中的残余应力，复合材料的极限应力可由应力－应变曲线得到，即：

$$\sigma_0 = \sigma_y + H\varepsilon_p \tag{7-64}$$

式中，σ_y为复合材料的拉伸极限应力；H为复合材料的加工硬度比；ε_p为塑性应变。

σ_0与残余应力的关系为：

$$\sigma_0 = \sigma_{ym} + \frac{V_f}{1 - V_f}(\sigma_{33} - \sigma_{11})$$

式中，σ_{ym}为网格的极限应力；V_f为SMA在复合材料中的体积比；$\sigma_{33} - \sigma_{11}$为断裂应力。

极限应力在一定的温度范围内还随温度的增加而增加，实验结果证实了上述理论预言。19.5% Ti－Ni（体积分数）纤维增强6061－T6铝合金网格复合材料在从298K加热到348K的过程中呈现出不寻常的非线性热收缩，这意味着材料内部出现了压缩内应力。室温下的拉伸实验表明：Ti－Ni/6061－T6复合材料起初是弹性响应，紧接着出现双峰极限，最后复合材料的失效应变大于15%。对于Ti－Ni纤维体积比为2.7%的Al－6061网格复合材料，断裂应力σ_y与预应变ε_p的关系可表示为：

$$\sigma_y = 15.677\varepsilon_p + 283.15 \quad (\text{用老化处理 T6 处理})$$

$$\sigma_y = 18.719\varepsilon_p + 77.599 \quad (\text{用老化处理 T6 处理})$$

当加热到高温（$>A_f$）之后，复合材料中作为表现应力强度因子函数的裂纹传播速率迅速减少，这种现象称为裂纹闭合效应，这种效应起源于压缩残余应力、复合材料的高刚度、应力感应马丁相变和裂纹端机械应变能的扩散组合。

B　SMA纤维/聚合物网格复合材料

材料设计：由SMA纤维/聚合物网格组成的智能复合材料的静态和动态性质可以用有源或无源方式加以控制。例如，SMA Al纤维/聚合物网格复合材料，SMA纤维用于增强聚合物网格复合材料，吸收应变能和减少残余应力，因而通过马丁相变增强对裂纹的阻力，称为原始控制。嵌入式SMA纤维通常用电流加热激活，因而出现反向马丁相变，引起复合材料的刚度、振动频率与振幅、声传播和形状的变化，称为有源控制。将高等复合材料石墨/环氧树脂和玻璃/环氧树脂与SMA纤维相混合可提高前者的冲击阻力。例如，石墨和玻璃复合材料与Ti－Ni SMA相混合，在某些负荷条件下可有效提高复合材料对冲击能量的吸收能力，具有抗冲击和刺穿能力的混合复合材料对军事和民用具有很大的吸引力。英国研制了一种防烫伤形状记忆智能服装，其原理是先将NiTi形状记忆合金纤维加工成宝塔螺旋弹簧状，而后加工成平面状，再固定复合在服装面料中。当服装面料表面接触高温时，NiTi纤维的形变被引发，纤维立即由平面状变为宝塔状，使两层织物之间形成较大的空腔，避免高温接触人体皮肤，防止皮肤被烫伤。此外，意大利一家公司也利用尼龙NiTi合金纤维织造开发了一种衬衣，它无需熨烫，当四周温度升高时，其袖子即可变短，即当人感到热时，袖子会自动卷起。

生产方法：SMA 纤维/聚合物网格混合复合材料可利用传统的聚合物网格复合材料的生产方法进行生产，只要将 SMA 纤维热压到复合材料中去。热压法又分为热固法和热塑法，两者相比，后者的优点是刚性好、韧性强、吸湿性差、制造方便等。但热塑纤维增强智能复合材料必须进行高温处理（423～673K），这将引起相变温度升高，恢复应力减小。热压法生产 SMA 混合复合材料的问题是空隙含量。复合材料中的空隙对材料的整体性能和特性影响很大，它不仅导致基质网格材料性质变坏，而且使智能复合材料的激活效率变低，但不影响 SMA 纤维和基质网格材料界面的黏合程度。实验研究结果表明：分层石墨/环氧树脂与嵌入 SMA Ti－Ni 纤维复合材料的平均空隙含量约为 10.20%，空隙大多集中在 Ti－Ni 纤维附近。在智能 SMA 增强聚合物复合材料中，许多应用都要求 SMA 纤维与聚合物界面的黏结强度比较大，以承受最大负荷和增加复合材料的整体性能，增加界面黏结强度的方法是对 SMA 纤维进行表面处理和引入耦合中间相。

7.5.2.2 SMP 混合复合材料

A 形状记忆聚合物 SMP 的定义

形状记忆聚合物（shape memory polymer，SMP）是通过对聚合物进行分子组合和改性，使它们在一定条件下，被赋予一定的形状（起始态）；当外部条件变化时，它可相应地改变形状并将其固定（变形态）。如果外部环境以特定的方式和规律再次发生变化，它们能可逆地恢复至起始态；至此，完成“记忆起始态—固定变形态—恢复起始态”的循环，聚合物的这种特性称为材料的记忆效应。

形状记忆聚合物通常由记忆成型制品原始形状的固定相以及随温度变化能发生可逆软化与硬化变化的可逆相组成。固定相可为聚合物的交联结构、部分结晶结构、超高分子链的缠绕等结构，固定相具有物理交联或化学交联结构：固定相为物理交联结构的称为热塑性形状记忆聚合物；固定相具有化学交联结构的称为热固性形状记忆聚合物。可逆相随温度变化能可逆地固化和软化，可以是产生结晶与结晶熔融可逆变化的部分结晶相，或发生玻璃态与橡胶态可逆转变（玻璃化温度 T_g）的相结构，可逆相具有物理交联结构。固定相的作用是对成型制品原始形状的记忆与回复，而可逆相的作用则是形变的发生与固定。形状记忆聚合物可以是单一组分的聚合物，也可以是软化温度不同但相容性良好的两种组分的共聚物或混合物。

B 形状记忆聚合物 SMP 的种类

形状记忆聚合物（SMP）的品种较多，根据形状回复原理可分为 4 类：

（1）热致形状记忆聚合物：在室温以上变形，并能在室温固定形变且可长期存放，当再升温至某一特定响应温度时，制件能很快回复初始形状的聚合物。广泛用于医疗卫生、体育运动、建筑、包装、汽车及科学实验等领域，如医用器械、泡沫塑料、坐垫、光信息记录介质及报警器等。

（2）电致形状记忆聚合物：是热致形状记忆功能聚合物与具有导电性能的物质（如导电炭黑、金属粉末及导电高分子等）的复合材料。该复合材料通过电流产生的热量使体系温度升高，致使形状回复，所以既具有导电性能，又具有良好的形状记忆功能，主要用于电子通信及仪器仪表等领域，如电子集束管、电磁屏蔽材料等。

（3）光致形状记忆聚合物：是将某些特定的光致变色基团（PCG）引入高分子主链

和侧链中，当受到紫外光照射时，PCG 发生光异构化反应，使分子链的状态发生显著变化，材料在宏观上表现为光致形变；光照停止时，PCG 发生可逆的光异构化反应，分子链的状态回复，材料也回复原状。该材料常用作印刷材料、光记录材料、“光驱动分子阀”和药物缓释剂等。

（4）化学感应型形状记忆聚合物：利用材料周围介质性质的变化来激发材料变形和形状回复。常见的化学感应方式有 pH 值变化、平衡离子置换、螯合反应、相转变反应和氧化还原反应等，这类物质有部分皂化的聚丙烯酰胺、聚乙烯醇和聚丙烯酸混合物薄膜等。该材料用于蛋白质或酶的分离膜等特殊领域。

C SMP 分层复合材料

高等分层复合材料（如碳纤维增强塑料）的阻尼能力相当低。为了提高这种复合材料的阻尼能力，可利用高阻尼 SMP 形成夹层混合复合材料，例如将 SMP 夹在碳纤维增强塑料层或玻璃纤维增强塑料层之间。拉伸试验结果表明：SMP/玻璃纤维增强塑料分层混合复合材料的抗拉强度和弹性模量几乎与玻璃纤维增强塑料相同，但阻尼能力增强了。SMP 也可用作基质网络材料形成自适应复合材料，例如 SMP 与玻璃纤维混合用热压法形成的热塑复合材料，实验结果表明：SMP 与纤维之间的黏结很牢。纤维增强 SMP 复合材料的抗拉强度和弹性模量都优于单片 SMP，抗拉强度增加 50%，弹性模量增加 4 倍。

D SMP 功能薄膜

利用形状记忆聚氨酯智能膜制备的防水透湿织物，其透湿气性能能够随外界温度的变化而变化，能更好地调节人体服装内的微气候，满足服装舒适性的要求。近年来人们在致力于研发一种不仅能够调温而且能防水透气的新型聚氨酯织物材料，即使在环境温度多变或人体发热出汗等情况下，穿着者也会感到舒适。将形状记忆聚氨酯无孔膜应用于纺织品上，合理设置其温度突变的范围，就可以在不同环境下满足穿着者对舒适性的要求，从而实现智能透湿、防水、透气的效果。

日本三菱重工业公司生产的形状记忆聚氨酯智能化防水透湿织物酯及其防水透气织物 Diaplex 产品，其防水性能达到 20000 ~ 40000mmH_2O（1mmH_2O = 9.8Pa），透湿气量达 8000 ~ 12000g/(m^2 · 24h)。Dialplex 聚氨酯有许多优异性能。例如，它的软化温度能够在白天温度变化范围内随意调节。当气温低于该设定温度时，它便能回复到原先的形状；组成 Dialplex 材料的分子会因温度变化激发起微布朗运动，当温度升高到设定温度以上时，由于激活了微布朗运动，增大了聚合物分子之间的间隙，产生微孔，水蒸气可以通过。Dialplex 本身是无孔材料，但能制成理想的防水透湿纺织品，而且其透湿性可随温度的变化而变化，即可实现智能化，是理想的智能化防水透湿材料。

目前，防水透湿织物中的 PTFE 复合膜大多采用的是将聚氨酯通过溶剂挥发法涂覆在 PTFE 膜上，这是因为其工艺简单，成本较低。但是其大量使用的有毒性有机溶剂不符合工业环保要求，制约了以后更大规模的发展，因此仍处在试验状态。热熔压片法和共拉伸法生产 PTFE - PU 复合膜才是未来的工业生产趋势。磺化的芳香族聚合物 - 聚四氟乙烯复合膜是雅戈公司一个新的尝试方向。随着防水透湿性织物的广泛使用，人们将会研究出越来越多种其他的亲水层与 PTFE 复合，以适用更多功能的商品需求。

7.5.2.3 颗粒增强形状记忆复合材料

A SMA颗粒/Al基质网格复合材料

材料设计：由于颗粒增强金属网格复合材料（MMC）具有易批量生产、优秀的力学性能和高阻尼能力等优点而受到关注。在应用时如果能避免极端负荷和热环境，则MMC的不连续增强机械性质可大大提高，尤其是不连续增强铝合金MMC的阻尼高、密度低、抗振和可抑制波的传播。最常用的颗粒增强材料是SiC、Al_2O_3和石墨（GT）颗粒。将SMATi－Ni颗粒弥散在Al基质网格中可形成增强MMC，增强机理类似于SMA纤维增强复合材料。预应变SMA颗粒加热后企图恢复到其原来的形状，经历了从马丁相到原始相的逆向相变，因而在基质中产生沿预应变方向的压缩应力；反过来又增强了在原始相的抗拉强度和弹性模量。在某些基质材料中加入SMA颗粒可产生自适应性质，例如内应力的自弛豫。SMA颗粒可在涂料、填料、黏结剂、聚合物复合材料和建筑材料中用作应力和振动波的吸收体。

材料制备：形状记忆颗粒增强复合材料的生产方法是Al和SMA颗粒一起固化，或用粉末沉积法将粉末预合金。在高频真空感应炉中可制备$Ti_{50}Ni_{25}Cu_{25}$合金。Ti－Ni－Cu/Al复合材料是由99.99%的大小为2～3μm的Al粉末和大小为30μm的Ti－Ni－Cu粉末制备的。Ti－Ni－Cu粉末与Al粉末的体积比为3：7。用转速为50r/min的混合器将上述混合粉末搅拌混合10h，然后在793K的温度下等压热压10min，使混合粉末一起固化。

材料性质：用差热扫描技术测量结果表明，在Ti－Ni－Cu/Al颗粒增强复合材料中正如在Ti－Ni－Cu中一样出现了热弹性马丁相变。在273K和423K之间的热循环中，Ti－Ni－Cu/Al复合材料重复出现可逆马丁相变，表明复合材料具有自适应特性。利用Eshelby等效闭合模型所作的计算结果是：当对SMA颗粒沿纵向施加拉伸预应变时，沿复合材料纵向的残余应力是压缩应力，而沿横向的残余应力是拉伸应力。当对SMA颗粒沿纵向施加压缩预应变时，沿复合材料纵向和横向分别出现拉伸和压缩残余应力。残余应力的大小随SMA颗粒的预应变和体积分数的增加而增加，因此复合材料弯曲力相应地增强。复合材料的杨氏模量不受预应变的影响，只受SMA颗粒所占体积分数的影响，复合材料的硬度也随SMA颗粒的体积分数的增加而增加。将Ti－Ni SMA颗粒掺入SnPb钎焊焊剂中可增加弯曲应力，减少感应应力。

B 陶瓷颗粒/SMA网格复合材料

在SMA网格中弥散第二相颗粒可形成优秀的复合材料，对弥散颗粒加以控制可改变马丁相变特征和复合材料的性质。在SMA基质网格中加入陶瓷颗粒所形成的复合材料密度低、强度高、刚性好、硬度高、耐磨，因为应力感应马丁相变可衰减内应力密度，故而可抵制裂纹，可塑性好。Al_2O_3颗粒增强Cu－Zn－Al复合材料具有高阻尼和抗磨损特性。试验发现TiC/Ti－Ni复合材料的弯曲强度、压缩强度和应力强度显著优于TiC/Ni和WC/Ti复合材料。随着TiC含量的增加，硬度和压缩强度也增加，但延展性和韧性减弱。

C 磁性颗粒/SMA基质网格复合材料

与铁电材料相比，马丁型材料$(Tb_yDy_{1-y})_xFe_{1-x}$（Terfenol－D）的位移大，输出能量密度高并且制造方便。但由于这种材料的韧性差，高频时涡流损失大且要求偏压和预应力，因而其应用范围受到限制。基于Terfenol－D粉末和绝缘黏结剂的复合材料，由于其抗拉强度高、韧性好、磁致伸缩和耦合因子高，因而拓宽了 Terfenol - D 材料的应用范围。将 Terfenol - D 颗粒加入 SMA 基质网格所形成的复合材料，是一种具有 SMA 和磁致伸缩材料双重特性的铁磁形状记忆材料。在磁场的作用下，Terfenol - D 颗粒可加长 0.1%。在适当的温度下所产生的应力足以感应基质网格中的马丁相变，因此，马丁板材的取向和生长可用磁场控制。如果将磁控制和热控制两种技术结合起来应用可获得这种复合材料的最佳特性。利用冲击波冲击法可制备 Terfenol - D/Cu - Zn - Al 复合材料，其中 Terfenol - D 粉末占 15%（质量分数）。这种材料具有磁黏弹性和热增强机械性质。利用粉末冶金法可生产出高阻尼和高韧性的复合材料。例如，先将 Al 进行 Cu（26.5%，质量分数）Zn（4.0%，质量分数）预合金处理为基质网格材料，然后快速固化 Fe（7%，质量分数）或 Fe（20%，质量分数）Cr 或 Fe（12%，质量分数）Cr（3%，质量分数）Al 片状粉末制成金属网格复合材料，这种复合材料的应变范围在 $1.0\times10^{-4}\sim6.0\times10^{-4}$ 时，其阻尼能力大大增强。

7.5.2.4 基于 SMA 薄膜的混合复合材料

A SMA/Si 异质结构

SMA 薄膜 MEMS 是 SMA 工程应用研究的重大进展之一。由于在 IC 微制造技术中的广泛应用，Si 作为批量生产和布样 SMA 基片是最理想的材料。Ti - Ni、Ti - Ni - Cu 和其他 SMA 薄膜都是淀积在单晶和多晶硅基片上。根据热力学的观察，Si 不适于用作 Ti - Ni 的基片，因为它们的界面可能出现扩散和化学相互作用形成钛化硅或镍化硅。如果在它们之间加一薄的铌或金缓冲层可阻止界面间的扩散，尤其是 SiO_2 缓冲层能更有效地防止界面扩散。如果在淀积之前用缓冲氧化物腐蚀剂清洗硅片也能有效地阻止界面扩散。此外，在淀积前在真空中将 Si 基片加热到 437K，可减小污染、黏结得更牢。

由于界面的机械约束，由 SMA 薄膜/Si 基片厚度比确定的基片韧性对 SMA 相变特性和多层复合材料的输出能量影响很大。SMA/Si 膜的应用包括微阀、微执行器、机器人的臂和微夹钳。

B SMA/压电异质结

一种理想的形状记忆材料应是具有较大的抗冲击力、应变恢复力和优越的动态响应的材料，而 SMA 的抗冲击力和应变恢复力较大，但响应慢；铁电陶瓷的正向压电效应对应力很灵敏，但由于反向压电效应而产生较大的恢复力；陶瓷的动态响应快，而由于其应变小（$<10^{-3}$），位移也小。广泛应用于薄膜技术的铁电陶瓷很多，例如 $PbTiO_3$、PZT、PLZT、$BaTiO_3$ 和 $SrTiO_3$。将铁弹 SMA 与铁电压陶瓷组合起来可形成某些混合异质结构，这种异质结构具有这两种材料的最佳特性。

利用溅射、化学蒸镀和溶胶 - 凝胶处理等各种技术可以生产压电薄膜。压电陶瓷的溶胶 - 凝胶处理技术应用日益广泛，主要是源于其化学成分可以精确控制。例如，利用溶胶 - 凝胶技术可在 Ti - Ni SMA 箔上淀积厚度分别为 0.6μm 和 1.4μm 的 PZT 和 PLZT 薄膜。虽然这种异质结构具有较好的 SME 和压电性质，但压电薄膜的裂纹问题有待于进一步解决。目前的解决办法是在 Ti - Ni SMA 箔上淀积 TiO_2 缓冲层，然后在 TiO_2/Ti - Ni 基片上淀积压电膜。

铁弹 - 铁电异质结构可承受较大的声波和冲击波的压缩。将 Ti - Ni SMA 经由 TiO_2 和

PZT 相耦合所形成的复合材料可传感和跟随结构振动的衰减，无需外部控制。因为应力波通过 Ti - Ni SMA 传播时，产生应力感应马丁相变，机械能转变为热能。应力波在第一铁电层产生的电压可用于通过第二铁电层产生异相位应力波，反过来衰减原应力波。

C SMA/Terfenol - D 异质结构

磁致伸缩晶体或非晶结构材料的反作用力比压电陶瓷高 20 倍。Terfenol - D（$(Tb_yDy_{1-y})_xFe_{1-x}$）室温时的磁致伸缩最大，磁化能力最强，在磁场为 2500Oe 时的应变输出为 0.2%，最高可达 1%。在偏压和压缩应力作用下，Terfenol - D 的特性最佳。

Terfenol - D 薄膜可用磁控管溅射技术生产。利用直流磁控管溅射技术可在 Si/SiO_2 基片上淀积各种厚度的薄膜。室温淀积的薄膜是非晶结构，结晶温度较高（>903K）。非晶 Terfonel - D 薄膜是优秀的铁磁材料，在低场时的磁致伸缩迅速增加，又无磁滞。由于 Terfenol - D 薄膜不用高温退火，不存在与基片的化学相互作用和扩散问题，制造简单方便，例如可将 Terfonel - D 淀积在 Ti - Ni SMA 上。Terfenol - D/Ti - Ni - Si 复合材料具有铁弹特性，可用磁场激发。此外，Terfenol - D/SiO_2/Si 和 Ti - Ni/SiO_2/Si 复合材料也具有广泛的应用。

7.5.3 智能复合材料结构的制备

合理的制造工艺与高性能产品是智能复合材料应用的基础。制造工艺研究的目标是使产品达到设计性能，提高产品的可靠性并降低成本。研究内容包括智能元件的植入工艺、智能元件接口的制造和对常规复合工艺的改进等。针对不同的智能化设计，其制造工艺的区别很大。

7.5.3.1 光纤传感智能复合结构的制备工艺

光纤在复合材料和结构中的安装工艺主要包括粘贴和埋入两种方法。粘贴法是通过选择合适的黏合剂将光纤粘贴在材料结构的外部。通常选择低模数的黏合剂可以增强材料和光纤之间的弹性结合，减少外部应力对光纤传输性能的影响。这对机敏结构中的非应变光纤传感器和作为通信使用的光纤的集成十分有利，但作为测试应变的光纤传感器要求对材料结构外部应力的变化非常敏感，应选择高模数的黏合剂比较合适，它同样需要考虑光纤与材料界面的应力集中对光纤造成的损伤问题。采用黏合法集成光纤还应考虑黏合剂的化学成分对光纤的长期影响。将光纤埋入材料中有两种技术：一种是在材料制造和热处理中，将光纤加入材料内，使之成为材料的一部分；另一种是将光纤放在层合材料（由几种材料层压而成）的叠层之间，在层压过程中使之与材料集成在一起。将光纤埋入材料中的主要问题是：(1) 集成制造工艺对光纤完好性的影响；(2) 集成光纤后对材料强度的影响；(3) 集成光纤与外电路（或光路）的耦合问题；(4) 集成光纤传感器的长久维护问题。

成功的安装不仅要考虑埋入光纤对材料力学性能的影响和埋入材料对光纤传感信号的影响，还要考虑尽量减少常规工艺之外的附加工序，以降低安装成本。将光纤埋入复合材料中的技术主要包括复合材料层板、非层和复合材料及纤维缠绕复合材料的埋入技术。对于复合材料层板，在铺层过程中将光纤铺设在中间层，在光纤入、出口垂直层板平面设计中，光线埋在表面层板的下面。热压过程与普通标准一样，热压罐中除了安装好的预处理层板外，还包括释放层、吸收树脂的泄漏层以及使试件保持平面的聚酯薄膜和网格板等标准的配置。实验发现如果埋入的光纤未加特别保护，固化过程中的树脂泄漏和残余应力会使光纤折断，尤其是试件固化完成后从热压罐中取出时，光纤在入、出口处经常发生折断，而使用 teflon 管对入、出口处进行保护的方法是行之有效的。

对于纤维缠绕复合材料结构中的光纤植入，与在复合材料结构缠绕工艺类似，不同之处在于增加了一个用于缠绕光纤的缠绕轮，在缠绕过程中，使光纤和复合材料纤维同时缠绕在缠绕机的芯模上（图 7 - 38）。同时，还需要特殊的卡具将光纤固定在复合材料壳体出口的位置。在纤维缠绕复合材料壳体中成功埋入光纤传感器的关键在于解决几个主要由光纤的脆性引起的技术难题。特别是许多环境干扰使保护光纤尾纤的问题复杂化，比如罐中的操作和固化过程中剩余树脂的流动等问题。

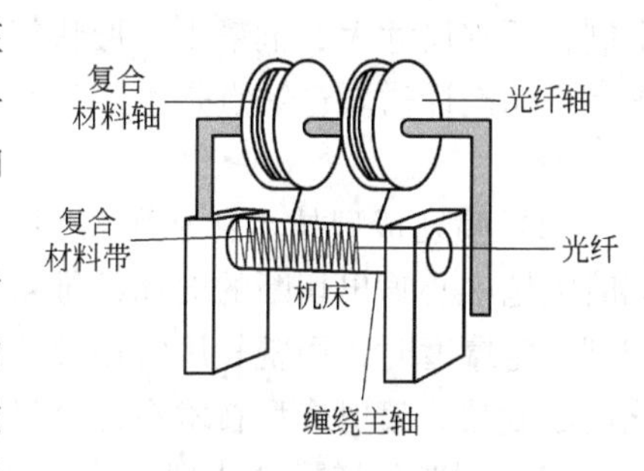

图 7 - 38　在纤维缠绕复合材料中的植入光纤传感器

在复合材料结构中埋入光纤传感器的最大难点在于光纤入、出口处的保护或特制入、出口结构的设计与制造。近几年的研究倾向于两种方式：尾纤连接方式和光连接方式。入、出口处的尾纤连接方式是最容易想到和实施的。由于尾纤与埋置光纤是一体的，就避免了由连接而造成的损耗，尾纤自由端与其他部件的连接可以采用光通信中发展的各种标准连接方式，因而成本和耐用性都不存在问题。对于两块相邻的埋光纤复合材料板的连接，尾纤方式也是较合适的，因为光纤连接方式要求插头精密对位，这对于两块板来说是不易实现的。尾纤在复合材料中的出口方式主要有边缘（侧向）出口方式和厚度方向出口方式两种。尾纤连接方式的缺点在于光纤网络的有效性依赖于单根尾纤，一旦尾纤的位置长度不合适或发生折断，整个埋入光纤即失去作用。因此理想的入、出口方式应采用插拔式的光连接方法（图 7 - 39）。设计原则首先是保证尽量少的光衰减和连接器的可重复插拔；其次是经过最少的改造就可以适用于多种光纤；第三是使部件数量尽量少、结构简单、体积最小。

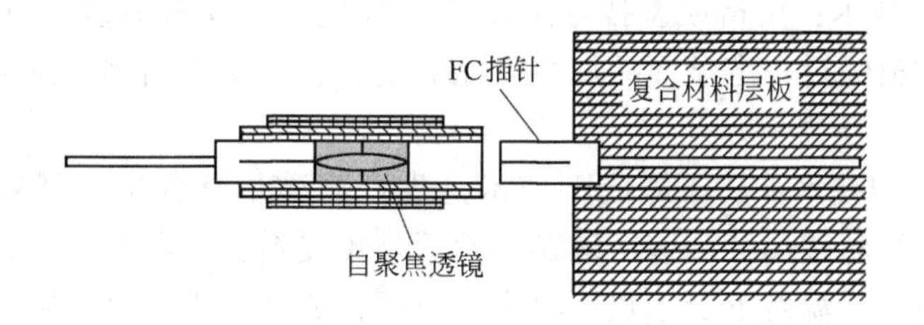

图 7 - 39　插拔式入、出口

7.5.3.2　复合智能表皮梯形波纹结构制备方法

复合材料制品的成型工艺复杂，如波纹式蒙皮的基体制备工艺主要包括：模具的设计，模具的修整，玻璃纤维织物的剪裁，环氧树脂溶胶液的配制，裱铺，包裹薄膜脱模剂，真空热处理固化，脱模、修边获得蒙皮基体样件几个过程。成型需要克服很多困难，材料的性能必须根据制品的使用要求进行设计，在设计配比、确定纤维铺层和成型方法时，都必须满足复合材料制品的结构形状、物化性能和外观质量的要求等。目前常用的有如下几种工艺技术：

（1）手糊成型工艺：手糊成型工艺又称接触成型工艺，是手工作业把玻璃纤维织物和树脂交替铺在模具上，然后固化成型为制品的工艺。优点是成型不受产品尺寸和形状的限制，适宜尺寸大、批量小、形状复杂的产品的生产，设备简单、投资少、见效快，易于满足产品设计需要；缺点是生产效率低、速度慢、生产周期长、不宜大批量生产、生产环境差等。

（2）喷射成型技术：利用将混有引发剂和促进剂的两种聚酯分别从喷枪两侧喷出，同时喷枪中心喷出切断的玻璃纤维粗纱，使它们与环氧树脂均匀混合沉积到模具上，当沉积到一定厚度时，用辊轮压实使玻璃纤维浸透环氧树脂，排除材料内部多余的小气泡，固化后成制品。喷射成型技术在复合材料制品的成型工艺中占较大比例。

（3）树脂传递模塑成型：简称 RTM（Resin Transfer Molding），RTM 是一种闭模成型技术，起始于 20 世纪 50 年代，可以生产出两面光洁的制品。RTM 的基本原理是将玻璃纤维增强复合材料铺层放到闭模的模腔内，用压力将树胶液注入模腔，浸透之前铺层好的玻璃纤维增强复合材料，然后进过高温固化，脱模成型制品。

（4）模压成型工艺：它是在金属模具内加入一定剂量的预混料或者预浸料，经过加热、加压固化成型。主要特点是生产效率高，产品尺寸精度高，重复性好，表面光洁，能一次成型结构复杂的制品。不足之处主要在于模具制造和设计比较复杂，而且批量生产投资较大。模压成型工艺按照增强复合材料物态和模压材料的品种可以分为如下几种：

1）纤维料模压法：是将预混料或者预浸的玻璃纤维状模压料，投入到金属模具内，在一定的温度和压力下成型复合材料制品。2）碎布料模压法：是将浸过环氧树脂胶液的玻璃纤维布或者其他编织物切成碎块，然后在金属模具中加温加压成型复合材料制品。3）层压模压法是将预浸过环氧树脂胶液的玻璃纤维布或者其他纤维编织物，剪裁成所需要的形状，然后在金属模具中经过加温或者加压成型复合材料制品。

（5）纤维缠绕成型技术：纤维缠绕成型是在专门的缠绕机上，将浸含环氧树脂的玻璃纤维均匀地、有规律地缠绕在一个芯模的转动轴上，接着固化、去除芯模获得制品。

（6）拉挤成型技术：拉挤成型技术适用于连续生产玻璃纤维复合材料型材，成型过程主要依靠将原材料经过一定型面的加热模完成复合、成型和固化，拉挤成型制品工艺较为简单、效率高。

（7）热压罐成型技术：热压罐成型技术是生产高质量复合材料制品的主要方法，其成型过程是先将预浸料按尺寸裁剪、铺贴，然后将预浸料叠层和其他辅助的复合材料结合在一起，在一定压力、温度下置于热压罐中进行固化成型制件。热压罐成型技术的最大优势是仅用单个模具就可以得到形状复杂、尺寸较大、质量较好的制品。

7.6 智能复合材料结构的评价

表征与评价是考核智能复合材料产品是否达到设计要求的必备手段。在评价的智能结构属性时，不仅要根据材料所能探测和感知到的环境变量的数目、强度和速度等，还需要考虑系统本身控制能力表现出来的动态响应能力。对智能复合材料整体性能进行全面评价时必须进行服役环境载荷关键控制因素模拟，对智能元件及整体材料结构在此模拟环境下的响应进行测量和分析。例如，Northrop Grumman Corp（NGC）在准静态形状改变智能复合材料研究中，为模拟军用飞机襟翼的自动偏转与辅助翼自动弯曲制造了缩比的风洞模型，在 NASA LaRc 的跨声速动力学风洞中进行了两个系列的实验，模型变形直接测量使用应变计与 MEMS 传感器，配合光学录像模型变形与目标波纹干预测量，证实了模型具有控制翼面的偏转角，辅助翼顶部的弯曲的设计能力。

对智能元件在模拟环境下响应的分析是与智能复合材料设计、制造、评价各部分内容密切相关的技术核心。以光纤传感为例，目前在结构健康监测中利用高反射率布拉格光纤光栅应变传感器进行分布式传感时，需要建立集成智能元件的轻质复合材料机翼结构的广义弹性复合材料损伤模型，有效利用分布式光纤传感器网络在线监测获得的结构应变场与无损伤结构的虚应变场计算结构刚度衰减与损伤能量释放率，以损伤能量释放率与刚度衰减作为轻质复合材料机翼结构确定性损伤判据；利用复合材料破坏特性的并联分布元素模型，建立能动统计损伤模型，反映内力重新分布与损伤演变之间的相互作用，建立随机性评价方法；结合雨流法评价结构疲劳，实测应变场定位与评价撞击损伤。采用以上几种手段对大型复合材料构建进行健康评价。在当前的硬、软件条件下，采用常规的实时安全评定方法难以实现时滞 30s 的安全预测与报警，必须针对安全预测与报警专门研究。首先借鉴其他行业的多级报警措施，研究大型复合材料结构多级预警水平；其次，结合环境载荷观测与预测技术，预测环境载荷及其对结构的作用；第三，寻找结构的主要失效模式，研究各主要失效模式对应的结构和载荷条件；第四，采用映射方法，快速判断结构的安全状态。

7.7 智能复合材料结构的主要应用领域

智能复合材料结构的自感知、自诊断、自学习、自修复以及自适应等特点决定了其工程应用主要有：健康监测与损伤自适应、噪声和振动的主动控制、形状自适应、智能表层等多种功能综合的智能复合材料结构。

7.7.1 健康监测与损伤自适应

7.7.1.1 结构健康监测

A 结构健康监测概述

复合材料的失效一般起源于材料内部的固有缺陷，这种缺陷一方面来源于复合材料生产过程中的工艺不稳定，另一方面来源于使用过程中的冲击或疲劳载荷等作用。由于传统复合材料结构的各向异性和非均质性，以及层间性能远低于层内性能，其损伤类型多、损伤机理复杂，一旦产生缺陷就难以检测；而复合材料的智能化为这一问题的解决提供了一条途径。先进复合材料相对于传统单一材料具有高比强度和比刚度，多组分植入兼容与性能可设计等特点，但由于结构复杂，先进复合材料结构在服役过程中在环境载荷作用下所产生的材料性能退化的规律非常复杂，结构实际损伤与破坏和理论分析结果存在较大差距。为保障先进复合材料结构的安全性、完整性和耐久性，必须在其全寿命周期内进行各种定期的或不定期的、全面的或局部的监测。因此，有必要开发一种有效的检测、监测和安全评价技术，即结构健康监测技术，既能对结构状态参数进行连续检测，也能对局部损伤进行评价，并可有效地预测结构剩余寿命与可靠度。

结构健康监测技术是指利用先进的传感元件和数据采集设备，全天候、不间断地监测结构环境载荷和结构整体工作状态、关键构件的应力和应变及裂纹起始与扩展过程；处理和分析测试采集的数据，识别结构的损伤与缺陷，自动地评定和显示结构运行的整体和局部安全状态。它带来的直接益处包括：对结构实施的监测与报告，可以节省维护费用（减少生命周期成本和周期检验次数）；使人的参与活动最少，降低人工费、故障停机时间和人为误差，提高自动化水平，增加安全性和可靠度；在对事故进行调查的时候，可以深入地理解事故发生的根本原因；最充分地发挥结构的性能。

B 健康监测与损伤自适应系统的基本思想

利用结构中埋入的传感网络实时监测复合材料生产和使用过程中由工艺影响、载荷作用等造成的结构中应力应变分布的变化，并识别外部载荷或损伤的位置，监测结构诸如裂纹、脱层和腐蚀等典型受损伤的程度，进一步通过控制触发相应驱动元件来改善结构中的应力应变分布，起到抑制损伤扩展和实现自修复的功能。在这一系统中主要研究的是光纤和压电两种传感网络和采用形状记忆合金作为驱动元件。

在健康监测与损伤自适应智能材料系统中作为传感元件的光纤智能材料最先被引入，由它所构成的传感网络不论是在复合材料生产阶段还是使用过程，都有很好的健康监测效果。如美国 NASA 兰利研究中心就对 ACT 计划（Advanced Composites Technology Program）中的复合材料机翼埋入分布式布拉格光栅传感器进行静载情况下应力测量。复合材料机翼采用石墨 - 环氧树脂并在厚度方向用凯芙拉（Kevla）纤维缝纫，在其间埋入 4 根 8m 长的单模光纤，每根包含 800 个栅格，通过和在机翼上的应变片测量系统进行比较，表明分布式 Bragg 光栅能很好地测量出结构内部应力状态，当然这受其分布形式和栅格数量的影响。由于压电材料同时具有传感和驱动两大特性，所以其在复合材料结构健康检测中的应用同样广泛。可见，健康监测与损伤自适应系统将显著增强复合材料的使用可靠性，并提高其维护性能。其中，复合材料传感以及驱动网络布置、结构载荷识别、健康状态分析、自修复手段等是系统构建的关键问题。

7.7.1.2 强度自诊断复合材料结构实验系统

随着材料科学的飞速发展，出现了很多种高强度的轻质复合材料，大大减轻了飞行器的质量。当前，在飞机或其他运载工具上使用复合材料的比例约为 7% ~9%，2000 年在旅客机上使用复合材料将达到 15% ~20%，军用机达到 35%，目前常使用复合材料制造飞机的机翼、垂直尾翼等。但复合材料在生产过程中的工艺特性不稳定，内部会存在缺陷；并且在承受冲击载荷后，复合材料外表面可能是正常的，但内部会存在脱层、纤维断裂等损伤现象，如果能够快速超前预报损伤的地点和损伤程度，及时发现并处理，复合材料将可以大范围地在飞机上使用。智能材料自诊断功能是将传感元件埋入基体材料中，采集结构中的信息（应变、振动等），利用现代数据处理方法，自诊断损伤的位置、类型、程度。例如飞机上重要机构的自诊断构件应具有下列功能：（1）飞机起飞前，该系统能够无损伤地检测出结构是否存在缺陷，判断飞机是否能起飞；（2）对于飞行中的意外损伤（如鸟撞/弹击损伤等）能够诊断出损伤等区域和程度，并且采取措施防止损伤的扩展；（3）在飞机的飞行过程中，能够不断地检测出裂纹的产生、裂纹扩展，计算剩余强度，并向飞行员提供飞机的极限参数，然后通过专家系统或人工智能确定出新的最大油门位置及加速线等。

7.7.2　结构的形状自适应

7.7.2.1　自适应机翼

从 20 世纪 80 年代以来，自适应机翼一直是美国军方大力资助的重点研究内容之一。目前部分成果正从实验室走向工程演示。例如：1986 年美国空军在 F－111 上验证自适应机翼概念，并取得初步成功。1995 年美国国防部高级研究计划署与诺斯罗普－格鲁门公司签订了 340 万美元的项目合同，研究和验证“可变几何形状机翼和翼剖面”的概念，16% 的 F/A－18 机翼模型风洞实验表明：自适应机翼增加了 5%～8% 的升力，机翼结构平均减重 20%。

自适应机翼代表了一种全新的材料－结构－功能一体化的设计思想，它通过智能化的力学设计、建模和控制，在机翼的形成和制造过程中将传感单元、驱动单元、控制单元与飞行器结构有机结合，赋予机翼形状自适应和健康自诊断等智能功能，从而极大地改善飞机的飞行特性。自适应机翼是智能导弹翼应用的原型，智能导弹翼能对导弹的飞行状况做出感知和进行控制。

通过将形状记忆合金或其他智能化主动变形材料如电致伸缩聚合物、磁致伸缩材料及磁致形状记忆合金等集成在飞机结构中，根据飞行环境、飞行状态及任务目的实时地调整飞机形状，尤其是机翼的形状。在进行高空侦察时，伸长机翼，并改变机翼后掠角以增大翼展比，实现在高空低马赫数巡航侦察功能；在需要进行低空格斗时，缩短机翼，同时相应改变机翼后掠角以减小翼展比，实现飞机高马赫数俯冲的战斗能力。

7.7.2.2　智能旋翼

直升机旋翼和旋翼控制系统是决定直升机性能的一个关键因素。智能旋翼（smart rotor），又叫自适应旋翼（adaptive rotor），它是指在旋翼结构中埋入分布式驱动器和传感器，主要针对旋翼系统的振动与噪声以及旋翼的空气动力特征进行自适应控制。控制方法是：利用智能材料的特殊属性，安装在直升机桨叶上的智能材料作动器（传感器），一方面采集旋翼系统的动态响应信号传递给机载控制器；另一方面接受机载控制器发出的控制信号产生作动运动，直接或间接地驱动桨叶外端后缘或改变桨叶的安装角分布，引起附加的桨叶响应以达到抑振或降噪的目的。图 7－40 为采用智能旋翼的直升机振动主动控制系统原理框图。这种应用智能材料进行振动、噪声主动控制的旋翼系统被称为智能旋翼，它的出现必将对传统的直升机构造形式、总体性能及飞行品质产生革命性影响。

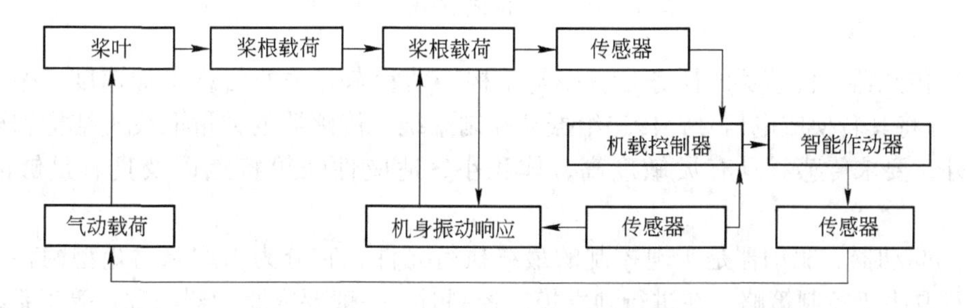

图 7－40　采用智能旋翼的直升机振动主动控制系统原理框图

国外最新研究方向是采用形状记忆合金控制桨叶后缘襟翼，自适应改变两种飞行状态下的桨叶弯度和扭转。马里兰大学旋翼机中心根据 XV15 桨叶对悬停和前飞的不同要求，设计了形状记忆合金扭力驱动器，安装在桨叶径向 30% 位置处，使悬停时桨叶扭转增加 10°，实现了前飞和悬停状态下桨叶扭转度的优化分布。2002 年，Sikosty 公司实现了 UH60A 全尺寸模型的单桨叶控制，利用液压驱动器按 ±1°开环控制变矩角，使每转 3 次振动减小 75%，每转两次噪声衰减 12dB。进一步的闭环自适应控制将使振动减小 90%，性能提高 10% ~15%。在智能结构驱动器方面，马里兰大学采用压电堆和连杆机构，主动驱动桨叶后缘襟翼，实现了桨叶变弯度控制；MIT 在复合材料桨叶中布置分布式压电纤维驱动器，实现了桨叶分布式扭转驱动。

7.7.3 结构的减振降噪

所谓减振降噪，就是针对控制对象的性质、工作状况和控制要求，运用各种力学原理来减小对结构有害的振动效应。传统的减振降噪控制方法是被动控制方法，它是依靠结构本身的阻尼消耗振动能量，由于材料的限制，控制效果有限，已不能满足人们对结构性能越来越高的要求，而主动控制是将外部能量输入受控系统，与系统本身振动能量相互抵消来实现振动控制，效果好且应用面宽。进入 20 世纪 90 年代以后，智能材料的出现使人们对主动控制有了新的认识。

在智能材料与结构中，传感元件对结构的振动进行监测，驱动元件在电子系统的控制下准确地动作，以改变结构的振动状态。这样就形成了具有振动和噪声主动控制功能的智能结构。目前根据所用的驱动元件种类，减振降噪智能结构分为压电式主动减振降噪智能结构和形状记忆合金主动减振降噪结构两大类。

主动减振降噪结构主要由以下几个部分组成：机体结构材料（如金属、陶瓷以及复合材料）、传感器（如压电聚合物、压电陶瓷、光纤等）、驱动器（主要有压电陶瓷、形状记忆合金等）和控制系统，如图 7 -41 所示。

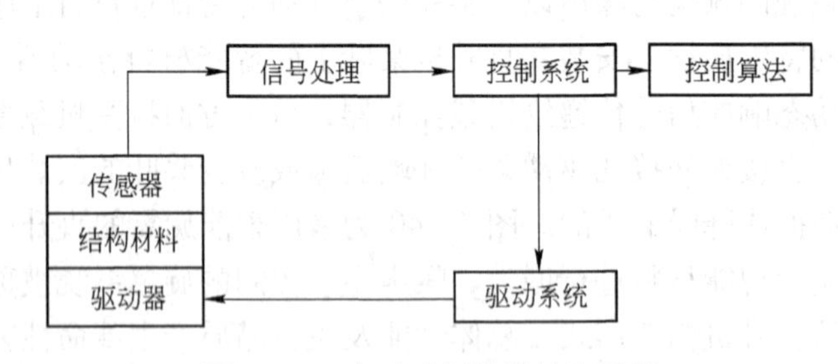

图 7 -41　主动减振降噪结构原理

（1）传感器。传感器的任务是获得与结构振动状态有关的信息（如速度、振幅、频率等），并将其转换成电信号，传递给振动控制系统，传感器的数量取决于结构和被测参数。另外，要求传感器具有灵敏度高、体积小、适应性强等特点以及具有足够的机械强度。

（2）驱动器。驱动器是实现控制的最终执行元件，它分为力型和力矩型两种。驱动器的数目取决于控制策略。在进行独立模态控制时，一般要求驱动器的数目等于系统的自由度数。驱动器的位置对控制效果的影响非常显著，因此必须对控制目标以及驱动器的性质进行优化设计。对驱动器的要求是作用力大、控制方便、与基体结构材料结合性好。

（3）控制系统。控制系统是结构主动振动控制的核心。一般要求是：控制系统便于实现、易于大规模控制、控制效果好、系统质量轻、耗能小等。

由于光纤传感器体积小，质量轻，不受外界电磁场干扰，对结构的宏观力学性能影响较小，在埋光纤传感器和电流变体作动器的智能复合材料结构——智能复合材料悬臂梁中，应用光纤传感器实时监测悬臂梁的振动状态，应用电流变体材料作为结构振动抑制的作动器，采用模糊控制方法对智能复合材料结构进行振动主动监控。埋有光纤传感器和电流变体作动器的智能复合材料结构振动主动监控实验框图见图 7－42。

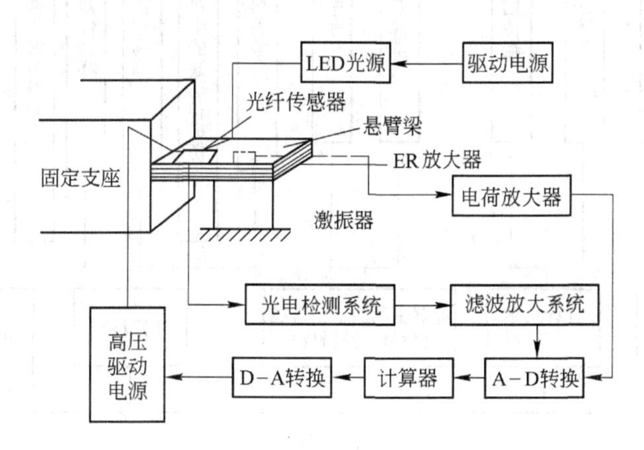

图 7－42 埋有光纤传感器和电流变体作动器的智能复合材料结构振动主动监控实验框图

7.7.4 智能表层结构

智能表层材料结构所具有的功能和对材料的要求如图 7－43 所示。其中第二部分为智能表层的功能，包括电子战、侦察、通信、飞行控制、损伤自诊断和预报疲劳寿命系统；第三部分为上述功能的具体内容；第四部分为实现上述功能所研究的材料；第五部分为材料集成后成为智能表层。

智能表层就是将结构材料与传感元件、驱动元件及电子系统集成在一起。图 7－44 是飞机表层中的传感器。采用机构设计与电子设计一体化技术，即通过飞机表层结构内公用的传感元件和信号处理器来实现飞机控制系统、通信、导航、电子战和光电子系统等功能。对于表层结构来说，具有电子保障、侦察、隐蔽、通信、识别、干扰等功能（图 7－45）；对于结构材料来说，能够判断材料的损伤、裂纹及传感元器件的损坏。对于适应环境来说，就是能够自动监测环境温度的变化，并自动适应环境。智能表层的主要特点为：（1）由分散变为集成，可使飞机质量减轻；（2）将传感元件和信号处理元件集成在结构中，工作可靠性高，易于多余度的测控，失效后可重新组合；（3）结构具有自诊断和预报寿命功能，飞机存活率高、寿命长。一般飞机上检测环境的传感器应和材料融合成整体。

智能蒙皮是一种针对外界环境变化迅速做出反应的智能材料结构，一般由特定信息传感器、控制器和驱动器组成，具备信息传递、信息处理和驱动的三种功能。例如光纤作为智能传感元件用于飞机机翼的智能蒙皮中，或者在武器平台的蒙皮中植入由传感元件、驱

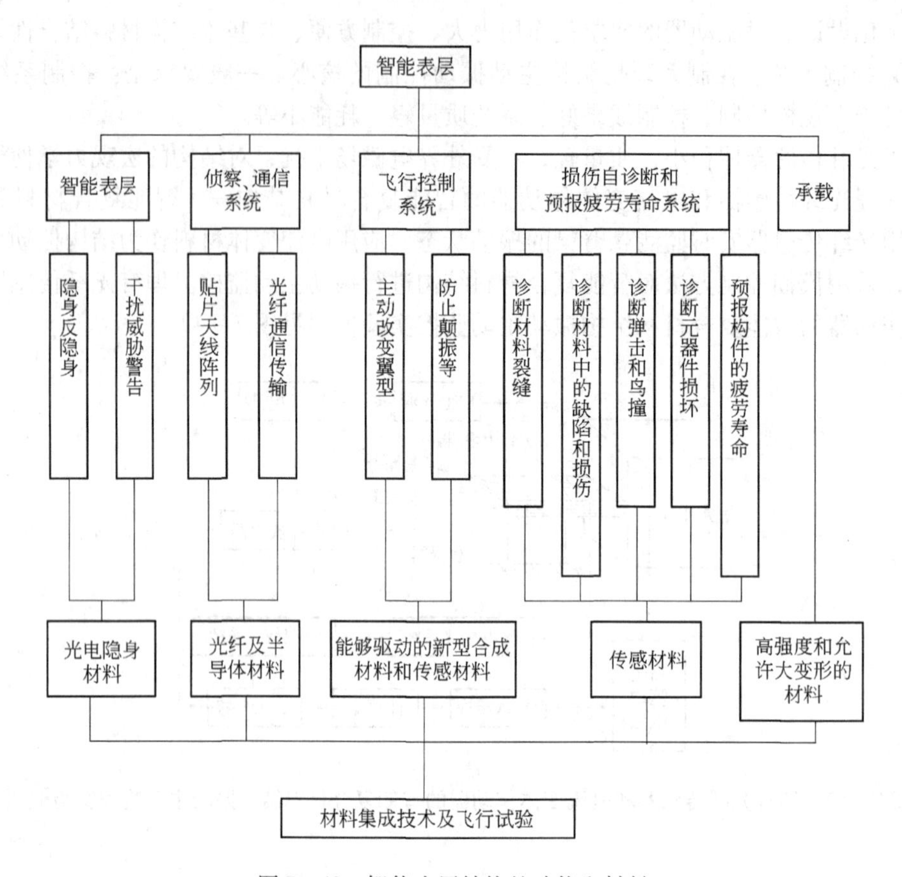

图 7－43 智能表层结构的功能和材料

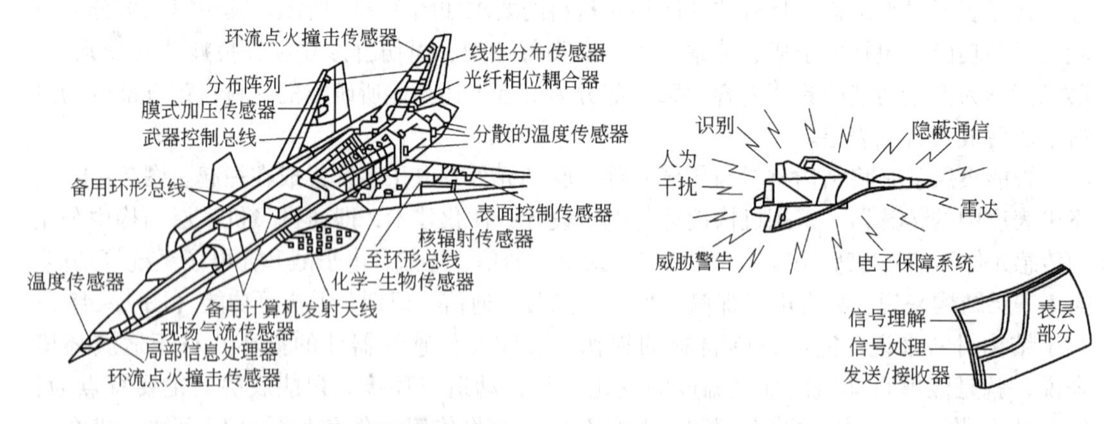

图 7－44 飞机智能表层中的传感器　　图 7－45 飞机表层中的电子对抗功能

动元件和微处理控制系统制成的智能蒙皮，可用于隐身、预警和通信。目前美国在智能蒙皮方面的研究包括：美国弹道导弹防御局为导弹预警卫星和天基防御系统空间平台研制含有多种传感器的智能蒙皮；美空军莱特实验室进行的把天线与蒙皮结构融合在一起的结构化天线研究；美海军则重点研究舰艇用智能蒙皮，以提高舰艇的隐身性能。目前有与天线融合的智能蒙皮，有声隐身能力和吸波及光隐身能力的智能蒙皮，有用于流场控制的智能蒙皮。

（1）与天线融合的智能蒙皮。这是最常用的隐身方法之一，将飞机上的各种天线与机翼、机身蒙皮结合起来，可以优化飞机结构、减轻飞机质量、降低阻力、提高隐身性能、降低维修成本等。采用智能蒙皮时，可以将几根传统的单功能天线融合成多功能的合成孔径天线。这种天线比那些传统的单功能天线的测量范围更广，更加有效地利用飞机的表面积，具有结构质量轻且易于装卸的特点。

（2）有声隐身能力的智能蒙皮。目前建造具有声隐身能力的潜艇类武器主要是为了逃避对方的探测，美国洛克希德·马丁等公司正在开发一种水下舰船用的拱形蒙皮，该蒙皮结构可以吸收对方发射的声辐射来降低自己的声呐信号。用于潜水艇的吸声智能蒙皮，也有望用于降低飞机座舱内的噪声。

（3）用于流场控制的智能蒙皮。结构周围流场的主动控制和由流场引起的结构振动的主动控制，对减小飞机的黏性阻力以及提高飞机的机动性能有重要的现实意义。为了实现上述主动控制，必须了解流体与智能结构系统的耦合特性，包括流场引起结构振动的机理和结构振动对流场产生的影响。在层流状态下，飞机的摩擦阻力比紊流时小很多，所以使机体的整个表面处于层流状态这项研究将有很大的发展前景，可以用来减小流体阻力，提高飞行性能。有研究表明，在亚音速情况下，飞机的摩擦阻力约50%来自于机翼表面。

（4）有吸波及光隐身能力的智能蒙皮。将蒙皮和导电聚合物结合起来可以使蒙皮吸收雷达波，美国米利坎公司研制过有此功能的聚吡咯塑料蒙皮。美国在新研制的隐身飞机上使用了一种蒙皮包覆层，它是用24V的电源来降低雷达的反射截面积，并且这种蒙皮包覆层的颜色可以根据周围环境的飞行背景加以变化，如果从飞机下面看，飞机的颜色与天空的颜色相融合，从而实现飞机的光隐身。目前，把一种利用电发光材料制成的有机电发光二极管用在飞机蒙皮外表面上形成包覆层，使飞机具有光隐身能力，能模拟背景条件，比如出现树叶在风中抖动、空中的云朵在漂移等伪装现象。

7.8 智能复合材料结构展望

7.8.1 智能复合材料结构研究的热点问题

航空和航天飞机器方面的重点研究内容之一是智能表层。智能表层的功能之一是能够自动地检测出周围环境的变化，并自动适应环境，一般飞机上检测环境的传感器应和结构材料融为一体，对于材料内部的缺陷和损伤，智能表层能够自诊断、自修复、自适应；还能够抑制噪声和振动。对于航空和航天飞行器的座舱，则能够自动通风、保暖和冷却。另一方面主要研究方向是翼面气动弹性设计。在翼面中埋入传感元件和驱动元件，利用驱动元件改变机翼翼面下表面的曲度，就可以使机翼具有足够的升力，并且不增大阻力。也可以利用驱动元件改变机翼前缘和后缘的角度等，传感元件监测动作的情况和程度，以达到自适应气动弹性控制。

在航天方面需要能够实现精确控制智能结构。如空间站的天线，在地面上是收拢的，到高空缓慢地展开，尺寸很大又细长，形状和精度要求很高，在空间无重力、无阻尼状态下，可以采用能够实现主动控制振动和形状的智能桁架机械手。

图7-46为空间站上的桁架机械手和装有可控压电作动筒的桁架，每个压电作动筒都

装有位移和力的反馈系统，通过传感器测出位移和力值，控制压电作动筒可实现振动和形状控制。

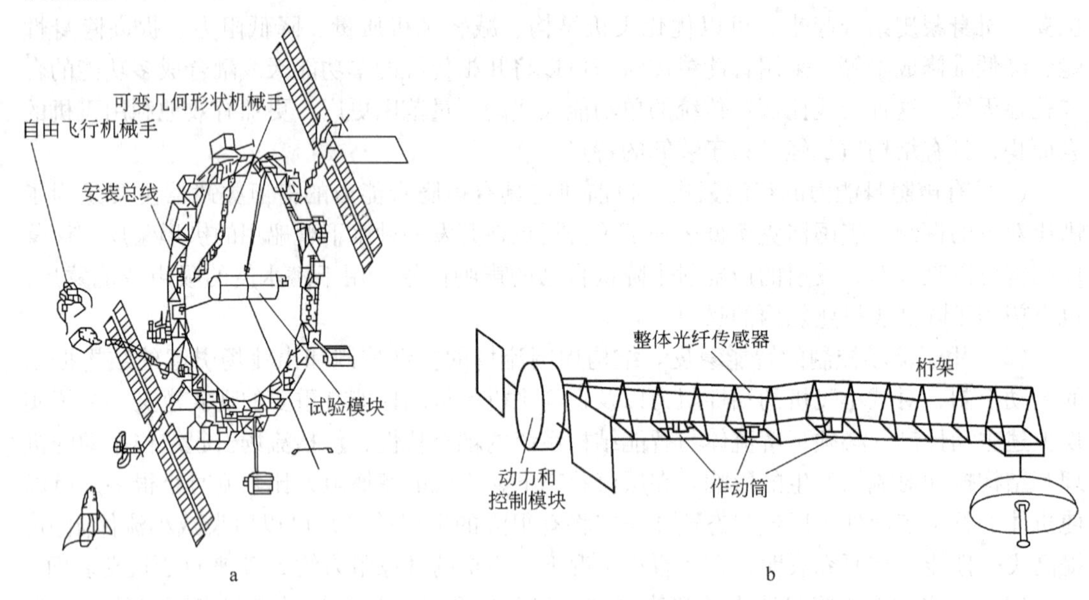

图 7－46　空间站上的桁架机械手（a）及装有可控压电作动筒的桁架（b）

航天飞机和空间站的停泊和对接是必需的，这也是航天技术中研究的重点内容之一。目前正在研究的是在空间站上采用装有驱动器、传感器和控制系统的智能泊位机构，并训练一个神经网络去引导泊位机构，使得两者能够实现自适应对接过程。

军舰方面也需要智能表层结构，它能调整军舰的外壳特性，减少舰上发出的声音，使敌方声呐监测不到舰上的声信号；同时可以将军舰表层模仿成海豚的皮肤，减少阻力，也可要求表层材料本身能够做到自诊断、自适应、自修复。

在土木建筑方面，目前已解决了在钢筋混凝土中埋入光纤的技术。埋入的光导纤维可以作通信、强度监测，代替原来的导线，并能实现整个建筑物的办公自动化。目前正在研究的是在结构中埋入压电加速计，利用驱动元件制成可改变结构层刚度的主动抗震剪切板，以及具有控制系统的抗地震智能建筑物。图 7－47 是光纤智能建筑结构的用途。

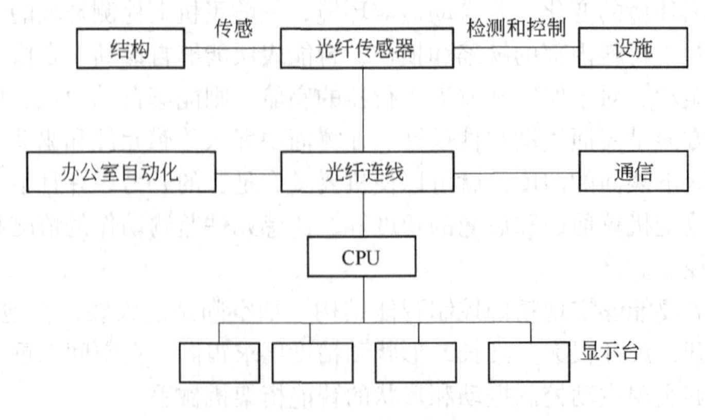

图 7－47　光纤智能建筑结构的用途

智能材料在体育和医疗用具方面也有很多用途，例如可以将部分网球拍的拍丝换成形状记忆合金，用开关激励形状记忆合金，这样网拍具有不同的柔性，击出的球具有不同的力度，使对方无法估计出球的落点和力度。在医学上需要用智能材料结构制造出人工胰脏、胃、肝等器官。在医疗上的用途更广，如利用形状记忆合金治疗肺血栓和连接断骨，校正骨骼畸形等；又如智能医用胶带，不仅能加快伤口愈合，防止感染，还能在伤口愈合后自动脱落，使病人无痛苦。

7.8.2 智能复合材料结构未来发展方向

近年来，国内外大量的对智能结构的研究和探索使得智能结构迅速发展。但是很多研究的还是关于智能材料和智能结构控制的简单模型，却很少关注基础理论问题研究。这种忽视基础理论研究的情况已经影响了智能材料及智能结构的纵深发展。因此，今后对智能材料及结构不仅要进行应用开发研究，也要进行基础理论研究。从目前智能复合材料与结构研究及应用情况看，今后研究的主要方向是：

（1）智能材料/智能结构仿生学理论。

（2）耗散结构理论应用于智能材料/智能结构。

（3）智能材料/智能结构新的本构关系。

（4）从广义本构关系出发研究新智能材料，开发高性能智能材料，开发大应变、高强度、高模量的智能材料。

（5）智能材料/智能结构智商评估体系。

（6）智能结构集成的非线性理论。

（7）仿人工智能控制理论。

（8）智能结构非线性分析的新理论、新方法。

（9）智能结构振动控制的新理论及新算法。

（10）智能结构不确定性理论及方法。

随着航空、航天、机械、电子、建筑、交通等军用机民用工业领域的发展，必将对智能复合材料系统与结构的应用提出更高的要求，而智能材料系统也必将向更高层次发展，其发展趋势体现在以下几个方面：

（1）传感器和作动器的多功能集成。一种传感器和作动器具有多种功能，是未来传感器和作动器的发展趋势。如埋入智能建筑结构中的光纤传感器既可以监测结构应力，同时又可以监测它的腐蚀情况，作动器既可以改变形状，又可以改变自身的颜色等。

（2）材料 - 结构 - 系统一体化的智能系统自动化设计与制造。未来的智能材料应该从材料的制备到机构的制造，进一步形成智能系统的整个过程的自动化。未来智能结构中的多种材料的集成方法，驱动器、传感器和控制硬件的最佳布置方案，所用的控制理论和方法的优化，实现智能结构的自动化设计和制造。

（3）智能材料器件的微型化。智能材料器件与微型机电系统 MEMS 的结合，使得智能材料系统更加小型化，小型化是未来发展的一个重要方向。例如，利用智能材料制造微型飞行器、微型机器人等。

（4）智能材料系统和结构中各器件的自动修复和替换技术。智能材料系统和结构中的各器件在使用过程中，将不可避免地面临损坏、失效等问题，发展自动修复和替换技术，包括如何实现模板化研究，将对提高智能材料结构使用的可靠性具有十分重要的意义。

智能复合材料结构是20世纪末材料科学与工程技术领域发展的一项重要突破，它标志着材料与结构设计的多功能化、信息化和智能化时代的到来。智能复合材料结构作为一门崭新的交叉学科，它的研究必然会带动材料学、计算机、电子、光学、化学、物理、机械等相关学科的发展，并随着这些学科的进展而不断发展，并能开拓出像材料仿生学、分子电子学、神经元网络、人工智能等新的学科领域，从而促进科学技术的整体进步。长期以来，人们理想的智能复合材料结构是一种仿生命体系，既有生命又有智能。我们相信智能复合材料结构不久将会发挥更大作用。到目前为止，尽管已出现光纤复合材料结构、记忆合金复合材料结构、压电智能复合材料结构等，但是面对智能复合材料结构这样一个研究领域广泛、内涵深厚的课题，不是作为编者能够涉足完成的。因此，本章仅对智能复合材料结构的基本知识及其相关内容作了简要介绍。

参考文献

[1] 杜善义，张博明．先进复合材料智能化研究概述［J］．航空制造技术（专稿），2002，9：16～20.

[2] 陶宝祺．智能材料结构［M］．北京：国防工业出版社，1999.

[3] 程家骥．机敏结构与材料简介［J］．物理，1995，(24)：280～287.

[4] 杨大智．智能材料与智能系统［M］．天津：天津大学出版社，2000.

[5] 谢建宏，张为公，梁大开．智能材料结构的研究现状及未来发展［J］．材料导报，2006，20(11)：6～9.

[6] Yang Hong，et al. Self－diagnosis and self－repair using hollow－center optical fiber in smart structure［J］. Proc. SPIE 4221，Optical Measurement and Nondestructive Testing：Techniques and Applications，2000，4221（10）：264～268.

[7] 姜德生，Claus R O. 智能材料、器件、结构与应用［M］．武汉：武汉工业大学出版社，2000.

[8] Cristianini N，Shawe－Taylor J. An introduction to support vector machines［M］. Cambridge：Cambridge University Press，2000.

[9] 谢建宏．压电智能结构损伤检测及其传感器优化配置的研究［D］．南京：东南大学，2005.

[10] 魏凤春，张恒，张晓，等．智能材料的开发与应用［J］．材料导报，2006，20（专辑Ⅵ)：375～378.

[11] 黄志雄，秦岩，梅启林．智能复合材料发展综述［J］．国外建材科技，2002，23（1)：1～15.

[12] 王腾，晏雄．智能复合材料的开发应用及进展［J］．新纺织，2004，9：13～17.

[13] 林超，陈凤，袁莉，等．智能复合材料研究进展［J］．玻璃钢/复合材料，2012，3：74～77.

[14] 董晓马，张为公．光纤智能复合材料的研究及其应用前景［J］．测控技术，2004，10：3～5.

[15] 黄鑫．压电复合材料性能参数预测［D］．甘肃：兰州理工大学，2010.

[16] Newnham R E，Skinner DP，Cross L E. Connectivity and piezoelectric－pyroelectric composites［J］. Mater. Res. Bull，1978，13（5)：325～336.

[17] 张勇，李龙土，桂治轮．压电复合材料［J］．压电与声光，1997，19（2)：130～134.

[18] Han K，Safari A，Riman R E. Colloidal Processing for improved piezoelectric properties of flexible 0－3ceramic－Polymer composites［J］. J Am Ceram Soc，1991；74（7)：1699～1702.

[19] Xu Q C，Yoshikawa S，Belsiek J R，et al. Piezoelectric composites with high sensitivity and high capacitance for use at high pressures［J］. IEEE Trans UFFC，1991；38：634～639.

[20] 卢斌，孙威．压电复合材料的研究进展［J］．材料导报，2006，19（11 专辑）：293～296.
[21] 水永安．压电复合材料模型［J］．物理学进展，1996，16（3，4）：353～361.
[22] 赵寿根，程伟．1－3 型压电复合材料及其研究进展［J］．力学进展，2002，32（1）：57～65.
[23] 孙进喜．压电复合材料的工艺［J］．压电与声光，1992，14（2）：28～32.
[24] Zhang Q M，Wang H，Zhao J，et al. A high sensitivity hydrostatic piezoelectric transducer based on transvers piezoelectric mode honeycomb ceramic composites［J］．IEEE Trans UFFC，1996；43（1）：36～43.
[25] 李莉．1－3 系压电复合材料及水声换能器研究［D］．北京：北京邮电大学，2008.
[26] 魏平，胡明敏．疲劳寿命计的电阻变化特性研究［J］．理化检验——物理分册，2004，40（10）：511～513.
[27] 胡明敏，周克印．疲劳寿命计电阻变化机理的研究［J］．航空学报，1999，20（01）：72～74.
[28] 魏平．疲劳寿命计在结构健康监测中的应用研究［D］．南京：南京航空航天大学，2004.
[29] 史永基，曹慧敏，叶芳，等．智能材料和智能结构——形状记忆材料［J］．传感器世界，2010，16（9）：6～12.
[30] 严密，彭晓领．磁学基础与磁性材料［M］．杭州：浙江大学出版社，2006.
[31] Mnrray S J. 6% magnetic－field－induced strain by twin boundary motion in ferromagnetic Ni－Mn－Ga［J］．Applied Physics Letters，2000，77（6）：886～888.
[32] Wang B W，Cheng L Z，He K Y. Structure，curie temperature and magnetostriction of $Sm_{1-x}Pr_xFe_2$ alloys［J］．Journal of Applied Physics. 1996，80（12）：6903～6906.
[33] Clark A E. Magnetostrictive rare earth－Fe_2 compound，In ferromagnetic materials，Vol. 1，Wohlfarth（ed.）［M］．Amsterdam：North－Holland publishing Company，1980：531～567.
[34] 窦青青．SmNdFe 负超磁致伸缩材料研究［D］．杭州：浙江大学，2012.
[35] 关新春，董旭峰，欧进萍．磁致伸缩复合材料性能的影响因素分析［J］．功能材料，2008，39（9）：1430～1439.
[36] 韦佳佳，李酽，刘刚．电流变液性能及制备［J/OL］．中国科技论文在线，2004［2004－10］．http：//www. paper. edu. cn.
[37] 艾涛，王汝敏，刘建超．智能复合材料最新研究进展［C］// 第 13 届全国复合材料学术会议论文集，2004：106～111.
[38] 史永基，曹慧敏，叶芳，等．智能材料和智能结构（2）——混合复合材料［J］．传感器世界，2010，（10）：6～10.
[39] Trembler F S，Chelas J，Silurian J F. Proceedings of smart materials［J］．Proc. SPIE，1996，2779：475.
[40] 兰鑫，吕海宝，吴雪莲，等．形状记忆复合材料及其在展开结构中的应用［C］//中国力学学会．2008 年 7 月第十五届全国复合材料学术会议论文集，2008：259～261.
[41] 戚健龙．变体机翼大变形智能蒙皮结构研究［D］．南京：南京航空航天大学，2010.
[42] 马治国，闻邦椿，颜云辉．智能结构的若干问题与进展［J］．东北大学学报（自然科学版），1998，19（5）：513～516.
[43] 张鸣明．基于 BP 神经网络的车牌识别系统研究［D］．重庆：重庆大学，2008.
[44] 罗建容．多类统计模式识别模型及应用研究［D］．重庆：重庆大学，2009.